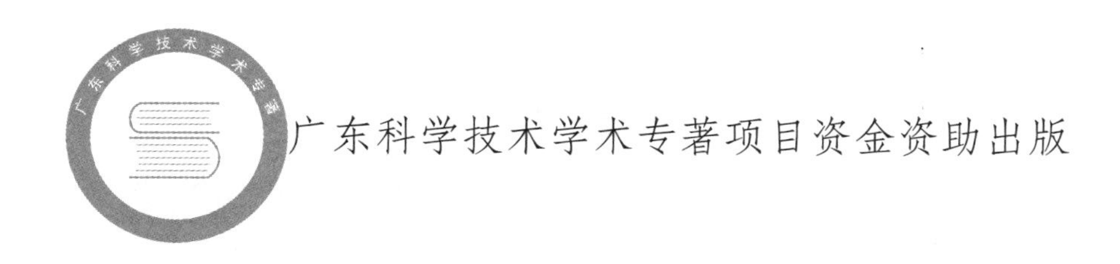

广东科学技术学术专著项目资金资助出版

油田水处理技术丛书

主编　魏　利　陈忠喜　任南琪

油田过滤和反冲洗设备理论及工艺研究

魏　利　陈忠喜　李殿杰　李春颖　马士平　等　著

科学出版社

北　京

内 容 简 介

本书是介绍关于油田过滤反冲洗工艺的理论和工艺应用的著作。本书是研究者通过多年在油田开展过滤罐工艺改造、滤料筛选、反冲洗自动化、滤料堵塞和板结的基础和理论研究等工作积累了大量的生产现场数据资料撰写而成。本书全面介绍过滤反冲洗处理技术研究和应用情况，创新性地提出许多新观点和新理论。本书研究内容新颖、信息量大、理论体系脉络完整，写作严谨，具有较强的实用性，是理论与实践相结合的成果。

本书可以作为污水处理、污水深度处理、环境微生物、环境科学与工程等专业的研究生以及高校教师的教学用书，以及相关学科生产一线的研究人员和其他工作人员的参考用书。

图书在版编目(CIP)数据

油田过滤和反冲洗设备理论及工艺研究 / 魏利等著. —北京：科学出版社，2020.1
（油田水处理技术丛书/魏利，陈忠喜，任南琪主编）
ISBN 978-7-03-059581-2

Ⅰ. ①油… Ⅱ. ①魏… Ⅲ. ①油田-污水处理 Ⅳ. ①X741

中国版本图书馆 CIP 数据核字（2018）第 261505 号

责任编辑：孟莹莹 常友丽 / 责任校对：彭珍珍
责任印制：吴兆东 / 封面设计：无极书装

科学出版社 出版
北京东黄城根北街 16 号
邮政编码：100717
http://www.sciencep.com
北京捷迅佳彩印刷有限公司 印刷
科学出版社发行 各地新华书店经销
*
2020 年 1 月第 一 版 开本：787×1092 1/16
2020 年 1 月第一次印刷 印张：20 1/4
字数：479 000

定价：139.00 元
（如有印装质量问题，我社负责调换）

前　　言

2015年是中国的环保年，史上最严厉的环保法《水污染防治行动计划》（简称“水十条”）出台。油田企业许多环保问题突出，很多生产项目因环保不达标，被勒令停产整顿。油田企业必须重视这一问题，寻找新的技术和方法解决环保问题。

油田含油污水的处理成为近年来环境保护研究的热点和难点，如果处理不当将造成二次污染。近年来过滤反冲洗工艺也进行了技术性的革新，但是在生产中也出现了各种各样的问题。尤其体现在过滤罐的改造方面，不同水质类型的滤料堵塞、堵塞产物的分析以及反冲洗在线设备的控制和优化等，都发生了巨大的改变。

过滤反冲洗工艺是油田污水处理的保障，是实现油田污水水质达标的重要保证。油田含油污水的主流工艺是气浮沉降—过滤—反冲洗—杀菌。油田采出水的水质不同，导致过滤罐发生着重大的变化，近年来过滤工艺中出现了滤料堵塞、板结等问题，同时滤料本身也发生了重大的改变。过滤反冲洗工艺理论和基础的研究对于提高油田含油污水乃至其他污水的处理水平具有极其重要的意义。国家对环保的要求越来越严格，含油污水的资源化、深度处理成为污水处理技术发展的必然趋势。

创新的一个重要内容是技术，技术的终极目标是真正地解决生产实际问题，光靠引进国外的技术是不可行的。只有根据本土的特点研发出接地气的、拥有独立自主知识产权的技术才是解决环保问题的核心和关键，也是最可靠的途径。

作者根据多年来在生产和科研一线获取的过滤罐堵塞方面的实践经验，以及多年的自主研发，在本书中系统地介绍了从滤料的开发、室内小试以及现场中试放大的过程，体现了科研到工程应用的转化历程。另外，本书内容充分体现了理论联系实际的思想，结合过滤罐和反冲洗处理技术，解决实际工程问题，指导工程实践中的应用，体现了该类新兴技术对于人类社会实际生产的应用价值及意义，在内容上也充分体现了学以致用的原则。

本书在国内首次集中阐述了油田过滤反冲洗工艺方面的应用实例，以过滤罐为研究对象，旨在利用各种工艺技术实现污水的回收。本书系统地介绍了过滤和反冲洗处理技术的原理及工艺，并归纳总结了其在环境污染治理、开发等方面的应用，有助于增进读者对这类新兴技术的理解与认识。

本书是由魏利博士（广州市香港科大霍英东研究院、哈尔滨工业大学）、陈忠喜教授级高级工程师（油田科学家和油田一级专家，大庆油田工程有限公司）、李殿杰所长（大庆油田有限责任公司第七采油厂）、李春颖博士（哈尔滨商业大学）以及马士平总工程师（大庆油田有限责任公司第七采油厂）等共同撰写的。本书对广大从事环保科研的工作者在科学研究和工程实践方面具有针对性的指导意义。

全书共9章。

第1章，绪论，综述并分析油田过滤反冲洗的研究现状，并对未来的应用进行展望；

第2章，试验材料与方法，介绍油田过滤反冲洗罐以及滤料检测等涉及的具体检测方法；

第3章，过滤反冲洗工艺滤料污染和流失机制研究，详细分析滤料污染和流失机制；

第4章，油田含油污水反冲洗过滤罐的设计及应用，详细介绍流体动力学软件应用于油田过滤罐的模拟研究；

第5章，过滤罐反冲洗叶轮流场模拟及应用研究，详细介绍反冲洗叶轮流场的模拟以及实际工艺的优化；

第6章，油田过滤设备气水反冲洗技术研究，详细介绍气水反冲洗技术的来源和气水反冲洗的意义；

第7章，油田过滤反冲洗参数优化研究，介绍反冲洗参数优化的方法；

第8章，油田过滤反冲洗工艺的改进及其现场调试运行，详细介绍反冲洗参数的优化及现场的改造和应用；

第9章，特低渗透油层含油污水处理系统膜过滤技术研究及应用，详细介绍低渗透油田采用膜系统进行污水处理的生产实践和应用。

本书由魏利、陈忠喜、李殿杰、李春颖和马士平等共同撰写，参加本书撰写的人员分工如下：

第1章，欧阳嘉、赵云发、周普林、张玉华（广州市香港科大霍英东研究院），魏东、张昕昕（哈尔滨工业大学）等；

第2章，韩光鹤、赵明礼、寇洪彬、张洪强、张哲明、刘忠宇、王峰（大庆油田有限责任公司第七采油厂）等；

第3章，任彦中、范晓刚（大庆油田工程有限公司），李春颖、李晓燕（哈尔滨商业大学）等；

第4章，宋磊（大庆油田工程建设有限公司），李殿杰、马士平（大庆油田有限责任公司第七采油厂），欧阳嘉（广州市香港科大霍英东研究院）等；

第5章，李殿杰、马士平、刘忠宇（大庆油田有限责任公司第七采油厂），陈忠喜、刘国宇、王庆吉、陈鹏（大庆油田工程有限公司）等；

第6章，任彦中、范晓刚、房永、舒志明、古文革（大庆油田工程有限公司）等；

第7章，刘国宇、曹振锟、古文革、舒志明、赵秋实（大庆油田工程有限公司）等；

第8章，陈忠喜、曹振锟、刘国宇（大庆油田工程有限公司），魏东、张昕昕（哈尔滨工业大学）等；

第9章，杨晓峰、徐洪君、徐德会、李宏宇、李政军、郭城（大庆油田工程有限公司）、李春颖（哈尔滨商业大学）、魏利（广州市香港科大霍英东研究院、哈尔滨工业大学）、马士平（大庆油田有限责任公司第七采油厂）等。

全书由魏利、陈忠喜、李殿杰、李春颖和马士平统稿。

本书的撰写一直得到大庆油田有限责任公司第七采油厂、大庆油田工程有限公司的领导和朋友的关怀，作者在此表示衷心的感谢！

由衷感谢任彦中高工和范晓刚工程师等对本书的撰写给予的鼎力支持与帮助。在此对支持和关心本书出版的领导、专家和同事表示衷心的感谢。

本书得到大庆海京水处理材料有限公司提供的数据和赞助，同时感谢候传京总经理、单海总经理的支持。

本书得到了广东科学技术学术专著项目资金的资助，同时得到了城市水资源与水环境国家重点实验室开放研究基金项目“基于硫循环的BESI®技术重金属废水处理及回收效能研究”（项目编号：2017TS06）、国家自然科学青年基金项目“硫酸盐还原菌的磁性荧光量子点定量检测及磁性分离技术研究”（项目编号：50908063）、羊城创新创业领军人才支持计划（项目编号：2017012）、国家创新团队项目（项目编号：51121062）的资助，在此表示感谢。

本书写作过程中，作者参考了大量的教材、专著以及国内外生产实践的相关资料，已在书后参考文献条目中一一列出，在此对这些著作的作者表示感谢。

由于本书是首次探索性的研究工作的著作，且作者水平有限，书中疏漏和不妥之处在所难免，敬请广大读者批评指正。

作　者

2018年8月

目　　录

第1章 绪 论

1.1 油田含油污水处理的应用背景及意义

大庆油田从20世纪60年代开发建设，发展到今天，油田采出水处理技术在油田的持续高产稳产、保护生态环境等诸多方面发挥着重要作用。将采出水处理后回注于油层，不仅可以回收水中的原油、实现水的循环利用、减少环境污染，而且可以提供充足的注水水源、节约大量的淡水资源，取得显著的经济效益和社会效益。

据统计，大庆油田每天采出的含油污水达到 $1.425 \times 10^6 m^3$，全国每年有十几亿吨油田采油污水需要处理，这些污水经过处理达标以后作为开采注水回注地层。

目前我国各油田绝大部分开发井都采用注水开发。伴随着油田注水开发生产的进行，出现了注水的水源问题和注水、油田采出水的处理及排放问题这两大难题。注水开发初期的注水水源是通过开采浅层地下水或地表水来解决的，但大量开采浅层地下水会引起局部地层水位下降，而地表水资源又很有限。因此，采油污水处理后用于油田回注水的方式为各大油田所采用。但是如果污水未达到回注水的要求（主要是含油量、悬浮固体含量超标）就回注到地下，将会堵塞地层出油通道，降低注水效率和石油开采量。因此，污水处理是否达标将直接影响注水采油的效率。

油田污水成分复杂，是一种含有固体杂质、液体杂质、溶解气体和溶解盐类等较为复杂的多相体系。由于原油产地的地质条件、注水的性质以及原油集输和初加工的整个工艺不尽相同，油田污水的性质也千差万别。

一般来说，油田污水中含有原油、各种盐类、有机物、无机物及微生物等。污水含油1000～2000mg/L，高的可达5000mg/L以上，存在的形式根据油的颗粒大小分为浮油、分散油、乳化油和溶解油；污水中含盐几千到几万甚至十几万毫克每升，其无机盐离子主要有 Ca^{2+}、Mg^{2+}、K^+、Na^+、Fe^{2+}、Cl^-、HCO_3^-、CO_3^{2-} 等；污水中含有的有机物主要有脂肪烃、芳香烃、酚类、有机硫化物、脂肪酸、表面活性剂、聚合物等；污水中含有的无机物主要有溶解 H_2S 和 FeS 颗粒、黏土颗粒、粉砂、细砂等，主要以悬浮固体形式存在于污水中；污水中的微生物主要有硫酸盐还原菌、腐生菌和铁细菌等。油田污水除了含有天然的杂质以外，还含有一些用于改变污水性质的化学添加剂，以及注入地层的酸类、除氧剂、润滑剂、杀菌剂、防垢剂和驱替剂等。

我国大部分油田进入了三次采油期，地层中原油含量减少，必须提供足够的压力才能采油。这就要求增大注水量来维持压力，导致油田采出液含水率的升高（有的油田采出液含水已达 90%），污水的产出量不断增加，致使一部分油田污水需处理达标外排，这就对处理后污水的化学需氧量（chemical oxygen demand，COD）、生化需氧量

（biochemical oxygen demand，BOD）、挥发酚等指标提出了更高的要求。

在低渗透油田的开发中，地层的渗透率低，注水中的有机物、悬浮固体等很容易对底层造成污染和堵塞，导致注水压力逐渐升高，增加了油田开发的难度和成本，因此回注水必须维持较高的水质。在高渗透油田的深度开发中，由于使用了聚合物、表面活性剂等化学药剂，采出液的黏度、表面活性、张力等发生了很大变化，现有的污水处理设施难以使污水处理达到回注和配制新的驱油体系的要求。

随着原油开采进入中后期，原油中胶质、沥青质含量增加，使得原油乳状液变得更加稳定。目前石油三次采油大都采用含聚水驱油的方法，以水溶性聚合物作为驱油剂，其主要是聚丙烯酰胺。多年的实践表明，聚合物驱油工艺在有效提高采收率的同时，也带来采出水处理难以达标、回注水石油类严重超标等一系列问题。用常规的水驱污水处理工艺处理聚合物污水，一方面会增加沉降时间、降低过滤滤速，从而增大地面建筑物规模，加大基础设施投资；另一方面，聚合物还会干扰絮凝剂的使用效果，使处理后的水质达不到原有水驱采油出水处理的水质标准，主要是含油量（油质量浓度）、悬浮固体含量（悬浮固体质量浓度）严重超标。

综上所述，由于油田的发展，现有污水处理工艺无论在回注水处理还是外排水处理中都存在一定的问题，主要体现在：①大多数油田污水的可生化性差，如果采用生物法处理，运行成本低，但停留时间长，所需处理构筑物体积大，建设周期长；②采用化学混凝法，流程简单、建设周期短，但加药量大、运行成本高，而且油田污水的成分复杂、变化大、运行不稳定；③采用电气浮法，处理效果好、建设周期短，但电耗大；④“隔油—过滤”和“隔油—浮选（或旋流除油）—过滤”处理工艺对石油类有较好的处理能力，污水处理后石油类基本达标，但对 COD 处理效果不明显。目前，油田上所使用的污水处理工艺在处理聚合物驱污水时，暴露出的问题主要出现在过滤工艺段，其一次过滤、二次过滤甚至是三次过滤出水都不能达到指标要求，最后导致外输水的含油量和悬浮固体含量超标。典型的表现为核桃壳过滤器罐顶污油排不出去、反冲洗压力升高、滤料流失及出水水质不合格，石英砂过滤器滤料板结、反冲洗压力升高及滤后水不达标等。

因此，现有的油田污水处理工艺已经不能适应复杂采出水的处理，有必要对油田污水处理的现有工艺进行改造和更新，寻求更好的工艺成为现在各大油田污水处理站面临的主要问题。

1.2 油田含油污水处理的主要技术及特点

目前，油田含油污水经处理后主要用于回注，为防止含油污水中的污染物伤害地层或堵塞注水系统，含油污水回注前需要去除油污和悬浮固体，在腐蚀速率和细菌含量超标时还要投加缓蚀剂和杀菌剂[1]。因此，回注水的主要处理指标是含油量和悬浮固体含量。由于油井油藏特性、采出液物理性质及油田区块分布等的不同，加之环境保护对油田含油污水处理的要求不断提高，对油田含油污水处理设备的要求日益提高，油田含油污水处理及回注并非易事。

随着聚驱采油和三元复合驱采油的广泛应用，油田含油污水中的聚合物含量不断增加，黏度也随之增加，乳化油更加稳定。原来的污水处理设施难以使污水处理达到回注水水质的标准。国内研究人员主要从两方面入手：一是开发小型高效水处理设备（如聚结器、旋流器等），加速油水分离速度；二是开发高效水处理药剂，降低含油污水的黏度，破坏油水体系，达到油珠凝聚，加速分离的目的。

通过科技攻关，大庆油田已经在聚合物驱含油污水处理技术攻关上取得了有推广价值的成果和成功经验，在三元复合驱含油污水处理方面，对三元复合驱含油污水的水质特性有了较深的认识，从理论上认清了影响三元复合驱含油污水处理的主要原因。

国外含油污水处理工艺多以气浮选、水力旋流器和高效聚结除油装置为主[2]，过滤则按注入层渗透率高低采用粗过滤（预过滤）和精细过滤。国内主要含油污水处理技术及其特点如下。

1. 重力除油技术

重力除油技术主要包括自然除油技术、斜板除油技术、浮板除油技术、机械分离技术、水力旋流技术。该工艺的主要特点是利用油、悬浮固体和水的密度差，依靠重力进行分离。重力除油工艺一般分为两级[3]：一次除油罐（也称自然沉降罐），将浮油、颗粒较大的固体去除，同时还具有均匀水质和水量的作用；二次沉降罐（也称混凝沉降罐）的去除对象是油田含油污水中的分散油等，通过投加水质净化剂形成絮凝体，在重力作用下使油珠、悬浮固体从水中分离，最后经多级过滤，出水水质基本可满足高渗透油藏注水需要。该工艺简单，处理效果稳定，运行费用低，对原水含油量变化适应性强。缺点是当处理水量大时过滤罐数量多，自动化程度低，沉降时间长，一次投资高，适用于对注水水质要求低的油田。

2. 粗粒化除油

含油污水通过装有粗粒化材料的装置，水中油分在润湿聚结、碰撞聚结、截留、附着等过程的作用下，油珠由小变大，从而去除。该技术主要用于处理分散油，只有聚结作用，没有破乳功能，其技术关键是粗粒化材料。粗粒化材料有亲油性材料、亲水性材料，以及石英砂、煤粒等无机材料。该装置具有体积小、运行方便、操作简单的优点，缺点是易堵塞。

3. 压力除油

压力除油工艺将聚结除油、斜管沉降分离及化学混凝除油技术联合应用于压力除油罐，从而提高除油效率。它强化了工艺前段除油和后段的过滤净化[4]。压力除油工艺优点是除油效率高，停留时间短，系统自动化程度高于重力除油工艺，运行管理较为方便，正常出水含油量小于 30mg/L。缺点是设备内部结构较为复杂，受聚结、斜板材质的限制，使用一段时间后会出现填料堵塞、内部构件腐蚀损坏等情况，且运行稳定性不如重力流程。

4. 过滤技术

过滤技术是油田污水处理的关键一环，它通过石英砂、磁铁矿、核桃壳、无烟煤、纤维球、海绿石和金刚砂等过滤介质，在滤料颗粒的筛分、惯性拦截和扩散分离作用下，污水中油类滞留在石英砂和磁铁矿等滤床内，实现油水分离。一般用于采油污水的二级处理或深度处理，以去除水中的分散油和乳化油。通过控制滤料粒径自上而下、由小到大的粒度滤层，再适当配合反冲洗技术，过滤器可有效地保证污水水质。

5. 气浮分离技术

气浮分离技术根据产生气泡方式的不同，可分为多种工艺，按溶气方式和加压方式的不同，可分为全溶气气浮、部分溶气气浮和回流溶气气浮。原理主要是利用油水间表面张力大于油气间表面张力、油疏水而气相对亲水的特点，将空气通入污水中，同时加入浮选剂使油粒黏附在气泡上，气泡吸附油及悬浮固体上浮到水面从而达到分离的目的。气浮法主要去除的是残余浮油和不含表面活性剂的分散油。该工艺设备占地面积小，污水停留时间短，在高效浮选药剂的作用下，除油效果好，特别适合于处理油水密度差小、乳化程度高的稠油含油污水。气浮法流程运行费用低，处理时间短，效果好，具有一定的运行优势。缺点是设备转动部件多，含油污水含盐量高、腐蚀性强，因此工艺流程运行的稳定性较差。

6. 混凝法

混凝法是直接投加化学药剂来削弱分散态油珠的稳定性的方法，主要用于去除污水中的乳化油。投加的混凝剂多为聚合铝和聚合铁，由于各油田采油污水的水质不同，用某些特制的混凝剂可以增强混凝效果，提高污染物去除率。李大鹏等[5]研制的新型药剂改性聚合氯化铝（HPAC）具有强制混凝作用，将破乳、凝聚和降黏三个作用过程有机结合起来，提高了油水的分离质量和分离效率，实验证明，出水可满足油田回注水预处理的要求。此外，有人研究了将助凝剂和絮凝剂联合，使用聚合的复配技术制成新的高效混凝剂处理采油污水，效果良好。

7. 聚结法

聚结法是在聚结反应器中，采用某些聚结材料，依靠污水中油粒的聚结作用，原水中的油粒相互聚结成直径较大的颗粒，改变原水中原油的颗粒分布情况，使之易于重力分离。聚结材料可分为以润湿聚结为主的亲油性材料和以碰撞聚结为主的亲水性材料，聚结材料对除油性能有影响，应根据污水的具体情况选择使用聚结材料。对于稳定性较好的聚合物驱采油污水，波纹板状聚结材料的聚结除油效果好于粒状材料，亲油性填料好于疏油性填料，出水水质满足回注水要求。

8. 微生物处理技术

主要利用微生物对污水中的油分和一些生化性好的有机成分进行氧化分解，但是，污水中难生物降解的有机物质含量较高，单独进行微生物处理很难实现污水COD的达标排放[6]。

9. 膜分离技术

常应用的五种膜分离技术为反渗透、超滤、微滤、电渗析和纳滤。膜分离技术是利用膜的选择透过性进行污水的分离和提纯。近年来越来越多的膜分离技术开始应用于油田含油污水处理，该法具有高效、节能、投资少、污染小的特点[7]。

超滤法除油一直备受人们关注，特别是近几年取得了很好的效果，已逐渐为人们所接受。超滤膜过滤装置体积小，出水水质稳定，几乎不受进水水质影响。但由于膜非常容易被油污染，为延长膜的使用寿命，在应用中往往对膜的进水含油量严格要求，常规处理后的污水往往不能直接进行膜过滤[8]。

10. 超声波破乳脱水技术

影响超声波破乳脱水效果的因素较多，主要有声音强度、频率、作用时间、介质温度、声波对介质的作用方式等。目前的研究取得了一定的效果，但仍处于室内研究阶段。对三次采油采出液进行破乳脱水，是三次采油中的配套技术之一，对提高三次采油的经济效益具有重要意义。因此，超声波破乳脱水技术是一项新的技术和思路，具有广阔的应用前景。

11. 高级氧化技术

高级氧化技术对采油污水的深度处理在国外已进行了广泛研究并取得了一些成绩。此技术主要包括臭氧氧化技术、光催化氧化技术、超临界氧化技术、湿式氧化技术等，处理效果好，但运行成本较高，技术尚欠成熟，不适于大面积推广使用。

1.3 国内外油田采出水处理过滤技术和工艺

1.3.1 油田主要研究及应用的过滤技术及其特点

油田采出水过滤技术一般用于含油污水的二级处理或深度处理，以去除水中的分散油和乳化油。目前，在我国各大油田的采出水处理中，所用滤料有石英砂、磁铁矿、海绿石、核桃壳、纤维球、陶瓷、无烟煤等。石英砂、磁铁矿对悬浮固体的截留效果好，但除油效果差；与石英砂和磁铁矿滤料相比，核桃壳滤料具有滤速高（达20m/h以上）、除油效果好、抗油污、反冲洗容易等优点，但悬浮固体去除效果差。对于水驱采出水处理以石英砂、磁铁矿、核桃壳应用最为广泛。

1. 国外油田含油污水过滤技术

国外油田含油污水过滤技术与国内基本一致，但国外更注重强化传统采油污水治理设备的效能，开发多功能一体的污水过滤设备。对于过滤单元，早在 20 世纪 80 年代欧美发达国家就广泛使用泵洗式核桃壳过滤技术，它代表了当时反冲洗再生技术的发展方向。近年来，国外过滤机械的发展趋势包括以下几个方面：①高参数发展趋势，即大规模、高速率、高精度、高压力；②多功能、节能复合发展趋势；③全自动发展趋势；④新材料发展趋势；⑤机型多样化发展趋势。

2. 石英砂和磁铁矿过滤技术

对于经过常规工艺处理的采出水，再经过两级石英砂慢速过滤（一级滤速为 8m/h，二级滤速为 4m/h），在正常情况下可以达到低渗透油层注水水质标准。其特点是流程简单、操作管理方便、处理效果好，但同时也存在着滤速低、过滤罐多、占地面积大等缺点。

为了更有效地提高过滤效果，达到提高滤速、减少占地面积、降低工程造价的目的，在上述处理工艺基础上，对滤层结构进行调整。采用无烟煤、石英砂、磁铁矿等多层介质滤料代替单一介质的石英砂滤料。由于多层滤料级配合理、滤床利用率高，可以提高过滤罐截污能力，将滤速提高了一倍（一次为 16m/h，二次为 8m/h），节省了工程投资和占地面积，处理后水质达到了低渗透油层注水水质标准。

3. 核桃壳过滤技术

核桃壳过滤技术是 20 世纪 80 年代中后期在国内发展起来的，已经广泛应用在陆上、海上油田，国内早已有能力成套生产。该技术具有滤速高（可达 20m/h 以上）、截污能力强、反冲洗效果好（反冲洗时辅助以机械搅拌）、反冲洗强度低［为 6～8L/（s·m^2）］等优点，克服了石英砂过滤罐滤速低、反冲洗强度高等缺点，极具推广使用价值。大庆油田于 20 世纪 90 年代中期开始在外围油田应用该技术。1998 年建成的南Ⅱ-1 采出水处理站，处理规模大，如采用石英砂过滤罐，则所需过滤罐数量众多，而采用核桃壳过滤器，获得了良好的效果。为了提高核桃壳滤料过滤罐的处理效率、增长运行周期、延长滤料的使用寿命，近年来研究者在核桃壳过滤反冲洗再生方面做了大量的研究工作，分别研发了泵洗式核桃壳过滤器再生技术[9]、超声波清洗再生技术[10]、空气搅拌清洗再生技术[11]等，这些技术为核桃壳滤料过滤设备的推广应用提供了保障。

4. 改性纤维球过滤技术

石英砂、磁铁矿以及核桃壳滤料很难形成理想的孔隙分布，处理效果受到限制，而且滤料容易流失，需要及时补充。纤维球滤料在自重和水力作用下可形成理想的孔隙分布，所以去除悬浮固体的效果较好，目前在油田上已有应用。但是，由于纤维过滤介质的非极性亲油表面，纤维球容易黏结成团，不易冲洗再生，从而限制了其在油田采出水处理中的推广应用[12]。为了克服这一缺点，近年来一些学者对纤维球的改性及改性纤维球的应用进行了大量的研究，通过化学或物理方法将疏水亲油性的纤维制成具有亲水疏油性的改性纤维球，使得改性纤维球呈柔性，孔隙可变，具有良好的亲水疏油性质，过滤时受工作压力、上层截污和滤料自重的影响，形成了上疏下密的理想滤料分布状态，利用其极大的比表面积和孔隙率吸附并截留水中的油滴、悬浮颗粒，充分发挥滤料深层截污能力。该过滤器有处理量大、滤速高的特质，可替代二次过滤器，目前已经在清水处理上得到广泛应用，并开始应用于含油污水的深层处理上。

5. 双向过滤技术

双向过滤技术是为了提高含油污水过滤设备的效率而开发的，与石英砂慢速过滤工艺相比较，滤速提高了3倍，与多层滤料过滤工艺相比，滤速提高了1倍。双向过滤工艺在节省基建投资、节省占地方面具有显著优势。但由于双向过滤器的上下向滤速比必须采用计算机程序控制，控制系统所占投资的比例较大，且对管理、维护要求高，近几年在新建站中已不再采用。

1.3.2 含油污水处理过滤新技术的研究及现状

目前国内油田含油污水处理过滤工艺有常规处理和深度处理两种。对于低渗透油层一般在常规处理后再进行深度处理，即进行二次或三次过滤，过滤主要采用多层滤料过滤、精细过滤两种，含油污水深度处理工艺能达到“8·3·2”（悬浮固体含量≤8mg/L，含油量≤3mg/L，粒径中值≤2μm）标准，技术较为成熟。但对于特低渗透油层要求的“5·1·1”（悬浮固体含量≤5mg/L，含油量≤1mg/L，粒径中值≤1μm）标准，国内还没有成熟技术，目前已开展了具有高效固液分离效率及精度的膜分离技术含油污水的深度处理试验研究。膜分离技术的分离过程有以下三种特征：①溶质吸附在滤芯表面及微孔孔壁上；②溶质的粒径大小与滤芯孔径相仿，溶质在滤芯孔隙中停留，造成阻塞；③溶质的粒径大于滤芯孔径，溶质在滤芯表面被机械截留，实行筛分。下面主要介绍改性双层膨胀滤芯膜分离技术、超滤膜分离技术。

1. 改性双层膨胀滤芯膜分离技术

该技术是微滤膜分离技术与弹性纤维绕制技术相结合的一种新型油水、固液分离技术。滤芯内层为微滤膜，微滤膜为保安层，确保精细过滤，改性纤维绕制的外层对大颗粒杂物和油起拦截作用，保证有足够的纳污能力。

双层膨胀式精滤芯技术属于膜分离技术，它的等效过滤直径可以达到0.5μm，可以根据出水水质的不同，选择不同精度的滤芯。滤芯是微滤膜与弹性纤维绕制技术相结合的一种处理含油污水的新型滤芯。滤芯分为内外两层，其孔径外层大、内层小，外层为预处理层，内层为过滤保安滤层，确保过滤精度。内层为不锈钢粉末经高温高压烧结而成的过滤棒，在过滤棒上涂一层膜作为过滤膜，膜的过滤精度为 0.5μm。膜面光滑均匀，抗污染性强，并在外层缠有可松紧、有弹性的精度为 3μm 的化纤弹性丝，经特殊牵引技术缠绕而成，弹性丝采用经特殊处理后的疏油改性纤维。运行时，改性纤维绕制的外层因来水压力将滤芯压紧，使其孔径变小，对大颗粒杂物和污油粒起拦截作用，保证有足够的纳污能力。水经过滤层后经涂膜（保安滤层）进入不锈钢集水管中，完成整个运行过程，得到优质的净化水。反冲洗时，净水从涂膜的集水管中向外压出，因滤芯的外部绕制层具有疏油改性性质，并具有松紧和弹性，此时外层孔径变大，截留的杂质和污油能被压力水较容易地冲洗干净。

2. 超滤膜分离技术

超滤采用聚氯乙烯（PVC）合金中空纤维超滤膜，超滤膜由许多细小的管状滤芯胶结而成，过滤孔径达到 0.01μm。超滤膜的过滤方式为内压过滤，即水由中空纤维超滤膜的内表面向外表面过滤，冲洗方法有沿滤芯轴向的水力直冲，能将污染物直接外排，还有沿径向的水、气反冲洗，进一步清洁滤芯，恢复滤膜通量。另外，PVC 合金中空纤维超滤膜的过滤表面较一般超滤膜的过滤表面光滑，使滤膜被污染后容易清洗，通量恢复好。

由于超滤膜抗还原性硫化物污染性能差，所以在最前段工艺中增加曝气工艺，除去硫、铁、锰物质，只要加大曝气量就能够全部除硫。氧化曝气罐中的曝气管采用德国进口材料，通过激光打制的孔眼非常细小、分布均匀，产生的气泡直径小，除油和悬浮固体的效果也很好。曝气罐能够除硫、铁、锰物质，可防止超滤膜被其污染，影响污水处理效果，而且曝气罐能去除一部分油、悬浮固体；其具有投资低、运行费用低的优点；超滤前的保安过滤能进一步进行油水、固液分离，减轻超滤膜的负担；超滤膜的过滤孔径达到 0.01μm，是实现粒径中值≤1.0μm 的关键，使经整套工艺处理后的水能够达到“5·1·1”标准。整套工艺具有配套性和可行性，能够达到特低渗透油田注水水质标准。

1.4 膜分离技术及应用

1.4.1 膜分离技术

膜分离技术是 S. Sourirajan 开拓并在近几十年迅速发展起来的一种高新技术，它是利用膜的选择透过性进行分离和提纯的技术，过程的推动力主要是膜两侧的压差。膜从溶液中分离溶解的成分是由溶质的尺寸、电荷、形状及与膜表面间的分子相互作用决定的[13]。用于油水分离的膜有反渗透膜、超滤膜、微滤膜和电渗析膜等[14]，它们的作用是截留乳化油和溶解油。简单的情况是乳化油基于油滴尺寸被膜阻止，而溶解油的被阻止则是基于膜和溶质的分子间的相互作用，膜的亲水性越强，阻止游离油透过的能力越强，水通量越高[15]。膜分离技术处理含油污水一般无相的变化；不产生含油污泥，浓缩液可焚烧处理；透过流量和水质较稳定，不随进水中油分浓度波动而变化；一般只需压力循环水泵，常温下操作，具有高效、节能、投资少、污染小等优点[16]；分离装置具有简单、易自控、易维修等特点，具有很好的应用前景。其中横向流超滤和横向流微滤以及纤维过滤技术是极有前景的除油和去除悬浮固体的技术。

在采用膜分离技术处理油田含油污水的过程中，尽管选择了较合适的膜和适宜的操作条件，但在长时间运行中膜的透水通量随运行时间的延长必然下降，这就是膜污染[17]。膜污染一般是指污水中的污染物与膜表面存在物理化学或机械作用引起的膜面上的沉淀与积累[18]，以及膜孔内吸附造成的孔径变小或堵塞，使膜的透水阻力增加，妨碍了膜表面上的溶解与扩散[19]，从而导致膜通量与分离特性的不可逆变化现象，广义的膜污染还包括浓差极化导致凝胶层形成的可逆变化现象[20]。膜污染的机理仍在进一步的研究中，Defrance 等[21]认为悬浮固体和胶体是膜污染的主要影响因素。

综上所述，我们可以看到，膜分离技术作为一种有效的分离手段[22]，其试验和应用结果都可以达到油田的各种特殊要求，应用前景十分广阔[23]。但是，我们也应该清醒地认识到该技术还有不足之处，如：①初期投资成本高，限制了膜技术在油田含油污水处理领域的推广应用[24]；②膜易污染，清洗再生工作困难[25]；③膜通量较低且衰减较快，不能满足工程应用需要[26]；④对不同含油污水的处理是否保持同样的处理效果及处理工艺的经济性还需进一步确认等[27]。因此，目前工作重点是：①深入研究分离膜的膜面特性与含油污水水质特性之间的关系，明确引起膜通量下降的原因和机理[28]，从微观上了解分离膜的分离过程和机理，从而寻求解决控制膜通量下降的途径和措施；②探索合适的清洗周期，研究合适的清洗剂和合理的清洗工艺[29]；③明确分离膜的前段预处理指标要求，合理安排工艺流程，提高膜处理效果[30]；④开发新工艺、新型膜组件和高通量抗污染的新型膜[31]。

当然单一的膜分离技术还难以解决油田含油污水处理过程中形形色色的问题[32]，在应用过程中我们要将膜分离技术与其他处理技术相结合，充分发挥各自优势和协同效应，以得到最佳处理效果和最佳经济效益[33]。只有成功地解决了以上问题，才能更好地处理油田含油污水，膜分离技术在含油污水处理中的应用将越发广泛。

1.4.2 膜分离技术在油田含油污水处理中的应用研究进展

目前全国大多数油田基本采用注水开发方式，随着油田进入高含水后期，采出水量大幅增长，而油田采出水中不可避免地产生一些含油污水，出于保护环境和节约资源的考虑，如何经济、有效地处理含油污水是目前油田可持续发展的关键[34]。近年来，随着膜科学技术的发展，国内外都开展了利用膜分离技术处理油田含油污水的研究。经研究，人们发现膜分离技术与传统的分离技术相比，具有设备简单、操作方便、分离效率高和节能等优点，是油田含油污水处理技术的重点发展方向之一。

近 20 年来，国内外都进行了膜分离技术处理油田含油污水的研究，并取得了一些成绩。目前，用于油田含油污水处理的膜分离技术主要有微滤和超滤，它们的作用主要是截留污水中的微米级悬浮固体、乳化油和溶解油。国内，膜分离技术处理油田含油污水的研究主要是实验研究，还没有大规模工业应用的相关报道[35]。李发永等[36]采用自制的外压管式聚砜超滤膜处理胜利油田东辛采油厂预处理过的污水，研究表明：超滤膜能有效去除含油污水中的石油类、机械杂质及腐生菌，截留率均大于97%，处理后水中的含油量、悬浮固体含量和腐生菌个数均达到了《碎屑岩油藏注水水质指标及分析方法》（SY/T 5329—1994）中规定的A1标准。王生春等[37]用聚丙烯中空纤维微滤膜处理油田含油污水，中型实验研究表明：在不考虑细菌影响的前提下，处理后的水中悬浮固体含量≤1mg/L，悬浮固体颗粒直径≤1μm，含油量≤1mg/L，能满足低渗透、特低渗透油层注水的要求，但膜易被污染，清洗周期较短。王怀林等[38]分别采用南京化工大学和美国Filter 公司生产的陶瓷微滤膜对江苏油田真二站三相分离器出水进行了实验研究，处理后的水中含油量小于4mg/L，悬浮固体含量小于3mg/L，探讨了不同温度、压差、膜面流速、孔径等参数对过滤特性的影响，并针对膜处理中最为关键的清洗问题，设计了脉冲及预处理工艺。研究者[39-43]在用管式磺化聚砜超滤膜处理辽河油田曙光采油厂低渗透油层处理站的含油污水时发现：经超滤膜处理过的水中含油量、悬浮固体含量用7230G分光光度计检测已低于检测下限，颗粒直径≤0.45μm，满足低渗透油层回注水质相关标准，但也存在膜通量低、膜易被污染等问题。国外，膜分离技术处理油田含油污水的研究也主要是实验研究。

1.4.3 膜分离技术处理含油污水过程中破乳的研究

用膜分离技术处理含油污水有时会产生良好的破乳效果，因此，国内外许多学者[44-49]对膜破乳机理进行了研究。研究发现膜破乳与膜的亲和性、润湿性、膜孔径的大小、乳状液的性质以及乳状液和膜之间的相互作用等有关。在膜破乳过程中，由于膜的亲和润湿作用，乳状液中的分散相首先在膜表面润湿，并发生一定程度聚集；由于膜孔径小于液滴平均直径，聚集在膜表面的液滴在一定压差的推动下发生变形进入膜孔；由于变形后液滴的表面活性剂膜受到破坏，液滴在碰撞时很容易释放出内相，使得内相容易与膜孔壁接触；由于膜的亲和性，内相被吸附在膜孔壁上，并逐渐聚结成较大的液滴，然后在一定压力作用下通过膜孔，同时连续相也连续地通过膜孔；过孔后的分散相与连续相很容易实现进一步分相，离开原来的分散介质，从而使透过液中油水得到很好的分离。

1.4.4 影响膜分离效果的因素

1. 膜的选择

膜分离除油，关键在于膜的选择，而含油污水中油的存在状态是选择膜的首要依据。若水体中的油以浮油和分散油为主，则一般选择孔径在 10～100μm 的微滤膜。若水体中的油是稳定的乳化油和溶解油，则必须采用亲水或亲油的超滤膜分离，一是因为超滤膜孔径远小于 10μm，二是超细的膜孔有利于破乳或有利于油滴聚结[35]。

2. 操作压差

在用膜分离技术处理含油污水的过程中存在一个临界操作压差，在达到临界操作压差之前，渗透通量随压差的增加而增加，超过临界操作压差后渗透通量随压差的增加反而下降。这可能是由于油滴具有可压缩性，当压差增大到一定程度后，油滴被挤压变形进入膜孔，从而引起膜孔堵塞，造成膜通量降低[50]。

3. 操作时间

在膜分离过程中，随着运行时间的延长，膜通量逐渐下降，这可以用膜表面受到污染或膜表面出现浓缩溶液层或胶体层来解释[51]。因此，为了保持较高的膜通量，必须定期对膜进行清洗。

4. 料液浓度

王兰娟等[52]的实验研究发现：当料液浓度较小时，膜通量与压力成正比；当料液浓度超过一定值时，渗透通量只与膜面流速有关，而与操作压力无关。王春梅等[53]认为膜过滤过程是一个料液的浓缩过程，存在着浓缩的极限。当料液浓度较小时，膜面不易形成覆盖层，随着浓度的增大，膜面阻力增大，膜的稳定通量显著降低；当料液浓度较大时，油滴粒径变大，在膜表面形成薄覆盖层，阻挡了细小颗粒进入膜孔，减缓了膜阻塞，膜的稳定通量基本不变。

5. 膜孔径

一般来讲，孔径分布窄的膜过滤性能较好；孔径增大，膜通量会大幅提高；孔隙率越大，膜孔的曲折率越小，膜通量越大。但选用较大孔径时，由于孔径大的膜的内吸附大于孔径小的膜的内吸附，污染速率更高，反而使渗透通量下降[54]。

6. 温度

对某些溶质和膜来说，溶质的截留率在很宽的温度范围内近似维持常数。邱运仁等[55]研究发现，温度上升，渗透液的黏度下降，扩散系数增大，减小了浓差极化的影响，有利于提高膜通量。但温度上升会使料液的某些性质改变，如会使料液中某些组分的溶解度下降，使吸附污染增加。此外，温度的改变也会影响膜面及膜孔与料液中可引起污染的成分的作用力，这些都会使膜的渗透通量下降[56]。

7. 膜面流速

膜面流速的影响与料液浓度及流体动力学性质有关，一般认为增大流速可提高通量，这是因为膜面流速升高有利于减小凝胶极化的影响，使凝胶层变薄，阻力降低；但当流速过高时，通量反而降低，这可能是由操作压差不均匀所致，也可能是料液在膜过滤器内停留时间过短所致。另外，由于流速增大，剪切力增大，油滴变形而被挤入膜孔，也可能引起通量的降低。因此选择膜面流速时，并不是膜面流速越大越好，当膜面流速超过临界值后，将不会对膜分离效果有明显改善[50]。

8. 料液流动状态

姚力群等[57]指出改变料液的流动状态有助于改善膜分离的效率，如能根据膜分离体系中进料液的具体状况，在考虑经济性的原则下适当地选择合适的进料液流动状态，将会非常有效地增强膜分离体系的抗浓差极化和抗污染性，提高整个膜分离过程的效率和膜的寿命。

1.4.5 膜污染

膜污染是指，在用膜分离技术处理油田含油污水的过程中，尽管选择了合适的膜和适宜的操作条件，但在长时间运行中，膜的透水通量也必然下降[58]。膜污染是膜分离技术处理含油污水所面临的最重要的限制因素，人们对此做了大量研究，认为控制膜污染要注意膜材料、膜孔径和膜组件结构的选择，溶液温度的影响，溶液 pH、溶质浓度、料液流速及压力的控制等[59]。

具体如下：①选择热稳定性、强度、化学稳定性、耐污染性、产水性均较好且使用寿命长、孔径适度的膜材料，另外还需考虑膜造价等经济性评价指标。②操作条件方面，保持低水通量过滤，合理的间歇操作模式，可使膜污染速率降低、膜表面沉积污染物脱落速度加快、膜表面紊动度增加，从而防止膜污染，延长清洗周期。采用此种方式控制膜污染虽有效且容易实现，但需增加运行费用，使得膜分离技术不能大规模应用于污水处理[60]。③清洗是处理被污染膜的常规方法[61]，通常包括：空气反冲洗、水反冲洗、空曝气清洗、化学清洗及近年来研究较多的超声波清洗[62]。清洗需定期进行，为了操作方便应尽量采用在线清洗的方式，水反冲洗、空气反冲洗或超声波清洗等均应采用自动控制方式[63]。必要时还可进行化学清洗，此时应根据不同的污染物类型选用合适的清洗剂。因化学清洗要停止运行，而且较烦琐，所以应尽量减少化学清洗的次数[64]。

1.5 石英砂过滤器技术及应用

1.5.1 石英砂过滤器的工作原理

1. 过滤器原理

过滤是用过滤介质（滤料）对作为分散相的悬浮固体进行拦截而允许作为连续相的水通过来实现两相分离的过程。典型过滤设备的结构包括滤层和承托层，图 1-1 为抽象的过滤原理示意图。过滤介质对悬浮固体的拦截作用可分为筛除作用和吸附作用。筛除作用是针对较大的悬浮颗粒，由于不能通过滤层而被截留在滤层的表层，而较小的悬浮颗粒尽管可以进入滤层，但这些颗粒在通过滤层时与过滤介质接触而被吸附在滤层中被滤除，这就是吸附作用。砂滤池深床过滤器可以滤除的颗粒远小于滤层的孔隙，说明其工作机理主要是吸附作用而不是筛除作用。

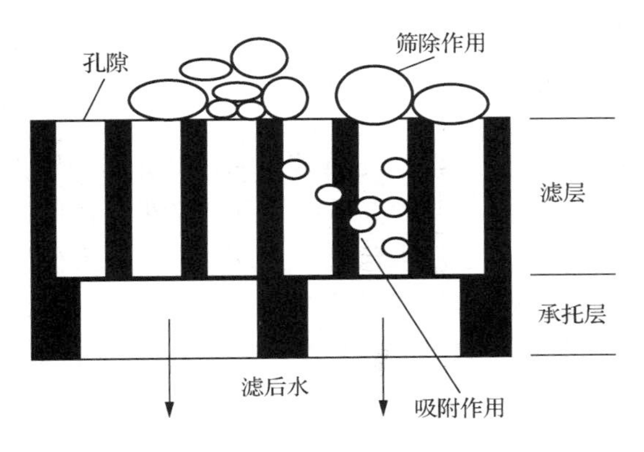

图 1-1 过滤原理示意图

吸附的发生，简单地说即当过滤介质对悬浮颗粒的吸力大于水流对悬浮颗粒的曳力时将发生吸附。过滤介质对悬浮颗粒的吸力主要取决于过滤介质的材料性质和结构两个因素。材料性质因素是由于其化学性质产生的表面吸力；结构因素是由于多孔结构会强化吸附作用。当材料相同时，颗粒与介质表面接触面积越大则吸力越强，而过滤介质所形成的微孔，一方面迫使细小悬浮颗粒获得与过滤介质接触的机会，另一方面也使其接触面积成倍增加，如图 1-2 所示。在过滤介质的孔隙内悬浮颗粒会受到足够大的吸力，而孔隙内的水流一般处于层流状态，流速不会很大，对悬浮颗粒的曳力也就不大，这样就会产生较强的吸附作用。因此，滤层孔隙的吸附作用对过滤性能的影响是很大的，制造更多更小的滤层孔隙会有效地提高过滤精度。

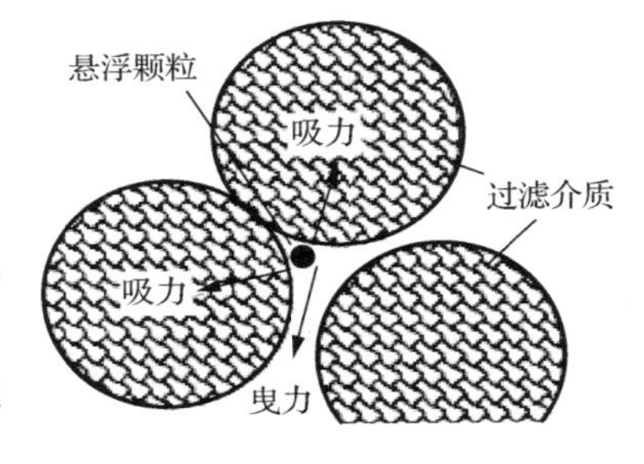

图 1-2 吸附作用示意图

当过滤器持续运行一段时间之后，截留物累积量达到一定程度，过滤器的性能将会下降，主要表现在滤速的下降和过滤精度的降低。这时就需要进行反冲洗操作来清除截留物，恢复过滤性能。反冲洗的机理实际上是过滤的逆过程。对于筛除作用的截留物，只用过滤水流的逆向流动就可以清除；但对于吸附作用的截留物，则没有这么简单，因为即使反冲洗强度很大，逆向水流在孔隙内仍处于层流状态，曳力的大小受到一定限制，并不能完全改变吸附状态。因此，对于吸附截留物的清除必须针对具体过滤装置的吸附特点采取合适的脱附方法。一般说来，产生吸附作用的过滤介质的材料性质因素是不易改变的，只能改变过滤介质的结构因素，通常是通过解除其所形成的微孔隙来脱附。因而，能否解除滤层的孔隙是决定反冲洗效果的关键。

油井采出水中的含油在过滤操作中可以被视为一种悬浮颗粒，但与固体颗粒相比，是不稳定的颗粒。分散的油滴容易分裂成更小的油滴，也容易聚并成更大的油滴，而且形状也很容易改变。因此，在过滤操作中，油滴严格来说是不能被筛除的，只能被吸附，或者被吸附在筛除截留的固体颗粒中，或者被吸附在过滤介质中。比起固体颗粒，油滴的吸附效应更强，因而脱附也就更加困难。

2. 石英砂过滤器的结构特点及工作原理

石英砂过滤器是以中等粒径级配的石英砂作为过滤介质的压力过滤器。污水中油类和悬浮固体流经石英砂层时，在石英砂介质的筛分、惯性拦截和扩散分离作用下污物被截留在石英砂滤层孔隙内，实现了油水分离。油田现在应用的石英砂过滤器主要有双路反冲洗石英砂过滤器、低压反冲洗石英砂过滤器和水力动态反冲洗石英砂过滤器三种。过滤器反冲洗再生是水质处理中最核心、难度最大的生产管理工作，反冲洗再生效果直接关系过滤器的出水水质和使用寿命。

1）双路反冲洗石英砂过滤器

双路反冲洗石英砂过滤器采用立体筛管式集配水结构，内设桨叶式搅拌器和高点排污口。反冲洗时通过高点排污口排除罐顶死水区浮油，再利用桨叶式搅拌器的机械搅拌作用使结块的滤料颗粒破碎，实现杂质和滤料的分离，分离后的杂质随反冲洗水经立体筛管式集配水结构排除，结构如图 1-3 所示。

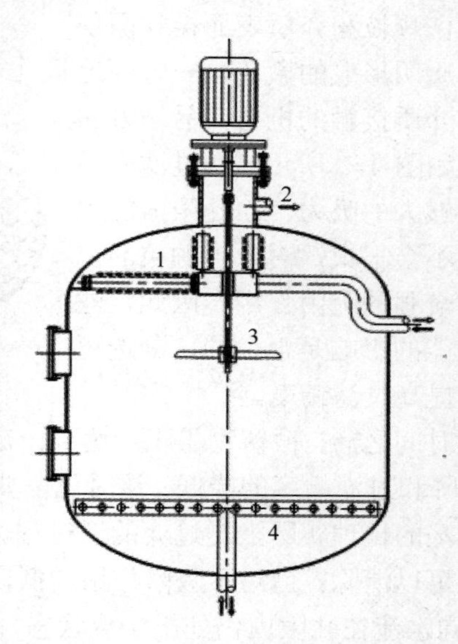

1-立体筛管式集配水结构；2-高点排污口；3-桨叶式搅拌器；4-丰型配水结构

图 1-3　双路反冲洗石英砂过滤器结构示意图

2）低压反冲洗石英砂过滤器

低压反冲洗石英砂过滤器采用置于罐顶的竖向筛管式集配水结构，并内置桨叶式搅拌器。部分低压反冲洗石英砂过滤器下部设置短筛管式布水板。反冲洗时搅拌桨使结块的滤料颗粒破碎，实现杂质和滤料的分离，分离后的杂质随反冲洗水经竖向筛管式集配水结构排除，结构如图 1-4 所示。

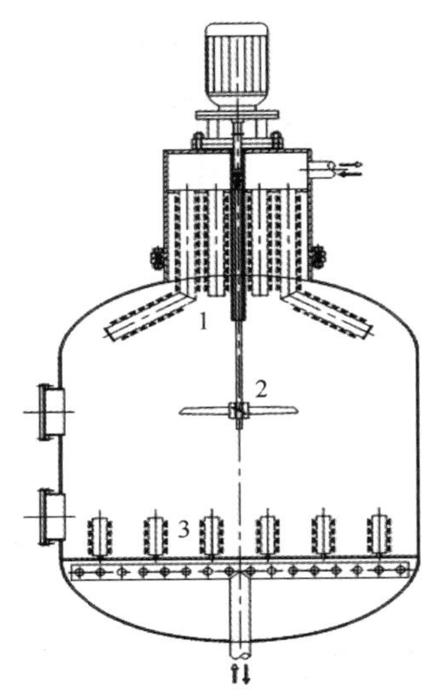

1-竖向筛管式集配水结构；2-桨叶式搅拌器；3-短筛管式布水板

图 1-4　低压反冲洗石英砂过滤器结构示意图

3）水力动态反冲洗石英砂过滤器

针对现有石英砂过滤器反冲洗时滤料流失、排油困难、布水不均匀以及过滤器长期运行使垫层得不到良好清洗造成悬浮固体累积等问题，采用反冲洗动态砂滤技术对原有石英砂过滤器内部结构进行改造，达到有效排除罐顶浮油、动态防堵，实现均匀配水和减少悬浮固体累积的目的。水力动态反冲洗石英砂过滤器结构如图 1-5 所示。

反冲洗动态砂滤技术是指流经石英砂滤层后的反冲洗污水通过固定旋翼和动态转轮形成的刮洗、搅拌和螺旋输送作用，有效排除反冲洗污水和浮油的技术。该技术主要由动态浮油聚集单元、动态刮洗单元（由防冲整流锥形板、复合水力推动装置和螺旋刮洗器构成）、油水过滤分配单元和回路式反冲洗集配水单元等组成，具有以下功能和特点：①独特设计防冲整流锥形板和复合水力推动装置，根据反水轮机原理，有效利用反冲洗污水剩余机械能推动螺带刮洗搅拌装置，对浮油形成强搅拌并防止筛管堵塞；②罐顶浮油通过固定旋翼和动态刮洗系统形成搅拌和螺旋输送作用，使浮油与反冲洗污水强制混合，经动态浮油聚集器排除；③固定旋翼形成的离心螺旋刮洗作用使筛管表面不断被刮洗，有效防止油和细小石英砂堵塞筛管缝隙，同时螺旋运动形成搅拌作用，减少过滤器内排油的死角；④过滤分配筛管设置在防冲整流锥形板上部，免受反冲洗污水直接冲击，防止细小石英砂堵塞筛管缝隙；⑤独特设计防冲整流锥形板具有均匀配水和收集反冲洗污水以推动装置的双重作用；⑥回路式反冲洗集配水系统采用多通道进水，通道呈环形的结构设计，能够实现均匀配水，使滤料得到有效清洗，减少滤料冲洗存在死角、长期运行累积悬浮固体等问题。

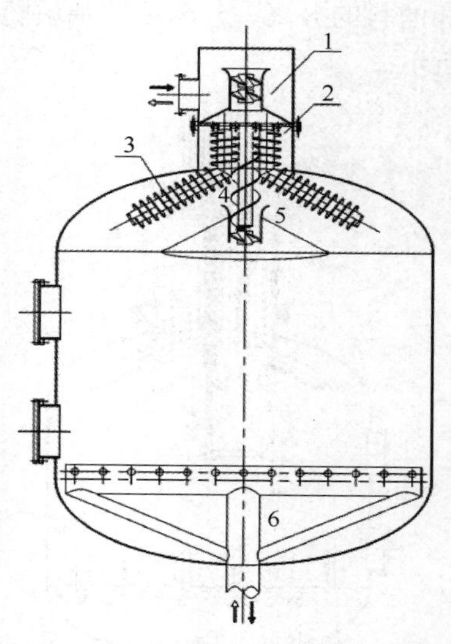

1-复合水力推动装置；2-动态浮油聚集器；3-油水过滤分配器；4-螺带式动态刮洗搅拌装置；5-防冲整流锥形板；6-回路式反冲洗集配水器

图 1-5 水力动态反冲洗石英砂过滤器结构示意图

4）三种石英砂过滤器的性能对比

三种石英砂过滤器的性能比较见表 1-1。其中，水力动态反冲洗石英砂过滤器在能耗、搅拌型式、搅拌器旋转角速度和防堵功能方面都有相对的优势。

表 1-1 三种石英砂过滤器性能对比表

类别	能耗	搅拌型式	搅拌器旋转角速度/（r/min）	集配水筛管是否有防堵功能
双路反冲洗石英砂过滤器	消耗电能	桨叶式搅拌器	50～70	没有
低压反冲洗石英砂过滤器	消耗电能	桨叶式搅拌器	50～70	没有
水力动态反冲洗石英砂过滤器	不消耗电能，利用水力作用，通过复合水力推动装置带动螺带式搅拌器旋转	螺带式搅拌器	120～200	有（旋转螺旋对筛管表面形成动态刮洗作用）

1.5.2 石英砂过滤器的应用及发展

过滤技术在油田污水处理中的应用始于 100 多年以前的美国宾夕法尼亚某油田。从 20 世纪 40 年代开始，油田水驱采油开始大面积推广，过滤工艺也在油田得到了广泛应用。所用的过滤器以石英砂过滤器和石英砂/磁铁矿双滤料过滤器为主，主要对悬浮固体具有较好的去除效果。

1. 石英砂过滤器的应用现状

石英砂过滤器属深床过滤器，依靠滤料和在滤料床层上部形成的滤饼层来截留污水中的悬浮固体和胶体。在水驱污水的处理中，石英砂过滤器的效果是很明显的，但随着聚合物驱油技术的推广，石英砂在处理聚合物驱污水或含聚合物污水时，出现了同核桃壳过滤器相似的问题，包括滤料清洗不干净、反冲洗压力升高、滤料流失、出水水质不合格等。

产生这些问题的原因是水质的变化增加了进入石英砂过滤器水体中的聚合物，导致大量的聚合物被滤床截留，在滤层上层形成黏附于滤料上的胶冻状滤饼，在正常反冲洗条件下，不能有效地将胶冻状滤饼破碎并冲洗出去。为冲洗出这种胶冻状滤饼，需加大反冲洗强度。由于滤料表面污油和聚合物的吸附，滤料相对密度变小，滤料膨胀高度增加。大强度反冲洗又会导致滤料迅速上升，同样由于设计方面的缺陷，滤料极易进入布水筛管，导致布水筛管堵塞，致使反冲洗压力升高，水量下降，反冲洗不能顺利进行。经实践表明，即使是大强度反冲洗水流也不能将板结层冲碎分散，尤其在冬天，进入冷输期，污水温度低，水中浮油、悬浮固体和聚合物等凝固析出黏附于滤料上，更易形成板结层。

2. 石英砂过滤器发展方向

目前国内大部分油田进入了三次采油期，污水的水质水量已经发生了很大的变化。尤其是聚合物驱采油的发展，水中的聚合物含量急剧增加，改变了污水水质，增大了污水的黏度，减小了油滴粒径，增大了污水的 Zeta 电位，降低了油珠浮升的速度，悬浮颗粒直径变小。综合作用的结果是原油、悬浮固体乳化严重，形成了稳定的胶体体系。水质的变化严重影响了过滤效果。因此，如何提高过滤效果成为国内外专家研究的热点。目前对于过滤工艺的研究主要集中在以下几方面。

1）滤料的选择

不同种类滤料的表面吸附特性、密度、球形度以及机械强度等物理特性不同，因此其对污水中污染物的截留和纳污能力也不同。国内外现有过滤处理工艺中滤料的种类繁多，如石英砂、核桃壳、无烟煤、纤维球、磁铁矿等。这些滤料都有各自的优缺点，因此要根据不同油田的水质选择合适的滤料或开发新型的工艺材料以提高油田污水处理效果。

2）新型过滤器的研制

油田污水水质的变化，尤其是聚合物的增加，会导致原有过滤器在运转过程中出现一系列问题：反冲洗滤料流失、压力升高，过滤不稳定等。这些问题的存在严重影响了过滤的效果。产生这些问题的主要原因在于过滤器设计方面的缺陷，因此应对过滤器进行重新设计，研制新型过滤器，进而解决过滤器反冲洗存在的问题，改善过滤器的出水效果。例如体内搓洗核桃壳过滤器，它在原核桃壳过滤器基础上，主要增加了搓洗器，将污染滤料经泵抽吸进入搓洗器，通过滤料间相互摩擦，达到去除黏附在滤料上的污染物的目的。

3）工艺的改进

由于油田水质的变化，进入过滤器的水质也发生改变。传统的直接过滤无法实现水质达标。微絮凝工艺在油田水处理过滤段前增加微絮凝反应，改变悬浮固体和油滴的粒径，从而提高悬浮固体和油的去除率。微絮凝是指在含有油和悬浮颗粒的污水中加入一定量的絮凝剂在短时间内形成微小的聚集体的絮凝过程。微絮凝与过滤相结合形成新的单元处理过程——微絮凝过滤，根据过滤方式不同将其分为直接过滤与接触过滤。直接过滤是指在滤前设置适当的絮凝反应池，絮凝剂加入后，絮凝反应一部分在反应器内进行，一部分移至滤池中进行；接触过滤是指在原水中加入絮凝剂后立刻进入滤池，即将絮凝反应过程全部移至滤池中进行。经过微絮凝作用，微小的悬浮颗粒和油滴粒径变大，从而提高油田污水处理效果。

1.6 核桃壳过滤器技术

1.6.1 核桃壳过滤器一般技术要求

1. 行业技术规定

核桃壳滤料在《油田水处理过滤器》（SY/T 0523—2008）中有简要规定，具体如下：①材质为厚皮核桃壳；②密度为 1.30～1.40g/cm^3；③粒径合格率应大于 95%；④皮壳率应不大于 0.3%，杂质率应不大于 0.35%；⑤滤料的几何形状应无尖角锐棱；⑥滤料色彩鲜艳，无腐烂变质斑点；⑦粒径规格 0.5～0.8mm、0.8～1.2mm、1.2～1.6mm、1.6～2.0mm。

2. 企业技术规定

因行业规定不够详细，国内部分油田曾制定过自己的企业标准，进一步提出了技术要求。如大庆油田曾于 2000 年专门制定企业标准《水处理用核桃壳滤料》（Q/SY DQ 0613—2000），详细内容如下：①核桃壳滤料的破碎率和磨损率之和应不大于 3%（百分率按质量计，下同）；②核桃壳滤料的密度一般不小于 1.25g/cm^3，不大于 1.40g/cm^3，使用中对密度有特殊要求者除外；③皮壳率不大于 0.13%，杂质率不大于 0.13%；④核桃壳滤料应色彩鲜艳、无腐烂和变质斑点，几何形状应无尖角锐棱，应不含可见泥土和外来碎屑，滤料的水浸出液应不含有毒物质，含泥量应不大于 2%；⑤核桃壳滤料的盐酸可溶率应不大于 3.15%；⑥材质为厚皮核桃壳；⑦在各种粒径范围的核桃壳滤料中，小于指定下限粒径的应不大于 3%，大于指定上限粒径的应不大于 2%；⑧粒径规格为 0.5～0.8mm、0.8～1.2mm、1.2～1.6mm、1.6～2.0mm。

3. 特殊技术规定

国内比较大的核桃壳过滤器制造商，如江汉石油机械厂、扬州澄露环境工程有限公司、江苏一环集团公司等，对核桃壳滤料除满足上述要求外，尚有其特殊的加工要求，具体如下：①原料必须是野生山核桃果壳，充分成熟，无明显虫蛀等缺陷；②将挑选出的果壳经粉碎机粉碎后，需经高温蒸煮并加入碱性药剂，进行脱脂处理；③脱脂后的核桃壳碎粒进行清洗及搓洗脱皮处理后，送入烘干机烘干；④烘干后的核桃壳颗粒按不同要求，进行严格的挑选、筛分、包装，方为合格的核桃壳滤料；⑤经过以上工艺处理的核桃壳滤料，密度略大于水，在 1.30～1.40g/cm^3。滤料亲水性能好，抗油侵，表面吸附的污油等杂质可采用滤后水进行冲洗。滤料颗粒内部吸附的污油等杂质，可通过反冲洗时的机械动力去除。滤料的硬度相对较高、韧性大、耐磨性好、不易腐烂，可长期使用，每年仅需补充 5%左右。核桃壳过滤器在国内尚属非标设备，制造、安装均执行企业标准。容器的设计制造、内部集配水结构等，与普通压力式石英砂过滤罐差别不大，最大不同点是增加了机械反冲洗功能，设备上有转动部件，内部滤层级配也有较大区别。滤层应采用单一粒径级配，深层过滤形式，无承托层结构。一般滤层厚度 1000～1200mm。上部配水、下部集水系统一般采用不锈钢筛管或筛板结构。要求集配水均匀，连接部件具有足够的强度。机械反冲洗国外基本采用泵搓洗，国内多采用机械搅拌。机械搅拌反冲洗时，要求电机转动平稳，电机、减速机等占用的空间尽量小。搅拌桨形式可以采用单层、双层或框式等，使滤料充分翻腾、搅动。

1.6.2 工程中存在的问题及改进意见

目前各油田在用的核桃壳过滤器，生产企业众多，采用的标准不一致，导致产品质量参差不齐，运行过程中暴露出一些问题，归纳为下列几类。

1. 滤料

存在问题：①有部分企业生产的核桃壳过滤器，滤料未进行脱脂及化学处理，只是简单的机械粉碎、筛分。滤料的吸附特性发挥不出来，类似于矿物介质滤料，导致过滤器的性能明显下降。②滤层级配不合理，制造商未真正理解关键技术。有部分过滤器填装两层或多层核桃壳滤料，甚至在滤层下加装磁铁矿等垫料，画蛇添足，影响过滤器性能的最大限度发挥。③滤料中的“浮皮”含量控制不好。因其质量轻，运行过程中聚集在滤层顶部，与污油结合后，堵塞反冲洗排水筛管，很难排出罐外，且增加反冲洗阻力。④过滤器中的滤料粒径没有根据出水水质配置，有部分过滤器滤料粒径偏大。⑤对烘干后的核桃壳滤料没有进行含水率指标控制，采购时存在一定问题。

改进意见：①制定核桃壳滤料生产、加工、处理、包装、运输、填装等各环节的行业标准或企业标准，对各项参数进行严格规定，以规范生产商的行为；②核桃壳滤料必须进行脱脂处理和化学处理，使其具有较强的吸附性能及耐腐蚀性能；③滤料中的浮皮含量要求应更加严格，最好是不含浮皮；④滤料的含水率要求应有明确规定；⑤过滤器中的滤料粒径配置，应根据不同水质，在设计文件中提出具体要求。

2. 容器

存在问题：①部分企业生产的核桃壳过滤器结构设计有缺陷，出现内部筛板或筛管断裂，造成滤料漏失；②筛管或筛板缝隙设置不合理，缝隙过大，滤料漏失，缝隙过小，出水或反冲洗排水阻力增大，滤层截留的污物不能彻底排出罐外；③有部分过滤器顶部盘根密封不好，或不能及时排除盘根漏水，造成罐外壁污染；④罐顶部盘根漏水排放管及排气管在寒冷地区户外运行时，容易冻堵，影响正常工作。

改进意见：①罐体结构设计时应充分考虑罐的运行工况，对内部构件的正向、反向受力进行充分计算，另外要考虑不锈钢筛管或筛板与碳钢支撑件可焊性差的问题，设计时应留有必要的余量或增加必要的支撑，以避免“断裂”现象的发生；②筛管或筛板的缝隙总面积应足够大，使水流通畅。缝隙宽度应与滤料的粒径相适应，不宜过大或过小；③在寒冷地区户外运行时，盘根漏水排放管及排气管应做好保温伴热，使水流通畅，也可将排放管、排气管在罐内及反冲洗排水管内布设，进户后从管内穿出。

3. 搅拌器

存在问题：①搅拌器桨叶的种类很多，各生产企业均有其独特的配置，究竟哪一种更适合于核桃壳过滤器，尚无权威的规定。如大庆油田最初生产的核桃壳过滤器采用平板式桨叶，单层布置于滤层上。后改进为双层，其中有一层置于滤层内，最后改进为螺旋桨推进式叶片。②悬挂式搅拌轴及叶片，若垂直度不好，会导致轴承偏磨，盘根漏水严重。③先水洗还是先搅拌，与叶片的形式、设置位置、转速等有密切关系，直接影响反冲洗效果。制造商往往无明确界定，导致现场运行有误，影响反冲洗效果。④反冲洗强度各企业相差较大[65]。

改进意见：①建议搅拌器桨叶选用螺旋桨推进式，最好电机能够有正反转的功能，叶片下缘应尽量靠近滤层；②悬挂式搅拌轴及叶片应对垂直度有要求，罐顶部盘根最好采用机械密封，有条件时罐内最好设置“底轴”；③反冲洗强度应有明确规定，大庆油田设计的反冲洗强度为8～10L/（s·m^2），运行实践证明强度有些偏大，还可以降低[66]。

核桃壳滤料具有亲水疏油性能，处理含油污水后容易洗涤再生，因此已广泛应用于油田的含油污水处理工程中。目前，国内有许多单位可以生产这种设备，竞争非常激烈。各单位为了扩大市场占有率，都在想办法提高产品质量和出水效果，但实际结果却不太令人满意。水受污染的原因很多，水中污染物的组分也非常复杂。处理不同类型的污水需要选择不同的水处理设备，而同一类污水，由于组分及各组分所占比例不同，采用相同设备时，设计参数应当不同。同一设备在运行初期和运行稳定期出水水质有明显差别。作者认为，产品的设计参数应当以试验为基础。核桃壳过滤器是一种压力容器，行业标准《油田采出水处理设计规范》（SY/T 0006—1999）规定了滤速（20～30m/h）、反冲洗强度［5～10L/（s·m^2）］、过滤周期（12～24h）、反冲洗时间（15～20min）。这些参数的选择范围都较大，需要制造厂根据水质的实际情况确定。为了研究这个问题，作者做了系列试验。核桃壳过滤器的设计参数必须有针对性，因为不同油田，甚至同一油田的不同区块的采油污水的性质都不一样，其运行参数的选择必须以试验为基础，否则达不到预期效果。建议设计和制造单位要重视采油污水的复杂性和个性，多做试验研究，设计和制造出有针对性的水处理设备。

李相远等[67]开展了核桃壳滤料粒径与滤层各参数关系的研究，以及粒径对过滤过程影响的研究，得出如下结论：①采用较小核桃壳滤料粒径对保证滤后水质有利，但可能导致水流剪力、水头损失增长过快，产生滤层的含污量低、过滤周期短、滤速低、产水量小等问题，一般对过滤不利；②在保证过滤水质的条件下，宜选择较大粒径的核桃壳滤料；③滤层的厚度随核桃壳滤料粒径的增大而增大；④核桃壳滤料的平均粒径越小，不均匀系数越大，平均粒径越大，不均匀系数越小。

封莉等[68]考察了在不同粒径、不同滤速和混凝剂不同投加量的情况下，核桃壳滤料对洗井污水中油的去除效果和浊度的降低效果。经试验比较，最后确定的粒径范围为0.45～0.9mm，最佳滤速为10m/h，混凝剂投加量为10mg/L。

1.6.3 核桃壳滤料的再生研究

某联合处理站污水过滤使用的是核桃壳滤料过滤罐，含油污水依靠系统压力从过滤罐顶部进水管进入过滤罐，通过筛管布水后，经核桃壳滤料层过滤，处理后的污水经过出水管排到外输缓冲罐，再外输到注水站回注地层。反冲洗时，先用搅拌机对滤料层进行充分搅拌，使滤料翻动，然后用反冲洗泵将冲洗水从过滤罐出水管打入过滤罐，自下而上通过滤料层，将滞留在介质表面的污油和机械杂质冲洗出过滤罐。如果反冲洗不彻底，加上不能保证定期按质按量地清洗，滤料使用一段时间后，滤料层就会变脏，固体杂质和乳化油被截留在滤料层表面范围内，造成滤料层堵塞，继续使用会导致处理水质不合格。通过观察分析，发现造成污水水质差的主要原因是滤料污染严重，反冲洗不能保质保量，因而滤料的再生不彻底。主要表现在以下几个方面：①冲洗流程不合理。一是用滤前水进行反冲洗，也就是说，用处理不合格的污水作为反冲洗水，反冲洗本身又是一个滤料污染的过程；二是反冲洗水的出口还是经过进水筛管出罐，没有设置单独的污物出口，这样截留在过滤罐内的杂质和油污不容易通过孔隙很小的筛管，而是仍滞留在过滤罐内，而且油和杂质容易堵塞筛管的孔隙，使反冲洗的强度降低；三是由于原油沉降站来水含油量较高，粗粒化斜管沉降罐、压力斜管沉降罐除油效果不好，污水含油量高，容易污染滤料。②滤料搅拌清洗的流场结构不合理。在启动搅拌机进行滤料清洗时，流场有死角，有三分之一的滤料不能被搅起，使滤料洗涤不完全，滤料再生没有达到要求。冲洗时，没有增设清洗剂的加药流程，洗涤效果达不到要求。由于以上几个方面的原因，滤料污染严重，在现有的设备和条件下，在过滤罐内很难使滤料得到彻底的清洗，必须进行相应的技术改造。

根据过滤罐结构，并结合过滤罐的实际位置，把滤料层的下观察孔作为滤料的进出口，用管线将滤罐与清洗罐连接起来，用系统的压力和泵来控制滤料的进出。将原有停用的旧过滤罐上封头去掉，变成敞口容器，在上面安装一个搅拌机，这样就把旧过滤罐改造成滤料清洗罐。清洗时利用系统压力将滤料从需要清洗的过滤罐排放到清洗罐中，在水流冲击下形成旋涡，悬浮的机械杂质漂浮在水的表面，再通过搅拌机的搅拌，将滤料充分翻动，同时往清洗罐中投加清洗剂，这样经过反复的搅拌、搓洗、清洗，使污油和悬浮固体从溢流口排放到污泥浓缩罐，再用清水对滤料进行充分洗涤，使其达到接近新滤料的程度，最后用离心泵将干净的滤料打回过滤罐。这样充分清洗一座过滤罐需要时间，各过滤罐在保证生产正常运行的情况下，可每月清洗一次，不必再使用新的滤料，只需要对漏失的滤料进行适当的补充。自改造完成以后，这项工作一直在不间断地进行。在来水含油、含杂质的情况下，过滤后污水水质达到了注水水质的要求。

针对上述问题，结合联合站的情况，在节约资金和不影响生产的前提下，决定对滤料进行再生技术改造。为此，提出停用原反冲洗流程，对滤料进行体外循环清洗再生的设想，即将滤料在罐外清洗后再重复使用。再生系统改造流程如图 1-6 所示。

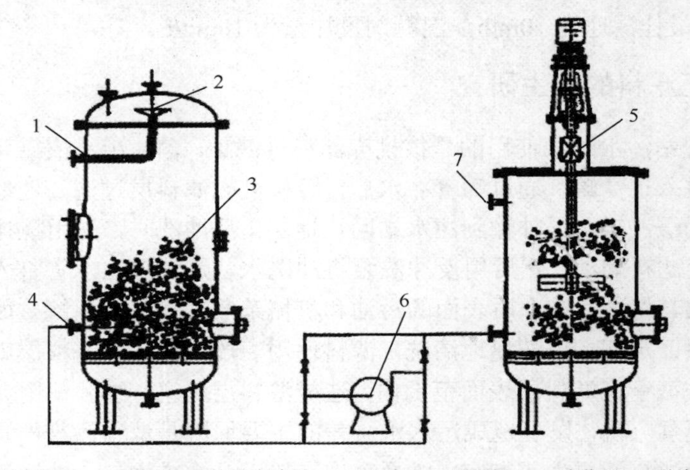

1-污水进口；2-布水器；3-核桃壳滤料；4-下观察孔；5-搅拌器；6-渣浆泵；7-溢流口

图 1-6　核桃壳过滤器滤料再生系统改造流程图

核桃壳滤料再生系统改造是在实践中逐渐摸索出来的，在一定程度上解决了生产中的难题，取得了一定的效果和经济效益。这是一种小的改造，在设备选用和流程设计上还存在许多值得改进的地方，需要在今后的生产实践中进一步总结提高，不断完善发展，使其日趋成熟。

1.7　油田含油污水过滤器滤料原位清洗再生

1.7.1　滤料污染物成分分析

过滤器中的滤料在含油污水处理过程中不断截留污染物，这些污染物黏附在滤料表面，导致滤料的黏结和过滤通道的减少，过滤器纳污能力下降和反冲洗效果变差，此过程持续一定的时间后会导致滤料板结、报废。通过对大庆油田第一采油厂到第十采油厂（以下简称采油一厂到采油十厂）在用的所有污水处理站水质现状的调查结果表明：近年来大庆油田含油污水过滤器滤料污染有明显加重的趋势，主要表现为滤料纳污能力明显下降、过滤后水质变差、反冲洗能耗增大及反冲洗效果下降。分析滤料污染加重的原因主要有：首先，随着油田开发时间的延长，采出水中细菌数量大大增加，其中硫酸盐还原菌会导致采出水中硫化物含量增加，这些硫化物可被滤料截留并黏附在滤料表面，使滤料颗粒之间发生粘连；其次，聚驱污水及水驱见聚污水比水驱污水油水分离及悬浮固体沉降困难，导致过滤器来水中污油、悬浮固体含量偏高，加快了滤料污染的速度。为了完成艰巨的含油污水处理工作，大庆油田每年需要更换大量滤料。废弃的滤料一般运到站外直接填埋，但报废滤料所携带的污油等污染物在多种自然因素的长期作用下会逐渐扩散，这样会对环境造成严重污染。随着全社会环保意识的提高以及政府环保部门监督和处罚力度的加强，这种处置方式已不太可行。污染滤料报废的同时，需要购进新的滤料，消耗大量资金。大庆油田每年需要购进的石英砂滤料、砾石、核桃壳滤料在万吨以上，其中大部分用于对报废滤料的更新。所以有必要对严重污染的滤料进行彻底的清洗，使其得以再生，延长其使用寿命，从而减轻对环境的污染，节约资金。而单靠常规的反冲洗工艺和反冲洗剂不能使被污染的滤料再生，因此，实际生产中迫切需要一种可行的滤料清洗再生技术。根据油田生产的需要，并对从现场含油污水过滤器中取得的污染滤料进行分析，确定滤料污染物的主要成分及其含量。根据滤料污染物的主要成分，通过实验研制适合石英砂滤料和核桃壳滤料再生的滤料再生剂配方，研制了专用的药剂投加装置。在现场应用均取得了良好效果。

为了研制滤料再生剂，必须掌握滤料污染物的主要成分，经实验测定的被污染的核桃壳滤料和石英砂滤料样品中主要污染物成分为原油、硫化亚铁、$CaCO_3$、机械杂质等，同时还含有大量细菌。在正常生产中，过滤器一般每24h反冲洗1次，这时滤料吸附和截留的原油、悬浮固体等污染物大部分被水流带走，剩余的污染物是与滤料表面结合较紧密的硫化物、垢和一些原油，经过一定时间的积累，滤料表面完全被硫化物、垢及原油形成的致密污染物覆盖。由于硫化物的亲油性大大高于滤料的亲油性，并且硫化物颗粒之间的黏附力也较强，污染后的滤料颗粒间亲合力大大增强，因此反冲洗效果变差，过滤压差升高。由于污染层是由原油、硫化物等共同形成的，单纯针对某一种污染物的药剂只能将表层的这一种污染物除去，在其他污染物的阻碍下药剂无法继续深入到污染层内部，因此对污染物的去除效果不理想。所以，在滤料再生剂研制中应根据原油和硫化物等污染物的不同特点选择不同的单剂，并通过合理复配发挥不同单剂之间的协同效应，才能达到较好的效果。

1.7.2 滤料再生剂研制

根据对滤料污染物成分的分析，滤料污染物中原油是一个主要成分，因此再生剂中应含有能有效去除原油的化学剂。常见的可清除原油污染的化学剂有有机溶剂、表面活性剂及某些具有分散作用的化合物等。由于滤料再生剂需要溶解在反冲洗水中使用，有机溶剂不便采用。因此，通过实验选定以表面活性剂为主的除油组分。对于污染物中的硫化物和垢质可以通过选择适当的药剂将其转化为可溶解的物质或从滤料表面剥离再通过反冲洗除去。筛选出具有清除硫化物和垢质等污染物的药剂，再用筛选出的清除污染物组分单剂进行再生剂配方设计，并通过再生效果实验得到滤料再生剂最佳配方。

1.7.3 现场滤料清洗再生

为了解决油田滤料污染的实际问题，使用研制的再生剂，选择三座滤料污染较严重、滤后水质差的污水处理站进行滤料清洗再生。现场滤料清洗再生工艺采用图1-7所示的工艺流程。

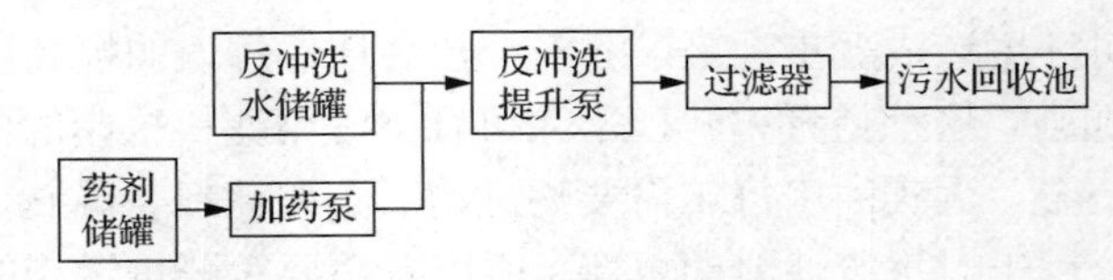

图1-7 滤料清洗再生工艺流程

在污水处理站现有的反冲洗流程的基础上，在反冲洗泵入口处增加一个支管，连接专用的再生剂投加装置。调节反冲洗泵和加药泵的流量，使药剂和水形成一定浓度的再生剂溶液，打入过滤器中，经过滤料再生后，含有原油等污染物的废液进入污水回收池，初步沉降后打入沉降罐进行处理。为此研制了撬状滤料再生剂投加装置，装置由药剂储罐、加药泵和阀门等组成。大庆油田现有水处理站190座，按每站10个过滤器计算，共有过滤器1900个，滤料使用寿命按5年计算，则每年有380个过滤器需更换滤料，不仅消耗大量的资金，废弃滤料还造成严重的环境危害。每个过滤器更换新滤料的费用约6万元，采用滤料原位再生技术费用为2万～3万元，如果全面推广滤料原位再生技术每年可节约费用1140万～1520万元，具有良好的经济效益。如果考虑更换滤料时废弃滤料处置不当导致的环境治理费用，经济效益还会更大。

1.7.4 目前研究中存在的不足

由于核桃壳过滤罐具有滤速高、反冲洗时采用机械搅拌、建设同等规模污水处理站投资相对较低等优点而在大庆油田大规模应用。

在生产实践中，发现部分采用核桃壳过滤工艺的含油污水处理站出现了滤后水悬浮固体不达标、反冲洗憋压及过滤罐跑料的情况。根据大庆油田2005年二季度检查情况，全油田核桃壳过滤罐580座，滤料污染208座，占总数35.86%；跑料78座，占总数13.45%；损坏48座，占总数8.28%。这些滤料污染及结构损坏的核桃壳过滤罐使污水处理质量下降，增加了油田管理难度，影响了油田开发效果。

核桃壳过滤在生产实践中出现的问题主要有以下两方面的原因：

（1）核桃壳过滤罐反冲洗不彻底，核桃壳滤料再生效果差，长期运行造成滤料污染，致使滤后水质达标困难。

（2）上布水筛管过流面积小，污染的滤料在大强度反冲洗时易堵塞筛管，出现反冲洗憋压的现象。

为改善核桃壳过滤罐反冲洗效果，提高滤料再生质量，有必要根据生产实际，改进反冲洗方式，即对原有核桃壳过滤罐的反冲洗参数（反冲洗强度、反冲洗时间）及反冲洗方式进行修订，并且改进核桃壳过滤罐上布水筛管结构，适当增加过流面积，避免反冲洗憋压。核桃壳过滤技术是20世纪80年代中后期在国内发展起来的，最早应用于大港油田的污水精细过滤，陆上、海上油田均应用广泛，国内早已有能力成套生产。大庆油田应用得较晚，20世纪90年代中期首先在大庆外围油田应用。1998年建成的南Ⅱ-1采出水处理站，因规模大、过滤罐数量多，而采用核桃壳过滤器，是大庆油田首次大量应用核桃壳过滤罐，获得了很好的效果。大庆油田在1998年之后建设的水驱采出水处理工程中，核桃壳过滤罐已普遍用于一级过滤。

核桃壳滤料作为过滤介质，具有较强的吸附性能，抗压能力强，化学性能稳定。与其他滤料相比，核桃壳滤料具有滤速高（可达20m/h以上）、吸附截污能力强、除油率高的特点。

核桃壳过滤罐在实际使用过程中，存在的主要问题涉及滤料质量、过滤器结构和反冲洗三个方面。滤料质量问题涉及滤料的处理（脱脂等工序）、粒径和皮壳率三个方面。过滤器结构问题主要是筛管或筛板缝隙设置、施工质量、搅拌器转速与桨叶的设置等方面。

国内的核桃壳过滤工艺技术，整体水平与国际先进水平相比尚有一定的差距，主要是国外的核桃壳滤料均粒程度（国外核桃壳滤料接近球形，颗粒大小均匀；国内核桃壳滤料的棱角比较明显，其粒径一般为0.6～1.2mm）远远高于我国，但是价格比我国高3倍以上（每吨2万元以上），成本较高。我国应在现有滤料和工艺设备基础上进行攻关改进，尤其在核桃壳过滤罐反冲洗方式、内部的布水结构等方面进行深入研究。

1.8 含油污水处理过滤工艺技术应用效果对比

1.8.1 低压稳流反冲洗技术

1. 低压稳流核桃壳搅拌工艺

针对普通污水处理站核桃壳过滤罐反冲洗压力高，滤料易跑料等问题，自2007年开始，油田通过产能和老区改造工程对大庆油田某联合污水处理站的四个站（A、B、C、D）的核桃壳过滤罐进行了改造。

改造后的核桃壳过滤罐将横向布水筛管更换为立体布水器，增加了排污系统集油器，增加了防护筛板，改变原有搅拌器的位置、结构、角度，集水器上部填加一定高度的砾石（图1-8）。改造后反冲洗在0.04～0.06MPa压力下就可以有效进行。同时，为了降低用电能耗，利用罐群余压进行反冲洗，反冲洗强度通过调节反冲洗排水阀门来实现。经过现场对反冲洗排水阀的调试、摸索，确定改造罐的反冲洗排水阀选取 1/4 的开启度，这时的反冲洗强度为 5.19L/（$s \cdot m^2$）。按此强度进行罐群反冲洗，反冲洗时间为 30min，处理后的污水水质含油量和悬浮固体含量达到“双 20mg/L”及其以下的水质标准，滤料表面吸附大量的颗粒杂质，造成滤料污染，影响过滤性能。

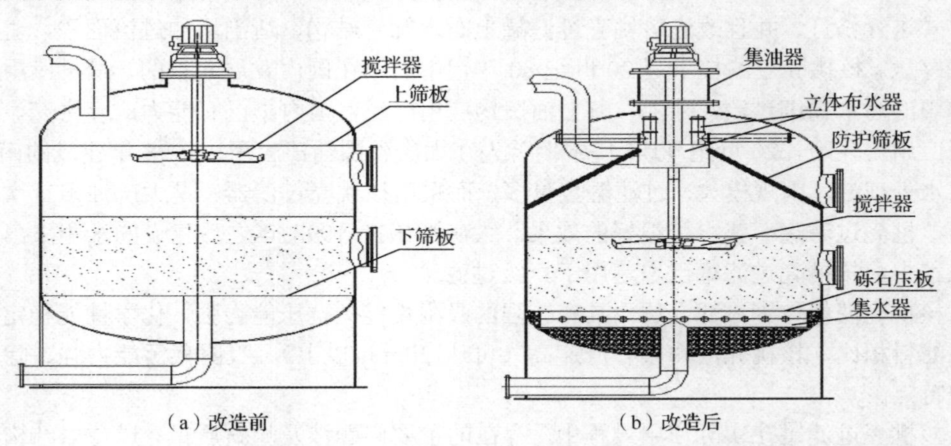

图 1-8　过滤罐改造示意图

A 站和 B 站采用的过滤工艺均为核桃壳过滤低压稳流反冲洗技术。其中 A 站的设计规模为 4 万 m^3/d，B 站的设计规模为 3 万 m^3/d。两个站分别于 2007 年和 2008 年改造，改造后投产至今处理后的污水水质达标率均为 95%以上，水质跟踪统计数据见表 1-2 和表 1-3。

表 1-2　A 站水质跟踪统计表

时间/d	负荷率/%	来水含油量/（mg/L）	聚合物质量浓度/（mg/L）	处理后水质/（mg/L）			
				一级进口		一级出口	
				含油量	悬浮固体含量	含油量	悬浮固体含量
1	82.97	278.6	123	150.6	19.3	19.7	17.6
2	71.26	291	123	147.2	18.1	18.2	12.8
3	77.99	297.5	123	124.1	19.2	17.5	15.2
4	86.78	297.7	123	179.5	35.4	12.4	14.8
5	88.69	289.8	123	123.5	30.7	18.9	18.1
6	88.89	297.2	123	138.4	19.8	18.4	16.4
7	82.26	291.2	123	128.1	17.6	15.9	14.2
8	85.57	292.5	123	130.6	18.3	14.9	14.7
9	87.01	290.5	123	125.3	19.7	16.7	15.1
10	87.28	279.5	123	141.6	19.8	17.1	14.5

表 1-3 B 站水质跟踪统计表

时间/d	负荷率/%	来水含油量/（mg/L）	聚合物质量浓度/（mg/L）	处理后水质/（mg/L）			
				一级进口		一级出口	
				含油量	悬浮固体含量	含油量	悬浮固体含量
1	49.41	160.2	142	60.3	29.2	12.4	14.3
2	48.37	174.6	142	49.5	27.2	10.2	13.2
3	42.68	164.4	142	51.2	31.2	13.2	15.1
4	49.82	149.2	142	54.7	32.5	13.8	15.3
5	48.82	163.4	142	49.7	29.7	12.9	14.2
6	38.80	157.6	142	52.8	28.9	14.2	14.1
7	41.81	154.7	142	49.6	31.7	13.8	14.9
8	44.86	150.2	142	49.2	29.5	13.1	14.6
9	36.83	151.8	142	51.4	28.4	13.9	14.0
10	38.96	149.2	142	50.6	32.4	13.2	15.2

效果分析：应用该技术的过滤罐反冲洗压力较小且流量保持较为平稳，反冲洗时，压力稳定保持在 0.04～0.06MPa，改造后过滤罐反冲洗彻底，罐内杂质可基本排出。由于反冲洗压力较小，滤料流失较少，且滤料清洗效果好，污染程度较轻。同时，利用罐群余压及储水罐自压进行反冲洗，反冲洗强度通过调节反冲洗排水阀门来实现，起到了降低能耗的作用。

2. 低压稳流齿状搅拌石英砂过滤器过滤技术

针对含油污水处理站石英砂过滤器滤料板结严重、反冲洗憋压、高压反冲洗罐内设施损坏、跑料严重以及反冲洗不彻底导致经过现有石英砂过滤工艺处理后出水难以达标等问题，2008 年对 C 站石英砂过滤罐进行了改造，与原结构相比有以下改进：增设了滤料分散再生装置（齿状搅拌器）；在过滤器顶端安装集油器，降低了立式反冲洗集水器高度，相对增加了滤料膨化空间；同时在砾石上部增加了滤层分隔板，防止了砾石和滤料的混层以及砾石堆积现象，调整了油水过滤分配器筛管的过水面积。改造前后的过滤罐对比示意图见图 1-9，改造后的水质跟踪统计数据见表 1-4。

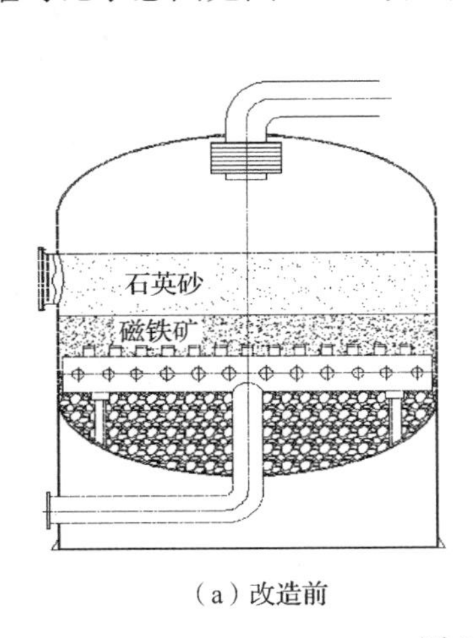

（a）改造前

（b）改造后

图 1-9 石英砂过滤罐改造示意图

效果分析：运行数据见表 1-4。该过滤罐的水质达标率为 100%。从以上数据可以看出，应用低压反冲洗石英砂过滤技术在滤前水质合格条件下，滤后水质能够达到高渗透层水质指标。与常规结构过滤器相比，反冲洗憋压、滤料流失的情况得到缓解，从实际应用效果看，该结构提高了滤后水质和滤料的反冲洗效果，可以在其他水驱、聚驱站推广应用。

表 1-4　C 站水质跟踪统计表

时间/d	负荷率/%	来水含油量/（mg/L）	聚合物质量浓度/（mg/L）	处理后水质/（mg/L）			
				一级进口		一级出口	
				含油量	悬浮固体含量	含油量	悬浮固体含量
1	43.51	214.7	407	48.6	25.7	4.6	10.4
2	46.73	233.9	407	46.7	28.6	11.6	6.3
3	46.88	219.7	407	50.7	23.9	4.3	12.6
4	53.27	224.2	407	48.9	28.3	6.4	13.2
5	49.39	213.7	407	48.4	24.7	5.6	12.9
6	44.88	227.2	407	49.3	25.5	5.2	13
7	49.26	227.5	407	47.7	27.3	6	11.9
8	40.09	223.8	407	46.9	28	6.7	13.1
9	44.40	219	407	47.7	28.1	5.2	12.7
10	47.36	228	407	47.3	27.4	6.1	12.1

1.8.2　集污斗式过滤罐

2008 年针对 D 站过滤罐滤料板结严重、污水处理效果差等问题，在该站进行了集污斗过滤工艺技术改造。将过滤罐的上部结构设计成圆锥状集污斗形式，收集分离出的污物，排污干净彻底，减少污物洗出后无法排出再回落到滤料上再次污染的机会，同时应用气水反冲洗技术，用空气压缩机与低扬程小排量反冲洗泵相结合，促进油污与滤料分离。具体改造示意图见图 1-10。

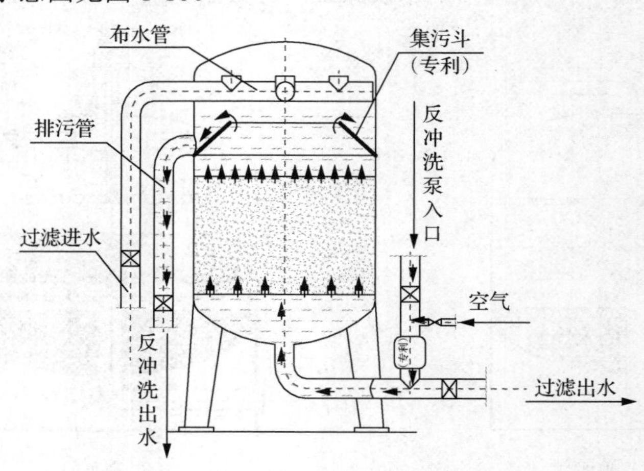

图 1-10　集污斗式过滤罐改造示意图

由表1-5中可见，改造后过滤罐的除油效果较好，但除悬浮固体效果较差。自投产后，最初三个月悬浮固体含量等指标合格，之后发现悬浮固体不合格现象，开罐检查发现跑料。

从滤料角度考虑：由于采用集污斗式工艺反冲洗方式为气水混合反冲洗，开罐检查发现在每个筛管上方的滤料出现凹坑，滤料都堆积在凹坑周围，来水经过过滤罐进口直接出去，起不到过滤效果，过滤效果较差。处理方式：将滤料取出，底部添加15cm厚河卵石，再填加滤料，处理完，投产运行后再开罐检查滤层平整度。

D站于2008年5月改造完成，设计规模为1.2万m^3/d，采用两级多层滤料过滤，表1-5为改造后的水质情况。

表1-5 D站水质跟踪统计表

时间/d	负荷率/%	处理后水质/（mg/L）					
		一级进口		一级出口		二级出口	
		含油量	悬浮固体含量	含油量	悬浮固体含量	含油量	悬浮固体含量
1	66.71	14.1	35.67	6.1	22.39	5.6	20.5
2	65.33	10.1	25.4	3.8	20	2.8	18.3
3	63.67	9	27.64	2.7	20.81	2.4	20.88
4	63.33	5.6	28.06	4.7	21.69	1.7	18.69
5	63.47	17.8	24.2	11.5	16.2	1.7	18.7
6	61.78	16.2	30.4	4.3	18.7	3.7	18.7
7	61.85	17.1	25.68	4.6	16.37	2.9	14.97
8	63.95	49.6	49.82	3	21.26	1.2	18.44
9	63.78	23.6	34.3	6.7	22.8	1	20.3
10	67.68	12.8	31.46	9.4	25.81	4.6	23.11

从反冲洗角度考虑：设备规定的反冲洗流程及参数是先将过滤罐中的水放掉一部分，在进气5min之后启泵，气水反冲洗30min，此时，一次排量为100m^3/h，二次排量为120m^3/h。30min后停气，用水反冲洗5min后停泵，过滤罐反冲洗完毕，化验结果为悬浮固体含量超标，二次过滤罐出水比进水悬浮固体含量还高。分析认为该站污水中含聚成分可能影响反冲洗效果且反冲洗时间较短。

解决方法：针对含聚影响反冲洗质量问题，采取反冲洗随时观察化验进出口悬浮变换值，出口悬浮固体含量与进口悬浮固体含量相同时再停止该次反冲洗的措施。现在启泵后气水混合反冲洗时间由原来的30min变为60～70min。在反冲洗完毕后，不马上投入运行，让过滤罐内滤料平稳落下。20min后再投入运行以便形成过滤层。正常生产时2h化验一次，一次化验一座过滤罐进出水悬浮固体含量指标，对10座过滤罐进行逐个跟踪，找出最佳反冲洗周期。目前确定的反冲洗周期为48h，滤后水质基本达到指标要求。

1.8.3 工艺效果评价

以上各工艺的水质跟踪数据均为过滤罐工况良好的情况下测得的。以上数据表明，来水水质达标，过滤罐工况良好，负荷率正常的条件下，过滤水指标基本可以达到指标要求。目前采油一厂使用的过滤工艺都是经过多年优选出来的，可靠性较高，每种工艺都有其适应的条件和优点，如集污斗过滤工艺除油效果明显。因此在各工艺环节平稳正常的情况下，目前采用的低压稳流核桃壳搅拌工艺、低压稳流齿状搅拌石英砂过滤器过滤技术、集污斗式过滤罐等工艺具有各自的特点，针对来水状况选择相应的处理工艺均能达到较好的过滤标准。

1. 低压稳流核桃壳搅拌工艺

优点：通过结构改造，低压稳流核桃壳过滤器有效解决了原过滤器反冲洗憋压、跑料以及出水不达标的问题。反冲洗过程中，滤料在摩擦力、碰撞冲击力方面性能良好，低压稳流核桃壳过滤器现场运转取得了良好的过滤效果。A 站和 B 站过滤罐改造后，过滤效果比较稳定，油的平均去除率达到 81.16%，滤后水质得到明显改善。含油量（≤20mg/L）达标率 100%，悬浮固体含量（≤20mg/L）达标率 100%。个别水质悬浮固体含量未达标是因为滤前水质比较差，致使滤后水质不能达标。

缺点：低压稳流核桃壳搅拌工艺对来水的悬浮固体的去除率较低，在来水悬浮固体含量较低的情况下，可以满足达标要求，但当来水悬浮固体含量较高时，不容易达标。

2. 低压稳流齿状搅拌石英砂过滤器过滤技术

低压稳流反冲洗效果较好，主要有以下几个技术优势：一是增加了搅拌器，能够有效破碎过滤过程中形成的污油层，避免滤料板结，提高了滤料的清洗效率；二是在顶部安装了集油器，保证了顶部空间的污油能够随水流排出，避免污染滤料；三是将原筛框改造成筛管，增加了过水面积，避免了反冲洗时憋压；四是运行压力降低到 0.12～0.22MPa，能够有效减轻对内部构件的损伤，避免滤料的流失。

3. 集污斗式过滤罐

优点：集污斗式过滤罐在反冲洗时采取气水混合反冲洗，利用气泡在水中上升泄压、气泡的流动速度比水相对快的原理，加大滤床与水、滤料与滤料之间的摩擦碰撞强度，使黏附于滤料上的污物剥离得更彻底。压缩空气的加入增大了滤料表面的剪力，使得通常水冲洗时不易剥落的污物在气泡急剧上升的剪力下得以剥落，从而提高了反冲洗效果。

缺点：设备所规定的反冲洗参数不适应现场的反冲洗条件，需要现场重新根据水质进行跟踪，找出最佳反冲洗周期。另外，由于气水反冲洗设备较复杂，对现场操作人员要求较高。

1.8.4 过滤工艺结构主要存在的问题

（1）过滤工艺技术单一，截留能力有限。污水处理工艺中常规过滤器采用的是截留过滤工艺，即通过滤料介质来截留油和悬浮固体等杂质，该工艺受滤料介质的颗粒大小和吸附能力的限制，对油和悬浮固体等去除能力有限。尤其是对悬浮固体的去除能力较低，其中石英砂过滤罐对悬浮固体的去除能力一般低于50%，核桃壳过滤罐对悬浮固体的去除能力一般低于30%。

（2）反冲洗过程中，部分污水处理站依据设备规定，进行反冲洗操作，不能根据水质变化情况，及时进行反冲洗周期和强度的调整，影响了反冲洗效果，造成滤料再生能力较差，对过滤罐污水处理影响较大，同时，反冲洗强度控制不稳，造成部分滤料损失。

（3）过滤器布水系统空间布局简单，设计通量不足，反冲洗时出水筛网易堵塞。石英砂过滤罐普遍采用大筛管布水方式，布水筛管位于过滤罐顶部狭小空间内，过滤罐反冲洗时顶部布水筛网极易堵塞；布水管设计通量为830m^3/h左右，按照常规40%的堵塞率设计，能够满足要求，但是实际运行中过滤罐反冲洗时堵塞率较高，易出现筛网堵塞不出水的现象，严重影响滤料反冲洗效果。

1.9 计算流体动力学模拟在设备优化中的应用

随着计算机软硬件技术的不断进步，运用计算流体动力学（computational fluid dynamics，CFD）软件模拟设备内部流场，并以模拟结果为依据对设备进行改进和优化，能够大幅度降低研发成本，缩短研发周期，这种方法被广泛应用[69,70]。传统的透平类机械的设计是以实验为基础的设计，它能够描述复杂几何体内部的三维流动现象，能够在设计的初期快速地评价设计并做出修改，而不需要付出原型生产和反复测试的代价；在设计的中期，用来研究设计变化对流动的影响，减少未预料到的负面影响；设计完成后，提供各种数据和图像，证实设计目的[71,72]。CFD越来越多地应用于流体机械的设计和流场的分析中，成为一种重要的设计和计算方法。CFD模拟结果的优劣强烈依赖于描述反应器内流动现象的物理模型、子模型和封闭方程的优劣[73]。CFD技术应用于搅拌反应器的一大优势是描述流体流动的基本方程已知并可以求解，该方程可以用来预测无相关经验参数和公式可循的搅拌混合设备内流体流动的流体动力学特性。基于Navier-Stokes方程的CFD方法如今已经成为一种预测搅拌反应器内流体流动和混合的强有力方法[74]，该方法极大地促进了搅拌混合技术和反应器设计的发展。曹国强等[75]利用ANSYS FLUENT软件对典型叶轮机械进行分析后得出结论，混合面模型对于预测叶轮机械的稳态流动是很直观、很实用的。运用三维流动分析方法对泵叶轮中的流动进行研究，可以有效减少泵设计的成本和周期。魏佳广等[76]借助Pro/E造型平台建立叶轮单流道的简化模型和叶轮整体的三维模型，利用ANSYS FLUENT软件对AY型离心油泵叶轮内流场进行模拟，模拟出叶轮内流场的流动规律，获得离心泵叶轮流道内的速度场和压力场，数值模拟能真实反映叶轮内部的复杂流动。刘立军等[77]以某轴流风机为例，用ANSYS FLUENT软件进行数值模拟，分析其内部流场变化情况，通过这种模拟，能真实反映叶轮机械内部的复杂流动。

韩旭等[78]借助ANSYS FLUENT软件，对国内自主研发的含油污水处理用BIPICFU-1型旋流气浮一体化设备进行内部流场的数值模拟研究，讨论了射流器挡板和缓流板等主要结构参数对设备分离性能的影响，并对污水处理量和回流比等运行参数对设备除油率的影响进行了评估。王娟等[79]运用 ANSYS FLUENT 软件对 9R-40 型揉碎机内部的流场进行了三维模拟，直观显示了揉碎机腔体内的流场特性和流动状态，并且对计算所得的风速曲线和试验测得的值进行了对比。

第2章 试验材料与方法

2.1 试验材料和化学试剂及试验设备

试验材料主要有石英砂、核桃壳和海绿石等。试验所用主要化学试剂见表2-1。

表2-1 主要化学试剂

试剂名称	化学式	纯度	生产厂家
盐酸	HCl	分析纯	大庆高新区八方科技有限公司
次氯酸钠	$NaClO$	分析纯	广州化学试剂厂
乙酸	$C_2H_4O_2$	分析纯	广州化学试剂厂
氢氧化钠溶液	$NaOH$	分析纯	大庆高新区圣坤科技有限公司
无水硫酸钠	Na_2SO_4	分析纯	大庆高新区圣坤科技有限公司
石油醚	—	分析纯	大庆高新区八方科技有限公司
三氯甲烷	$CHCl_3$	分析纯	广州化学试剂厂
氯化钠	$NaCl$	分析纯	大庆高新区圣坤科技有限公司

试验所用主要仪器见表2-2。

表2-2 主要试验仪器

仪器名称	生产厂家
滤膜（0.45μm）	海宁市郭店桃园医疗化工仪器厂
烧杯	江苏省泰兴市振科仪器厂
移液管	上海岚虹玻璃仪器有限公司
定量滤纸	泰州市奥克滤纸厂
干燥器	江苏省泰兴市振科仪器厂
取样瓶	台州市东盛玻璃仪器有限公司
比色管	上海高培玻璃仪器制品厂

试验所用的主要试验设备见表2-3。

表2-3 主要试验设备

设备名称	型号	生产厂家
紫外分光光度计	TU1800	上海精密科学仪器有限公司分析仪器厂
悬浮固体测定仪	JBKG-1A	哈尔滨金博达机电有限公司
激光粒度分析仪	1064L	法国CIALS公司
酸度计	PHC-3C	上海精密仪器仪表有限公司
旋转黏度计	VT550	德国HAAKE公司
电子天平	BP211D	德国sartorius公司
恒温水浴	CU-420	上海精密仪器仪表有限公司
油珠粒径分布测试仪	JBO-100	哈尔滨金博达机电有限公司
电热恒温干燥箱	STED-01	吴江市松泰烘箱设备有限公司
磁力搅拌器	MEH-2	北京金紫光仪器仪表公司

2.2 检测方法

1. 含油量测定

含油量测定按《碎屑岩油藏注水水质推荐指标及分析方法》（SY/T 5329—1994）中含油量的测定方法（紫外分光光度法）进行测定。

2. 悬浮固体含量测定

悬浮固体含量测定按《碎屑岩油藏注水水质推荐指标及分析方法》（SY/T 5329—1994）中悬浮固体含量的测定方法（滤膜称重法）进行测定。

3. 粒径中值测定

粒径中值测定按《碎屑岩油藏注水水质推荐指标及分析方法》（SY/T 5329—1994）中粒径中值的测定方法（激光衍射法）进行测定。

4. pH 值测定

pH 值测定按《油田水分析方法》（SY/T 5523—2016）中 pH 值的测定方法（玻璃电极法）进行测定。

5. 破碎率和磨损率检测

称取经洗净、烘至恒重的浸泡后滤料 50g，置于内径 50mm、高 150mm 的金属圆筒内，再加入 6 颗直径 8mm 的轴承钢珠，盖紧筒盖，在行程 140mm、频率 150 次/min 的振荡机上振荡 15min。取出样品，分别称量通过筛孔径 0.25mm 的样品质量（G_2）和截留于筛孔径 0.25mm 的样品质量（G_1）。按以下公式计算出破碎率和磨损率：

$$\text{破碎率}=G_1\times 100\%/G \tag{2-1}$$

$$\text{磨损率}=G_2\times 100\%/G \tag{2-2}$$

式中，G 表示样品的总质量。

6. 密度检测

向李氏比重瓶中加入煮沸后冷却至约 20℃的蒸馏水至零刻度，塞紧瓶盖。在（20±1）℃的恒温水槽中静置 1h 后，调整水面准确对准零刻度，擦干瓶颈内壁附着水，通过长颈玻璃漏斗慢慢加入洗净干燥的滤料样品 G，边加边向上提升漏斗，避免漏斗附着水及瓶颈内壁黏附样品颗粒。旋转并用手轻轻拍比重瓶，以去除气泡。盖紧瓶盖，在（20±1）℃的恒温水槽中静置 1h 后，再用手轻轻拍比重瓶，以去除气泡。记录瓶中水面刻度（体积）。样品密度按下式计算：

$$\rho = G / V \tag{2-3}$$

式中，ρ 代表样品密度（g/cm^3）；G 代表样品的质量（g），石英砂与海绿石检测时需取 50g，磁铁矿检测取 100g；V 代表加样品后瓶中水面刻度体积（cm^3）。

7. 聚合物含量测定

聚合物含量测定按《大庆油田油藏水驱注水水质指标及分析方法》（Q/SY DQ 0605—2006）中聚合物含量的测定方法（浊度法）进行测定。

8. 表面活性剂含量测定

表面活性剂含量测定按《大庆油田油藏水驱注水水质指标及分析方法》（Q/SY DQ 0605—2006）中表面活性剂含量的测定方法（滴定法）进行测定。

9. 滤料化学组成检测

1）测试原理

当样品受到 X 射线、高能粒子束、紫外光等照射时，由于高能粒子或光子与样品原子碰撞，将原子内层电子逐出形成空穴，使原子处于激发态，这种激发态原子寿命很短，当外层电子向内层空穴跃迁时，多余的能量以 X 射线的形式放出，并在较外层产生新的空穴和新的 X 射线发射，这样便产生一系列的特征 X 射线。特征 X 射线是各种元素固有的，它与元素的原子系数有关，见公式（2-4）：

$$\sqrt{\frac{1}{\lambda}} = K(Z - S) \tag{2-4}$$

式中，K、S 是常数；Z 是原子系数；λ 是特征 X 射线的波长。所以只要测出了特征 X 射线的波长 λ，就可以确定产生该波长的元素，即可做定性分析。

X 射线的强度 I_i 与分析元素的质量浓度 C_i 有如下线性关系：

$$I_i = \frac{KC_i}{\mu_m} \tag{2-5}$$

式中，μ_m 是样品对一次 X 射线和荧光射线的总质量吸收系数；K 为常数，与入射线强度 I 和分析元素对入射线的质量吸收系数有关。可见 X 射线和荧光射线强度与分析元素含量之间存在线性关系，所以根据谱线的强度可以进行定量分析。

2）测试方法

测试方法采用 X 射线荧光光谱法。X 射线荧光光谱法是利用样品对 X 射线的吸收随样品中的成分及其众寡的变化而变化的特点来定性或定量测定样品中成分的一种方法，是矿物成分分析的主要方法。

10. 表面微观形貌

1）测试原理

利用扫描电子显微镜，可以对物质表面微观成像，通过电子图像直观反映物质表面的形态状况，包括物质表面的光滑程度、物质微观形状以及裂痕等信息。同时可以通过局部的微观 X 射线的谱线，进行定性和半定量的成分分析。

2）测试方法

扫描电子显微镜（scanning electron microscope，SEM）成像的方法是介于透射电镜和光学显微镜之间的一种微观形貌观察手段，可直接利用样品表面材料的物质性能进行微观成像。而且当 SEM 与 X 射线能谱仪联用时，可以在对显微组织形貌成像观察的同时进行微区成分分析。将处理好（需要对样品表面进行喷金处理）的样品放在 SEM 的样品架上，根据需要调整仪器参数（放大倍数），对样品整体或局部进行微观成像，生成样品表面微观成像照片的同时生成反映表面成分组成的能谱曲线，根据 SEM 所观察的样品微观形貌与 X 射线能谱仪所测的能谱曲线对样品进行综合分析，得出浸泡前后滤料表面发生的变化。

11. 静止浮升法油水分离测试

1）测试原理

含油污水中油珠的上浮规律遵循 Stokes 公式，油珠上浮速度 u 可以通过 Stokes 公式求定，静止浮升法油水分离测试就是根据油珠的上浮规律测定含油污水含油量与沉降分离时间的关系。

Stokes 公式见式（2-6）：

$$u=\frac{g(\rho_w-\rho_o)d_o^2}{18\mu} \tag{2-6}$$

式中，u 表示某一粒径油珠上升速度（m/s）；g 表示重力加速度（m/s^2）；ρ_w 表示污水密度（kg/m^3）；ρ_o 表示原油密度（kg/m^3）；d_o 表示油珠粒径（m）；μ 表示污水动力黏度（mPa·s）。

2）测试方法

采用 20 L 取样桶，取要测试的处理前含油污水，加入 20ml 破乳剂，充分振荡混合均匀，用量杯量取 n 组 500ml 含油污水分别置于 n 个分液漏斗中，把分液漏斗同时放入油珠粒径分布测试仪中，温度设置在 45℃，取样时间设为 0.5h、1h、2h、4h、8h、12h、16h、20h、24h（也可以根据需要设置不同的时间），根据取样时间提示，用取样瓶取分液漏斗底部水样 100ml，按《碎屑岩油藏注水水质推荐指标及分析方法》（SY/T 5329—1994）中含油量的测定方法测定含油量。根据分析结果绘制残余含油量与沉降分离时间的关系曲线，即可得到含油污水沉降分离规律。

12. 污染滤料三项指标分析方法

1）制备标样

将待检测的污染滤料在 40～50℃烘箱中烘干，去除滤料表面水分，作为标准污染滤料样品（简称标样）以备使用。

2）滤料表面含油量分析方法

（1）称取标样 20g，置于脱水瓶中。

（2）向装有标样的脱水瓶中加入 120#无铅汽油 50ml，盖紧瓶盖，进行萃取。

（3）在恒温水浴振荡箱中加入适量的水，温度调至 40℃，振荡转速调至 160～180r/min。

（4）将脱水瓶放入恒温水浴振荡器中，振荡 25～30min。

（5）取出脱水瓶，将瓶中的汽油倒出，用两层滤纸过滤，用分光光度计测定其吸光度 A，用下式计算滤料表面的含油量：

$$C = \frac{V_0 \times A \times n}{M_W \times K \times 1000} \tag{2-7}$$

式中，V_0 表示萃取所用汽油的体积（ml）；A 表示吸光度值；n 表示稀释倍数；M_W 表示标样质量（g）；K 表示标准曲线的斜率；C 表示每克滤料含有油的质量（mg/g）。

3）有机物含量分析方法

称取一定数量的标样放置于坩埚里，将坩埚放入 850～900℃马弗炉中，灼烧 30min 以后拿出来，自然降温至室温。

称重灼烧后的标样，计算标样中有机物含量。

计算公式：有机物含量=(标样质量 – 灼烧后标样质量)/标样质量×100%。

4）杂质总量分析方法

（1）将含油的滤料作为标样倒入热水，用热水反复冲洗标样，直到没有可以看见的杂质为止。

（2）将冲洗干净的标样放进 80～90℃烘箱中烘干，去除表面水分。

（3）称重烘干后的标样，计算标样中杂质总量。

计算公式：杂质总量=(标样质量 – 烘干后标样质量 – 滤料表面的含油量)/标样质量×100%。

2.3　升力叶片设计基本原理

在空气动力学中，翼型具有优良的升阻性，本次设计基于翼型的设计理论进行。

2.3.1 翼型基本知识

1. 翼型几何参数

根据有限翼展理论，一个产生升力的有限翼展机翼，当前方来流绕过机翼时将改变方向，引起气流下洗（airflow downwash），下洗角取决于机翼升力大小、机翼截面尾迹沿（trailing edge）的切线方向和机翼展长（图 2-1）。翼型的启动性能直接与翼型外形有关。通常，翼型外形由下列几何参数确定：

（1）翼的前缘：翼的前头 A 为一圆头。

（2）翼的后缘：翼的尾部 B 为尖形。

（3）翼弦：翼的前缘 A 与后缘 B 的连线称翼的弦，AB 的长是翼的弦长 C。

（4）翼的上表面：翼弦上面的弧面。

（5）翼的下表面：翼弦下面的弧面。

（6）翼的最大厚度 h：翼上表面与下表面相对应的最大距离。

（7）叶片安装角 θ：叶轮旋转平面与翼弦所成的角。

（8）迎角（攻角）α：翼弦与相对风速所成的角。

（9）入流角 ϕ：旋转平面与相对风速所成的角。

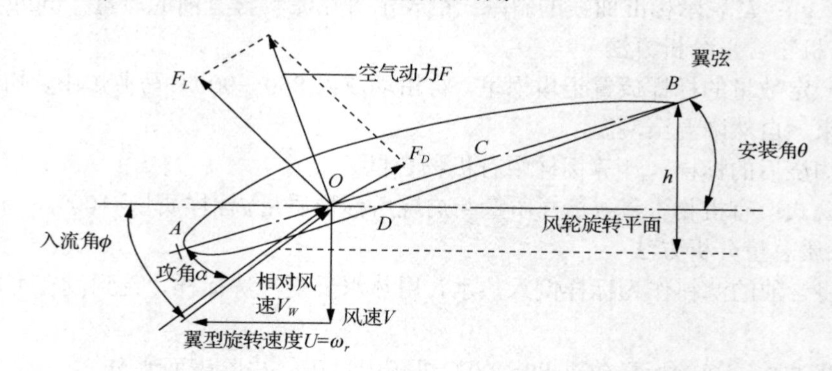

图 2-1 翼型受力图

2. 作用在翼型上的空气动力

风力发电机叶轮的旋转运动带动电机发电，把机械能转化为电能，而叶轮的旋转运动是在升力的作用下产生的。作用在翼叶上的升力是由在翼型表面存在的速度环量造成的。当气流流经翼型时，围绕翼型的流动，可看成由两个流动组成：一个是围绕翼型的无升力流动；一个是环绕翼型表面的流动（图 2-2、图 2-3）。

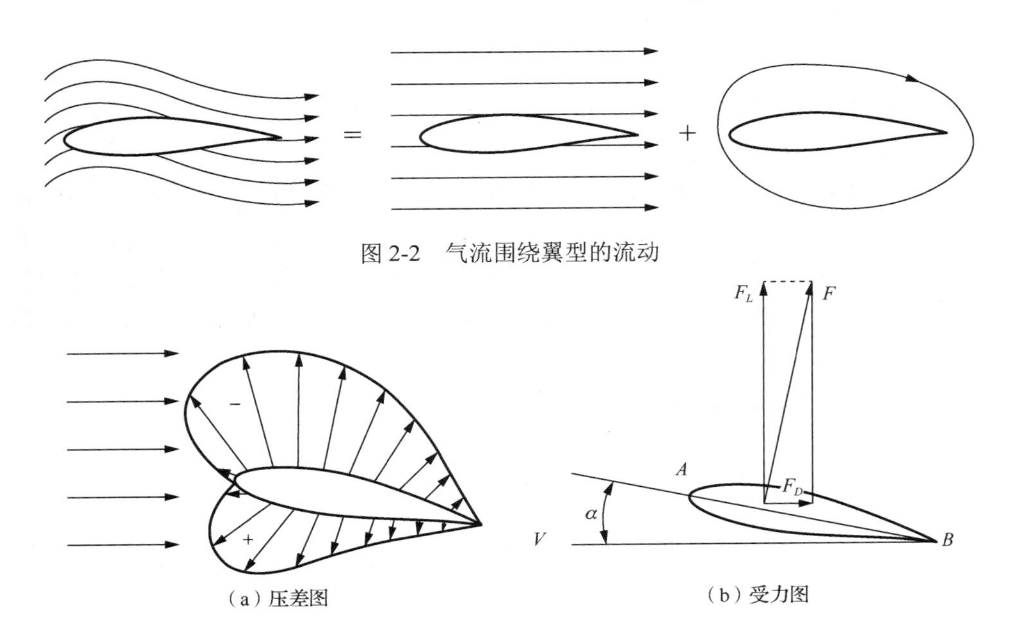

图 2-2 气流围绕翼型的流动

（a）压差图 （b）受力图

图 2-3 翼型上下表面压差图及受力图

由于翼型表面形状的特点，作用在翼型表面上的空气压力是不均匀的。翼型的上表面压力低于周围气压，称为吸力面；下表面压力高于周围气压，称为压力面。由伯努利理论，翼型上表面的气流速度较高，下表面的气流速度较低，形成一个环绕翼型流动的环流。环流的存在促成了叶片的工作，作用在翼型上的作用力如图 2-3（b）所示，其中，F 表示翼型上受的空气动力，与翼弦 AB 垂直；F_L 表示作用在叶轮旋转平面上的升力；F_D 表示作用在垂直叶轮旋转平面上的阻力。叶轮就是依靠作用在压力中心点的升力 F_L 使叶轮在其安装平面内运动的。

2.3.2 叶片设计的基本理论

叶片设计的方法很多，其中较常用的是 Glauert 方法与 Wilson 方法。由于 Wilson 方法是对 Glauert 方法的进一步优化，所以采用 Wilson 方法进行设计。而 Wilson 方法涉及贝兹理论、涡流理论、叶素理论、动量理论，并且在设计的过程中，要将这些理论进行综合应用。

1. 贝兹理论

世界上第一个关于风力机叶轮叶片接受风能的完整理论是 1919 年由贝兹（Betz）建立的，他假定叶轮是“理想”的，条件如下：

（1）叶轮没有锥角、倾角和偏角，全部接受风能（没有轮毂），叶片无限多，对空气流没有阻力。

（2）叶轮叶片旋转时没有摩擦阻力；叶轮前未受扰动的气流静压和叶轮后的气流静

压相等，即 $P_1 = P_2$。

（3）叶轮流动模型可简化成一个单元流管，如图 2-4 所示。

（4）作用在叶轮上的推力是均匀的。

分析一个放置在流动空气中的“理想叶轮”叶片上所受到的力及流动空气对叶轮叶片所做的功。设叶轮前方的风速为 V_1，V 是实际通过叶轮的风速，V_2 是叶片扫掠后的风速，通过叶轮叶片前风速面积为 S_1，叶片扫掠面的风速面积为 S 及扫掠后风速面积为 S_2。风吹到叶片上所做的功等于将风的动能转化为叶片转动的机械能，则必有 $V_1>V_2$，$S_2>S_1$，如图 2-4 所示。

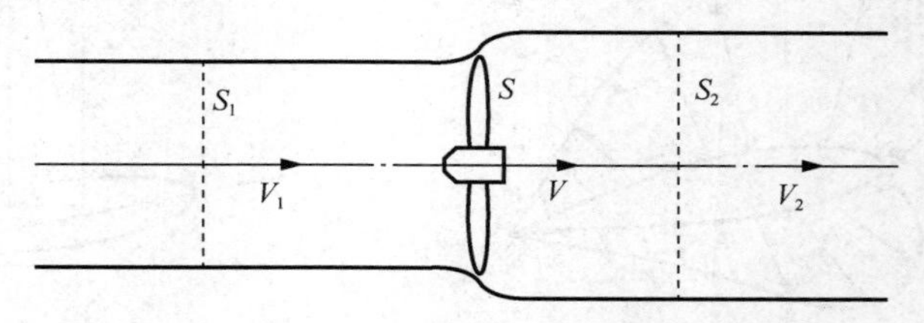

图 2-4　流经叶轮气流的单元流管

于是有

$$S_1V_1=S_2V_2=SV$$

风作用在叶轮叶片上的力由欧拉定理求得，即

$$F = \rho SV(V_1 - V_2) \tag{2-8}$$

式中，ρ 表示空气当时密度（kg/m^3）；S 表示叶片扫掠面的风速面积（m^2）；V 表示实际通过叶轮的风速（m/s）；V_1 表示叶轮前方的风速（m/s）；V_2 表示叶片扫掠后的风速（m/s）。

叶轮所接受的功率为

$$N = FV = \rho SV^2(V_1 - V_2) \tag{2-9}$$

经过叶轮叶片的风的动能转化：

$$\Delta T = \frac{1}{2}\rho SV(V_1^2 - V_2^2) \tag{2-10}$$

式中，ρSV 表示单位时间的空气质量，其中

$$V = \frac{1}{2}(V_1 + V_2) \tag{2-11}$$

因此，风作用在叶轮叶片上的力 F 和叶轮输出的功率 N 分别为

$$F = \frac{1}{2}\rho S(V_1^2 - V_2^2) \tag{2-12}$$

$$N = \frac{1}{4}\rho S(V_1^2 - V_2^2)(V_1 + V_2) \tag{2-13}$$

风速 V_1 是给定的，N 的大小取决于 V_1，N 是 V_2 的函数，对 N 微分求最大值，得

$$\frac{dN}{dV_2} = \frac{1}{4}\rho S(V_1^2 - 2V_1V_2 - 3V_2^2) \tag{2-14}$$

令其等于0，求解方程，得

$$V_2 = \frac{1}{2}V_1$$

求 $N_{\max}$ 得

$$N_{\max} = \frac{8}{27}\rho SV^3 = \frac{1}{2}\cdot\frac{16}{27}\rho SV^3 \tag{2-15}$$

令 $\frac{16}{27} \approx 0.593$ 为 C_p，称为贝兹功率系数，有

$$N_{\max} = \frac{1}{2}C_p\rho SV^3 \tag{2-16}$$

而 $\frac{1}{2}C_p\rho SV^3$ 正是风速为 V_1 的风能 T，故

$$N_{\max} = T \tag{2-17}$$

C_p=0.593 说明风吹在叶片上，叶片上所能获得的最大功率 $N_{\max}$ 为风吹过叶片扫掠面积 S 的风能的59.3%。贝兹理论说明，理想的风能对叶轮叶片做功的最高效率是59.3%。一般设计时根据叶片的数量、叶片翼型、功率等情况，C_p 取0.25～0.45。

2. 涡流理论

涡流理论的优点在于考虑通过叶轮的气流诱导转动。叶轮旋转工作时，流场并不是简单的一维定常流动，而是一个三维流场，涡流理论考虑叶轮后涡流流动，并假定：

（1）忽略叶片翼型阻力和叶梢损失的影响；

（2）忽略有限叶片数对气流的周期性影响；

（3）叶片各个径向环断面之间相互独立。

由涡流引起的风速可看成是由下列三个涡流系统叠加的结果（图2-5）：

（1）中心涡，集中在转轴上；

（2）每个叶片的附着涡；

（3）每个叶片尖部形成的螺旋涡。

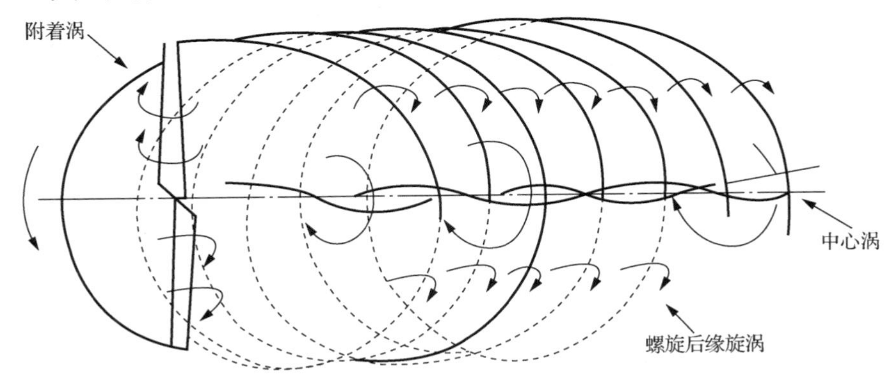

图2-5 叶轮涡流

正因为涡系的存在，流场中轴向和周向的速度发生变化，即引入诱导因子（轴向干扰因子 a 和周向干扰因子 b）。由涡流理论可知：在叶轮旋转平面处气流的轴向速度为

$$V = V_1(1-a) \tag{2-18}$$

周向上，由于气流旋涡运动，气流在下游周向上产生一个旋转角速度 Ω，上游周向的角速度为 0，假定叶轮以角速度 ω 旋转。由贝兹理论的思想可得出：气流在叶轮处的角速度为 $(\Omega+0)/2$，在叶轮平面内气流相对于叶轮的轴向角速度为

$$\omega + \frac{\Omega}{2} = (1+b)\Omega \tag{2-19}$$

式中，Ω 表示气流的旋转角速度（rad/s）；ω 表示叶轮的旋转角速度（rad/s）。因此由上式得在叶轮半径 r 处的切向速度为

$$U = (1+b)\Omega r \tag{2-20}$$

3. 叶素理论

1889 年，Richard Froude 提出叶素理论。相对于动量理论，叶素理论是从叶素附近的流场来分析叶片上的受力和功能交换的理论。将叶片沿展向分成若干个微段，每个微段称为一个叶素。这里假设每个微段之间没有干扰，作用在每个叶素上的力仅由叶素的翼型升阻特性来决定，叶素本身可以看成一个二元翼型，这时，将作用在每个叶素上的力和力矩沿展向积分，就可以求得作用在叶轮上的力和力矩，如图 2-6 所示，其中

$$\mathrm{d}L = \frac{1}{2}\rho W^2 C C_L \mathrm{d}r \quad （升力元） \tag{2-21}$$

$$\mathrm{d}D = \frac{1}{2}\rho W^2 C C_D \mathrm{d}r \quad （阻力元） \tag{2-22}$$

$$W = \frac{V}{\sin\phi} \quad （合速度） \tag{2-23}$$

式中，L 表示升力（N 或 kN）；C 表示弦长（m）；C_L 表示升力系数；C_D 表示阻力系数。

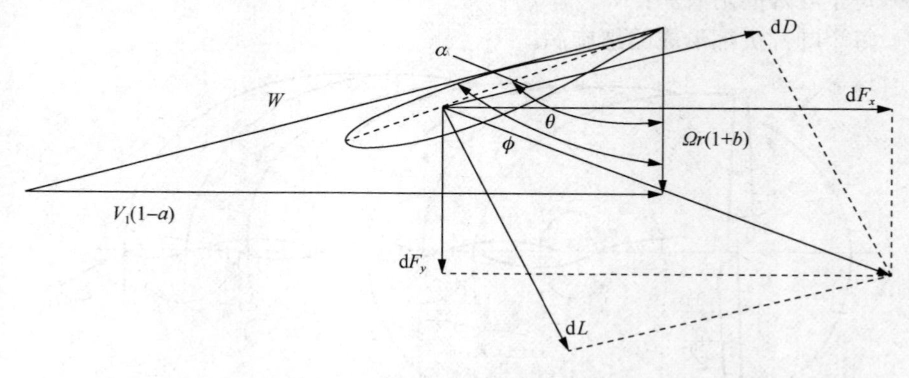

图 2-6　叶剖面和气流角受力关系

$$\mathrm{d}F_x = \mathrm{d}L\cos\phi + \mathrm{d}D\sin\phi = \frac{1}{2}\rho W^2 C\mathrm{d}rC_x \tag{2-24}$$

$$\mathrm{d}F_y = \mathrm{d}L\sin\phi - \mathrm{d}D\cos\phi = \frac{1}{2}\rho\omega^2 C\mathrm{d}rC_y \tag{2-25}$$

式中，

$$C_x = C_L\cos\phi + C_D\sin\phi \tag{2-26}$$

$$C_y = C_L\sin\phi - C_D\cos\phi \tag{2-27}$$

叶轮半径 r 处叶素上周向推力为

$$\mathrm{d}T = B\mathrm{d}F_x = \frac{1}{2}\rho\omega^2 BC\mathrm{d}rC_x \tag{2-28}$$

转矩为

$$\mathrm{d}M = B\mathrm{d}F_y r = \frac{1}{2}\rho W^2 BCC_y r\mathrm{d}r \tag{2-29}$$

式中，B 为叶片数。

在这里，干扰系数又称为诱导系数，共有两个：一个是轴向干扰系数 a；另一个是周向干扰系数 b。它们的物理意义就是当气流通过叶轮时，叶轮对气流速度的影响程度。

如图 2-6 所示，通过叶轮的轴向速度为 $V_1(1-a)$，而不是来流风速 V_1。其中 aV_1 就是叶轮产生的诱导速度，是以 a 为系数对 V_1 所打的折扣。同理，气流相对于叶轮的切向速度也不是 Ωr，而是多了一项 $b\Omega r$，这一项就是切向诱导速度。

应该指出，在进行气动分析时，干扰系数的影响是决不可忽略的，既然不能忽略 a、b 的影响，而确定它们又比较困难，这就造成了气动设计的复杂性。

4. 动量理论

动量理论是 William Rankime 于 1865 年提出的。动量理论描述作用在叶轮上的力与来流速度之间的关系，回答叶轮究竟能从动能中转换多少机械能的问题。在叶轮扫掠面内半径 r 处取一个圆环微元体，如图 2-7 所示。

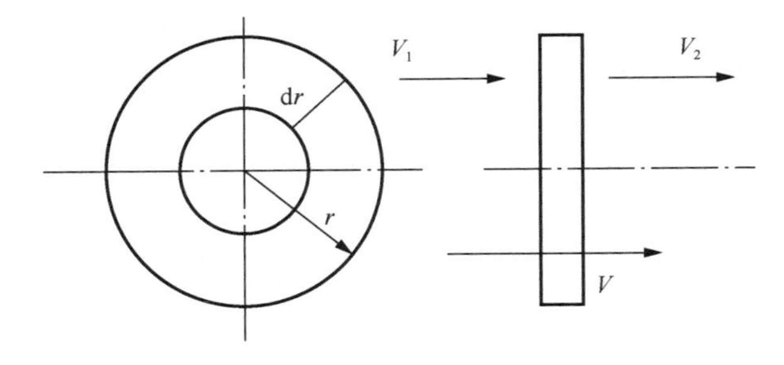

图 2-7　叶轮扫掠面上半径为 dr 的圆环微元体

应用动量理论，作用在叶轮 $(r, r+\mathrm{d}r)$ 环形域上的推力为

$$\mathrm{d}T = m(V_1 - V_2) = 4\pi\rho rV_1^2(1-a)a\mathrm{d}r \tag{2-30}$$

转矩为

$$dM = mr^2 = 4\pi\rho r^3 V_1 \Omega(1-a)b\mathrm{d}r \tag{2-31}$$

由式（2-28）和式（2-30）可得

$$\frac{a}{1-a} = \frac{BCC_x}{8\pi r\sin^2\phi} \tag{2-32}$$

由式（2-29）和式（2-31）可得

$$\frac{b}{1+b} = \frac{BCC_y}{4\pi r\sin^2\phi} \tag{2-33}$$

如果忽略叶型阻力，则

$$C_x \approx CL\cos\phi \tag{2-34}$$

$$C_y \approx CL\sin\phi \tag{2-35}$$

$$\tan\phi = \frac{1-a}{1+b}\cdot\frac{1}{\lambda} \tag{2-36}$$

式中，$\lambda = \dfrac{\Omega r}{V_1}$ 称为 r 处的速度比。

可由式（2-32）和式（2-33）导出能量方程

$$B(1+b)\lambda^2 = a(1-a) \tag{2-37}$$

再将动量理论中的转矩公式和叶素理论中的结论相结合得出

$$\frac{NCC_L}{r} = \frac{8\pi a}{1-a}\cdot\frac{\sin^2\phi}{\cos\phi} \tag{2-38}$$

2.4 反冲洗试验装置和分析测试方法

2.4.1 试验装置

试验为室内试验，试验装置由水箱、电磁流量计、流量控制阀、三相异步电动机、离心式清水泵及水力动态反冲洗过滤器及相关管线组成。水力动态反冲洗过滤器由转轮、动态刮洗装置、轴系统和有机玻璃壳体组成。

1. 试验电动机参数

型号：Y160M1-2。

额定功率：11kW。

额定电压：380V。

额定电流：21.5A。

额定转速：2930r/min。

2. 试验离心式清水泵参数

型号：IS100-80-125A。
扬程：17.8m。
流量：94m^3/h。
允许吸上真空高度：6.6m。
轴功率：6.05kW。
转速：2900r/min。
配用功率：11kW。
效率：73%。
试验装置如图 2-8 所示。

图 2-8　试验装置图

2.4.2　试验分析测试方法

1. 流量

流量利用电磁流量计测量，电磁流量计型号：LDG-80。仪表系数：0.9646。

2. 压力

压力利用压力表测量，量程：0～0.1MPa。

3. 转速

轴的转速利用转速器测量，量程：0～10000r/min。

4. 力矩

通过拉力器测量，拉力器范围：0～50N。

2.5　ANSYS FLUENT 软件

ANSYS FLUENT 软件具有可靠性和精确性。仿真可以大幅度地减少生产周期，提高单圈速度。ANSYS FLUENT 软件结合复杂的物理现象和多年的仿真开发经验，简单易用，许多工程应用都能受益于计算流体动力学仿真。无论分析的是普通的流动和换热，还是复杂的瞬态化学反应流动，ANSYS FLUENT 软件都是设计和优化过程中不可或缺的一部分。

ANSYS FLUENT 软件提供了无与伦比的分析功能，是模拟流动以及其他相关真实物理现象的完整流体动力学解决方案。ANSYS CFD 软件包中包含能够精确模拟日常遇到的各种工程流动问题的求解器，从牛顿流体到非牛顿流体，从单相流到多相流。每个求解器都有极高的稳健性，经过充分的测试和验证，并且为节省仿真时间而做过优化。经过时间的验证，在统一环境中的高效求解器展现了高精度和高速度。如果要更深入的了解，例如在细微处做出的小改动就能带来大幅的性能提升，可以增加分析的网格细化程度。提升计算精度也需要更多的计算资源和并行计算。

ANSYS FLUENT 软件的集成功能见图 2-9。

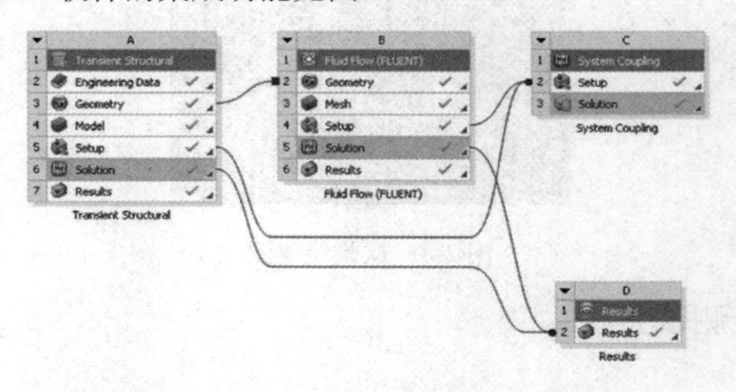

图 2-9　ANSYS FLUENT 软件的集成功能

如图 2-9 所示，ANSYS FLUENT 软件既可以定制化也可以和 ANSYS Workbench 完全集成在一起，并允许用户适当调整集成功能，快速解决一些特殊的问题。ANSYS FLUENT 从两核到数千核的并行计算都拥有杰出的并行扩展性和加速比，能在尽可能短的时间内给出高精度的计算结果。从计算机辅助设计（computer aided design，CAD）导入几何网格划分，灵活的工具允许用户自动化地创建网格或手工生成。ANSYS 网格划分能够从 CAD 装配体中抽取出流体计算域空间并自动化地产生四面体或六面体加边界层网格。该软件提供了高级的修复工具，允许用户导入和预处理几何，手工生成部分或整体网格。ANSYS 前处理工具提供所需的高质量网格，新版本有了很大的改进，对于使用大型复杂几何的 ANSYS FLUENT 软件用户，FLUENT Meshing 是最好的网格划分工具，它包含几何诊断和修复工具，可以进行高质量的面包裹，拥有快速且高效的网格划分方法，具有丰富的控制和网格编辑/网格重构功能以及日志和脚本功能。

第3章 过滤反冲洗工艺滤料污染和流失机制研究

本章通过对三元复合驱采出水水质特性和动态沉降分离特性的分析，结合三元采出水中悬浮固体及油相的分布特点，确定过滤技术的研究方向。探寻适用于三元采出水过滤的滤材，以颗粒过滤技术为基础，对滤材、过滤性能参数、反冲洗再生工艺及参数进行深入研究，探索三元复合驱采出水过滤性能及规律。通过对各单项技术的研究，确定适合于三元复合驱采出水的过滤技术。

3.1 油田过滤罐的常见技术问题分析及解决对策

针对2010年过滤罐开罐检查中发现的损坏、污染、滤料流失的情况，在过滤罐运行参数、水质、结构等方面详细分析油田采出水过滤技术常见的问题，总结产生各种问题的可能原因，并在技术上分别归纳出可行的解决对策。

3.1.1 过滤罐损坏、污染、滤料流失情况

大庆油田2010年过滤罐开罐检查情况见表3-1。

表3-1 2010年过滤罐开罐检查情况

厂别	检查总数/座	不正常罐总数/座	不正常率/%	结构损坏/座	损坏率/%	滤料污染/座	污染率/%	滤料流失/座	滤料流失率/%
一厂	586	368	62.8	83	14.16	159	27.13	126	21.50
二厂	482	261	54.1	40	8.30	76	15.77	145	30.08
三厂	251	147	58.6	21	8.37	74	29.48	52	20.72
四厂	266	123	46.2	2	0.75	98	36.84	23	8.65
五厂	141	53	37.6	10	7.09	31	21.99	12	8.51
六厂	256	18	7.0	2	0.78	12	4.69	4	1.56
七厂	82	75	91.5	8	9.76	55	67.07	12	14.63
八厂	54	54	100.0	9	16.67	37	68.52	8	14.81
九厂	28	3	10.7	0	0.00	2	7.14	1	3.57
十厂	52	3	5.8	0	0.00	3	5.77	0	0.00
合计	2198	1105	50.3	175	7.96	547	24.89	383	17.42

由表3-1可见，在2198座开罐检查的过滤罐中，不正常的过滤罐是1105座，占总数的50.3%。

在不正常的过滤罐中，滤料污染严重的过滤罐有547座，占总数的24.89%；滤料流失383座，占总数的17.42%；结构损坏175座，占总数的7.96%。滤料污染严重和滤料流失过滤罐共930座，占总数的42.31%。油田成品过滤罐使用情况见表3-2。

表 3-2　2010 年水处理站成品过滤罐使用效果统计

厂别	检查总数/座	结构损坏数/座	损坏率/%
一厂	313	60	19.2
二厂	160	27	16.9
三厂	265	59	22.3
四厂	42	6	14.3
五厂	197	80	40.6
六厂	16	0	0.0
七厂	0	0	0.0
八厂	15	3	20.0
九厂	28	0	0.0
合计	1036	235	22.7

由表 3-2 可知，在用的 1036 座成品过滤罐，在使用过程中出现过结构损坏的为 235 座，占总数的 22.7%。

3.1.2　常见问题分析

油田过滤罐的常见问题可以分为三个方面进行分析：水质、过滤罐结构、运行参数。

1. 水质

（1）水质特性的变化，增加了水处理难度。

随着油田的逐步开发，聚驱、三元复合驱、聚表剂驱的逐渐采用，水质特性发生了变化。水驱、聚驱、三元复合驱采出水的部分水质特性对比见表 3-3。

表 3-3　水驱、聚驱和三元复合驱采出水的部分水质特性对比表

特性	水驱	聚驱	三元复合驱
黏度/（mPa·s）	0.60～1	1～2	7～9
油珠粒径中值/μm	35	10	3.1
油珠浮升速度	—	水驱的 10%	—
Zeta 电位/（−mV）	10 左右	20.0 左右	30.0 以上
静止沉降使采出水中含油量降至 100mg/L 以下的时间/h	6	12	20 以上
综合作用	—	原油、悬浮固体乳化严重，形成稳定的胶体体系，沉降分离困难	水中含油量和悬浮固体含量高，油水乳化程度高，油珠粒径小，油水分离速率低

（2）悬浮固体颗粒明显变细，颗粒相互聚并及沉降分离困难。

随着油田开发的发展，油田开发层位发生了较大变化，开采方式经历了自喷采油、机械采油、聚驱采油的发展过程。随着开发层位和采油方式的变化，采出水中悬浮固体颗粒发生了明显的变化，颗粒变细，数量增加，造成悬浮固体聚并及沉降分离困难，悬浮固体严重超标。悬浮固体颗粒体积分数与数量变化见表 3-4。

表 3-4　油田开发过程中悬浮固体颗粒体积分数与数量变化

年份	颗粒总数（50μL）/个	粒径≤2.0μm 的颗粒的体积分数/%
1995	$0.8\sim1.0\times10^5$	50～60
1999	$1.2\sim2.0\times10^5$	50～62
2000	$1.9\sim3.1\times10^5$	55～89
2002	4.5×10^5 以上	60～96

悬浮固体中无机成分与有机成分如图 3-1 所示。

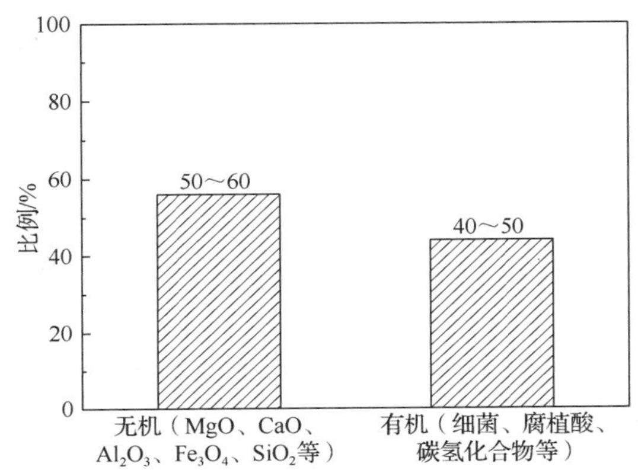

图 3-1　悬浮固体中无机成分与有机成分对比

颗粒细小的悬浮固体稳定性比较好，沉降特性差，在水中呈悬浮状态，并有少量的悬浮固体随着油珠浮升，而被带到沉降罐的顶部，造成沉降罐下部的悬浮固体含量小于顶部的悬浮固体含量的现象。

（3）低温集输造成处理温度低。

在低温条件下，实施加流动改进剂低温集输的含油污水中，小于 50μm 的油珠占总含油的 80%以上，属高乳化含油污水，乳化程度随着温度的降低而加剧。在特高含水期实施低温集输的采出水（不含流动改进剂）中，小于 50μm 的油珠比例仍比 40℃加热处理状态下的采出水高出 10 个百分点。这说明低温增大了油水分离难度。

低温集输区块的含油污水水温低，甚至低于原油的凝固点，致使反冲洗不彻底，时间一长就会在滤料表面上产生“油盖”。在水反冲洗时，这种“油盖”难以破碎，会随水流整体上升，严重影响反冲洗效果，产生滤料逐步污染、上部配水头堵塞等问题。

（4）采出水中的硫化物。

由于采出水中大量硫酸盐还原菌的存在，污水中 SO_4^{2-} 里的 S^{6+} 被还原成 S^{2-}，S^{2-} 造成设备容器腐蚀，同时产生大量的硫化物。硫化物的颗粒比较细小，一般集中在 1～10μm。

由于腐蚀的产物是不溶于水的黑色胶状 FeS 悬浮固体，这些细小的硫化物颗粒与污水中的油珠或其他有机物结合，形成稳定性好、沉降特性差、穿透滤料能力强的颗粒，会使处理后的水变黑发臭、悬浮固体增加。同时 FeS 又是一种乳化油稳定剂，现有的沉降、过滤工艺很难与之适应。这种现象在油田中普遍存在，尤其是南部油田，如采油四厂、采油五厂、采油七厂等地较为突出。

（5）药剂的影响。

破乳剂的质量与投加量直接影响污水中的乳化油（油珠粒径 0.001～10μm 的油滴）含量，这部分油含量直接影响除油设备的除油效率，仅仅靠自然沉降是不能将油完全去除的，除油设备的出水含油量直接影响过滤系统的运行效果。

絮凝剂的配伍性不好，或者以交联作用为主的有机絮凝剂加药量过大，会造成滤层表面出现絮团，这种絮团在原油、悬浮固体和细菌等的作用下会污染滤层，增加过滤阻力，乃至穿透滤层，也会在反冲洗时堵塞上部配水头。

（6）腐蚀结垢产物。

采出水处理系统中的金属腐蚀表现为金属设施的壁厚减薄和点蚀穿孔等局部腐蚀破坏。采出水系统中的采出水由于温度、压力等物理化学条件的变化，会产生结垢现象。

内部结构的腐蚀结垢和其本身材质有关，也可能与水质特性的变化有关。腐蚀结垢产物本身就会对过滤系统产生危害，影响出水水质。如果过滤罐的大阻力配水系统结构为穿孔钢管骨架外包筛管，筛管间隙很小，就会加重腐蚀结垢的危害，严重时会造成配水系统堵塞，过滤罐憋压。

2. 过滤罐结构

1）底部配水系统

底部配水系统的主要作用是要保证配水系统的均匀性在95%以上。过滤时该部分作为集水器，由于冲洗流速远大于过滤流速，如果反冲洗布水均匀，过滤时集水自然可以均匀。

（1）大阻力配水系统。穿孔管上总的开孔率（孔口面积与滤池面积之比）很低，为0.20%～0.28%，在反冲洗时孔口流速 v=5～6m/s，产生较大的水头损失，为3～6m，孔口水头损失远高于配水系统中各孔口处沿程损失，相对消除了滤池中各孔口位置不同对配水均匀性的影响，实现了均匀配水。

配水的均匀性与孔口面积、干管断面面积、支管断面面积相关：

$$\frac{Q_a}{Q_c}=\sqrt{\frac{1}{1+\mu^2 f_{孔口}^2\left[\left(\frac{1}{\omega_{干}}\right)^2+\left(\frac{1}{\omega_{支}}\right)^2\right]}} \tag{3-1}$$

大阻力配水系统对配水干管起端流速、配水支管起端流速、孔眼出口流速、孔口开孔比都有技术要求。

因此，在配水支管外包裹筛网或筛管，会降低孔眼出口流速，影响反冲洗配水的均匀性。另外在反冲洗进水管道中存在固体颗粒时，高速的反冲洗水会携带颗粒进入配水支管和筛网的外部缝隙，造成堵塞，同时会加重腐蚀产物和污垢的沉积而加剧堵塞，造成憋压。

（2）小阻力配水系统。穿孔管上总的开孔率一般在 1.0%～1.5%，反冲洗水头只需 1m 左右。由于进水空间中水的流动较慢，速度水头和沿程损失均很小，配水系统上各孔眼处压力基本均等，从而实现了反冲洗水的均匀配水。

小阻力配水系统的原理是减小配水系统中压力变化对布水均匀性的影响，并减小孔口阻力系数以减小孔口水头损失，因此一般有两点要求：反冲洗水到达各个孔口处的流速应尽量低；各孔口阻力应力求相等，加工精度要求高。

从小阻力配水系统的要求中可以看出，使用压力水反冲洗明显不符合孔口流速低的要求。在压力水反冲洗时，孔口的阻力相差非常大（孔口水头损失远大于沿程水头损失，水头损失与流量平方成正比），如 8mm 孔口面积为 9mm 的 79%，8.5mm 孔口面积为 9mm 的 89.1%，7mm 孔口面积为 8mm 的 76.5%，可以看出明显达不到 95%的配水均匀性。

2）上部配水结构

上部的进水头过滤时作为配水系统，反冲洗时作为集水系统。

现在很多过滤罐的进水头采用外包不锈钢筛网或者筛管结构，其目的多是为了保证反冲洗时不跑料。

过滤罐顶部配水头筛管缝隙一般为 0.6mm（部分为 2mm），外包筛网 40 目（0.425mm）。石英砂压力过滤器的滤层粒径规格为 0.5～1.2mm，双层压力过滤器的石英砂滤层粒径规格一次为 0.8～1.2mm、二次为 0.5～0.8mm。可以看出，过滤罐顶部配水头筛管缝隙与滤层粒径规格中较小的部分相当，过滤时滤速小没有问题，但反冲洗时会造成反向过滤，使滤料和污染物截留在此处，容易堵塞在缝隙中，造成反冲洗时憋压，憋压严重会造成结构损坏。

3）搅拌器

过滤罐内的搅拌器设置需要经过设计计算。例如，某些成品过滤罐由于本身滤料层至上部配水结构预留的高度和搅拌器的运行功率设置不合理，在开动搅拌器时，会产生滤料层膨胀到上部配水结构的现象，造成反冲洗时过滤罐憋压、跑料，同时反冲洗效果也不好。

3. 运行参数

1）设计参数

设计参数是一种标准运行状况下的参数，在实际运行过程中，根据运行负荷和来水水质情况等因素进行调整，以适应实际生产。

2）过滤罐体上部有气体空间，影响过滤效果

油田过滤罐在实际生产运行中，很少打开放气阀，罐体上部存留的空气或含油污水析出气，致使过滤器不是满水状态，造成过滤罐布水不均匀，影响处理效果。尤其当过滤罐水位过低时，进水水流的冲击使滤料层发生变化，滤层表面形成“丘陵”状，导致滤层失去作用，影响出水水质。

3）反冲洗

（1）反冲洗方式。单一强度的反冲洗方式已经不能适应生产需要。随着水驱区块污水见聚、聚驱污水含聚浓度的升高，含聚后水质成分、性质发生了变化，尤其是污水黏度变化，导致粒状滤料过滤器反冲洗时滤料膨胀高度和冲洗效果等均发生了变化，而反冲洗参数仍延用水驱设计参数，已经不能适应现场实际生产运行的需要，需要采用变强度反冲洗技术。

随着三元复合驱、聚表剂驱、高浓度聚合物驱的逐步开展，低温集输的逐步推广，采用水反冲洗可能难以满足反冲洗要求，需要采用气水反冲洗技术。

（2）反冲洗参数。

第一，过滤周期。过滤周期与两个因素有关：过滤总水头损失；出水水质。过滤总水头损失与过滤提升泵的扬程相比很小，因此可以按照出水水质来确定过滤周期。设计参数时，一般都确定为24h，但是各污水处理站的运行负荷、来水水质各不相同，因此，在保证出水水质的情况下，可以适当延长过滤周期，也相当于减少反冲洗耗水率。

反冲洗后，滤料层有一个压实的过程，一般在0.5～2h内形成截留污染物的致密表层，然后出水水质才能合格。延长过滤周期就相当于在单个周期中水质合格的过滤时间所占比例提高，也就提高了处理站出水水质。

第二，反冲洗历时。无论是单一强度水反冲洗、变强度水反冲洗，还是气水反冲洗，反冲洗历时，尤其是最后的清洗阶段，其冲洗时间都不是固定的，可以根据生产实际调整。例如来水水质非常好，滤料本身又没有受到污染的情况下，可以根据反冲洗排水水质来减少反冲洗历时。

在反冲洗中，反冲洗排水水质和反冲洗历时是控制反冲洗过程结束的主要指标，但是这两个指标只有在全部滤料都处于流化状态才有意义，就是说必须结合滤料膨胀率（或反冲洗强度）一起考虑。例如，低压稳流反冲洗用在核桃壳过滤罐（有搅拌器）上可能能够满足滤料膨胀率要求；但是用在石英砂过滤罐上时，如果搅拌器的搅拌强度不足，就可能满足不了滤料膨胀率要求。

第三，反冲洗耗水率。反冲洗耗水率直接涉及处理负荷，常规的单一强度水反冲洗，一般过滤罐反冲洗排水相当于设计规模的15%～20%。这部分污水排入回收水池，再通过回收水泵打回系统总来水重新处理。降低反冲洗耗水率可以直接降低水处理系统的运行负荷，相应的回收水池容积可以减小。

第四，反冲洗效果评价。反冲洗的技术要求如下：污染物从滤料中清除；过滤起始水头损失，反冲洗后与新滤料接近；反冲洗用水量较小；反冲洗后恢复水力分级；承托层不移动。

反冲洗效果主要通过以下指标评价：过滤起始水头损失，反冲洗后与新滤料接近；残余含油质量分数（根据给水处理的资料，反冲洗后砂层残余含泥量小于0.5%，滤料就处于极佳洁净状态）反冲洗后小于0.5%；滤料不混层、不流失。

因此，大庆油田公司开发部组织的过滤罐开罐检查就可以直观地看出滤料的残余含油量和混层流失情况，也可以判断长期的反冲洗效果。

3.1.3　解决对策

1. 水质

1）低温集输区块采出水处理

推荐采用气水反冲洗，运行水温高于原油凝固点 2℃以上。

若采用水反冲洗，应采用变强度反冲洗，运行水温高于原油凝固点 5℃以上。

2）控制硫酸盐还原菌含量

推荐采用药剂和物理杀菌结合的方法，加强管理和维修维护，控制采出水处理系统的硫酸盐还原菌含量。

3）药剂

加强对油站破乳剂的管理，保证污水处理站来水水质。

加强絮凝剂配伍性的检验，可以尝试将药剂检验用的介质由分区块统一使用改为单药对单站。

2. 过滤罐结构

1）上部配水结构

设计滤料反冲洗膨胀率一般为 50%以下，而过滤罐上部预留高度一般足够滤料反冲洗时膨胀 150%（1.2m）以上，因此过滤罐筛管骨架、外包钢网形式的上部配水头或者缝隙小的上部配水头都应该拆除，采用简单的挡水板结构就能满足过滤配水要求（过滤时滤层以上充满水，只要进水不直接冲击滤料就可以）。

2）下部配水结构

油田常用的压力过滤器采用大阻力配水系统，泵加压反冲洗，能保证滤料的反冲洗效果，尤其是对含有聚合物［如聚丙烯酰胺（PAM）］或胶质、沥青质含量较多的采出水（对滤料的污染较为严重）适用，因此推荐压力式过滤器采用大阻力配水系统。

大阻力配水系统建议取消外包筛管，但是，需要恢复底部 32～64mm 的砾石垫料层，填装高度为至配水管管顶上面 100mm。

大阻力配水系统结构（穿孔钢管骨架外包筛管）的污水处理站，堵塞之后，如果不能更换底部大阻力配水系统，在改造中可将过滤罐按安全防火要求进行处理后，将反冲洗进水管路和反冲洗出水管路灌满清水，用火焊烧外套筛管每一条缝隙来恢复功能。

小阻力配水系统不建议采用。

3）搅拌器的使用

搅拌器的使用需要经过设计计算。

4）成品过滤罐

成品过滤罐应加强管理，由大庆油田公司开发部牵头，组织起草“成品过滤罐产品验收管理办法”。

3. 运行参数

1）反冲洗方式

在水驱、聚驱污水中采用变强度反冲洗技术，在三元复合驱、聚表剂驱、高浓度聚合物驱等难处理污水中采用气水反冲洗技术，能够保证反冲洗效果，节省过滤罐自耗水量，有效降低污水处理站处理负荷。

2）最佳运行参数

建议各污水处理站根据实际生产情况摸索最佳运行参数，如延长过滤周期、减少反冲洗历时，就可以降低反冲洗耗水率（减小过滤罐自耗水量），有效降低处理负荷。

3）排气

过滤罐在实际运行中应定期打开排气阀排气。

4）低压稳流反冲洗

低压稳流反冲洗（罐群余压冲洗）只适用于核桃壳过滤罐。

3.2 滤料的特性及污染机理

首先进行滤料的密度、磨损率、破碎率等性能指标的测试，确定石英砂、磁铁矿、海绿石等滤料的主要技术指标。再用两种方式进行新滤料和原油搅拌污染试验：一种是新滤料水洗后进行原油搅拌污染，主要考虑滤料表面被水润湿以后有了一定的亲水疏油性，可以减缓污染速度；另一种方式是新滤料直接用原油搅拌污染，直接污染现象比较明显。经两种污染试验的污染滤料用 40～50℃自来水冲洗干净以后进行分析，用 SEM 观察污染滤料的再生情况。

3.2.1 石英砂滤料

石英砂滤料是采用天然海砂为原料，经水洗、酸洗、筛分等处理加工过的颗粒状、表面圆滑的滤料。经室内试验检测，主要技术指标见表 3-5。

表 3-5 石英砂滤料主要技术指标

项目	单位	分析结果	项目	单位	分析结果
含泥量	%	1.5	磨损率	%	0.03
密度	g/cm^3	2.66	破碎率	%	0.35
堆密度	g/cm^3	1.8	孔隙率	%	43

1. 石英砂滤料特性

新石英砂颗粒形貌及能谱分析见图 3-2，石英砂主要成分就是硅和氧两种元素。石英砂滤料颗粒表面看起来比较光滑，但是放大以后能看出有一些肉眼看不出来的断层和凹坑。

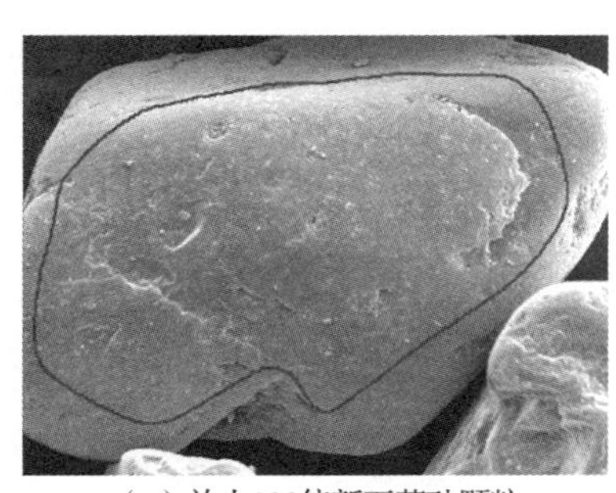

(a) 放大100倍新石英砂颗粒

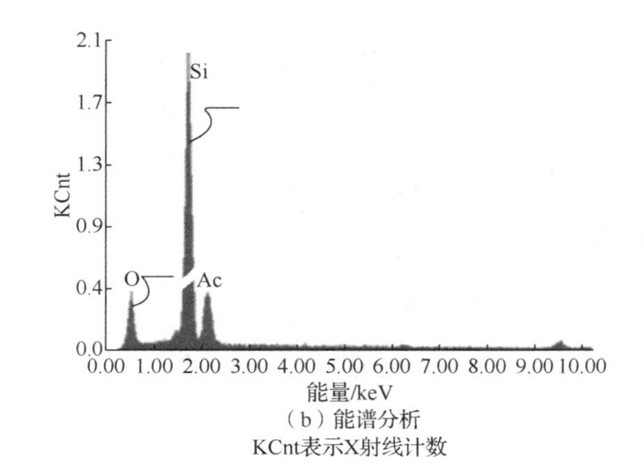

(b) 能谱分析
KCnt表示X射线计数

图 3-2　石英砂形貌及能谱分析

2. 石英砂污染现象

从石英砂被污染的表面现象看：新石英砂颗粒在水洗以后进行原油搅拌污染，表面看基本是不沾油的；新石英砂滤料直接进行原油搅拌污染，石英砂滤料和原油浸为一体，形成油颗粒滤料。浸油后的石英砂滤料颗粒用 40～50℃热水冲洗后马上变得干干净净。如果反冲洗水温降低，石英砂颗粒表面上可以看出有残余油污。

如图 3-3（a）～图 3-3（c）所示，新石英砂颗粒被原油污染以后，用 40～50℃自来水冲洗干净之后，用眼睛观察颗粒表面非常干净，看不出有污染迹象，但是通过 SEM 放大 100 倍、260 倍、1000 倍以后的照片可以看出，滤料表面存在许多热水冲洗不掉的污染区块，污染区块能谱分析见图 3-3（d），主要成分是碳、氮、氧等，这些污染区块就是滤料开始被逐步污染的源头。

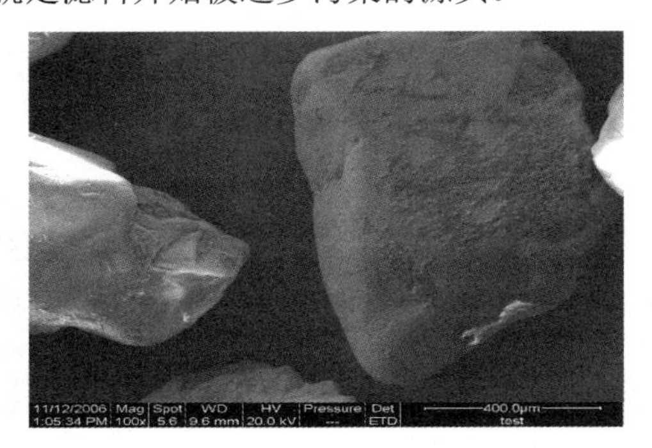

(a) 放大 100 倍污染石英砂滤料

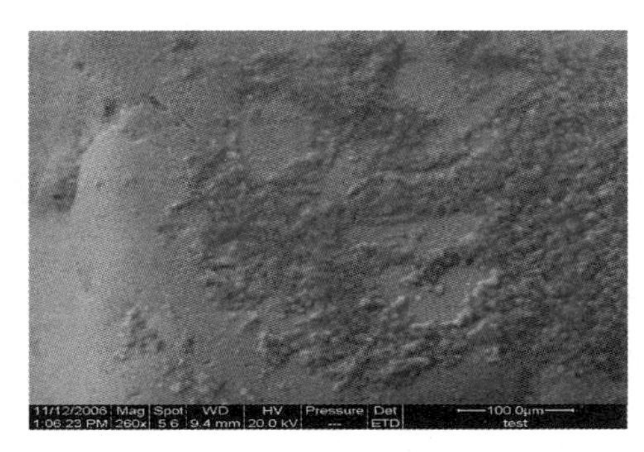

(b) 放大 260 倍污染石英砂滤料

（c）放大 1000 倍污染石英砂滤料

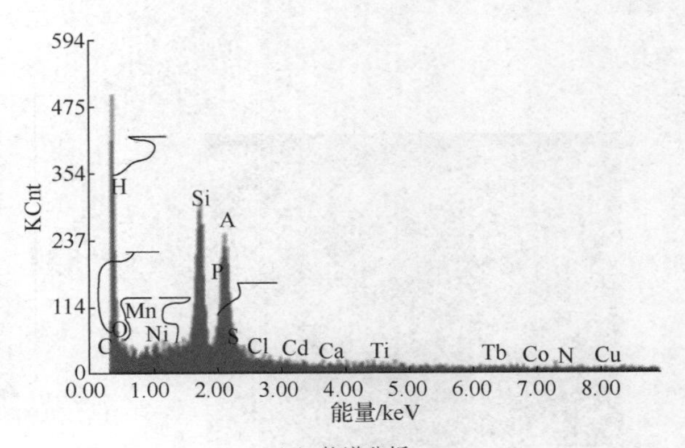

（d）能谱分析

图 3-3　污染后的石英砂形貌及能谱分析

3.2.2　磁铁矿滤料

磁铁矿滤料是采用天然磁铁矿石，经破碎、研磨、水洗、筛分等处理加工而成的水处理用滤料。经室内试验检测，主要技术指标见表 3-6。

表 3-6　磁铁矿滤料主要技术指标

项目	单位	分析结果	项目	单位	分析结果
含泥量	%	1.8	磨损率	%	0.05
密度	g/cm^3	4.45	破碎率	%	0.04
堆密度	g/cm^3	2.6	孔隙率	%	47

1. 磁铁矿滤料特性

磁铁矿颗粒属于人工破碎的颗粒滤料，表面比较粗糙，本身有微磁性，特别容易黏附杂质，主要成分是氧和铁两种元素，如图 3-4 所示。

2. 磁铁矿污染现象

从磁铁矿表面现象看：原始的磁铁矿滤料在水洗以后进行原油污染，表面沾油现象不明显；干净磁铁矿滤料直接进行原油污染，磁铁矿滤料和原油浸为一体，形成油颗粒滤料，但是浸油后的磁铁矿颗粒经 40～50℃热水冲洗后颗粒表面仍有许多污染物。污染后的磁铁矿形貌及能谱分析见图 3-5。

污染后的磁铁矿颗粒用 40～50℃自来水冲洗 10min 以后，肉眼可以非常明显地看到许多污染物和粘连现象。磁铁矿颗粒表面具有易于黏附杂质的特性，这一特性对于过滤处理是有利的，但是对于反冲洗再生非常不利，一旦被污染后再生难度比较大，很难恢复原来的表面。

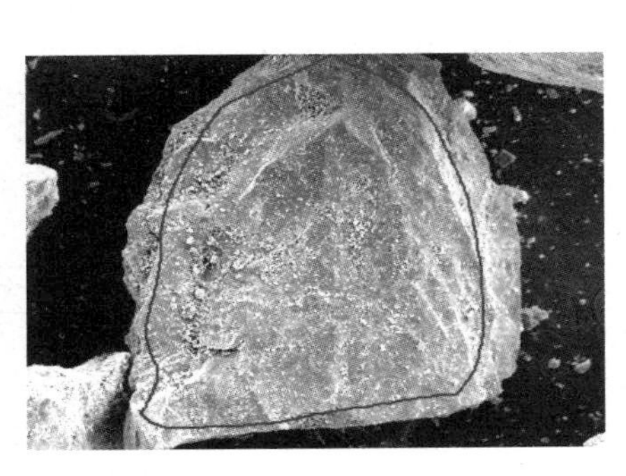

（a）放大 200 倍磁铁矿滤料

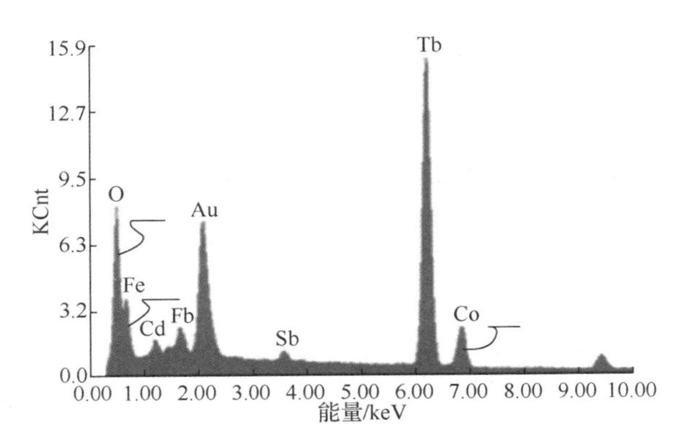

（b）能谱分析

图 3-4　磁铁矿形貌及能谱分析

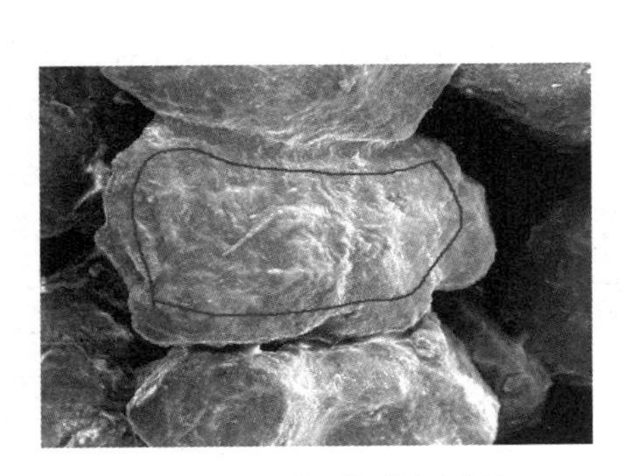

（a）放大 200 倍污染磁铁矿滤料

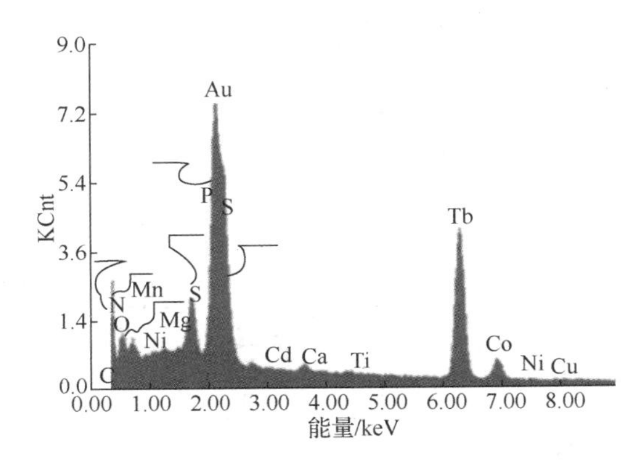

（b）能谱分析

图 3-5　污染后的磁铁矿形貌及能谱分析

3.2.3　海绿石滤料

海绿石属层状结构硅酸盐，是从天然矿开采并经机械加工破碎筛分而成，颜色为灰、黑、浅绿色。经室内试验检测，主要技术指标见表 3-7。

表 3-7　海绿石滤料主要技术指标

项目	单位	分析结果	项目	单位	分析结果
含泥量	%	1.6	磨损率	%	0.04
密度	g/cm^3	2.59	破碎率	%	0.34
堆密度	g/cm^3	1.3	孔隙率	%	44

海绿石滤料具有多孔介质的特性，比表面积为石英砂滤料的 3～5 倍，它主要由氧化镁、氧化铁等成分组成，对污水中含油、悬浮固体不仅有过滤作用，还有吸附作用。海绿石滤料由于本身具有微孔性，过滤效果略强于石英砂滤料。

3.2.4 核桃壳滤料

核桃壳滤料是一种以山核桃为原料，经脱脂、破碎、筛分等处理加工过的颗粒状，表面多微孔、吸附效果较好的滤料。经室内试验检测，主要技术指标见表3-8。

表3-8 核桃壳滤料主要技术指标

项目	单位	分析结果	项目	单位	分析结果
含泥量	%	0.6	磨损率	%	0.05
密度	g/cm^3	1.55	破碎率	%	0.5
堆密度	g/cm^3	0.8	孔隙率	%	47

由于核桃壳过滤罐对悬浮固体去除能力远不如双层滤料压力过滤罐，所以核桃壳滤料多用于一次过滤，重点去除残余油。

3.2.5 滤料级配确定试验

根据滤料的性能特性，选择几种不同的滤料级配进行室内模拟试验，通过对过滤设备进出口含油量的评价，来确定过滤设备的滤料级配。滤料级配试验参数的选择见表3-9和表3-10。

表3-9 石英砂过滤器滤料级配

编号	滤料名称	滤料规格/mm	填装高度/mm
1#	石英砂	0.8～1.2	800
2#	石英砂	0.5～0.8	800
3#	石英砂	0.8～1.2	400
	磁铁矿	0.4～0.7	400
4#	石英砂	0.5～0.8	400
	磁铁矿	0.25～0.5	400

表3-10 核桃壳过滤器滤料级配

编号	滤料名称	滤料规格/mm	填装高度/mm
1#	核桃壳	0.8～1.6	1000
2#	核桃壳	0.6～1.2	1000
3#	核桃壳	0.8～1.6	1200
4#	核桃壳	0.6～1.2	1200
5#	核桃壳	0.8～1.6	1400
6#	核桃壳	0.6～1.2	1400

试验条件：配制模拟液的水样、油样和三元物质均来自杏二中试验区中心井和配注站。三元物质加入量，碱为3000mg/L，聚合物为500mg/L，国产表面活性剂为100mg/L，试验温度为42℃。采用实验室动态模拟配制系统（包括污水加温装置、聚合物分散熟化装置、三元调配装置、原油加热计量装置、均化仪等设备）连续配制三元采出水进行试验。试验用水水质情况见表3-11。

表 3-11　试验用水水质情况表

序号	分析项目	单位	数值
1	水温	℃	38～40
2	碱质量浓度	mg/L	2940～3020
3	表面活性剂质量浓度	mg/L	284～312
4	聚合物质量浓度	mg/L	650～730
5	含油量	mg/L	78～94
6	悬浮固体含量	mg/L	34.6～44.7
7	粒径中值	μm	6.2～7.1

试验结果如下。

1. 石英砂滤料不同级配试验结果

通过室内试验证明，在相同水质条件下，石英砂与磁铁矿组成的双层滤料级配的处理效果优于单层石英砂滤料，其试验情况见图 3-6。

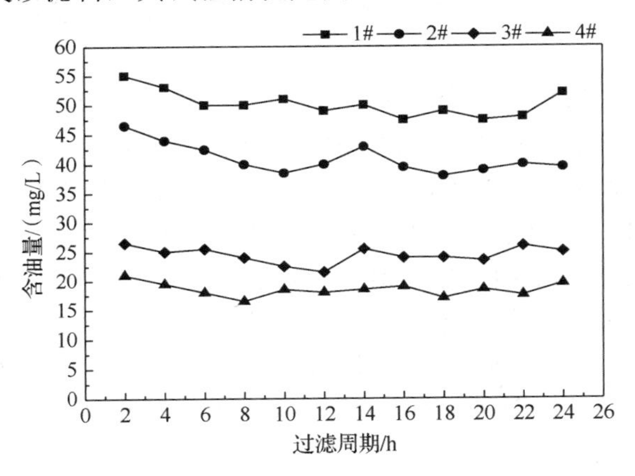

图 3-6　石英砂滤料级配试验含油量曲线图

2. 核桃壳滤料的不同级配试验结果

通过室内试验证明，在相同水质条件下，核桃壳滤料粒径级配小的处理效果优于级配大的，其试验情况见图 3-7。

综合上述试验，根据核桃壳滤料比表面积大、吸附能力强的特点，将核桃壳过滤器定为一次过滤器；根据石英砂、磁铁矿和海绿石滤料的孔隙率小、截流能力强的特点，将石英砂与磁铁矿双层滤料过滤器定为二次过滤器。

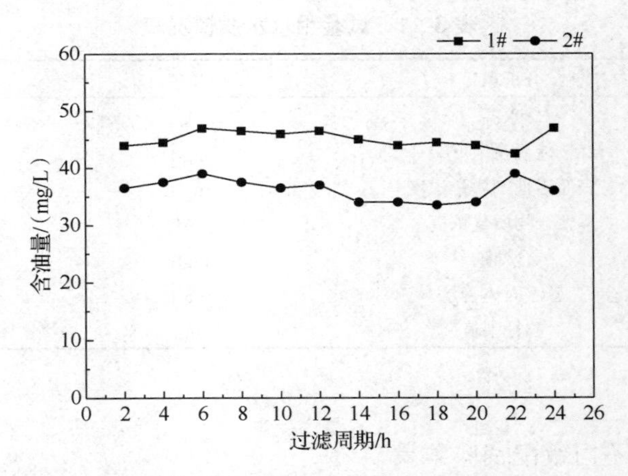

图 3-7　核桃壳滤料级配试验含油量曲线图

3.3　三次采油中滤料污染原因分析

三次采油是大庆油田原油稳产 4000 万 t 的重要组成部分。但是三次采油中的聚驱开采和三元复合驱开采的污水中各种化学成分比较多，水质特别复杂，因此在聚驱污水处理工艺中和三元污水处理工艺中，过滤器使用的颗粒滤料污染都比较严重。研究发现，聚驱污水处理工艺和三元污水处理工艺中使用的颗粒滤料中含有的大量非滤料粉末状物质和有机物成分是滤料污染的主要原因。这两种物质成分是油田开发过程中的产物，在颗粒滤料过滤时富集，然后形成污染块，这种污染块形成以后的黏性特别强，一般颗粒滤料再生方式无法破碎和去除它，对过滤器的结构破坏性很大。大庆油田滤料污染造成过滤罐结构损坏的现象特别多，每年由于油田过滤罐损坏进行结构改造的费用高达几千万元。

1. 三次采油中滤料污染现象

1）聚驱污水处理工艺中滤料污染现象

2009 年 7 月，某聚合物污水深度处理站在开罐检查滤料使用情况时发现，一次过滤器滤料和二次过滤器滤料都严重污染，里面有许多污染块。该站的来水中聚合物最高质量浓度 40～45mg/L，来水含油量一直很低，在 20mg/L 左右。

2009 年 10 月，某聚合物污水处理站在开罐检查滤料污染情况中时发现，过滤器中滤料已经严重污染，取回来的污染滤料风干后都是污染块。杏十七聚合物含油污水处理站的来水中最高聚合物质量浓度是 202.4mg/L。来水含油量比较高，一直采用单独水反冲洗再生，由于滤料反冲洗不彻底，滤料污染程度比较严重。

2）三元污水处理工艺中滤料污染现象

在三元污水处理工艺中，由于有三元成分存在，滤料的污染程度一般都比聚合物污水处理工艺中滤料的污染程度要严重。

某三元污水处理站自投产后一直采用滤料清洗剂再生，开罐后发现表层为黄泥拌油状污染层，滤料污染情况见图 3-8。

某三元污水处理站投产后一直采用单独水反冲洗再生，2009 年 9 月，因滤料污染严重，更换滤料，污染滤料风干后都是污染块，见图 3-9。

图 3-8　污染滤料

图 3-9　污染块

2. 污染成分分析

1）聚驱滤料污染成分分析

在某聚合物含油污水深度处理站开罐取出的污染滤料中有许多污染块，捏碎污染块，非滤料粉末状物质占 80%左右，滤料颗粒比较少。

某聚合物含油污水处理站上层的污染块中非滤料粉末状物质占 95%以上，滤料颗粒非常少，中层的污染滤料块中非滤料粉末状物质占 90%以上，滤料颗粒比上层的滤料颗粒稍多一点。

2）三元滤料污染成分分析

2007 年，在 217 三元污水处理站进行气水反冲洗再生和单独水反冲洗再生对比试验时，过滤介质是 33℃低温三元污水，新滤料使用在单独水反冲洗再生 36 天以后发现有非滤料粉末状物质和有机物成分形成的污染块，碾碎以后都是非滤料粉末状物质。

对南五区三元污水处理站的污染滤料进行成分分析，污染滤料中主要成分见表 3-12。

表 3-12　滤料污染成分数据表

滤料层名	含油量/%	粉末物所占比例/%	有机物所占比例/%
表层	5.11	6.0	9.0
下 100mm	3.32	3.6	5.2
下 400mm	2.90	3.7	5.3

从表 3-12 可以看出，污染滤料中的污染成分主要是有机物、非滤料粉末状物质两种物质成分和污油。有机物含量比非滤料粉末状物质要多，但是因为有机物成分一般是黏附在颗粒滤料和非滤料粉末状物质上，不像颗粒滤料和非滤料粉末状物质可以直接看出实物，所以，污染块碾碎以后只能看见非滤料粉末状物质和滤料颗粒，但是有机物是污染块形成的最核心成分。

3. 污染原因分析

三次采油中滤料污染原因如下：过滤过程中富集的有机物和非滤料粉末状物质先形成非常黏的污染块，然后再逐渐黏附颗粒滤料和污油形成越来越大的污染层，最终整座过滤罐内滤料全部污染。有机物起黏合剂作用，是污染块形成的最核心成分，非滤料粉末状物质是形成污染块的主要物质。滤料污染形成还与水处理温度有关，低温污水处理的滤料污染速度较快。

这种污染块由于黏度特别大，常规的颗粒滤料反冲洗再生方式很难将其破碎和去除。有机物和非滤料粉末状物质形成的污染块，如果黏附在防砂器筛筒上，很难去除，而且越黏附越多，最终出现过滤罐憋压现象。

4. 污染滤料再生方法

目前在三次采油的污水处理工艺中，采用单独水反冲洗再生和滤料清洗剂再生都不能破碎这种污染块，因此也不能去除产生滤料污染的主要成分——有机物和非滤料粉末状物质。气水反冲洗再生是用高速气体冲击剥落在过滤过程中滤料上黏附的污染物，高速气体可以彻底击碎滤料中的污染块，最后将剥落的污染物和击碎的破碎污染物随高速气体冲出罐外，因此气水反冲洗再生后能够彻底解决滤料污染问题。南五区气水反冲洗再生后的滤料状态见图 3-10 和图 3-11。

图 3-10　15 次再生后的滤料状态

图 3-11　三个月后的滤料状态

3.4　过滤反冲洗工艺滤料流失机制分析

针对目前的采出水处理过程中，经常出现滤料流失、污染、结构损坏等问题，开展滤料流失机理及改进技术研究。首先通过理论推导建立反冲洗强度与密度和膨胀高度数学模型，计算反冲洗过程中滤料因膨胀高度变化而流失的条件。同时，设计制作模拟试验装置，通过现场直观观察和化验检测相结合的方式试验研究滤料膨胀高度与密度强度的关系，并对反冲洗模型进行优化，确定目前水质条件下的反冲洗模型。观察滤料流失形态，确定滤料板结层和滤料流失的原因，对流失的机制进行分析，为石英砂滤料的流失问题提供解决措施。

3.4.1　石英砂过滤工艺滤料流失问题分析

目前石英砂过滤工艺不适应油田采出污水水质特性，出现滤料流失、污染、结构损坏等问题。根据现场观察，其主要原因是污水含聚使滤料表面和滤层孔隙内截留的污物具有很强的黏性，从而改变了滤料的流动特性，在滤层上部形成黏附于滤料上的胶冻状滤饼，即使是大强度反冲洗也不能有效地将胶冻状滤饼破碎并冲洗出去。反冲洗强度过大又会导致滤料迅速上升，使滤料进入布水筛管，导致布水筛管堵塞，造成反冲洗压力升高，水量下降，反冲洗不能顺利进行。由于滤料表面污油和聚合物的吸附，滤料相对密度变小，滤料膨胀高度增加，不能够按照设计参数运行，部分滤料随反冲洗流失。滤料流失相对降低了滤料层的高度，降低了过滤效率。据统计，某厂 3 年石英砂过滤罐累计开罐 468 台次，其中滤料流失的过滤罐 92 座，占总数的 19.7%，共补充石英砂滤料 1076t。

目前，污水处理过滤工艺研究主要集中在新型滤料的选择、新型过滤设备开发以及工程应用，对于滤料流失机制，在国内外还没有成熟的技术可以借鉴，关注较多的问题在于滤料流失现象和流失问题的解决，如采用筛框包网技术等，虽然在一定时间内减少了滤料的流失，但是随着运行时间的延长，滤料流失的问题仍会重现。因此寻找滤料流失的机制，从而提出适合的技术来解决滤料流失问题对于过滤工艺运行有着重要的意义。

3.4.2　现场试验工艺流程

为了能够有效直观地观察石英砂滤料流失的方式，同时通过测定参数研究滤料流失的机制，在采油某厂污水处理站开展现场试验研究。制作直径 0.3m、高度 2.5m 的有机玻璃柱，内置砾石和填料高度 1.2m。过滤过程中观察滤料截留污染物和滤料污染的变化过程，研究反冲洗强度和反冲洗膨胀高度以及滤料密度之间的关系，工艺流程见图 3-12。

试验过程中控制流体的雷诺数，使过滤器具有与现场相同的流态条件，其相关运行参数见表 3-13。

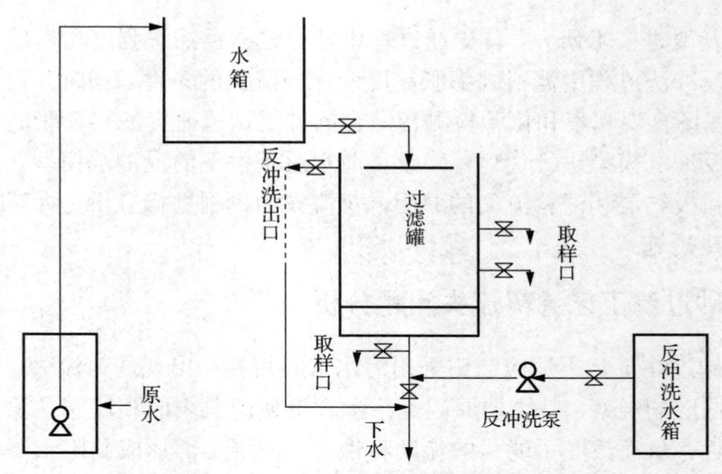

图 3-12　过滤反冲洗工艺流程图

表 3-13　过滤器运行参数

类别	参数	类别	参数
滤速	6m/h	每天运行时间	10h
滤料尺寸	0.5～0.8mm	反冲洗强度	4～16L/（s·m²）
滤层高度	0.8m	反冲洗时间	2～5d

3.4.3　滤料流失机理研究

1. 反冲洗数学模型的建立及优化

反冲洗膨胀高度取决于反冲洗强度，同时取决于滤料的材质，反冲洗数学模型如下：

$$U_{s\exp}=\frac{D_P^2 g(\rho_s-\rho_w)}{150\mu}\frac{\varepsilon_{\exp}^3}{1-\varepsilon_{\exp}} \tag{3-2}$$

式中，$U_{s\exp}$ 表示反冲洗强度［L/（s·m^2)］；ρ_s 表示滤料密度（kg/m^3）；ρ_w 表示水的密度（kg/m^3）；$\varepsilon_{\exp}$ 表示滤料孔隙率；g 表示重力加速度（N/m^2）；μ 表示动力黏度（Pa·s）；D_P 表示滤料直径（mm）。

滤料理论膨胀率与滤料孔隙率直接相关，即根据一系列数学推导及计算可得出反冲洗强度与滤料密度、膨胀高度的关系：

$$U_{s\exp}=\frac{D_\mu^2 g(\rho_s-\rho_w)(2L_0\varepsilon+L-L_0+L\varepsilon)^3 L_0}{150\mu(2L_0-L+L\varepsilon)} \tag{3-3}$$

$$L=\frac{\sqrt[3]{\dfrac{300\mu U_{s\exp}}{D_\mu^2(\rho_s-\rho_w)}}-2L_0\varepsilon+L_0}{1-\varepsilon} \tag{3-4}$$

式中，$e=\dfrac{\varepsilon_{\exp}-\varepsilon}{1-\varepsilon}$，$e$ 表示滤层膨胀率；ε 表示滤层膨胀前孔隙率；L 表示膨胀后滤层

高度（m）；L_0 表示原滤层高度（m）。

从式（3-4）可见，在反冲洗强度一定的条件下，滤料膨胀高度随着滤料密度的减小而升高。

在现场试验运行过程中，随着过滤的进行，过滤中截留的油吸附在滤料表层，导致滤料密度发生变化，滤料密度变化导致反冲洗膨胀高度发生变化，分别调整反冲洗强度为 4～16L/（s·m^2）进行试验，表 3-14 为反冲洗强度为 16L/（s·m^2）条件下的试验数据。

表 3-14　滤料膨胀高度与滤料密度、含油质量分数的关系

时间/d	主体滤料实际膨胀高度/mm	理论膨胀高度/mm	密度/（10^3kg/m^3）	含油质量分数/（mg/g）	备注
1	1040	1250	2.62	—	—
3	1158	1250	2.53	16.23	—
5	1170	1250	2.47	29.78	—
7	1240	1250	2.45	48.94	—
10	1210	1250	2.42	81.09	局部流失
12	1170	1250	2.41	68.29	局部流失
14	1160	1300	2.3	85.7	局部流失
16	1200	1300	2.25	119.54	局部流失
18	1200	1300	2.21	151.43	局部流失
20	1240	1300	2.28	150.55	局部流失
22	1220	1300	2.29	148.52	局部流失

由表 3-14 可见，反冲洗过程中，反冲洗滤料的实际膨胀高度与理论膨胀高度对比，在初始阶段滤料的实际膨胀高度要低于滤料的理论膨胀高度，这是因为初始阶段滤料相对较为干净，同时彼此之间依靠静电引力以及气体密封作用吸附在一起，形成整体上移，因此膨胀高度较低。随着过滤和反冲洗进行，滤料间静电力逐渐降低，滤料反冲洗实际膨胀高度与理论膨胀高度趋于一致。在反冲洗强度为 16L/（s·m^2）条件下，滤料的膨胀率随着密度的变化而发生变化，其结果见图 3-13 和图 3-14。

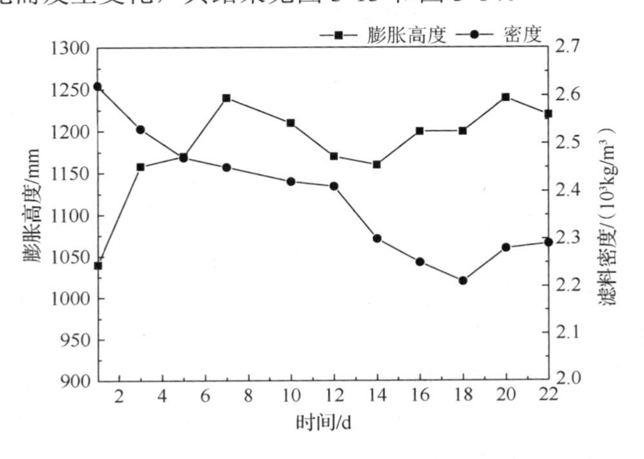

图 3-13　滤料反冲洗膨胀高度、滤料密度与时间的关系

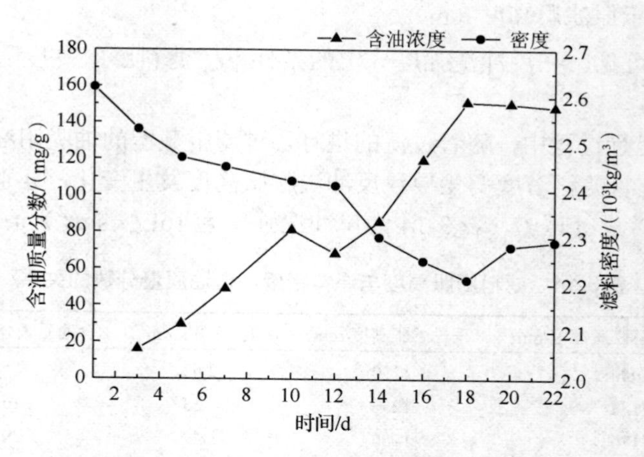

图 3-14 滤料密度、含油质量分数与时间的关系

滤料密度与油的质量分数有一定的相关性，对其进行拟合，得到如下结果：

$$y = -0.0024x + 2.5391 \tag{3-5}$$

优化后的现场反冲洗数学模型：

$$L = \frac{\sqrt[3]{\dfrac{300\mu U_{s\exp}}{D_{\mu}^{2}(-0.024x + 2.5391 - \rho_{w})}} - 2L_0\varepsilon + L_0}{1-\varepsilon} \tag{3-6}$$

可见随着含油质量分数的增加，滤料的密度降低，其膨胀高度增加，以目前油田反冲洗强度 16L/(s·m^2)，最大含油质量分数仅为150mg/g，其反冲洗膨胀高度仅为1220mm，膨胀率为 52.5%，模拟石英砂过滤罐的滤料膨胀空间为 2m，因此不会出现跑料现象。随着过滤过程进行，滤料表层黏附了一定的污染物质，滤料密度发生了一定的变化，因此其反冲洗膨胀高度发生了变化，但是其密度变化范围较小，在反冲洗强度一定的条件下，主体滤料密度变化较小，其膨胀高度依然在理论计算值范围之内，只有当滤料的含油质量分数达到 700mg/g 以上，密度降低到 1.1×10^3kg/m^3 才会出现滤料跑料现象。

2. 滤料流失的成因

过滤罐在反冲洗过程中，滤料黏结在一起形成堆积滤料是滤料流失的根本原因。从理论上讲，干净的滤料之间的排斥力要大于吸引力，因此滤料呈分散状态。如图 3-15 所示，观察过滤罐的过滤过程发现，随着过滤的进行，干净的滤料由于截留污染物质，滤料间彼此黏附在一起，滤料的表层会逐渐出现一层呈黏结状的滤饼。

根据过滤理论，在过滤过程中，悬浮颗粒能吸附在滤料表面，即“接触絮凝”起了主要作用，而其他作用如截留和沉降处于次要地位。大量的油污和杂质在过滤过程中被表层滤料截留、吸附，导致滤料间孔隙逐渐缩小，过滤阻力升高，使滤料层逐渐压实，出现了板结层。图 3-16 为反冲洗时流失滤料的形态。

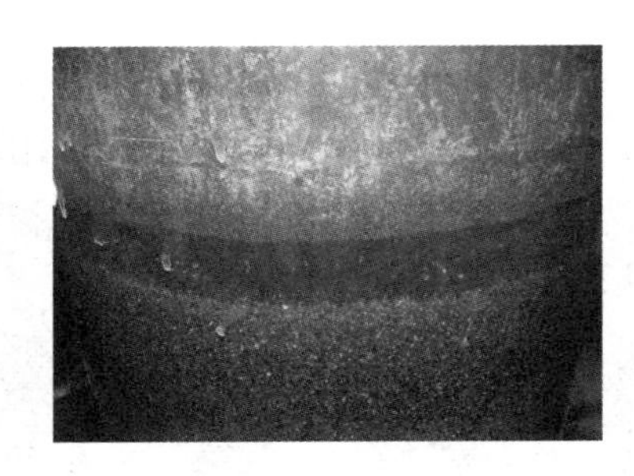

图 3-15　滤料表层形成的滤饼层

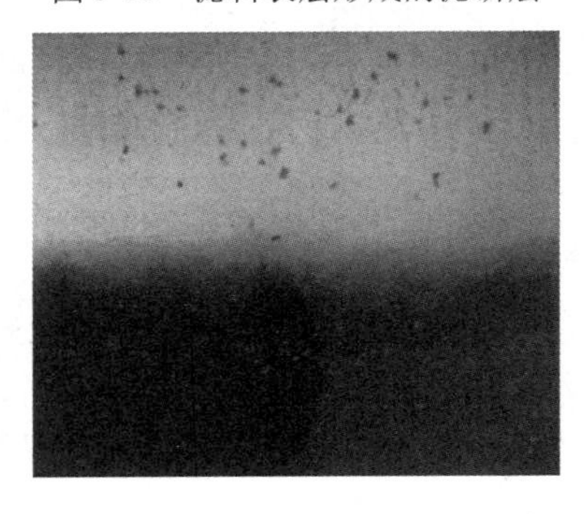

图 3-16　反冲洗过程中流失滤料形态

如图 3-16 所示，反冲洗过程中，在反冲洗力作用下，板结的这层滤料被水冲开，向上膨胀，但是黏结在一起的滤料并没有完全被打碎，因此形成了许多不规则的大小不同的块状堆积滤料，随着反冲洗水一起流失，因此板结层是块状滤料出现的原因。

表 3-15 为试验测得的堆积滤料密度与理论膨胀高度的相关数据。

表 3-15　堆积滤料密度与理论膨胀高度关系

时间/d	堆积密度/（10^3kg/m^3）	理论膨胀高度/mm
1	1.22	1900
12	1.05	2300（流失）
18	1.06	2300（流失）
24	0.98	随水流流走

实验周期为 24d，随着过滤时间的延长，从模拟开始过滤罐在反冲洗过程中出现了跑料现象，并一直持续，而且其流失滤料主要是以堆积状态存在。对反冲洗流失的堆积形式（流失）的滤料进行取样分析。由表 3-15 可见，堆积形式存在的滤料密度要远低于分散态滤料的密度，甚至要低于水的密度，反冲洗过程中其膨胀高度都超过了过滤罐的膨胀空间，造成滤料流失。因此，推断滤料以堆积状态存在是滤料流失的关键原因。

3. 板结层形成过程及范围

石英砂过滤器属浅床过滤器，依靠滤料和在滤料床层上部形成的滤饼层来截留污水中的悬浮固体和胶体。这可从过滤过程中滤料层的变化看出，图 3-17 为随着过滤过程的进行，进入滤料层的污染物质深度的变化情况。

（a）10d

（b）15d

（c）25d

图 3-17　污染物质进入滤料层深度变化

图 3-17（a）～图 3-17（c）分别表示运转 10d、15d、25d 污染物质进入滤料层的深度。在 25d 以后污染物质进入滤料层的深度基本没有变化，说明石英砂过滤器主要依靠滤料表层的截留、吸附作用去除污染物质，因此大量的污染物质聚集在表层，导致表层滤料上黏附有大量的黏结剂类物质，改变了滤料间排斥力大于吸引力的状态，导致滤料黏附在一起，形成板结层，这可从表层滤料的物理形态观察出。

由于污染物质是逐渐进入深层的，而且其迁移速度也不同，在污染物质进入滤料层的深度相对稳定后，对不同滤料层深度污染物质含量进行分析，随着深度的增加，污染物质含量逐渐降低，且在 8cm 左右降低的幅度最大，在下层杂质含量相对较低，且变化不大。同时对各个层位的胶质和沥青质进行定量分析，其在各个位置的含量与其杂质的含量变化关系很接近，说明反冲洗过程中大量的轻质油以及悬浮固体已经脱附，而胶质和沥青质作为重质油，其吸附能力更强，黏结在滤料表层不易脱附，因此可认为滤料在距表层 8cm 以内范围内可形成滤饼层。

不同深度取样测试滤料的杂质含量情况见表 3-16。

表 3-16　不同深度滤料中杂质含量情况

位置/mm	第 10 天杂质所占比例/%	第 20 天杂质所占比例/%	第 10 天胶质和沥青质的质量分数/（mg/g）	第 20 天胶质和沥青质的质量分数/（mg/g）	第 10 天含油的质量分数/（mg/g）	第 20 天含油的质量分数/（mg/g）
0	4.82	7.68	9.08	10.89	35.7	60.52
40	3.36	6.65	8.82	7.98	30.8	45.81
80	2.24	3.48	4.64	4.81	26.2	28.64
120	1.06	2.12	3.19	4.36	10.8	15.6
200	0.82	1.34	2.98	3.02	5.4	6.8
300	0.69	0.83	1.23	1.09	4.9	4.5

由表 3-16 可见，表层滤料板结严重。初期滤料表层相对干净，但随着运行时间的延长，表层滤料黏附在一起的现象逐渐变得严重，在运行 20d 以后，滤料表层的含油质量分数在 25mg/g 以上时，板结层已经存在，而且随着时间的延长，表层的板结滤料层也逐渐增加。而且在 80mm 以上数据显示其含油质量分数均在 25mg/g，表明其板结层范围在滤料表层 80mm 以上。

反冲洗过程中对流失的块状滤料进行取样分析，结果显示其杂质所占比例在 4.6%，其中胶质和沥青质质量分数约占含油质量分数的 23%，其结果与表层滤料杂质含量相当，说明表层滤料很容易发生板结，进而流失。

4. 板结层形成的影响因素分析

大部分油和悬浮固体截留在滤料表层，且每一次反冲洗后都有一部分吸附在滤料上的污染物质无法彻底清洗下来。图 3-18 为滤料表层（3cm 范围内）含油质量分数随时间的变化趋势。

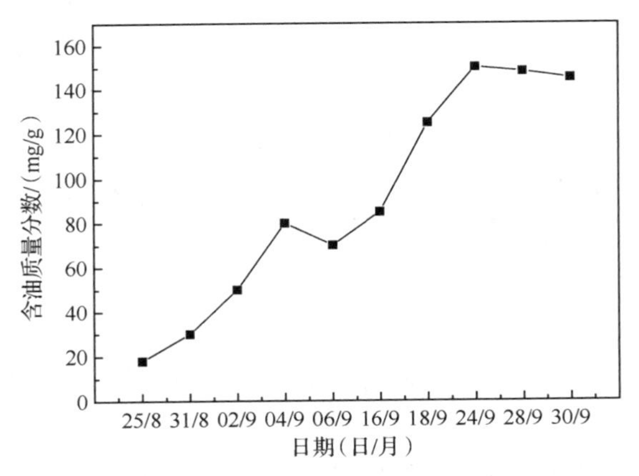

图 3-18　滤料表层含油质量分数随时间变化曲线

滤料表层（3cm 范围内）的污染物质浓度也在逐渐变化，如图 3-18 所示，随着时间的延长，滤料表层的含油质量分数逐渐增高。随着含油质量分数的增高，其中所含有的胶质和沥青质的质量分数也逐渐增高。这些物质的存在，作为一种特殊的黏结剂，导致滤料彼此黏附在一起，形成了表层板结层。

图 3-19 和图 3-20 为反冲洗前后滤料表层（3cm 范围内）污染物含量随时间的变化趋势。

如图 3-19 所示，反冲洗后的胶质和沥青质质量分数变化不大，也就是胶质和沥青质作为黏结剂在滤料表层存在，导致滤料板结。反冲洗过程中油随着反冲洗流走，但是胶质和沥青质亦有一定的浓度，说明反冲洗过程中胶质和沥青质不能完全清洗下来，依旧附着在滤料表层。从而使滤料表层存在一种特殊物质，作为黏结剂，使滤料彼此间更容易吸附在一起，从而形成板结层。

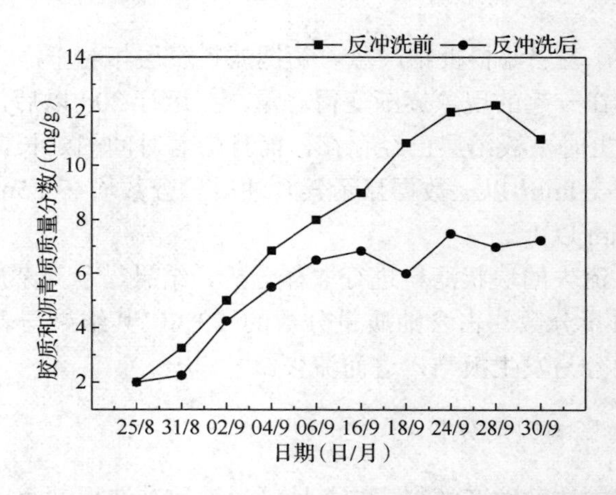

图 3-19　滤料表层胶质和沥青质质量分数随时间变化曲线

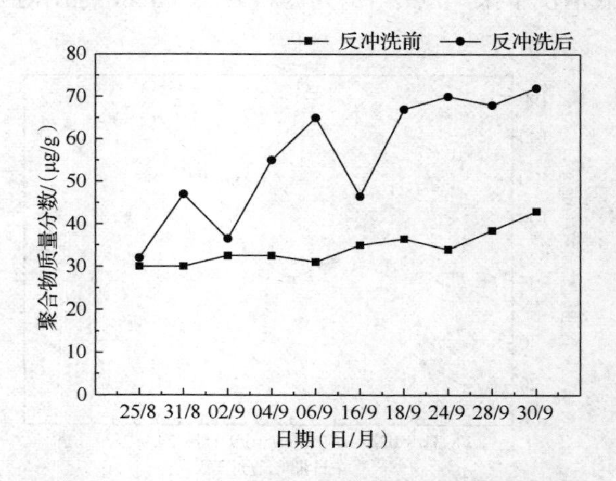

图 3-20　滤料表层聚合物质量分数随时间变化曲线

如图 3-20 所示，虽然聚合物质量分数在表层变化不是很明显，但是每次反冲洗后表层聚合物质量分数均要高于反冲洗前，说明反冲洗过程中下层的聚合物被反冲洗到上层，且没有排走，导致表层聚合物质量分数升高，过滤过程中聚合物又不下移，使表层聚合物质量分数较高，这也是滤料表层板结的一个原因。

通过以上分析，反冲洗能够将一部分杂质带走，但是不能将聚合物、胶质和沥青质等分子量高、分子间作用力大的物质从滤料上完全脱附下来，且滤料表层污染物质随着反冲洗有增多的趋势，即使延长反冲洗时间至 20min，其反冲洗后表层污染物质依旧存在，反冲洗前后滤料表层的变化如图 3-21 所示。反冲洗后滤料表层杂质含量依然很高，说明这些物质是以吸附形式存在滤料表层，很难通过冲洗清洗下来，因此，这些物质作为黏结剂一直存在滤料中，导致滤料板结。

（a）反冲洗前

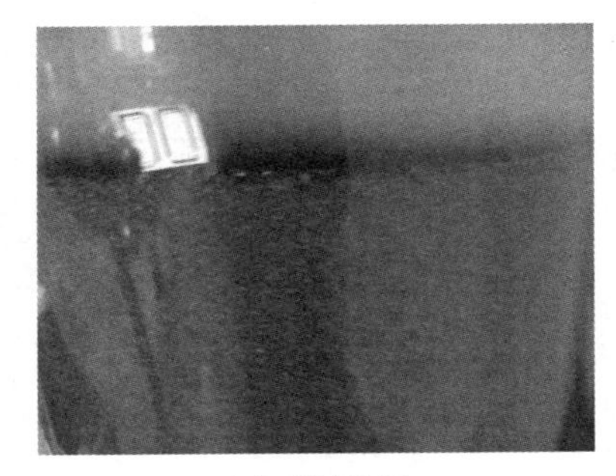

（b）反冲洗后

图 3-21　反冲洗前后滤料表层变化

5. 石英砂过滤罐现场运行情况分析

为了进一步验证反冲洗模型和流失机理与现场运行的吻合程度，了解现场过滤罐的运行情况，同时对污水处理站 1、污水处理站 2 的石英砂滤料反冲洗后进行分层取样分析，取样过程中分别取了表层及 30mm、50mm、100mm、150mm、200mm、300mm、400mm 深度的样品，对其密度、含油质量分数、胶质和沥青质质量分数以及聚合物质量分数进行分析，结果见图 3-22 和图 3-23。

如图 3-22 和图 3-23 所示，随着取样层位的加深，各个站的滤料的含油质量分数以及聚合物、胶质沥青质质量分数都在降低，以表层 100mm 范围内污染最为严重，符合石英砂依靠表层过滤的性质。其滤料密度与含油质量分数也存在公式（3-5）的关系，含油质量分数越高，则密度越小，按照其计算密度，与实测密度相比相对误差≤5%。根据优化后反冲洗模型推导滤料膨胀率在 50%～60%，不可能出现流失，但实际上目前该站存在滤料流失的现象。这说明，造成滤料流失的根本原因在于滤料形成板结块，反冲洗过程中以块状滤料的形式流失。

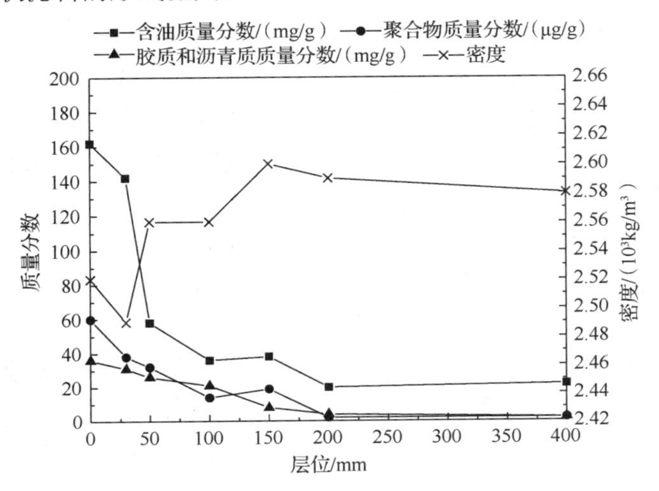

图 3-22　污水处理站 1 的石英砂参数

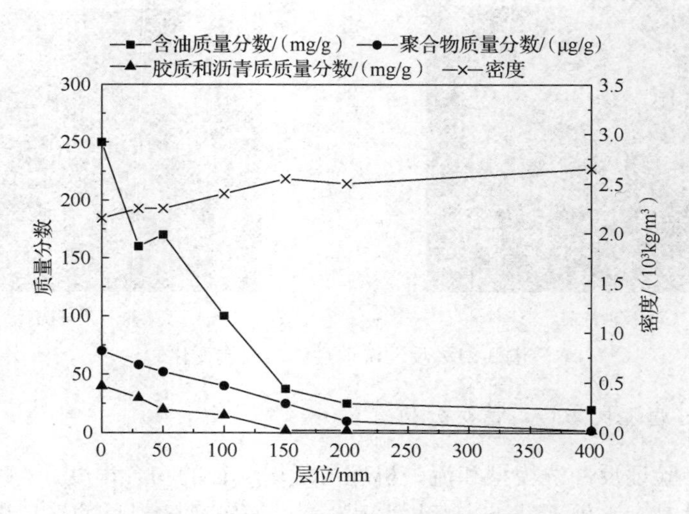

图 3-23　污水处理站 2 的石英砂参数

6. 滤料流失机制分析

滤料颗粒在过滤初期呈分散状态，其颗粒间的排斥力大于颗粒间的吸引力，在过滤过程中，起着重要作用的是接触絮凝的作用，这就导致油和悬浮固体吸附在滤料的表层，反冲洗过程总借助滤料间的摩擦力和水的冲刷力实现杂质脱附。

反冲洗不彻底或者其他的原因黏附在滤料上的杂质不能完全脱附下来，导致表层滤料污染物质的含量较高，污染物中大量的重质油、胶质和沥青质以及大分子聚合物的存在使其具有黏结作用。在具有黏结剂的滤料颗粒中，除了所受重力之外，还需要考虑相互挤压、碰撞、黏附、破碎、摩擦等颗粒间的内部作用力。

过滤过程中，滤料表层处于润湿状态，而且大量的污染物质黏附在滤料表层，滤料碰撞受到的接触力、黏性力和毛细力都与颗粒运动方向相反，因此颗粒碰撞后一直做减速运动直至速度减小到 0，此时相对位移达到最大值。在反弹过程中，湿颗粒受到的阻力较大，碰撞过程能量损失增大，接触力在反弹过程中衰减加快，导致黏性力、毛细力和范德瓦耳斯力阻碍颗粒运动促使颗粒成团。因此滤料污染物质浓度越高，其成团的概率越大，表层板结得越严重，最终导致滤料流失。

通过现场试验，优化反冲洗模型，确定滤料流失机理：

（1）建立并优化滤料反冲洗膨胀高度和滤料密度与反冲洗强度关系的数学模型，即式（3-6）。

（2）聚合物、滤料表层胶质和沥青质在表层吸附附着。滤料污染物质浓度越高，其成团的概率越大，表层板结得越严重，最终导致滤料流失。

（3）造成滤料流失的根本原因在于滤料形成板结块，反冲洗过程中以块状滤料的形式流失。

3.5　过滤罐防止滤料流失的措施分析

过滤罐是油田水处理的关键设施，防止滤料流失是水处理技术人员的重要工作之一。本节以大庆油田现有过滤罐为例，对其结构及应用效果进行分析讨论，提出防止过滤罐滤料流失的相关措施。

大庆油田由于开发较早，特别是老区油田采出水大面积见聚合物且含量较高，过滤罐在实际应用过程中出现的问题也较早，同时在出现问题后进行了积极的应对和改进，整体过滤罐发展历程更具有代表性。20 世纪 90 年代以前，大庆油田石英砂过滤罐的上部布水多采用挡板形式，底部配水采用“丰”字形穿孔管。20 世纪 90 年代初，采出水含有聚合物，在实际应用过程中滤料板结现象比较严重，造成反冲洗时部分滤料流失等现象。同时伴随着筛管的问世，在石英砂过滤罐上部布水加装筛管（框），底部配水加装了筛管，并对滤料进行了严格筛选，填装经过筛分的天然滤料和垫料，这种结构的过滤罐在油田大部分污水处理站得到应用。20 世纪 90 年代末和 21 世纪初，石英砂过滤罐在上部布水和底部配水加装筛管的基础上，又增加了不锈钢丝网，主要是为了进一步防止滤料的流失。

随着注聚采油的大规模应用，采出水黏度逐渐升高，污水成分变得越来越复杂，造成过滤罐滤料再生效果差、滤料板结率高、上下筛管结垢及堵塞严重，最终严重影响过滤出水水质并缩短反冲洗周期。为了弥补传统过滤罐的不足，近些年各油田对其过滤罐结构进行了相应的研究和改进，其中最具代表性的为低压稳流反冲洗搅拌式过滤罐。这种结构的过滤罐目前应用较多但工程造价较高，实际应用过程中也出现了一些问题，主要集中在三方面：①搅拌过程中机构密封、搅拌桨等部件易损坏，过滤罐漏水或漏蚀现象严重，实际运行时效率低，经常需要检修。②过滤罐上布水系统采用环状分支，外套筛管形式，这种方式的优点是保证布水均匀，但同时带来的缺点是过滤罐顶端存在较大死水区，反冲洗时不能在最顶端排油、排气，反冲洗后顶部污油排不出去。为了解决反冲洗时污油排不出去等问题，过滤罐排油装置（浮油聚集器）诞生了，但现场应用效果并不理想，相应也增加了现场人员的劳动强度和工程费用。③集配水的筛管结构造成过滤罐憋压，目前油田使用的筛管缝隙过小，用于布水及防止滤料流失，但实际应用在含聚污水时，筛管易堵塞，穿孔管和外套筛管的缝隙易结垢。

3.5.1　问题分析

（1）反冲洗过程中轻微的滤料流失是必然，筛管虽能阻止部分滤料的流失，但会造成过滤罐憋压。

滤料反冲洗过程中，脱附的污染物将随反冲洗水排出罐外，此过程滤料截留的油污等杂质也必将裹挟少量滤料，而这些杂质裹挟滤料发生的滤料轻微流失是必然现象（属正常的滤料损耗）。油田常用的筛管筛缝一般在 0.25～2mm，筛缝过大在正常情况下不能防止滤料流失的发生；筛缝过小，长时间运行后易结垢堵塞，再加上反冲洗过程中污油等杂质裹挟的少量滤料以及部分板结滤料的上升，造成滤料颗粒堵塞在筛管缝隙中，最终导致过滤罐憋压严重。

（2）过滤罐憋压造成内件损坏是目前过滤罐滤料流失的主要原因之一。

过滤罐内集配水的筛管堵塞后，过滤罐在憋压的状态下长时间运行，造成筛管变形、断裂损坏，进而流量单点突破，造成集配水系统的压力不均衡，大量污水在破损点携砂排出，导致过滤罐跑料。因此过滤罐滤料流失不应采取“堵”的方式，即“堵”就会造成系统憋压，憋压最终会引起内件的损坏以及滤料的流失。

（3）反冲洗强度不随黏度变化调整，是滤料流失的主要原因之二。

随着化学驱开发的逐步扩大，采出水中聚合物含量逐步升高，污水黏度也随之增大，若仍然采用油田水驱的滤料反冲洗强度，势必造成滤料反冲洗膨胀率增加。阻力系数型滤料反冲洗强度计算公式（3-7）的计算结果表明：在相同反冲洗强度下，滤料膨胀高度与水相黏度成正比，污水的黏度越大，则滤料反冲洗时的膨胀率越高，见图 3-24 所示。

$$u = 0.034\frac{(\rho-\rho_0)^{0.8} d^{1.4}}{\mu^{0.6}}\frac{(m+e)^{2.4}}{(1-m)^{0.6}(1+e)^{1.8}} \tag{3-7}$$

式中，u 表示反冲洗强度［L/（s·m^2）］；ρ 表示滤料的密度（kg/m^3）；ρ_0 表示污水的密度（kg/m^3）；μ 表示污水的黏度［kg/（s·m）］；m 表示滤料的静止孔隙率；e 表示滤料的反冲洗膨胀率（%）；d 表示滤料的粒径（m）。

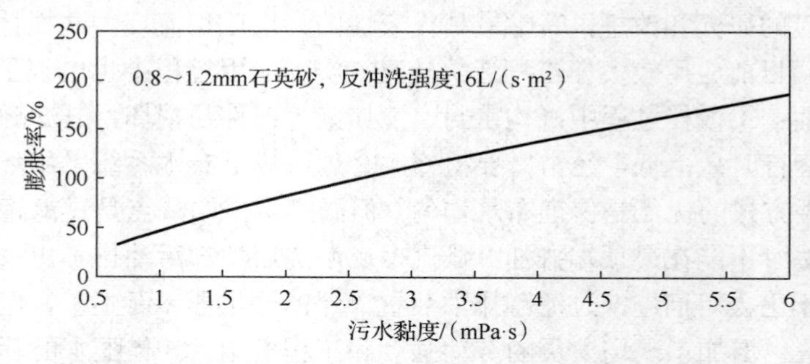

图 3-24　相同反冲洗强度下滤料膨胀率随污水黏度变化曲线

在过滤污水含油量较高时，由于污油会裹挟部分滤料，形成密度较低的颗粒，造成滤料的膨胀率高于计算结果，另外，由于过滤罐高度限制，膨胀率增大到一定程度，必然造成滤料流失。因此，滤料反冲洗强度不随黏度变化调整，是造成滤料流失的主要原因。

（4）使用搅拌器不一定是最经济、有效的破坏滤料板结的方式，且搅拌器易损坏、价格高、运行时率低。

从目前搅拌器的运行机制和效果上看，搅拌器对板结层有破碎作用，主要是靠搅拌桨的轴向力。首先，板结层在上升过程中，先被搅拌锯齿（爪）切割成环形条，随着板结层的持续上升，又被搅拌桨水平挤压，直至破碎。但是破板结的手段很多，目前油田应用的气水反冲洗技术，由于气泡对滤层的蠕动作用，就具有破板结功能，同时也加强了滤料间的摩擦脱附，加速了污染物与滤料的分离。另外，采用特殊结构的钢片切割组件，可实现对滤料的无动力消耗的破板结功能，并具有结构简单、施工简单、造价低的特点。

3.5.2　改进措施分析

（1）改进过滤罐结构，防止板结层的不利影响。

过滤罐合理的内部结构是保障过滤效果的关键，而防止反冲洗时滤料板结层整体上升，实施有效的破板结手段，是防止滤料流失的必要条件。

建议采用钢片的静态切割破板结方式，可在无电能消耗、无运动部件、无须人工干预的条件下，使板结层由整块破碎成小块，并借助水力摩擦、碰撞和翻滚等作用，将板结块破碎，防止板结层整体上升至顶端出口，进而极大地降低发生滤料流失的可能性。该方式具有结构简单、造价低廉、易于施工等特点。尽管采用搅拌器也能使板结层破碎，但由于价格较高、易损坏、不节能、维护维修成本高，以及占用顶部空间，无法实现过滤罐最顶端排油、排水等原因，不建议使用。

（2）应根据水质水相黏度变化，实施个性化滤料反冲洗。

滤料的水反冲洗强度应随污水黏度的变化相应调整，以保持滤层膨胀率维持在30%～50%的合理范围内。也就是说：各污水处理站应根据污水黏度变化，调整反冲洗强度，实施个性化滤料反冲洗，确保滤料的膨胀高度维持在合理范围之内，保障滤料高效冲洗，同时避免发生滤料膨胀高度过高造成的非正常滤料流失。按照公式（3-7），在石英砂反冲洗膨胀率保持 40%时，反冲洗强度与污水黏度关系曲线见图 3-25，也就是说：随着污水黏度的上升，应适当降低反冲洗强度，以适应污水黏度的变化。

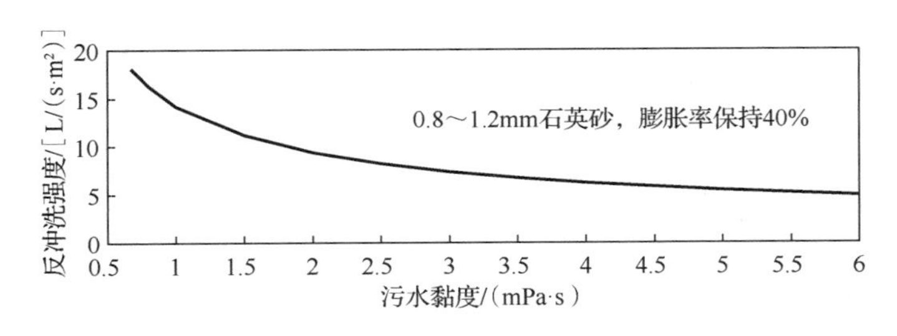

图 3-25　洁净滤料的反冲洗强度与污水黏度关系曲线

（3）取消过滤罐的集配水筛管结构，防止因堵塞造成的憋压损坏。

取消上部布水筛管结构，采用挡水板布水，能避免过滤罐憋压及内件损坏的发生，相应地降低了滤料流失的可能性。取消下部配水筛管结构，采用大阻力穿孔管，能提高内部穿孔管的承压性能，减少内部结垢堵塞的发生，同样也起到防止内件损坏及滤料流失的作用。同时，采用挡水板和穿孔管结构，造价低廉、施工简单，虽然不能直接防止跑料的发生，但避免了采用筛管造成的后续不利影响。

（4）加大滤料反冲洗的膨胀空间，消除反冲洗时的死水区。

取消上部布水筛管，可将挡水板上移至过滤罐顶部，在不增加过滤罐罐体高度的基础上，增大了滤料膨胀的富余活动高度，降低了滤料升至过滤罐顶部的可能性，降低了滤料流失的风险。同时保证了反冲洗时最顶端排水、排油、排气，消除了过滤罐反冲洗时的死水区，进而取消了过滤罐排油装置。

（5）控制来水水质，防止滤料非正常污染情况的发生。

若采用布水筛管结构，在发生过滤罐滤料大面积污染事故时，会发生滤料反冲洗憋压，导致滤料再生过程无法实施，滤料整体污染，整个过滤系统失去过滤功能。若继续强制反冲洗，势必导致内件损坏、滤料流失，而采用挡水板布水结构，在事故状态下（大量污油进入过滤罐），尽管可通过静态钢片切割装置，降低发生滤料流失的可能，但不能完全避免，应在生产管理上加强预防。

通过对大庆油田现有过滤罐结构及应用效果进行分析，针对过滤罐滤料板结率高，集配水筛管结构带来的过滤罐憋压，过滤罐顶部存在死水区，反冲洗不能最顶端排油、排气，搅拌器易损坏、运行时效率低等问题提出了经济、有效的应对措施。同时提出了新的设计理念，过滤罐滤料轻微流失是必然现象，过滤罐滤料流失不应采用以“堵”为主的筛管截留方式，应建立以“防”为主的随采出水黏度变化而调整的反冲洗强度，通过及时调整反冲洗强度来防止滤料流失的发生。

第 4 章　油田含油污水反冲洗过滤罐的设计及应用

4.1　反冲洗过滤罐系统设计

4.1.1　反冲洗过滤罐工作原理及总体设计

1. 油田出水处理工艺流程

“三段”式处理流程和“二段”式处理流程，为目前油田采出水处理的两种主要工艺流程。

（1）“三段”式污水处理的工艺流程主要分为以下几部分：首先对经过脱水处理的含油污水进行第一次除油操作，将油和水分离，并除去浮油；然后对经过除油处理的污水进行第二次除油操作，在混凝剂的作用下，存在于污水中的浮油和乳化油得到较为彻底的清除；污水经二次除油处理后进入吸水罐，经压泵升压输送到压力式过滤罐进行过滤处理，将污水中残存的杂质和油污全部去除。通过以上过程处理，污水基本达标，可以作为回注水，进行重复使用。“三段”式处理流程优点为适应性较强，污水中含油量较大时经处理能满足回注水质要求；不足之处是所需应用治理构筑物较多。其工艺流程如图 4-1 所示。

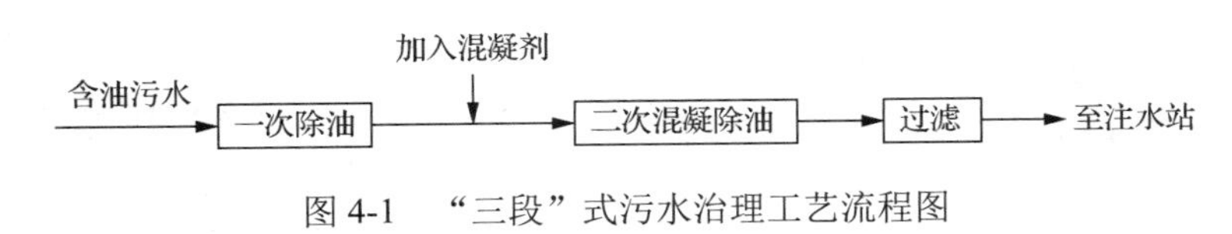

图 4-1　“三段”式污水治理工艺流程图

（2）“二段”式污水处理流程是从“三段”式污水处理流程简化而来，与“三段”式相比较，“二段”式减少了一次除油操作的过程，其工艺流程如图 4-2 所示。

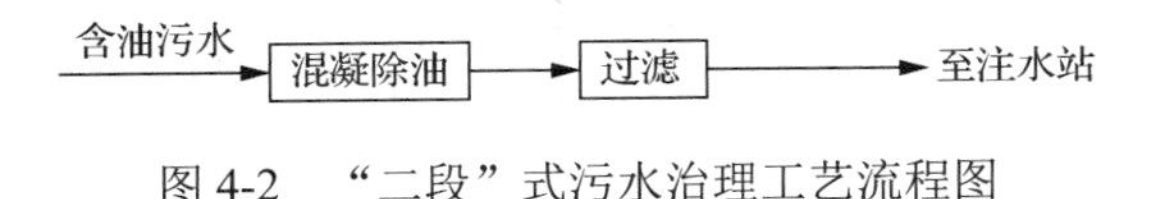

图 4-2　“二段”式污水治理工艺流程图

“二段”式污水处理流程直接对经过脱水处理的含油污水进行混凝除油处理，然后污水自流至单阀过滤罐进行过滤处理，过滤后的污水经过吸水罐，用泵提升送至污水处理站储水罐，供回注之用。单阀过滤罐的反冲洗水排入污水池，用污水泵提升送至除油罐再次处理，回收的污油进入污油罐。“二段”式处理的特点为流程较简单，而且所需应用治理构筑物较少，在水质较好的情况下，可以满足回注水质的要求。

反冲洗过滤工艺流程示意图如图 4-3 所示。

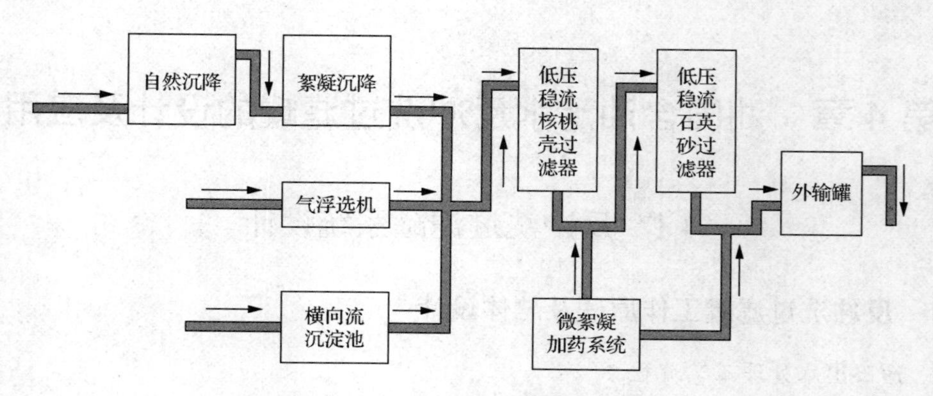

图 4-3　反冲洗过滤工艺流程示意图

2. 反冲洗过滤罐工作原理

在进行过滤时，污水由进水管流入罐中，自上而下地通过滤料和垫层，由于滤料的拦截和接触絮凝作用，污水中的微小油粒以及絮凝处理后没有沉降的微小悬浮固体得到进一步去除。治理后的水流入集水支管汇入集水总管后流出罐外。

当过滤一段时间后，滤料因截留了悬浮固体和油料而被污染，因此必须定期对滤料进行冲洗，才能再次使用。反冲洗过程与过滤过程相反，反冲洗水在罐内自下而上地流动冲洗滤料。反冲洗进水为净化水，反冲洗出水排入废水池（罐）。从过滤开始到反冲洗完毕，完成了反冲洗过滤罐的一个完整工作周期。

过滤罐工作原理示意图见图 4-4。

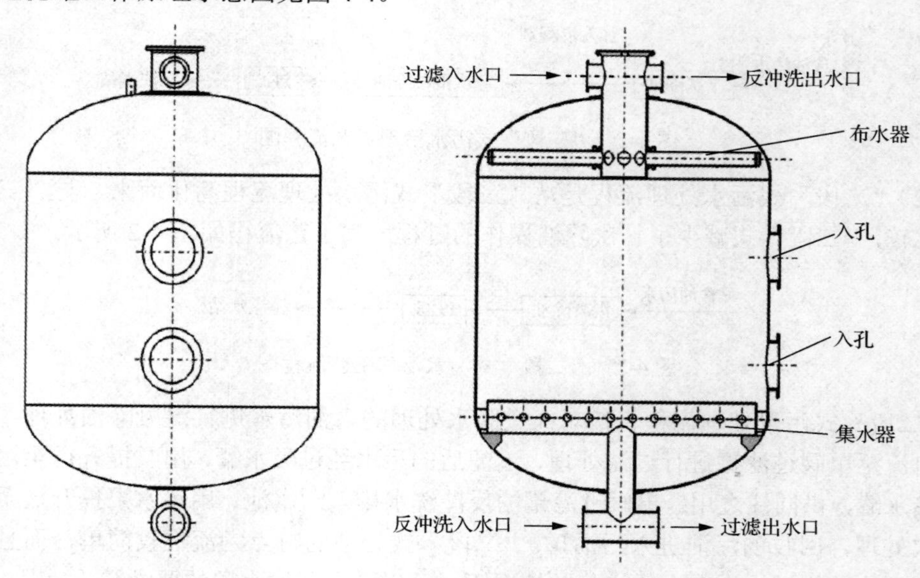

图 4-4　过滤罐工作原理示意图

本设计运用 CATIA 建立反冲洗过滤罐的三维模型，如图 4-5 所示，该反冲洗过滤罐主要由过滤罐、布水系统、排水系统、搅拌装置、滤料和垫层六个部分组成。

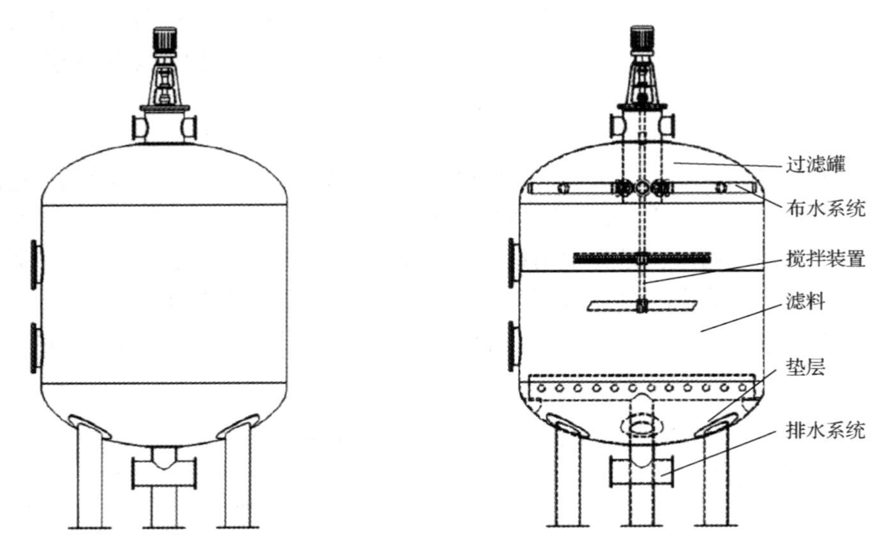

图 4-5　反冲洗过滤罐的三维模型

（1）过滤罐在工作过程中需要承受一定的压力，因此过滤罐属于压力容器。过滤罐设计应满足过滤工艺的要求，其结构须满足特定的工作压力、工作温度及工作环境的相应要求，并在长期运行过程中保证稳定性和安全性。与此同时，对于过滤罐中的其他零部件的设计，应满足强度、刚度、稳定性、耐久性、密封性等要求。过滤罐的种类有很多，根据工作需求的不同，其分类方法亦不相同。一般情况下，根据设计压力、工艺用途、使用管理、罐体壁厚和工作壁温等来划分。因此，过滤罐属于分离压力容器且为低压容器，0.1MPa≤工作压力≤1.6MPa，在工作过程中主要是罐体内部承受流体的压力。

（2）布水器是反冲洗过滤罐的重要组成部分。布水器由进水管、出水管（用于反冲洗）、储水筒、配水管、布水管组成。通过设置储水筒形成立式布水，储水筒中的液体在压力的作用下，均匀地进入各个布水管，使液体的均布性得到了很大的提高。同时在反冲洗过程中，储水筒能够有效排出从滤料表面分离出来的污染物。解决了原布水不合理而造成的过滤装置压力高、出水不达标等问题。

（3）根据阻力的不同，反冲洗过滤罐的排水系统分为大阻力和小阻力两种。排水系统的阻力较大、水头损失较大的称为大阻力排水系统；水头损失较小的则称为小阻力排水系统。小阻力排水系统构造简单，冲洗水头较低，其所在的过滤罐底部有较大的进水空间，一般采用栅格、滤板等形式。该过滤罐的排水系统采用管式大阻力排水系统，在支管壁上开孔，孔的直径约为 10mm，孔在支管上分为左、右两列交错布置，其轴线与垂直线之间的夹角为 45°。在反冲洗过程中，该排水系统需作为布水器使用。

（4）反冲洗过滤罐的工作过程分为正过程和逆过程。核桃壳滤料再生是通过机械搅拌方式获得的，利用搅拌桨与滤料之间的摩擦以及滤料自身之间的摩擦将黏附在滤料表层的油污和悬浮固体与滤料分离。搅拌装置由搅拌桨、搅拌轴、密封装置及机架组成。搅拌装置的选用主要考虑以下几个方面：①搅拌操作的目的；②水和滤料的黏度；③过滤罐容积的大小。该搅拌装置采用双层搅拌桨，在搅拌操作过程中使滤料获得更加充分的搅拌，摩擦更加剧烈，确保滤料再生效果。

（5）经过工艺处理的核桃壳滤料，其表面多孔，因此在相同体积的情况下，核桃壳滤料拥有更大的表面积。利用这个特点可以将污水中的悬浮固体和油滴拦截在过滤层的表面或被吸附在过滤层的表面，当滤料处于饱和状态过滤过程将会停止，开始进入反冲洗流程。核桃壳滤料的原料是野生山核桃壳，果壳较为成熟，没有明显虫蛀，通过机械破碎、抛光、蒸煮、药物处理和筛选处理而成。其主要技术参数如下：①密度，1.3～1.4g/m^3；②堆密度，0.8～0.85g/m^3；③破碎率<1.5%；④磨损率<1.5%；⑤粒径规格按表 4-1 选用。

表 4-1　核桃壳滤料粒径规格

规格号	粒径/mm
1	0.5～0.8
2	0.6～1.2
3	1.2～1.6

（6）反冲洗过滤罐的垫料层在处理过程中主要起支撑滤料的作用，同时在反冲洗时使布水均匀。垫料层由卵石或砾石组成，它的厚度和分层铺设的情况因采用的排水系统不同而异。由于该反冲洗过滤罐的排水系统是大阻力排水系统，其垫料层采用表 4-2 的铺设方式。

表 4-2　垫料层的铺设方式

层次	垫料直径 d/mm	厚度/mm	备注
1	2～4	100	滤料自上而下铺设
2	4～8	100	
3	8～16	100	
4	16～32	150	
5	32～64	250	

4.1.2　过滤罐结构设计

过滤罐属于压力容器，通常是由旋转壳体通过组焊而成，旋转壳体的中面为旋转曲面，它与壳体内外表面的距离相等。在平面内选取一条曲线和一条轴线，将曲线作为母线并绕轴线旋转一周形成旋转曲面。假设旋转壳体的外径为 D_o，内径为 D_i，当 $D_o / D_i \leq 1.2$ 时，称为旋转薄壳。外力作用在旋转薄壳上所产生的弯矩较小，不考虑弯矩的影响可以简化壳体的应力分析。

1. 内压圆筒设计

圆筒形状的容器结构相对简单，在保证强度的同时可以使压力均匀分布在容器的内表面，减小应力集中，因此被广泛用作反应器、换热器、分离器和中小容积储存容器。该过滤罐罐体的三维模型如图 4-6 所示。

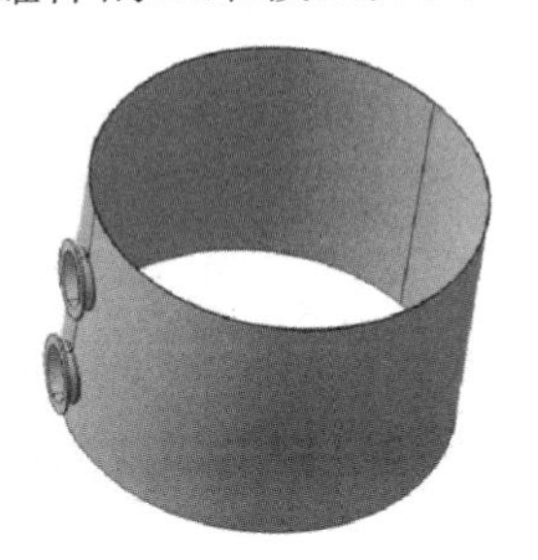

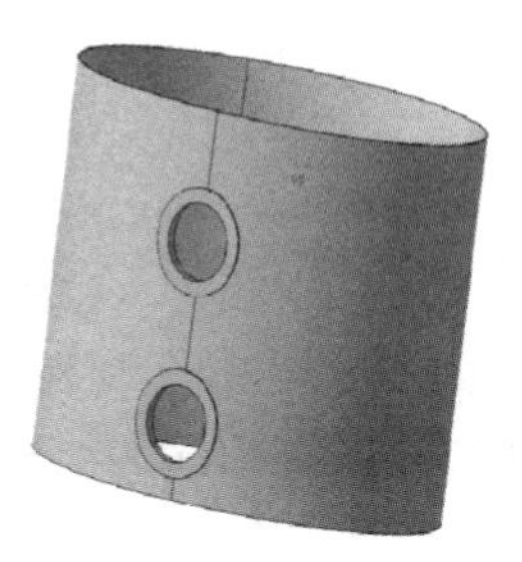

图 4-6　过滤罐罐体的三维模型

在设计过滤罐的过程中，需要考虑的参数如下。

（1）罐体的内径 D_i 必须满足罐体公称直径的规定。为了使罐体能够与法兰和支座更好地配合在一起，制订了相应的公称直径系列，根据罐体的公称直径系列制订与其相连接的零部件的标准。

（2）工作压力 p_w 和设计压力 p。最大压力值通常出现在过滤罐的底部，因此需要将这个最大压力值定义为设计压力，连同设计温度一起作为载荷条件，且设计压力应高于工作压力。

（3）计算压力 p_c 用来确定相应设计温度下罐体厚度的压力，计算压力之中包含静水压力。如果罐体所承受的静水压力小于设计压力的 5%，可以忽略静水压力产生的影响。

（4）设计温度 t 是设计载荷条件之一，定义为在正常工作条件下，设定的沿过滤罐截面的平均温度。

（5）许用应力 $[\sigma]$、$[\sigma]^t$ [《压力容器 第 3 部分：设计》（GB 150.3—2011）]，设计温度下的许用应力）是过滤罐罐体、封头等零部件在压力载荷作用下的材料作用强度。合理地选择材料的许用应力，可以在节省材料的同时提高工作部件的可靠性。

（6）焊接接头系数 ϕ。由于焊接质量的影响，在焊缝位置处容易产生缺陷，削弱过滤罐罐体的强度，过滤罐的破损经常出现在焊缝的位置。因此需要在设计过程中引入焊接接头系数。

（7）厚度及厚度附加量。式（4-6）和式（4-7）所给出的厚度为计算厚度，并未包括厚度附加量 C。$C = C_1 + C_2$，其中 C_1 为材料厚度允许的负偏差，C_2 为材料的最大允许腐蚀深度，其中不包含加工减薄量 C_3。

此外，还需考虑内压圆筒的强度，其计算过程如下。

（1）由应力分析可知，中径为 D，壁厚为 δ 的圆筒形壳体，承受均匀介质内压 p 时，其器壁中产生如下径向和轴向薄膜应力：

$$\text{径向薄膜应力}\ \sigma_{\varphi}=\frac{pD}{4\delta}\text{，轴向薄膜应力}\ \sigma_{\theta}=\frac{pD}{2\delta} \tag{4-1}$$

式中，δ 表示计算厚度（mm）；D 表示圆筒中径（mm）。

通过第一、第三强度理论计算出筒壁上某点的相当应力均为 $pD/2\delta$，即 $\sigma_1=\sigma_\theta$，按薄膜应力强度条件，则有

$$\sigma_1=\sigma_\theta=\frac{pD}{2\delta}\leqslant[\sigma]^t \tag{4-2}$$

式中，$[\sigma]^t$ 表示许用应力（MPa）。

内压圆筒通常是由钢制板材通过卷焊制成，会在板材两端的连接位置形成一条焊缝，该焊缝会对内压圆筒的结构强度产生一定的影响，因此需要在许用应力中引入焊接接头系数 ϕ，故式（4-2）成为

$$\sigma_1=\sigma_\theta=\frac{pD}{2\delta}\leqslant[\sigma]^t\phi \tag{4-3}$$

此外，一般由工艺条件确定的是圆筒的公称直径，对卷制的圆筒即是其内直径 D_i，为了方便起见，利用 $D=D_i+\delta$ 的关系，将式（4-3）变为

$$\frac{p\left(D_i+\delta\right)}{2\delta}\leqslant[\sigma]^t\phi \tag{4-4}$$

整理式（4-4），可解出 δ：

$$\delta=\frac{pD_i}{2[\sigma]^t\phi-p} \tag{4-5}$$

设计时，应以计算压力 p_c 代替式（4-5）中的 p，即

$$\delta=\frac{p_cD_i}{2[\sigma]^t\phi-p_c} \tag{4-6}$$

式中，δ 表示壁厚（mm）；D_i 表示内径（mm）；p_c 表示计算压力（MPa）；ϕ 表示焊接接头系数；$[\sigma]^t$ 表示许用应力（MPa）。

若内压圆筒的筒体为无缝钢管，则其外径 D_o 为公称直径，而 $D_i=D_o-2\delta$，代入式（4-6）可得

$$\delta=\frac{p_cD_o}{2[\sigma]^t\phi+p_c} \tag{4-7}$$

（2）当已知内压圆筒的尺寸，需要对内压圆筒进行强度校核时，可按式（4-8）进行：

$$\sigma_t=\frac{p_c\left(D_i+\delta_e\right)}{2\delta_e}\leqslant[\sigma]^t\phi \tag{4-8}$$

式中，δ_e 表示有效厚度（mm）；σ_t 表示计算应力（MPa）。

最大允许工作压力为

$$[p_w]=\frac{2\delta_e[\sigma]^t\phi}{D_i+\delta_e} \tag{4-9}$$

式（4-6）和式（4-7）只能用于一定的厚度范围，如厚度过大，则由于实际应力情况与应力沿厚度均布的假设相差太大而不能使用。按照薄壳理论，这两个公式仅能在 $\delta/D\leqslant 0.1$ 即形状系数≤1.2 范围内适用。但作为工程设计，由于采用了最大拉应力准则，且在确定许用应力时引入了材料设计系数，故可将其适用的厚度范围略加扩大，即扩大到在最大承压（液压试验）时圆筒内壁的应力强度在材料屈服点以内。《压力容器 第 3 部分：设计》（GB 150.3—2011）中规定式（4-6）的适用范围为 $p_c\leqslant 0.4[\sigma]^t\phi$。

2. 内压封头设计

封头是过滤罐的重要组成部分，内压封头在均匀压力下产生的应力由薄膜应力和不连续应力组成。其中，薄膜应力是因封头自身承受内压所引起的，不连续应力则是封头与罐体连接位置不连续造成的。

内压封头的结构尺寸和封头与过滤罐罐体厚度的比值，对连接位置处的总应力有很大的影响。在设计过程中，推荐的结构型式和尺寸应该予以优先采用，然后根据承受载荷的大小进行计算和分析，以此来选定封头的壁厚。上下封头三维模型如图 4-7、图 4-8 所示。

图 4-7　上封头三维模型

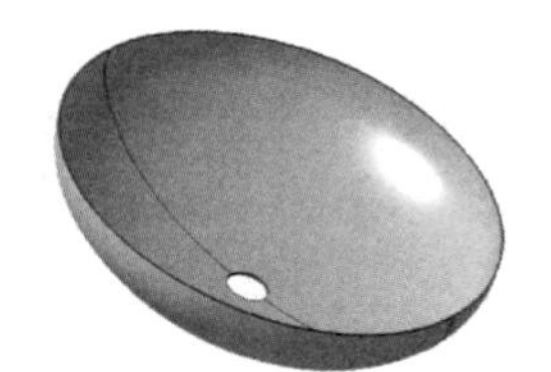

图 4-8　下封头三维模型

该过滤罐采用椭圆形封头，椭圆形封头属于凸形封头，其几何形状主要由椭圆形球壳的一半和一截圆柱形壳体组成，如图 4-9 所示。直边的作用是使封头与圆筒相连接的焊缝避开半椭球壳与圆柱壳的连接边缘，以避免焊接热应力与边缘应力相叠加的不利情况。封头的直边高度一般为 25～50mm。椭圆形球壳的深度较小，易于加工制造，应力 δ 在椭圆形封头上的分布较为均匀，因此在过滤罐的设计过程中得到了广泛应用。

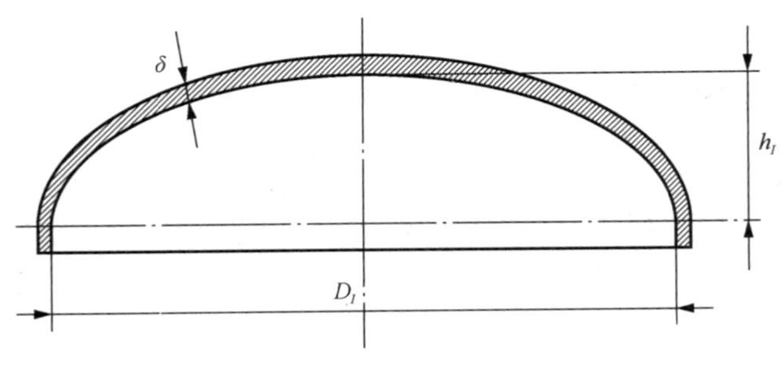

图 4-9　椭圆形封头

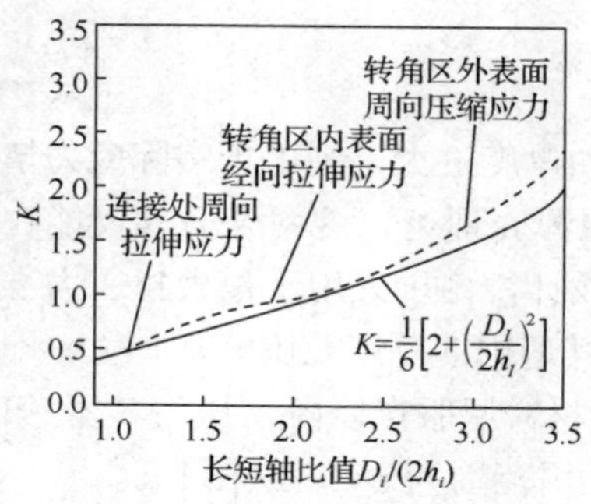

图 4-10 椭圆形封头的应力增强系数

假设椭圆形封头长轴的长度为 a，短轴的长度为 b，在特定的条件下，长短轴的比值 a/b 会对封头上的最大应力 $\delta_{\max}$ 与直边上的薄膜应力 σ_θ 的比值产生相应的影响，两者之间的关系如图 4-10 所示。$\delta_{\max}$ 的位置和大小均会随着 a/b 的变化而产生变化，《压力容器 第 3 部分：设计》（GB 150.3—2011）中规定，在 $a/b \leqslant 2.6$ 的情况下，最大应力与薄膜应力的比值可用 K 表示，K 即为形状系数：

$$K=\frac{封头上最大总应力}{圆筒上周向薄膜应力}$$

按式（4-13）进行计算，可以避免封头发生屈服，通常采用限制椭圆形封头最小厚度的方法进行设计。椭圆形封头的有效厚度根据《压力容器 第 3 部分：设计》（GB 150.3—2011）规定，标准形的有效厚度应不小于内直径的 0.15%，非标准形的有效厚度应不小于内直径的 0.30%。椭圆形封头的应力增强系数如图 4-10 所示。

因此引入形状系数 K：

$$K=\frac{1}{6}\left[2+\left(\frac{D_I}{2h_I}\right)\right] \tag{4-10}$$

式中，D_I 表示封头直径（mm）；$2h_I$ 表示封头曲面深度（mm）。

椭圆形封头的壁厚按如下公式计算：

$$\delta=\frac{Kp_cD_I}{2[\sigma]^t\phi-0.5p_c} \tag{4-11}$$

对于标准椭圆形封头（$a/b=2$），$K=1$，则

$$\delta=\frac{p_cD_I}{2[\sigma]^t-0.5p_c} \tag{4-12}$$

其最大允许工作压力按式（4-13）确定：

$$[p_w]=\frac{2[\sigma]^t\varphi\delta_e}{KD_I+0.5\delta_e} \tag{4-13}$$

4.1.3 搅拌装置结构设计

搅拌装置主要由以下几个部分组成：搅拌器、搅拌轴、密封装置、机架。在反冲洗过滤罐中，搅拌装置的主要作用是在反冲洗过程中通过搅拌操作加剧滤料之间的相互摩擦，促使污染物脱离滤料表面，加速反冲洗过程。搅拌装置的三维模型如图 4-11 所示。

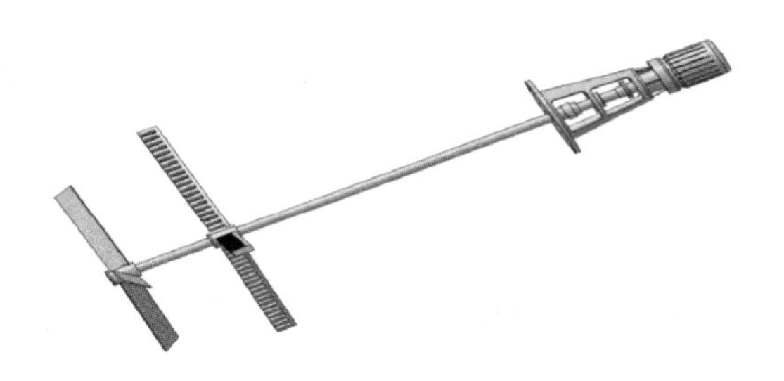

图 4-11　搅拌装置三维模型

1. 搅拌器的选用

搅拌器的选用主要考虑以下几个方面：①搅拌操作的目的；②水和滤料的黏度；③过滤罐容积的大小。在满足工艺性的同时，应提高可靠性和操作的方便性，降低能耗，减小制造及维护成本。常用的搅拌器选用方法如下。

（1）考虑搅拌目的时搅拌器的选型见表 4-3。

表 4-3　搅拌目的与搅拌器型式

搅拌目的	条件	型式	流态
固-液分离及化学反应	有或无挡板	桨式、六叶折叶开启式涡轮	湍流（低黏度流体）
	有导流筒	三叶折叶涡轮、六叶折叶开启式涡轮	
	有或无导流筒	螺带式、螺杆式、锚式	层流（高黏度流体）

（2）对于低黏度流体，应采用推进式搅拌器，其特点是可以使液体得到充分的循环，同时降低能耗。桨式搅拌器结构简单，通过设置双层搅拌桨，可以在反冲洗过程中增加滤料之间的摩擦力，加速反冲洗进程，并且提高滤料的再生率。上下搅拌桨三维模型如图 4-12、图 4-13 所示。

图 4-12　上搅拌桨三维模型

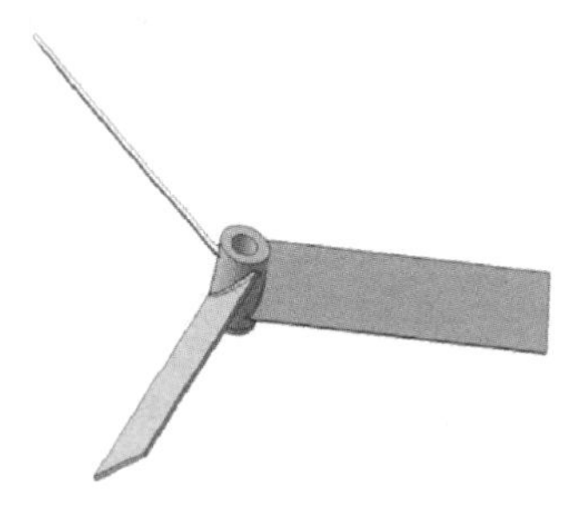

图 4-13　下搅拌桨三维模型

2. 搅拌功率计算

影响搅拌器功率的主要因素如下。

（1）搅拌桨外圆的直径、叶片宽度和倾角、叶片数量以及搅拌桨距过滤罐底部的距离；

（2）过滤罐的内径、液体水平面的高度、挡板数量和宽度、导流筒的几何形状等；

（3）液体的密度、黏度；

（4）重力加速度。

以上几点可以通过功率准数来表达：

$$N_p = \frac{P}{\rho n^3 d^5} = K\left(Re\right)^r \left(Fr\right)^q f\left(\frac{d}{D},\frac{B}{D},\frac{h}{D},L\right) \tag{4-14}$$

式中，B 表示桨叶宽度（m）；d 表示搅拌桨外圆直径（m）；D 表示过滤罐内径（m）；Fr 表示费劳德数，$Fr = n^2 d / g$；h 表示液面高度（m）；K 表示形状系数；n 表示转速（s^{-1}）；N_p 表示功率准数；P 表示搅拌功率（W）；r,q 表示指数；Re 表示雷诺数，$Re = d^2 n\rho / \mu$；ρ 表示液体密度（kg/m^3）；μ 表示流体黏度（Pa·s）。

一般情况下 Fr 的影响较小。D、B 等几何参数可归结到 K 中。由式（4-14）得

$$P = N_p \rho n^3 d^5 \tag{4-15}$$

式中，ρ、n、d 为已知数，求出功率准数 N_p 即可确定搅拌功率。功率准数 N_p 与雷诺数 Re 之间的关系需要在搅拌装置上通过实验测得，两者之间的关系可以通过功率曲线来表达，如图 4-14 所示。用式（4-15）计算搅拌功率时，功率准数 N_p 可直接从图 4-14 查得。

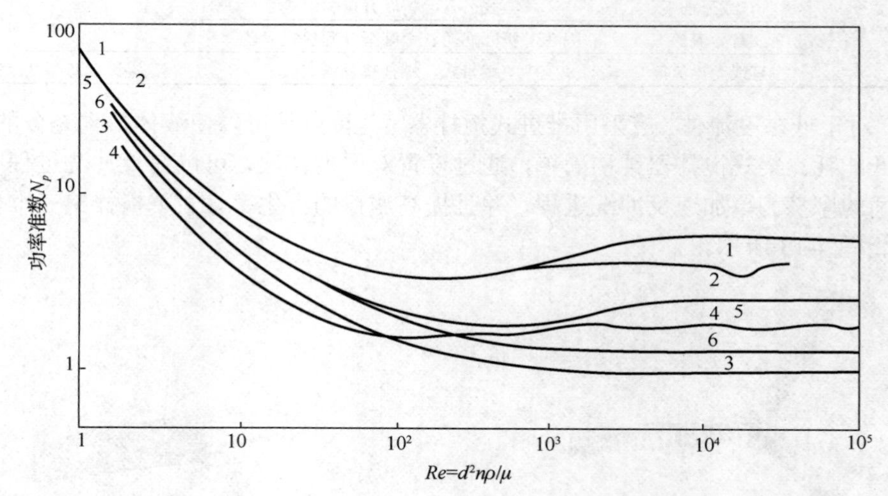

1-六直叶圆盘涡轮；2-六直叶开式涡轮；3-推进式；4-二叶平桨；5-六弯叶开式涡轮；6-六斜叶开式涡轮

图 4-14　搅拌器的功率曲线

上述功率曲线是在单一液体下测得的，对于非均相的液体-液体或液体-固体系统，用上述功率曲线计算时，需用混合物的平均密度 $\bar{\rho}$ 和修正黏度 $\bar{\mu}$ 代替式（4-15）中的 ρ。

3. 搅拌轴

轴在工作过程中主要传递运动和动力，是传动系统中的重要零件。同时承受弯曲和扭矩的轴称为转轴；只传递扭矩的轴是传动轴；只承受弯曲不承受扭转作用的轴称为心轴。

设计搅拌轴时，其结构和尺寸主要受以下几点因素的影响：①扭转变形；②临界转速；③轴的强度；④径向位移。最后，将腐蚀裕量考虑到轴的实际尺寸当中，对轴的直径进行圆整，圆整后的尺寸为轴的实际尺寸。

1）搅拌轴的力学模型

悬臂轴和单跨轴的受力简化模型如图 4-15 和图 4-16 所示。

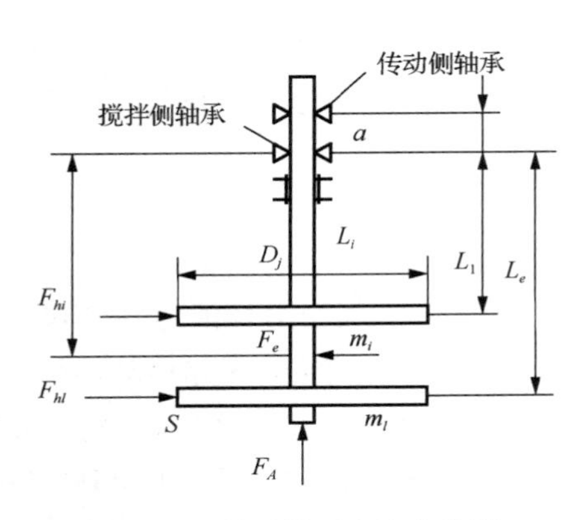

图 4-15　悬臂轴受力简化模型

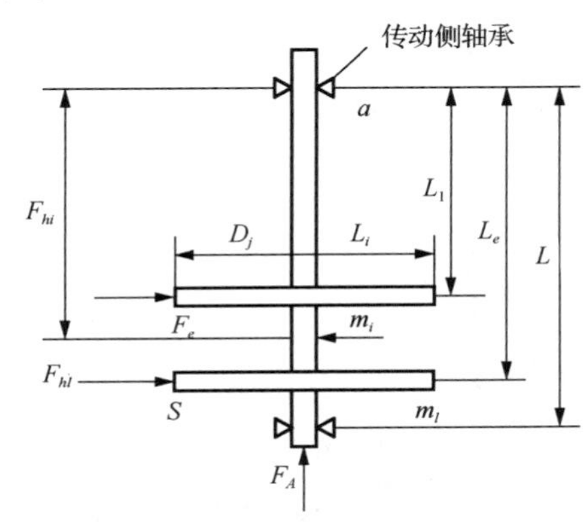

图 4-16　单跨轴受力简化模型

2）搅拌轴的轴径计算

当搅拌轴的转动速度达到自身的固有频率时，搅拌器会发生剧烈的振动，搅拌轴会产生很大的弯曲，此时的转动速度称为临界转速，用 n_c 表示。因此，需要通过临界转速 n_c 来校核搅拌轴的直径。搅拌轴临界转速的选取如表 4-4 所示。

表 4-4　搅拌轴临界转速的选取

搅拌介质	刚性轴		柔性轴
	非叶片式搅拌器	叶片式搅拌器	高速搅拌器
气体	—	$n/n_c \leqslant 0.7$	不推荐
液体-液体	$n/n_c \leqslant 0.7$	$n/n_c \leqslant 0.7$ 和 $n/n_c \neq (0.45\sim0.55)$	$n/n_c \leqslant 1.3\sim1.6$
液体-固体	—		
液体-气体	$n/n_c \leqslant 0.6$	$n/n_c \leqslant 0.4$	不推荐

当搅拌轴的转速接近临界转速 n_c 时，剧烈的振动往往会造成搅拌器的损坏：①搅拌轴变形；②轴上零部件损坏；③油封失效等。因此，搅拌轴的搅拌速度应远离临界转速 n_c，搅拌速度低于 n_c 时的轴称为刚性轴，刚性轴的转速应满足 $n \leqslant 0.7n_c$，搅拌速度高于 n_c 时的轴称为柔性轴，柔性轴的转速应满足 $n \geqslant 1.3n_c$。一般情况下，搅拌轴的工作转速不高，且低于第一临界转速，因此多为刚性轴。

按上述方法，可以将具有多搅拌桨的搅拌器简化为图 4-15 中所示的等直径悬臂轴模型，其第一阶临界转速 n_c 的表达式为

$$n_c = \frac{30}{\pi}\sqrt{\frac{3EI\left(1-\alpha^4\right)}{L_1^{\ 2}\left(L_1+\alpha\right)m_s}} \tag{4-16}$$

式中，α 表示悬臂轴两支点间距离（m）；E 表示轴材料的弹性模量（Pa）；I 表示轴的惯性矩（m^4）；L_1 表示第 1 个搅拌器悬臂长度（m）；n_c 表示临界转速（r/min）；m_s 表示等效质量之和（kg）。m_s 的计算公式为

$$m_s = m + \sum_{i=1}^{z} m_i \tag{4-17}$$

式中，m 表示悬臂轴 L_1 段自身质量及附带液体质量在轴末端 S 点的等效质量（kg）；m_i 表示第 i 个搅拌桨自身质量及附带液体质量在轴末端 S 点的等效质量（kg）；z 表示搅拌桨的数量。

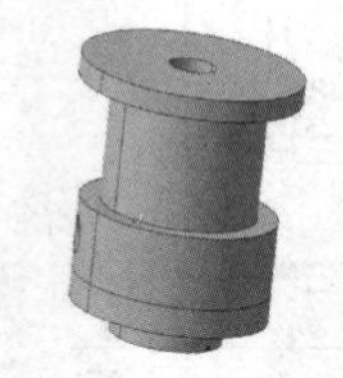

图 4-17　密封装置三维模型

4. 密封装置

为了使存在相对运动的机械零部件之间密封性能达到要求，通常使用机械密封。机械密封的密封面为径向方向，通常由动环和静环组成。机械密封的特点是：①不易发生泄漏；②密封性能良好；③能量损失少；④不易损坏。因此，机械密封在机械搅拌器中得到广泛的应用。密封装置三维模型和机械密封结构分别如图 4-17、图 4-18 所示。

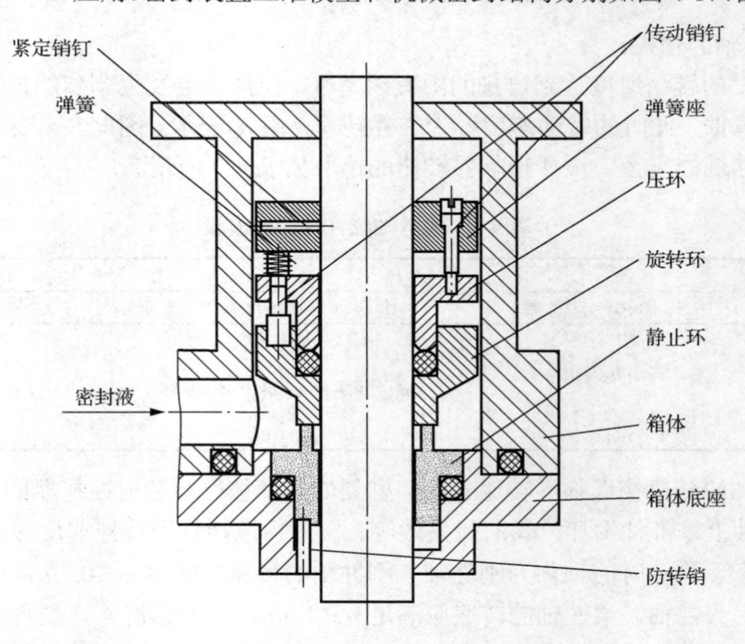

图 4-18　机械密封结构

1）机械密封的选用

机械密封的选用条件是：被搅拌的液体具有易燃性或具有毒性，一旦泄漏会造成危险及环境的污染。机械密封已标准化，其使用的许用压力和温度范围见表 4-5。

表 4-5　机械密封的许用压力和温度范围

密封面	压力等级/MPa	使用温度/℃	最大线速度/（m/s）	介质端材料
单端面	0.6	−20～150	3	碳素钢
双端面	1.6	−20～300	2～3	不锈钢

单端面非平衡型机械密封主要用于设计压力小于 0.6MPa 且密封要求一般的场合。当设计压力大于 0.6MPa 时，需要选用平衡型机械密封。

2）动环、静环的材料组合

动环、静环及密封圈材料的组合如表 4-6 所示。

表 4-6　机械密封动环、静环及密封圈材料组合

介质性质	介质温度/℃	介质侧			弹簧	结构件	大气侧		
		动环	静环	辅助密封圈			动环	静环	辅助密封圈
一般	＜80	—	碳化钨	丁腈橡胶	镍镉	铬钢	—	碳化钨	丁腈橡胶
	＞80	石墨		氟橡胶	钢		石墨		
腐蚀性强	＜80	浸渍		橡胶包覆聚	镍铬	镍铬钢	浸渍		氟橡胶
	＞80	树脂		四聚乙烯	钼钢		树脂		

动环（旋转环）和静环（静止环）是一对摩擦副，在运转时还与被密封的介质接触，在选择动环和静环材料时，要同时考虑它们的耐磨性及耐腐蚀性。另外，摩擦副配对材料的硬度应不同，一般是动环高、静环低，因为动环的形状比较复杂，在改变操作压力时容易变形，故动环选用弹性模量大、硬度高的材料，不宜用脆性材料。

5. 传动装置

反冲洗过滤罐的传动装置包括电动机、减速器、搅拌轴、联轴器和机架，传动装置一般设置在过滤罐的端盖上，采用立式布局，如图 4-19 所示。在工作过程中，传动装置与密封装置的轴心应尽可能处于同一条直线上，即满足一定的同轴度要求。同时，考虑安装、拆卸和检修的方便，需要在封头顶端设置一个底座，然后将整个传动装置固定在底座上。图 4-19 所示为过滤罐搅拌传动装置的一种典型布置形式。

1）电动机选型

由搅拌功率计算电动机的功率 P_e：

$$P_e = \frac{P + P_s}{\eta} \tag{4-18}$$

式中，P_s 表示轴封消耗功率（kW）；η 表示传动系统的机械效率。

功率和工作环境是决定电动机能否正常工作的重要因素，因此在选型过程中应充分考虑。

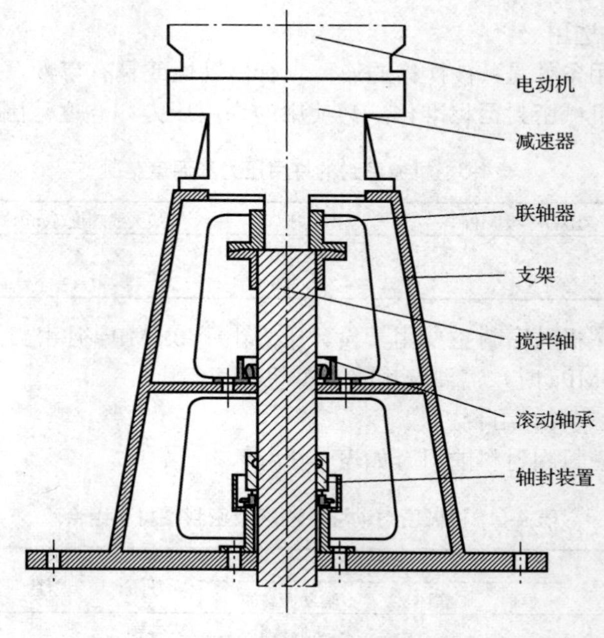

图 4-19　传动装置

2）减速器选型

由于搅拌器工作时具有载荷变化明显、振动幅度大等特点，因此在选择减速器时应充分考虑这些因素带来的影响，并根据实际工况进行选型。一般根据功率、转速来选择减速器。考虑该过滤罐传动装置的布置型式（立式布局），采用行星齿轮减速器可以在保证传动效率的同时，尽可能地使搅拌装置的重心与过滤罐的轴心重合。

4.1.4　主要零部件及结构设计

1. 支座

反冲洗过滤罐通过支座固定在过滤处理流程中的某一特定位置。支座型式主要分为三大类：立式支座、卧式支座和球形支座。立式支座分为腿式支座、支承式支座、耳式支座和裙式支座；卧式支座可分为鞍式支座、圈式支座和支腿式支座，鞍式支座使用最为广泛；球形支座有柱式、裙式、半埋式和高架式四种。

下面介绍支承式支座。

1）结构组成

支承式支座由底板、垫板、加强筋或底板、钢笔、垫板组成。

2）结构特征

支承式支座焊接在立式容器的底部。其所支承的容器距离地面的高度较低且容器自身的高度不宜过高。

（1）支承式支座标准分为以下两种形式：

A 型——钢板焊制，带垫板。

B 型——钢管焊制，带垫板。

（2）支承式支座标准适用于满足下列条件的圆筒形容器：

公称直径 D_N 800～4000mm；

圆筒长度 L 与公称直径 D_N 之比 $L/D_N \leqslant 5$；

容器总高度 $H_0 \leqslant 10$m（不计支腿）。

（3）支承式支座由以下几部分组焊而成。

A 型——底板、垫板、加强筋。

B 型——底板、钢管、垫板。

3）选用要点

（1）支承式支座多用于安装在距地坪或基础面较近的具有椭圆形或碟形封头的立式容器。可按《容器支座 第 4 部分：支承式支座》（JB/T 4712.4—2007）选用。

（2）支座的数量一般采用 3 个或 4 个，且均匀布置。

（3）支座与封头连接处是否加垫板，取决于容器材料和连接位置的强度和刚度。

支承式支座的三维模型见图 4-20。

图 4-20　支承式支座三维模型图

2. 布水器和排水系统

布水器能够将液体均匀地分布在滤料表面，使液体形成初态分布。在过滤操作过程中，液体的初态分布对过滤罐的性能会产生较大的影响，对于较难分离的含油污水，对进入过滤罐的含油污水的均布性要求较高，因此布水器是过滤罐的重要组成部件。布水器和排水系统的结构型式如下。

（1）重力型排管式布水器由进水管、出水管（用于反冲洗）储水筒、配水管、布水管组成。其三维模型如图 4-21 所示，剖面图如图 4-22 所示。

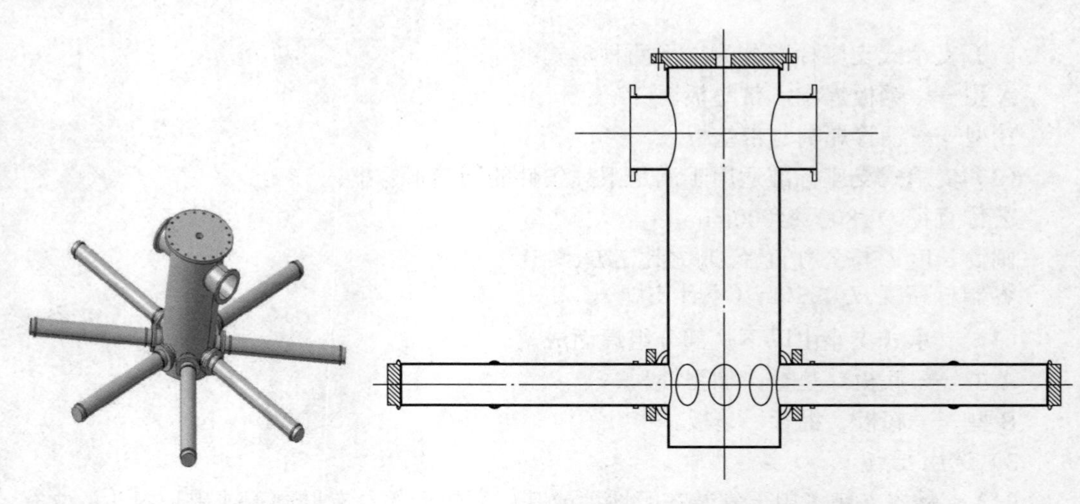

图 4-21　布水器三维模型　　　　　　　　　　　　图 4-22　布水器剖面视图

含油污水通过进水管进入布水器，污水在储水筒中形成一定的高度液位，在重力的作用下，储水筒中的污水能够均匀地通过配水管进入布水管，可以达到较高的分布质量。配水管与布水管通过法兰连接在一起，布水管由圆管制成，且在圆管底部打孔以使含油污水均匀地分布到滤料层上部。储水筒的顶端设有端盖，在注入污水的过程中，可以有效防止污水溢出。

（2）压力型管式排水系统由进水管（用于反冲洗）、出水管、集水器、储水管组成。其三维模型如图 4-23 所示，剖面图如图 4-24 所示。

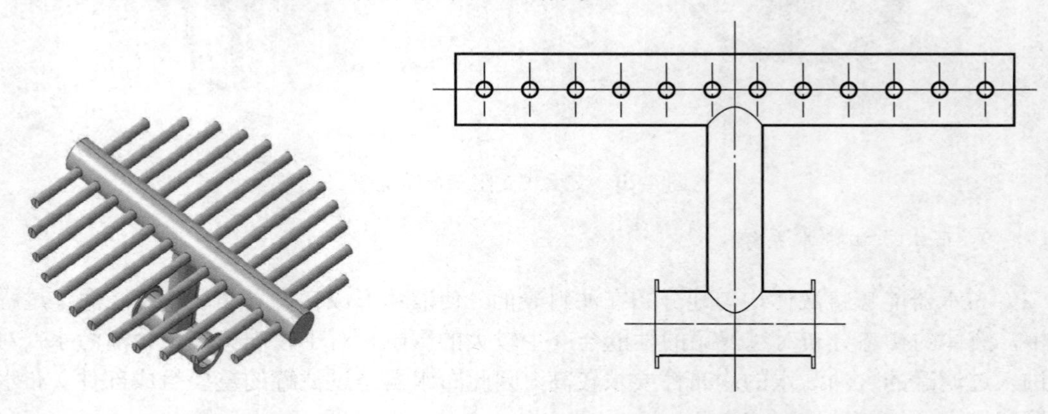

图 4-23　排水系统三维模型　　　　　　　　　　　　图 4-24　排水系统剖面视图

排水系统位于滤料层的底部，过滤操作过程中，在液体压力的作用下含油污水穿过滤料层，在充分过滤之后进入集水器，集水器将过滤后的污水收集到储水管中，然后通过下方的出水管排出污水。反冲洗操作过程中，滤后污水或清水在泵压或其他罐压的作用下通过进水管进入储水管，在压力的作用下滤后污水或清水同样能够均匀地进入集水管，并通过集水管均匀分布到滤料层中，这个过程与布水器的工作过程类似。

4.2　反冲洗过滤罐有限元分析

4.2.1　结构静力学分析

1. 线性静力分析基础

忽略惯性和阻尼的作用，作用于静态载荷下的系统，其结构将处于静力平衡状态。此时必须充分约束，但由于不考虑惯性，则质量对结构没有影响，这种情况可以简化为线性静力分析。

在经典力学中，物体的动力学通用方程为

$$[M]\{x''\}+[C]\{x'\}+[K]\{x\}=\{F(t)\} \tag{4-19}$$

式中，$[M]$是质量矩阵；$[C]$是阻尼矩阵；$[K]$是刚度矩阵；$\{x\}$是位移矢量；$\{F(t)\}$是力矢量；$\{x'\}$是速度矢量；$\{x''\}$是加速度矢量。

而现行结构分析中，与时间 t 相关的量都将被忽略，于是上式简化为

$$[K]\{x\}=\{F\} \tag{4-20}$$

2. 过滤罐静力分析

反冲洗过滤罐的过滤罐在工作过程中同时承受多种不同类型载荷的共同作用，例如过滤罐自重、过滤罐内压、罐内静水压力等。在静力分析过程中，需要对单一载荷对罐体产生的影响进行分析，在此基础上，进一步考虑复合载荷对罐体产生的影响，并对其进行分析。

1）静水压力

在水力学中，把静止状态的液体对与其相接触的表面所产生的压力称为静水压力，用 P 表示，单位为 N。当静水压力作用在曲面上，可以将其分解为水平分力和垂直分力，其中水平分力 P_x 等于该曲面在铅垂投影面投影上的静水总压力，垂直分力 P_z 等于其压力体的重量，静水总压力的大小为

$$P=\sqrt{P_x^{\ 2}+P_z^{\ 2}} \tag{4-21}$$

方向为

$$\tan\alpha=\frac{P_z}{P_x} \tag{4-22}$$

忽略重力的影响，仅考虑过滤罐承受静水压力载荷的情况下，静水压力在罐体内的分布如图 4-25 所示，应力云图如图 4-26 所示。

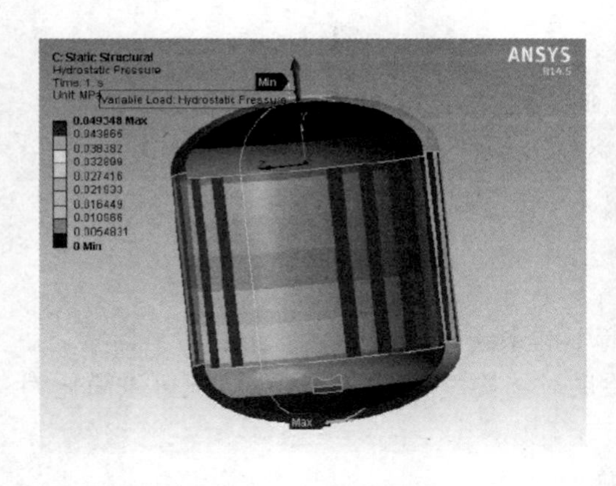

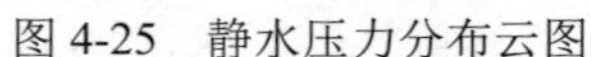
图 4-25　静水压力分布云图

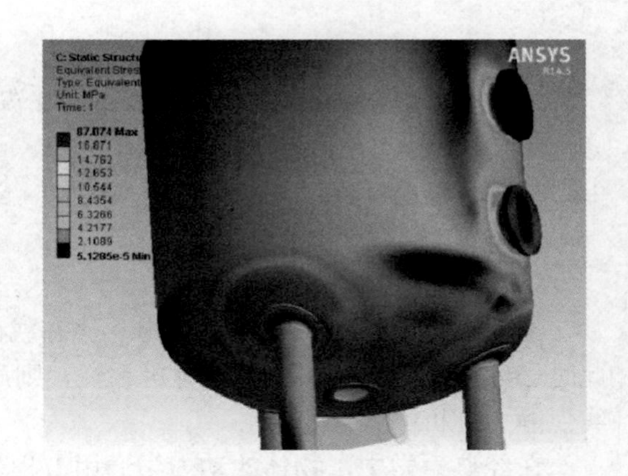

图 4-26　静水压力应力云图

静水压力沿重力方向逐渐递增，罐体底部承受的压力最大，最大值 0.049348MPa。罐体在静水压力载荷作用下产生的应力如图 4-26 所示，与承受自身重量所产生的应力略有不同。从应力云图中可以看出，罐体因罐内静水压力所产生的应力沿着重力方向自上而下逐渐递增，主要集中在罐体表面几何形状发生突变的位置，如罐体与支座相连接的位置以及罐体与接管相连接的位置；最大应力出现在罐体与支座相连接的位置，最大应力值为 87.074MPa。

2）复合载荷

将过滤罐在工作过程中所承受的全部载荷（重力、静水压力、内压）考虑在内，进行复合载荷条件下的静力分析，结果如图 4-27 和图 4-28 所示。

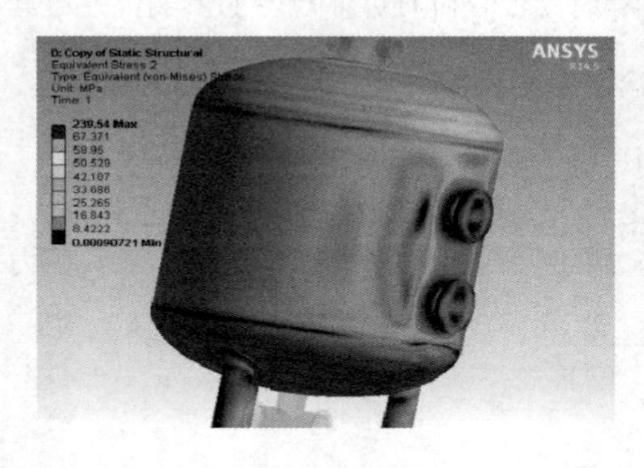

图 4-27　复合载荷应力云图（外）

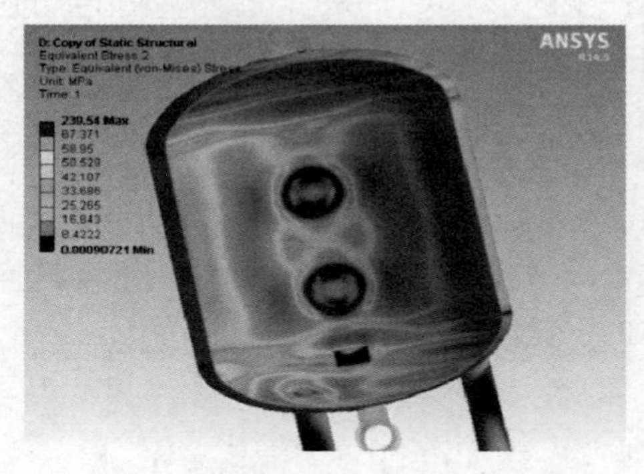

图 4-28　复合载荷应力云图（内）

从图 4-27 和图 4-28 中可以看出，复合载荷条件下罐体的应力分布状况与仅承受内压载荷作用下罐体的应力分布状况相近，但是应力值均有所增加，最大为 239.54MPa。由此可以看出，罐内工作压力对罐体产生的影响最大，是罐体产生应力的主要来源，过大的工作压力会造成罐体结构的损坏，因此在工作过程中需要严格控制罐内工作压力。

3. 应力线性化

1）应力线性化的一般公式

对于任意形状的几何结构，其几何特征可以通过曲率 R 和厚度 S 来进行描述，并且位于曲面法线方向上的各点均可由横截面的方向坐标 t 来表示，如图 4-29 所示。

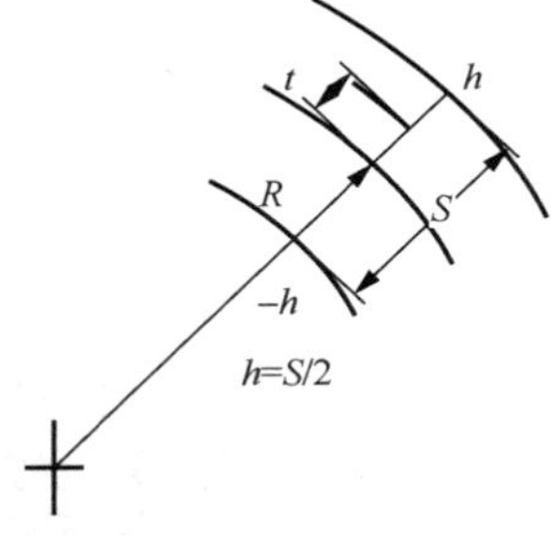

图 4-29 计算点的坐标

设分布应力为 σ，薄膜应力为 σ_m，等效弯曲应力为 $\sigma_b = a + bt$。其中分布应力 σ 沿过滤罐壁厚方向分布，等效弯曲应力 σ_b 沿过滤罐壁厚方向的合力等于零。由静力等效原则及静弯矩等效原则可得应力线性化的一般公式为

$$\sigma_m \int_{-h}^{h} (R+t)\mathrm{d}t = \int_{-h}^{h} \sigma\left(R+t\right)\mathrm{d}t \tag{4-23}$$

$$\int_{-h}^{h} \sigma_b (R+t) t\mathrm{d}t = \int_{-h}^{h} (\sigma - \sigma_m)(R+t) t\mathrm{d}t \tag{4-24}$$

$$\int_{-h}^{h} \sigma_b (R+t)\mathrm{d}t = 0 \tag{4-25}$$

式中，$h = S/2$；σ_m 为未知数，由式（4-23）可得 σ_m 的表达式。a 和 b 为待定系数，将 $\sigma_b = a + bt$ 代入式（4-24）和式（4-25）可以求出 a 和 b，并得到

$$\sigma_b = \left(-\frac{k}{S} + \frac{12t}{S^3}\right)\left[I_2 + \frac{k}{12 - k^2 S^2}\left(12 I_3 - S^2 I_1\right)\right] \tag{4-26}$$

$$I_1 = \int_{-h}^{h} \sigma \mathrm{d}t \tag{4-27}$$

$$I_2 = \int_{-h}^{h} \sigma t \mathrm{d}t \tag{4-28}$$

$$I_3 = \int_{-h}^{h} \sigma t^2 \mathrm{d}t \tag{4-29}$$

式中，k 表示中面曲率，$k = 1/R$。

2）ANSYS 软件中的线性化原理

应力沿直线路径的分布无法通过有限元分析的方法直接获得。应力的线性化方法为：对位于直线路径上各等分点位置处的应力值进行拟合，通过积分得到各项应力的值。在线性化时，软件自动将所定义的路径平均分割为 48 份，用 σ_i（i=1,2,…,49）表示各分段点位置 $\sigma_x, \sigma_y, \sigma_z, \sigma_{xy}, \sigma_{yz}, \sigma_{zx}$ 这 6 个单项应力中的一个，如图 4-30 所示。薄膜应力在直线路径上的公式为

$$\sigma_m = \frac{1}{48}\left[\frac{\sigma_1}{2} + \frac{\sigma_{49}}{2} + \sum_{i=2}^{47} \sigma_i\right] \tag{4-30}$$

$$\sigma_{1b} = -\frac{6}{S^2} \int_{-S/2}^{+S/2} \sigma_i X_s \mathrm{d}X_s \tag{4-31}$$

式中，X_s 表示沿路径的坐标。

通过数值积分可以计算出图 4-30 中节点 1、2 所在位置的弯曲应力。总应力由三种应力成分组成，分别为薄膜应力、弯曲应力及峰值应力，其中峰值应力在直线路径上呈非线性分布。

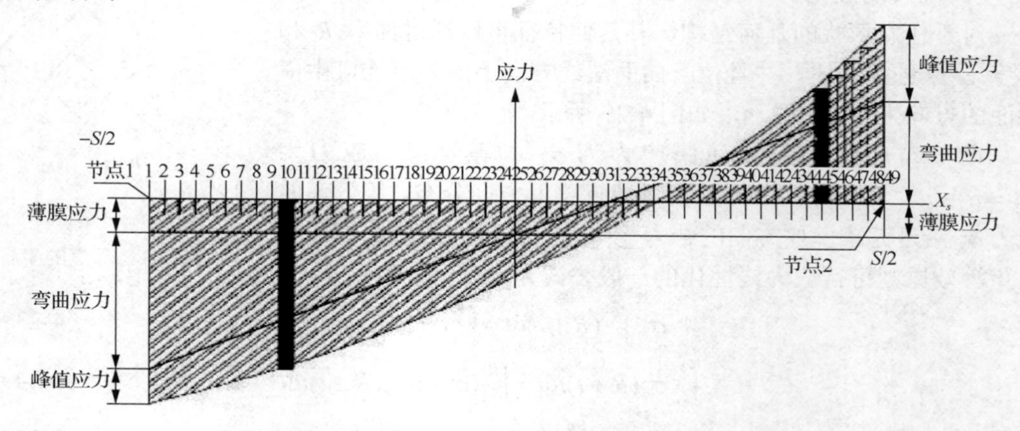

图 4-30　ANSYS 线性化示意图

3）应力强度的评定

根据第三强度理论，对三种应力的强度进行评定，评定方法为：在罐体横截面上选取一条直线，这条直线需要穿过罐体的壁厚；将位于这条直线上的总应力分解为三种应力，然后分别求出每种应力的强度。针对不同应力的强度评定需要采取相应的评定原则，其中 S_m 为许用应力，S_a 为应力强度。

4）内压圆筒线性化应力

在内压圆筒的两端各取一点，连接这两个点形成一条路径，如图 4-31 所示。对内压圆筒结构进行线性化应力分析，如图 4-32 所示。

内压圆筒在该路径中间位置产生的应力最大，且应力沿着路径向圆筒两端方向逐渐减小，路径上的最大应力值为 97.122MPa，最小应力值为 33.837MPa。位于直线路径上各等分点位置处的线性化结果如图 4-33 所示，具体数值如表 4-7 所示。

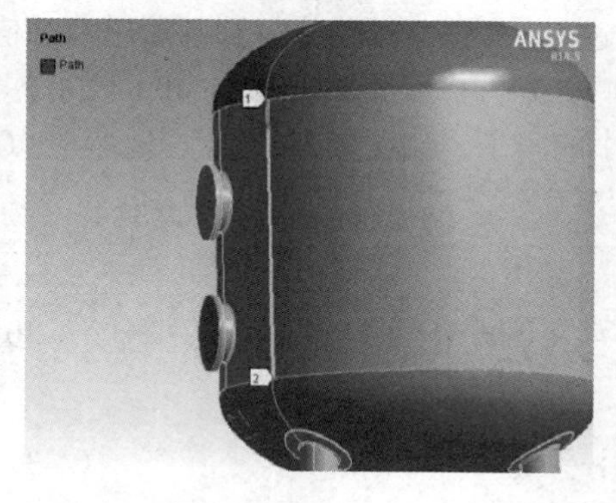

图 4-31　线性化应力路径（罐体）

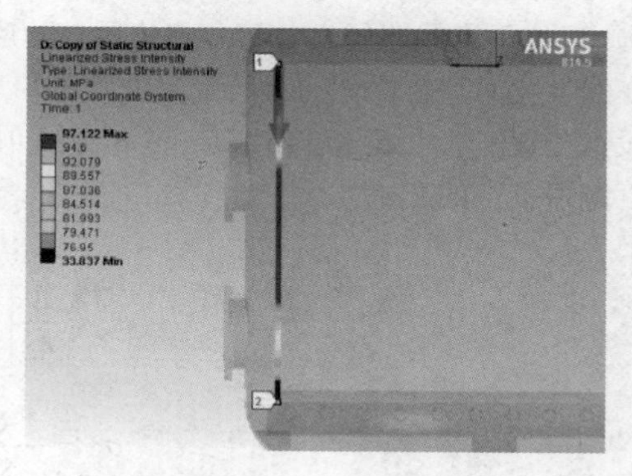

图 4-32　线性化应力云图（罐体）

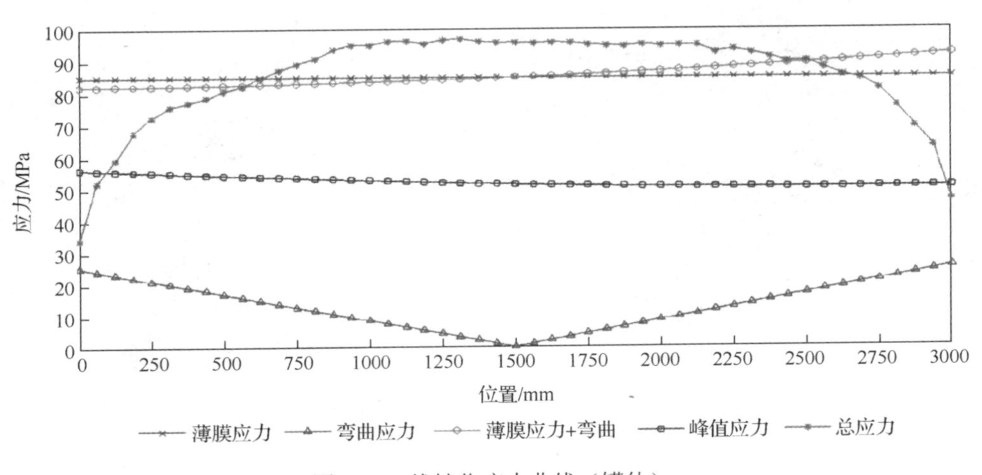

图 4-33　线性化应力曲线（罐体）

表 4-7　应力线性化结果（罐体）

长度/mm	薄膜应力/MPa	弯曲应力/MPa	薄膜应力+弯曲应力/MPa	峰值应力/MPa	总应力/MPa
0	85.346	25.191	82.273	56.341	33.837
250	85.346	20.993	82.456	55.433	72.849
562.5	85.346	15.745	82.874	54.356	82.426
875	85.346	10.496	83.499	53.365	93.876
1187.5	85.346	5.2482	84.346	52.491	95.696
1500	85.346	0	65.346	51.769	96.028
1812.5	85.346	5.2482	86.546	51.232	95.159
2125	85.346	10.496	87.914	50.894	95.224
2437.5	85.346	15.745	89.435	50.743	90.007
2750	85.346	20.993	91.094	50.748	81.569
3000	85.346	25.191	92.512	50.84	46.429

5）筒体封头连接强度分析

在圆筒与封头连接位置的两端各取一点，连接这两个点形成一条路径，如图 4-34 所示。对圆筒与封头连接位置进行线性化应力分析，分析结果如图 4-35 所示。连接位置在该路径两端位置产生的应力最大，且两端应力沿着路径向圆筒中间方向逐渐减小，路径上的最大应力值为 44.041MPa，最小应力值为 0.242MPa。

位于直线路径上各等分点位置处的线性化结果如图 4-36 所示，具体数值如表 4-8 所示。

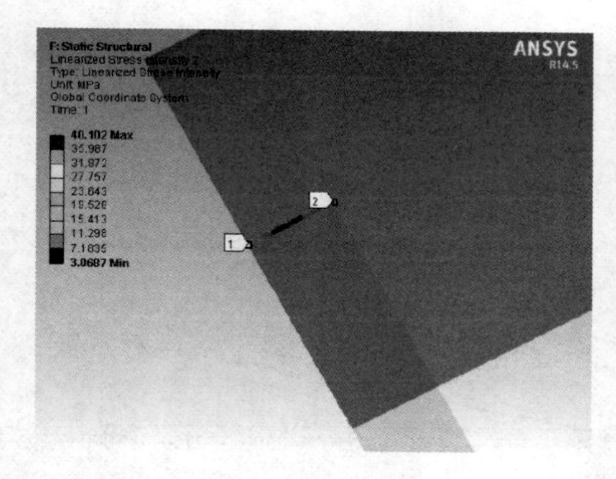

图 4-34　线性化应力路径（封头）

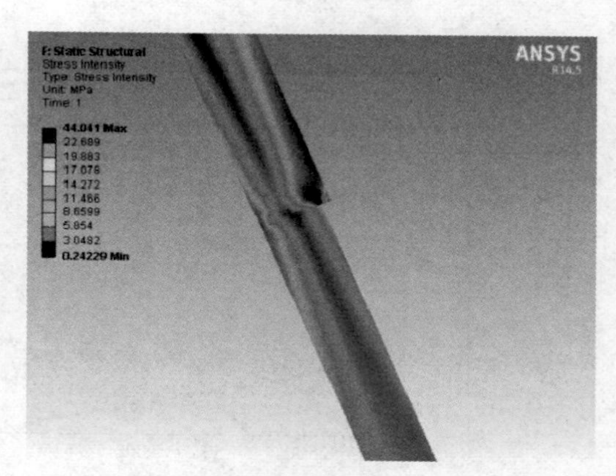

图 4-35　线性化应力云图（封头）

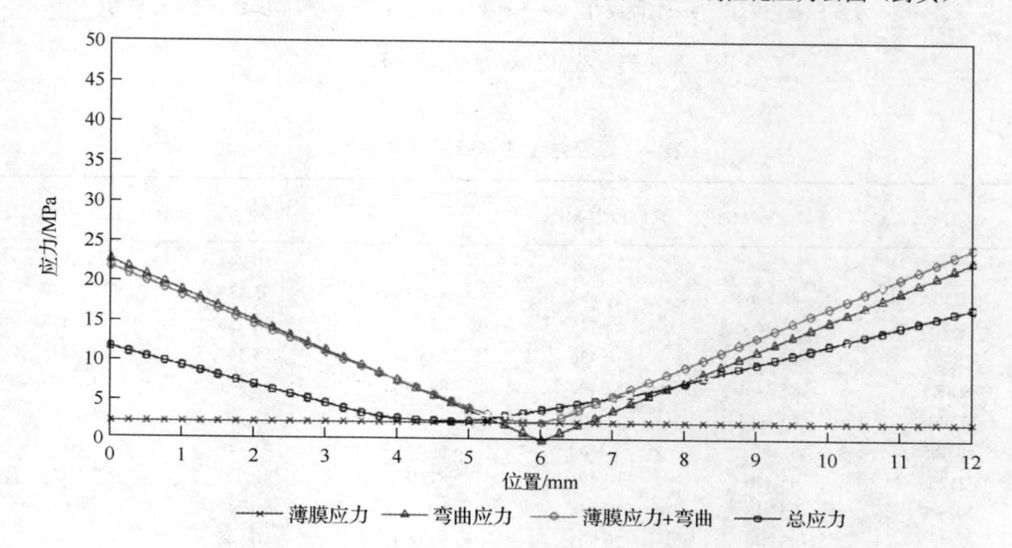

图 4-36　线性化应力曲线（封头）

表 4-8　应力线性化结果（封头）

长度/mm	薄膜应力/MPa	弯曲应力/MPa	薄膜应力+弯曲应力/MPa	总应力/MPa
0	2.2811	22.584	21.787	11.636
1.25	2.2811	17.879	17.321	8.6918
2.5	2.2811	13.174	12.863	5.7596
3.75	2.2811	8.469	8.4242	2.9385
5	2.2811	3.764	4.1194	2.509
6.25	2.2811	0.941	3.0389	4.2479

续表

长度/mm	薄膜应力/MPa	弯曲应力/MPa	薄膜应力+弯曲应力/MPa	总应力/MPa
7.5	2.2811	5.646	7.4804	6.2452
8.75	2.2811	10.351	12.122	9.1335
10	2.2811	15.056	16.799	12.079
11.25	2.2811	19.761	21.489	15.028
12	2.2811	22.584	24.305	16.799

对上述结果进行强度评定：当安全系数 n=2 时，则此温度下的许用应力限制值为 $S_m=\left[\dfrac{\sigma_s}{n}\right]$=345/2=172.5MPa，结果评定见表 4-9。

表 4-9　应力强度评定结果　　（单位：MPa）

评定项	薄膜应力	弯曲应力	薄膜应力+弯曲应力	峰值应力	总应力
路径	2.281	22.584	24.305	24.305	16.799
限制值	258.75	517.5	517.5	—	—
结果	通过	通过	通过	—	—

4.2.2　模态分析

系统的振动特性是由固有频率和振型组成的，可以通过模态分析对其进行数值计算。在动力学分析中，模态分析是最为简单的分析方法，因此被广泛应用于工程分析中。设计人员可以通过模态分析得到系统的固有频率和振型，从而在结构设计过程中避免因系统的固有频率接近系统的工作频率而引起共振。

1. 模态分析基础

忽略阻尼影响的模态分析，其动力学方程为

$$[M]\{x''\}+[K]\{x\}=\{0\} \tag{4-32}$$

系统的振动型式为简谐振动，其位移与时间的关系为正弦函数：

$$x=x\sin(\omega t) \tag{4-33}$$

代入式（4-32）得

$$([K]-\omega^2[M])\{x\}=\{0\} \tag{4-34}$$

式（4-34）的特征值为 ω_i^2，其中 ω_i 为角频率，固有频率为 $f=\omega_i/2\pi$。对应于特征值 ω_i^2 的特征向量为$\{x_i\}$，$\{x_i\}$为对应于固有频率 $f=\omega_i/2\pi$ 的振型。

2. 搅拌系统模态分析

搅拌桨和搅拌轴的材料为不锈钢，密度为 7750kg/m^3，弹性模量 E=1.9310MPa，泊松比 μ=0.31。机架的材料为结构钢，密度为 7850kg/m^3，弹性模量 E=2.0×10^{5}MPa，泊松

比 μ=0.31。假设与搅拌装置相连接的主体结构——过滤罐是近似刚性的，搅拌装置机架的底面与过滤罐顶端的平面固连在一起。因此在机架底面施加固定约束（fixed support），搅拌桨与搅拌轴采用固定连接(bonded)。网格划分采用四面体网格，网格数量为 413998，节点数量为 221959。

振型云图如图 4-37～图 4-42 所示。

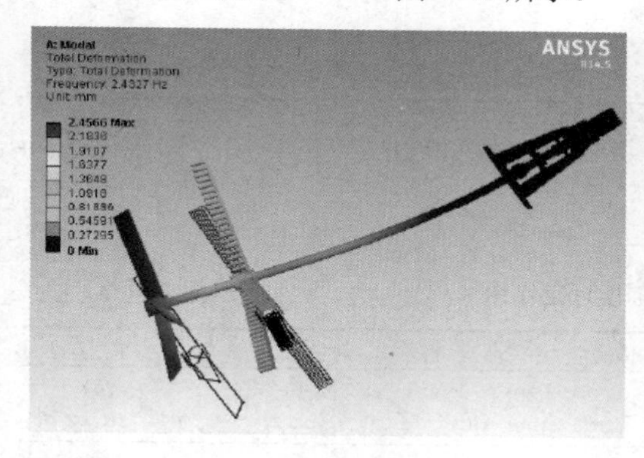

图 4-37　搅拌器 1 阶模态

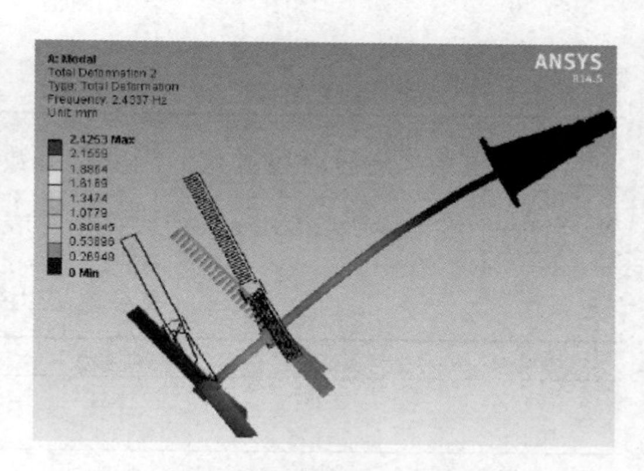

图 4-38　搅拌器 2 阶模态

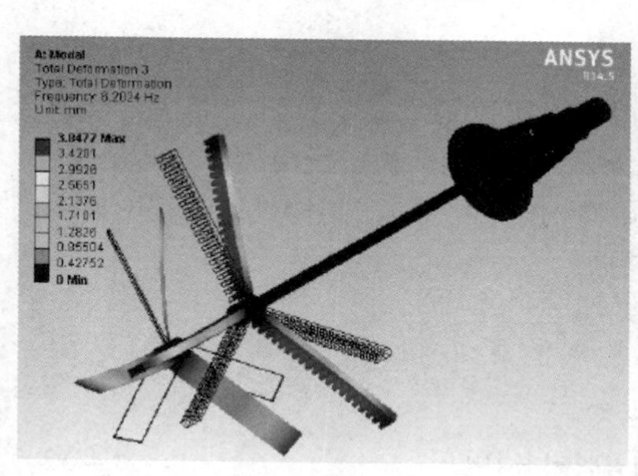

图 4-39　搅拌器 3 阶模态

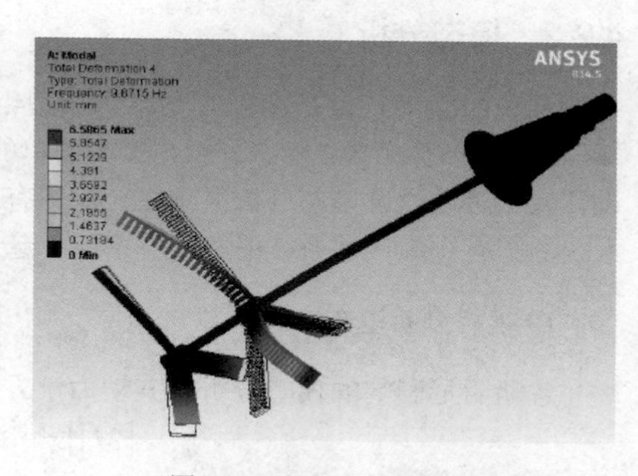

图 4-40　搅拌器 4 阶模态

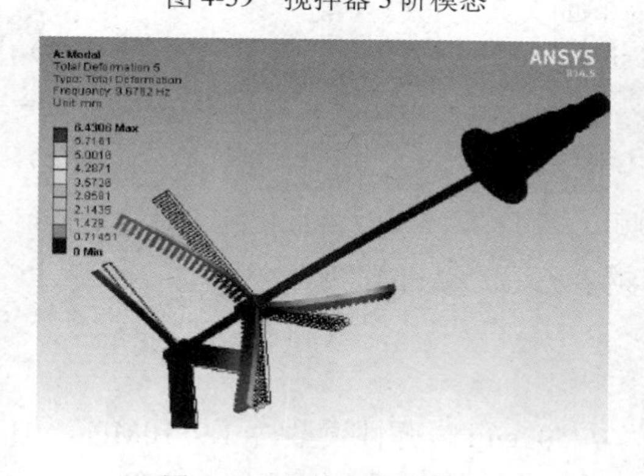

图 4-41　搅拌器 5 阶模态

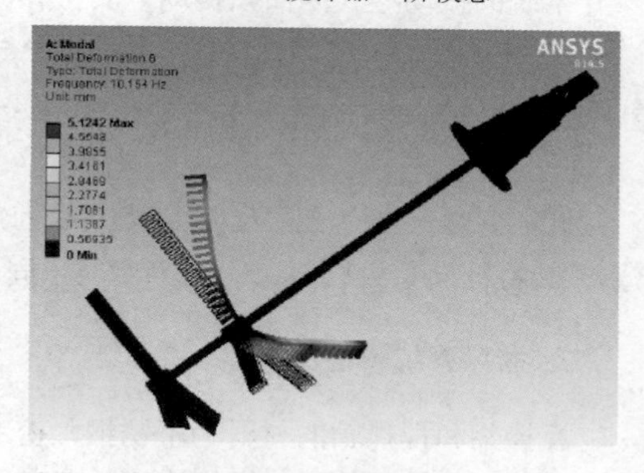

图 4-42　搅拌器 6 阶模态

（1）第 1 阶振型包含搅拌轴一阶横向弯曲和搅拌桨一阶纵向弯曲，其中搅拌轴的最大变形位于搅拌轴底端，最大变形量为 2.279mm，搅拌桨桨叶的最大变形位于桨叶顶端，上下搅拌桨桨叶的最大变形量分别为 1.934mm、2.457mm。

（2）第 2 阶振型与第 1 阶振型相似，搅拌轴的最大变形量为 2.279mm，上下搅拌桨桨叶的最大变形量分别为 1.961mm、2.425mm。

（3）第 3 阶振型包含搅拌轴一阶横向弯曲、上搅拌桨桨叶一阶横向弯曲和下搅拌桨桨叶一阶纵向弯曲，其中搅拌轴的最大变形位于搅拌轴底端，最大变形量为 0.121mm，搅拌桨桨叶的最大变形位于桨叶顶端，上下搅拌桨桨叶的最大变形量分别为 3.848mm、3.612mm。

（4）第 4 阶振型包含搅拌轴二阶横向弯曲和搅拌桨二阶纵向扭转，搅拌轴的最大变形位于搅拌轴中下部，最大变形量为 0.646mm，搅拌桨桨叶的最大变形位于桨叶顶端，上下搅拌桨桨叶最大变形量分别为 6.587mm、1.469mm。

（5）第 5 阶振型与第 4 阶振型相似，搅拌轴的最大变形量为 0.647mm，上下搅拌桨桨叶的最大变形量分别为 6.431mm、1.356mm。

（6）第 6 阶振型包含搅拌轴一阶横向弯曲、上搅拌桨桨叶一阶纵向弯曲和下搅拌桨桨叶一阶纵向弯曲，搅拌轴最大变形位于搅拌轴的中下部，最大变形量为 0.008mm，上搅拌桨桨叶顶端的变形较大，最大变形量为 5.124mm，下搅拌桨桨叶顶端的变形较小，最大变形量为 0.037mm。

搅拌器的第 1 阶至第 6 阶模态的固有频率和振型的最大值如表 4-10 所示

表 4-10　搅拌器模态的固有频率和振型最大值

模态阶数	固有频率/Hz	振型最大值/mm	模态阶数	固有频率/Hz	振型最大值/mm
1	2.4327	2.457	4	9.6715	6.587
2	2.4327	2.425	5	9.6782	6.431
3	6.2024	3.848	6	10.154	5.124

3. 搅拌系统预应力模态分析

系统结构中的应力可能会导致结构刚度的变化，例如张紧的琴弦比松弛的琴弦声音要尖锐，这是因为张紧的琴弦刚度更大，从而导致琴弦固有频率更高。搅拌桨桨叶在转速很高的情况下，由于离心力产生的预应力的作用，其固有频率有增大的趋势，如果转速高到这种变化已经不能被忽略的程度，则需要考虑预应力对桨叶刚度的影响。

预应力模态分析就是用于分析含预应力结构的固有频率和振型，预应力模态分析的过程与模态分析的过程基本一致，但需要考虑载荷产生的应力对结构刚度的影响。因此，在进行预应力模态分析前，需要先进行静力分析，分析过程中模型的材料、约束和连接方式与模态分析相同。

同时，需要将搅拌器在工作过程中所承受的载荷施加在模型上，由螺栓连接所产生的螺栓预紧力施加在上下搅拌桨轴毂两端的平面上，方向垂直于轴毂两个端面并指向轴毂，大小分别为4000N、2000N，如图4-43所示。由搅拌桨高速旋转所产生的离心力施加在上下搅拌桨叶外侧顶端的平面上，方向垂直于平面指向外侧，大小分别为4200N、1500N，如图4-44所示。在分析过程中，应同时考虑搅拌器因自身重量所产生的应力。在静力分析的基础上进行模态分析即为预应力模态分析。

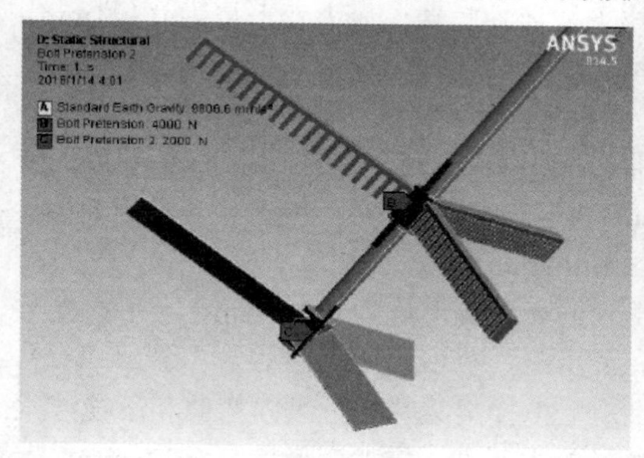

图4-43　搅拌桨轮毂预应力

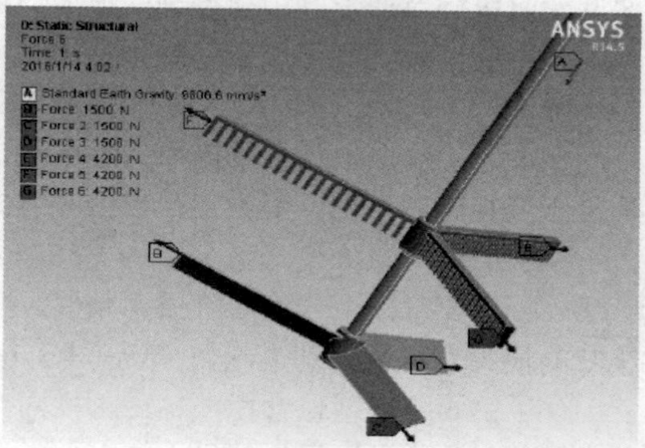

图4-44　搅拌桨桨叶预应力

（1）螺栓预紧力：

$$F_0 = F_R + \frac{k_c}{k_b + k_c} F_E \tag{4-35}$$

式中，F_R表示残余预紧力（N）；F_E表示螺栓承受的工作载荷（N）；k_b、k_c表示螺栓刚度系数、被连接件刚度系数。

（2）搅拌桨离心力：

$$F = m\omega^2 r \tag{4-36}$$

式中，m表示桨叶质量（kg）；r表示桨叶质心距转动中心的距离（m）；ω表示旋转角度（rad/s）。

搅拌器的第1阶至第6阶预应力模态的固有频率和振型的最大值如表4-11所示。

表4-11　搅拌器预应力模态的固有频率和振型最大值

模态阶数	固有频率/Hz	振型最大值/mm	模态阶数	固有频率/Hz	振型最大值/mm
1	2.562	2.394	4	10.117	6.549
2	2.5647	2.415	5	10.124	6.351
3	6.7977	3.839	6	10.623	5.070

搅拌器预应力模态的第1阶至第6阶振型与不含预应力模态的第1阶至第6阶振型基本一致，但是对应于第1阶至第6阶预应力模态的固有频率均有所增加。其中，第1阶模态的固有频率增大了5.32%，第2阶模态的固有频率增大了5.43%，第3阶模态的

固有频率增大了 9.60%，第 4 阶模态的固有频率增大了 4.61%，第 5 阶模态的固有频率增大了 4.61%，第 6 阶模态的固有频率增大了 4.62%，增幅不大。由此可以看出，预应力对搅拌器模态的影响较小，说明工作载荷对搅拌器固有频率的影响有限。

4.2.3　搅拌系统随机振动分析

由于随机振动是一种频域分析，因此需要先进行模态分析。随机变量的自相关函数需要通过功率谱密度函数进行频域的描述，以此来反应随机载荷中的频率成分。自相关函数的表达式为

$$R(\tau) = \lim_{\tau \to \infty} \frac{1}{T} \int_0^T a(t) a(t+\tau) \mathrm{d}t \tag{4-37}$$

式中，$a(t)$ 表示随机载荷历程。

当时间差 τ 等于零时，$R_0 = E\left(a^2(t)\right)$，其中 $E\left(a^2(t)\right)$ 为随机载荷的均方值且与时间无关；当时间差 τ 趋于无穷时，$\lim_{\tau \to \infty} R(\tau) = 0$，即对应的随机过程之间的相关性趋向于零，其符合傅里叶变换的条件。因此，随机载荷的频率成分通过傅里叶变换表示为

$$R(\tau) = \int_{-\infty}^{\infty} F(f) \mathrm{e}^{2\pi f \tau} \mathrm{d}f \tag{4-38}$$

式中，f 表示角频率。

功率谱密度函数加速度的单位是“加速度单位 ^{2}/Hz”，速度的单位是“速度单位 ^{2}/Hz”，位移的单位是“位移单位 ^{2}/Hz”。

在进行随机振动分析之前需要先进行模态分析，在完成模态分析的基础上对模型施加动态力载荷，加速度值如表 4-12 所示，加速度方向为竖直方向。

表 4-12　频率与加速度

序号	频率/Hz	加速度/（mm/s^2）	序号	频率/Hz	加速度/（mm/s^2）
1	20.0	181.3	5	2.5	193.0
2	10.0	250.0	6	2.0	157.9
3	5.0	250.0	7	1.0	84.6
4	4.0	250.0	8	0.5	45.3

分别选取位于上下搅拌桨桨叶最外端上的一点进行随机振动分析，上搅拌桨桨叶的响应曲线如图 4-45 所示，下搅拌桨桨叶的响应曲线如图 4-46 所示。从表 4-13 中可以看出，频率为 6.2024Hz 时，上搅拌桨桨叶的功率密度谱值最大，最大响应值为 59.291mm^2/Hz；从表 4-14 中可以看出频率为 6.2024Hz 时，下搅拌桨桨叶的功率密度谱值最大，最大响应值为 45.837mm^2/Hz。

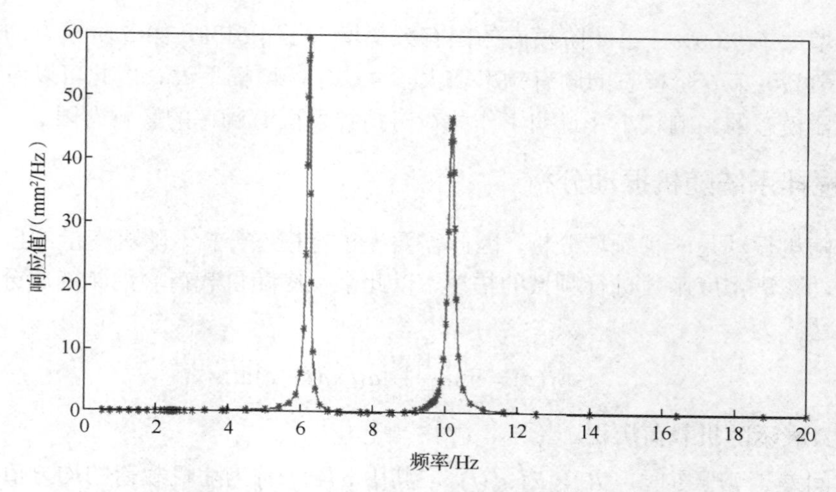

图 4-45　上搅拌桨桨叶随机振动响应曲线

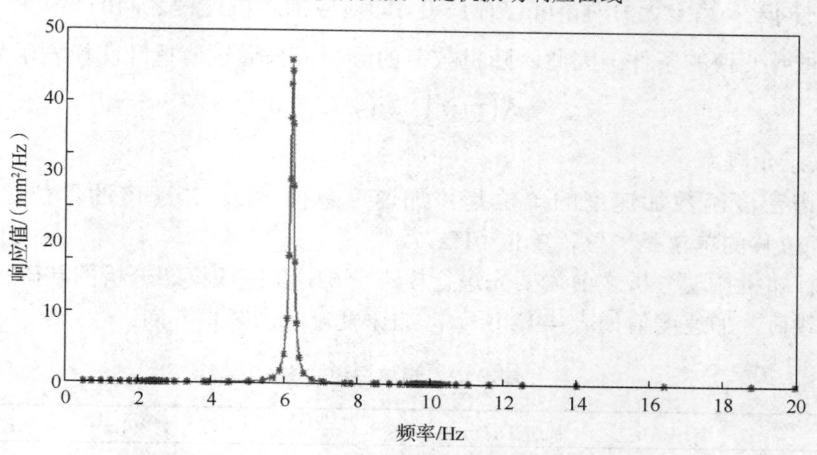

图 4-46　下搅拌桨桨叶随机振动响应曲

表 4-13　上搅拌桨桨叶功率密度谱值

频率/Hz	响应/（mm^2/Hz）	频率/Hz	响应/（mm^2/Hz）
0.5	1.5788×10^{-2}	9.1712	0.40942
1.2473	3.7801×10^{-2}	10.003	14.261
2.1267	6.8656×10^{-2}	10.708	1.6175
3.0021	0.10723	11.503	0.63576
4.4969	0.24842	11.614	0.2439
5.028	0.40166	12.525	9.0418×10^{-2}
6.0008	6.3022	14.005	3.1557×10^{-2}
6.2024	59.291	16.407	1.0024×10^{-2}
7.0121	$8.1966e\times10^{-2}$	18.809	4.3323×10^{-3}
8.4553	$7.8743e\times10^{-2}$	20	3.0512×10^{-3}

表 4-14　下搅拌桨桨叶功率密度谱值

频率/Hz	响应/（mm^2/Hz）	频率/Hz	响应/（mm^2/Hz）
0.5	3.537×10^{-3}	9.1712	8.4583×10^{-3}
1.2473	8.6295×10^{-3}	10.003	3.5057×10^{-3}
2.1267	2.7863×10^{-2}	10.708	8.6101×10^{-3}
3.0021	8.389×10^{-2}	11.503	5.9102×10^{-3}
4.4969	0.15929	11.614	3.8501×10^{-3}
5.028	0.40166	12.525	2.2672×10^{-3}
6.0008	4.1274	14.005	1.1501×10^{-3}
6.2024	45.837	16.407	4.8225×10^{-4}
7.0121	0.22902	18.809	2.3871×10^{-4}
8.4553	2.1209×10^{-2}	20	1.7566×10^{-4}

4.2.4　搅拌系统谐响应分析

谐响应分析用于确定系统的结构在载荷作用下的稳态响应，载荷的频率和振幅已知且为正弦载荷。谐响应分析是一种时域分析，计算结构响应的时间历程，但是局限于载荷是简谐变化的情况，只计算结构的稳态受迫振动，而不考虑激励开始时的瞬态振动，如图 4-47 所示。

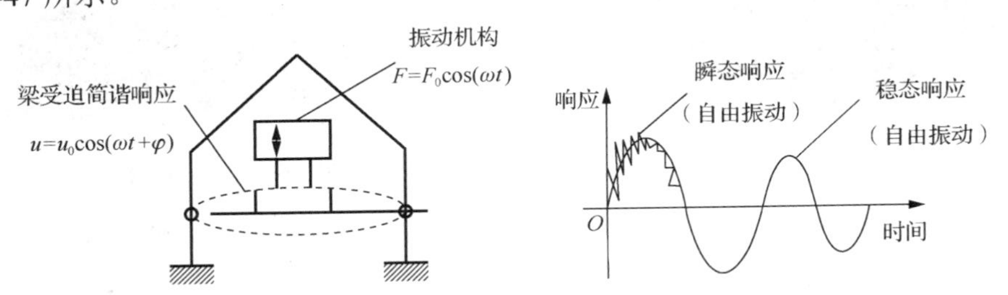

图 4-47　谐响应分析原理

1. 谐响应分析通用方程

由经典力学理论可知，物体的动力学通用方程为

$$[M]\{x''\}+[C]\{x'\}+[K]\{x\}=\{F(t)\} \tag{4-39}$$

式中，$[M]$是质量矩阵；$[C]$是阻尼矩阵；$[K]$是刚度矩阵；$\{x\}$是位移矢量；$\{F(t)\}$是力矢量；$\{x'\}$是速度矢量；$\{x''\}$是加速度矢量。在谐响应分析中，上式中 $F=F_0\cos(\omega t)$。

2. 搅拌器支架谐响应分析

与随机振动分析类似，在进行谐响应分析之前同样需要先进行模态分析，在完成模态分析的基础上对支架上支撑搅拌轴的表面施加简谐载荷，简谐载荷的组成如图 4-48 所示，其中载荷的幅值为 4570N，频率范围 0～500Hz，相位角为 120°。

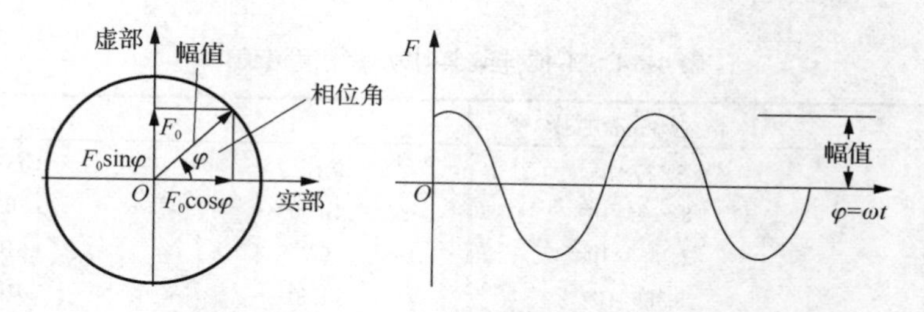

图 4-48　简谐载荷的组成

频率为 500Hz，相位角为 0°时，机架的位移响应云图如图 4-49 所示，支撑平面的中心变形最大，并沿径向方向逐步递减，最大变形量 0.127mm；频率 500Hz，相位角为 60°时，机架的位移响应云图如图 4-50 所示，同样的，支撑平面的中心变形最大，并沿径向方向逐步递减，最大变形量为 0.254mm。

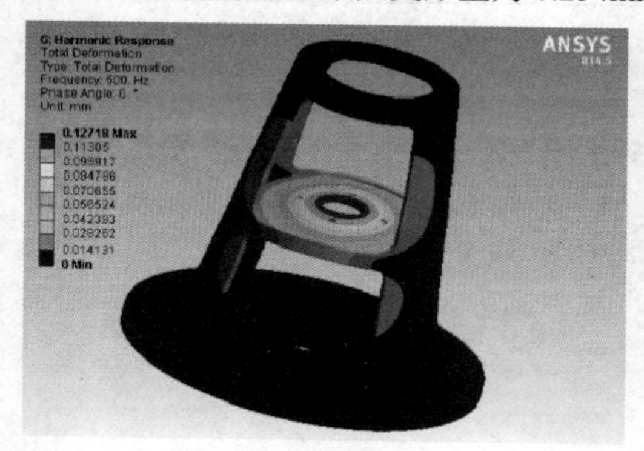

图 4-49　0°相位角位移响应云图

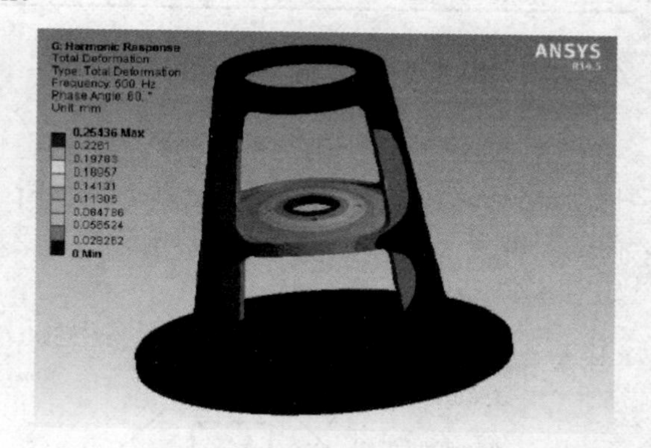

图 4-50　60°相位角位移响应云图

节点振幅随频率变化曲线如图 4-51 所示，相位角随频率变化曲线图 4-52 所示，各阶响应频率、振幅、相位角如表 4-15 所示。

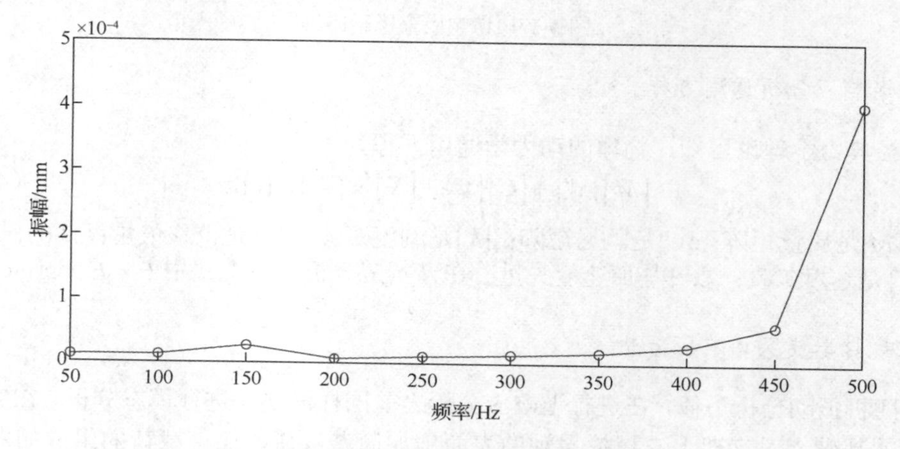

图 4-51　振幅随频率变化曲线

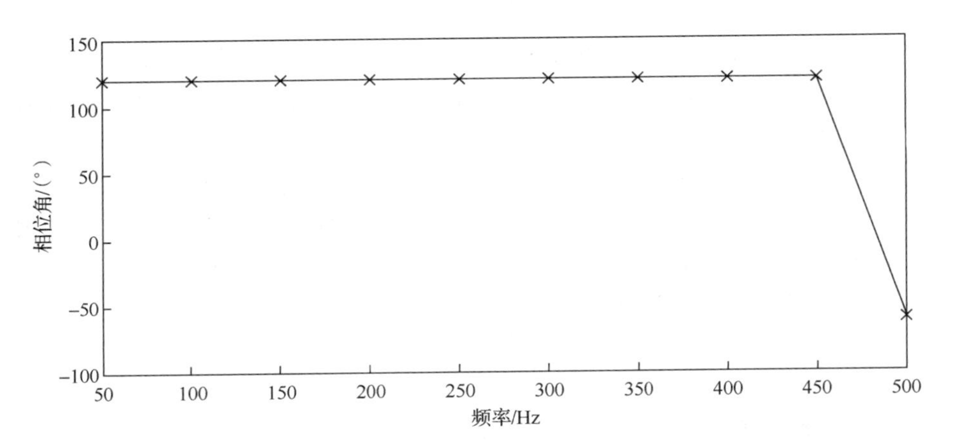

图 4-52　相位角随频率变化曲线

表 4-15　各阶响应频率、振幅、相位角

序号	频率/Hz	振幅/mm	相位角/（°）
1	50	1.1158×10^{-5}	120
2	100	1.2585×10^{-5}	120
3	150	2.6211×10^{-5}	120
4	200	6.5939×10^{-6}	120
5	250	1.0414×10^{-5}	120
6	300	1.3386×10^{-5}	120
7	350	1.7885×10^{-5}	120
8	400	2.732×10^{-5}	120
9	450	6.0722×10^{-5}	120
10	500	4.0376×10^{-4}	−60

4.2.5　搅拌系统线性屈曲分析

许多结构都需要进行结构稳定性计算，如细长杆、压缩部件、真空容器等。系统的结构在发生屈曲之前其所承受的载荷稳定不变，一旦载荷发生变化（超过一定的范围），即便是微小的位移都会造成整个系统的结构出现较大的变形。

1. 结构稳定性

屈曲分析是用来分析结构稳定性的技术，主要包括临界载荷和极限载荷分析，系统结构失稳载荷的理论值称为失稳临界载荷。假设图 4-53 中的细长杆是理想化的，细长杆的一端固定在地面上，在另一端施加轴向载荷 F，随着轴向载荷 F 的变化，细长杆将出现如下的变化：

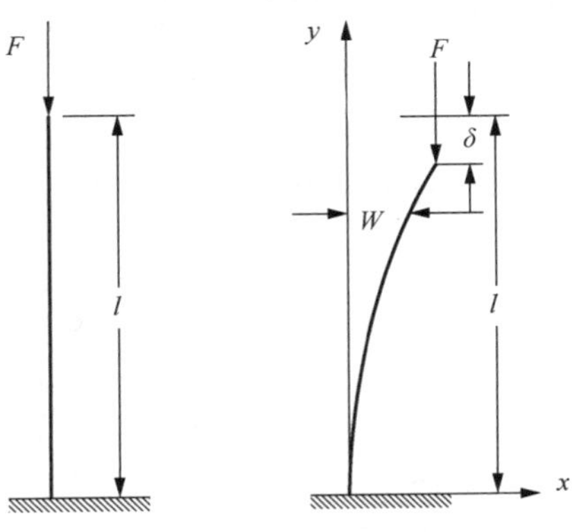

图 4-53　临界载荷

当 $F<F_{Cr}$ 时，细长杆处于稳定的状态，系统受力平衡，较小的扰动不会造成结构失稳。

当 $F>F_{Cr}$ 时，细长杆处于不稳定的状态，虽然系统受力平衡，但任何微小的扰动都会造成结构失稳。

当 $F=F_{Cr}$ 时，细长杆将处于中性的平衡状态，F_{Cr} 即为临界载荷。

在实际工况中，系统中的结构是非线性的，其所承受的载荷存在扰动，在载荷尚未达到临界值的情况下，系统便已经处于不稳定的状态，因此载荷无法达到临界值，此时的系统所承受的载荷称为极限载荷。

2. 线性屈曲分析

线性屈曲分析一般方程为

$$([K]+\lambda_i[S])\{\psi_i\}=0 \tag{4-40}$$

式中，$[K]$和$[S]$是常量；λ_i 是屈曲载荷乘子；$\{\psi_i\}$ 是屈曲模态。

ANSYS Workbench 屈曲模态分析步骤与其他有限元分析步骤大同小异，软件支持在模态分析中存在解除对，但是由于屈曲分析是线性分析，所以接触行为不同于非线性接触行为。

在进行线性屈服分析之前，需要先进行静力分析，在搅拌轴与电动机相连接一端的端面位置上添加固定约束，给线性屈服设定一个单位大小的力载荷，载荷作用在上下搅拌桨桨叶的表面上，上搅拌桨桨叶所承受的载荷垂直于桨叶的侧面，载荷方向与桨叶的转动方向相反，如图 4-54 所示，下搅拌桨桨叶所承受的载荷垂直于桨叶的上表面，该载荷使桨叶承受压力，如图 4-55 所示，上下搅拌桨所承受的载荷均为 1000N。

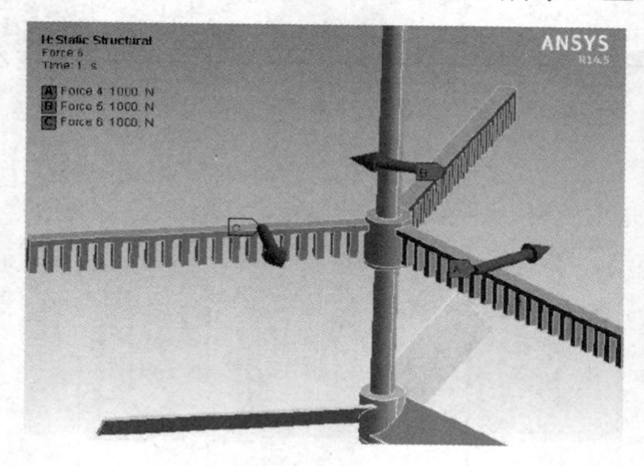

图 4-54 上搅拌桨桨叶力载荷

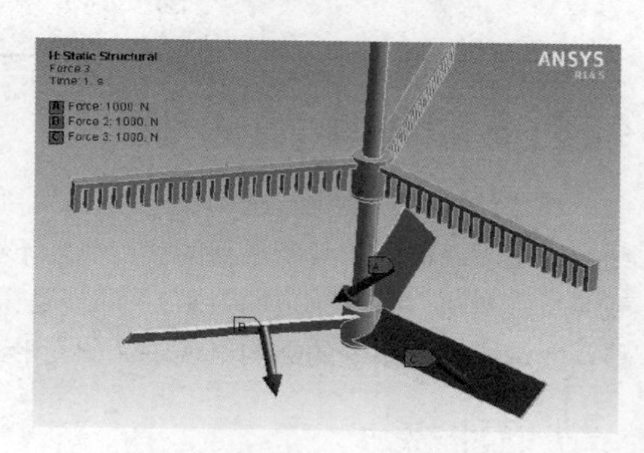

图 4-55 下搅拌桨桨叶力载荷

在完成静力分析的基础上进行线性屈服分析，将屈服模态的阶数定义为 6 阶，搅拌器第 1 阶至第 6 阶屈服模态阵型云图如图 4-56～图 4-61 所示，各阶模态下的屈服系数如表 4-16 所示。由于在执行静力分析时输入单位大小的力载荷为 1000N，因此该搅拌桨的 1 阶临界屈曲值为 1000×269.82=269820N，约等于 26.98kN，即为了保证搅拌桨结构的稳定性其桨叶可以承受的最大载荷约为 26.98kN。

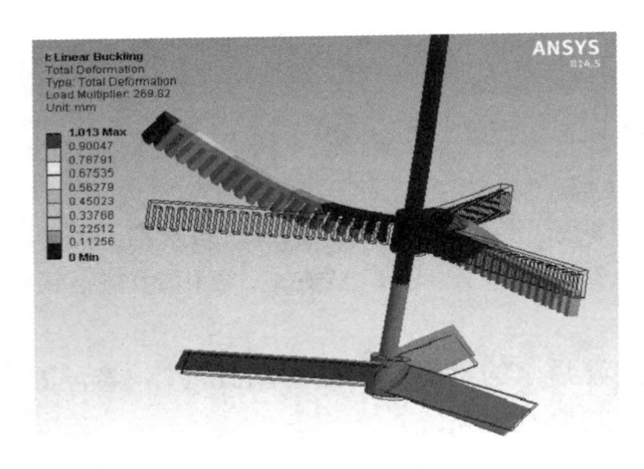

图 4-56　搅拌器 1 阶屈服模态

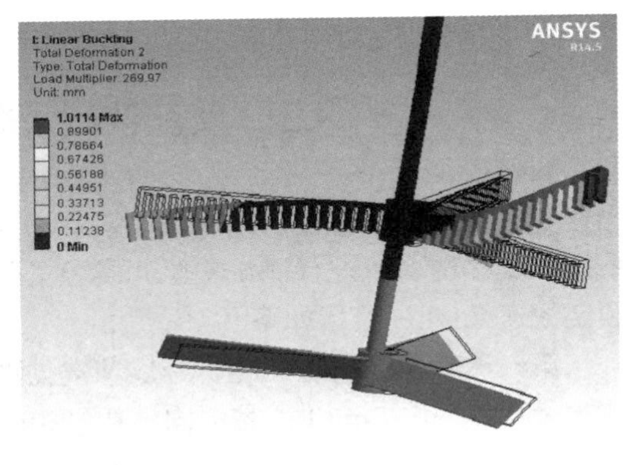

图 4-57　搅拌器 2 阶屈服模态

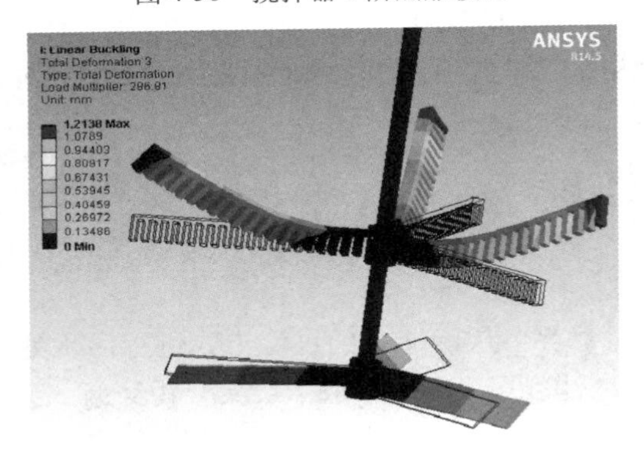

图 4-58　搅拌器 3 阶屈服模态

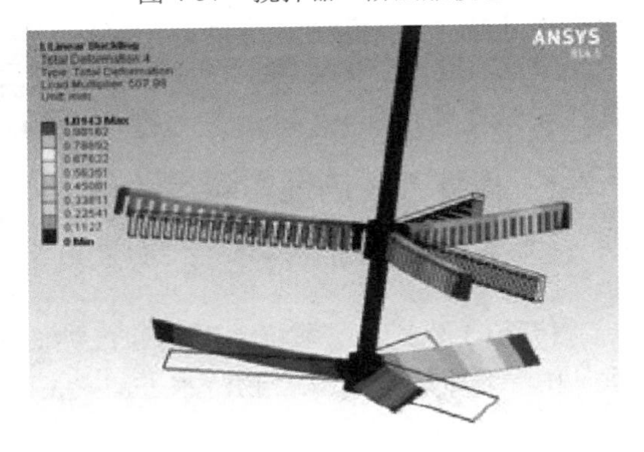

图 4-59　搅拌器 4 阶屈服模态

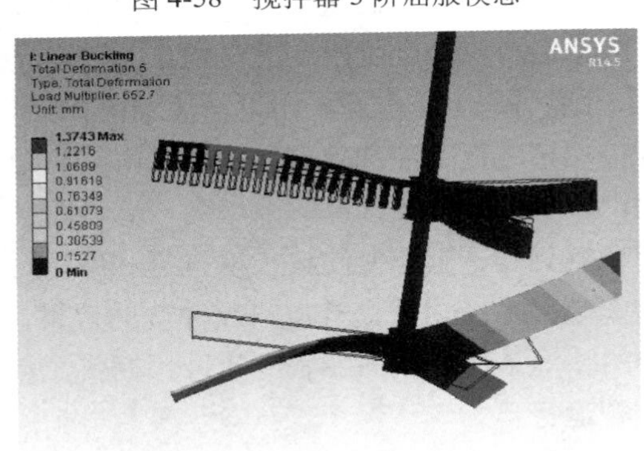

图 4-60　搅拌器 5 阶屈服模态

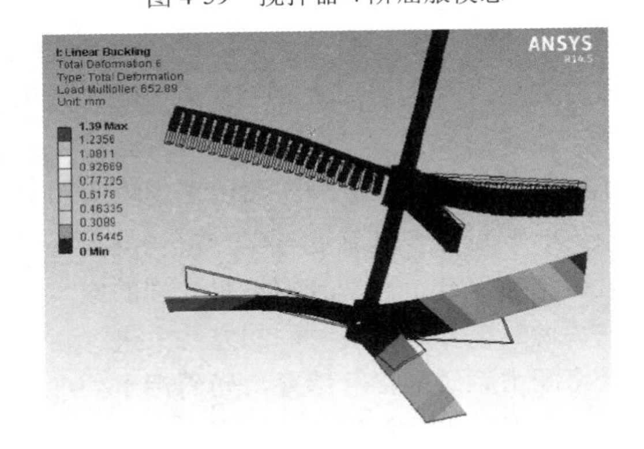

图 4-61　搅拌器 6 阶屈服模态

表 4-16　各阶模态下的屈服系数

模态	屈服系数	模态	屈服系数
1	269.82	4	507.98
2	269.82	5	652.7
3	286.81	6	652.89

4.3 反冲洗过滤罐设计后测试实验

以大庆油田某含油污水处理站双层滤料过滤罐为样本，对搅拌系统、布水器及排水系统、反冲洗系统进行测试实验。实验条件：结构尺寸ϕ=4m，H=6m，容积为 65m^3，额定滤速 7m/h。目标如下。

第一次双层滤料过滤罐，经反冲洗处理净化后水的含油量 1.62～9.11mg/L，悬浮固体含量 7.25～9.32mg/L，悬浮固体粒径中值 1.227～1.398μm。

第二次双层滤料过滤罐，经反冲洗处理净化后水的含油量 1.08～7.69mg/L，悬浮固体含量 3.39～4.12mg/L，悬浮固体粒径中值 0.912～1.672μm。

第三次设计后双层滤料过滤罐，经处理后达标，平均含油量为 5.68～12.31mg/L，平均悬浮固体含量 8.71～9.44mg/L，悬浮固体粒径中值 0.5～1μm。

4.3.1 搅拌系统测试实验

1. 测试实验

传统的污水处理系统中，是通过类似于自然界多层渗透式的过滤方式进行污水处理。由于长期进行含聚合物污水过滤，久而久之滤料层表面会形成一层聚合物结痂，这种结痂几乎与滤料本体同化，无法清理去除；同时，由于含聚合物污水的黏性很高，其被重质滤料过滤的同时，与重质滤料粘连在一起，逐渐固化成板状形态，一旦出现结板情况，滤料是无法通过水流冲洗而散开的，这样将造成反冲洗阶段的憋压问题，以及一段时间后污水处理后水质不达标。而传统的滤料搅拌系统，通常是采用单一流场的搅拌。单一流场的搅拌具有轴向性，可将滤料完全搅拌起来进行反冲洗处理，使滤料恢复初始状态而重复使用，但随着油田采集阶段的递增，污水中聚合物含量逐渐增高，滤料表层吸附的颗粒越来越难通过单一流场的搅拌进行脱附处理，无法使滤料长期重复利用，而且极大地提升了含聚合物污水处理的成本。传统搅拌系统为了提升滤料反冲洗的效果，往往通过提升反冲洗时间的方法来进行，这样的弊病是让滤料的膨胀度超过预期值，容易将配水系统的筛管堵塞，妨碍污水处理的常规运行。

针对以上滤料搅拌系统存在的问题，在满足工艺性能的情况下，进行最新的搅拌型式和搅拌流态的搅拌系统设计，实现简化操作、优化结构、降低成本的目的。首先将传统单层的搅拌桨设计为双层复合式搅拌桨，这样罐体内进行搅拌时流场由原来的轴向性变成了设计后的混合性，在增加搅拌系统动力的同时，还增大了过滤阶段滤料与含聚合物污水的接触范围，减小了搅拌死角范围，也增大了反冲洗阶段滤料间相互碰撞的概率，增强了反冲洗时的脱附力。其具体的流场情况用 ANSYS FLUENT 进行模拟后如图 4-62 所示。

图 4-62 为设计双层搅拌桨流场示意图在运行时的罐体内流场速度云图。在其中可看出，搅拌桨附近的流体速度最快，而随着流体逐渐离开搅拌桨产生的流场范围，其流动速度也同时减缓，搅拌桨带动的高速运动流体会随着远离搅拌桨而逐渐被周围的低速运动流体所同化，随着搅拌桨的旋转，周围低速流体会被吸引进流场范围，并延轴进行径向扩散。

在示意图中，亮度越高的区域代表着流体速度越高，亮度区域越大代表流场的辐射范围越广。设计后搅拌系统混合性流场情况用 ANSYS FLUENT 进行模拟后如图 4-63 所示。

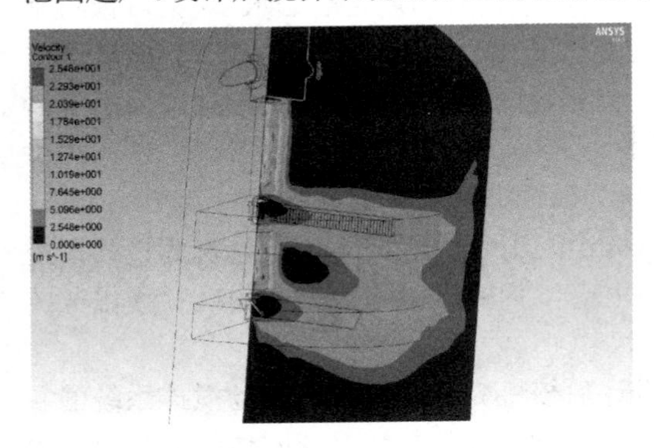

图 4-62　设计双层搅拌桨流场示意图

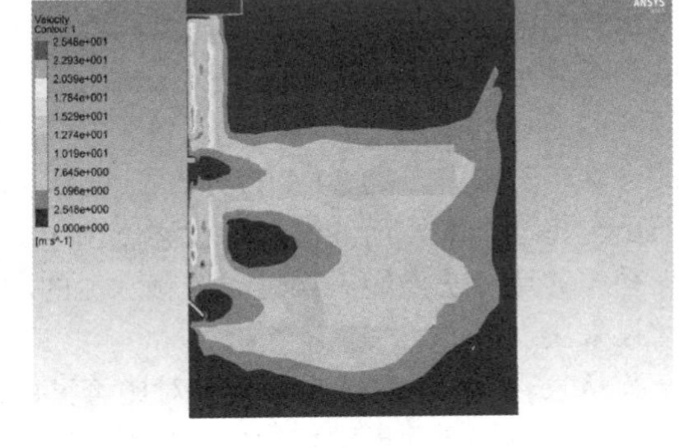

图 4-63　设计后搅拌系统混合性流场示意图

如图 4-63 所示，设计后的搅拌系统所产生的流场是混合存在的，低速流体区域要远远小于传统搅拌系统，而高速流体区域以及流场的辐射范围更是呈几何倍数的增加，所以可认为设计后的搅拌系统的搅拌效果要远远优于传统搅拌系统。

针对设计后滤料过滤罐的搅拌系统进行测试实验，第一次双层滤料过滤罐，设计滤速 7m/h，滤料搅拌时间 6min；第二次双层滤料过滤罐，设计滤速 6m/h，滤料搅拌时间 9min；第三次双层滤料过滤罐，设计滤速 5m/h，滤料搅拌时间 10min。由搅拌桨驱动双层搅拌桨叶进行转动，桨叶搅拌滤料形成了混合性流场。双层搅拌桨叶的叶间距离为 1.1m，这个距离是为滤料的膨胀提供延展性空间而设计的，以防止由于滤料膨胀等不确定因素妨碍搅拌系统的正常运转；而上层搅拌桨叶与布水系统筛管的距离设定为 0.6m，根据图 4-63 中的设计后混合性流场情况可看出，上层搅拌桨的加入，除了优化流场的混合度外，还同时起到了控制滤料膨胀后上升到配水系统筛管并将其堵塞的风险的作用。在水流方向变化频繁，水流对滤料剪切力方向多变，并且冲刷接触面积数倍增大的搅拌系统中，滤料的过滤效果与反冲洗效果将大幅度提升。通过现场实验，测试出反冲洗前后的滤料再生效果及滤后水质数据结果，在指标参数和性能方面，最终确定过滤罐搅拌系统的最佳工艺参数。

2. 效果分析

以石英砂滤料为基础，分别进行常规搅拌系统与设计后搅拌系统的多项数值参数对比，设计前后测试实验效果如表 4-17 所示。

表 4-17　石英砂滤料搅拌系统设计前后效果对比

项目类型	常规搅拌系统	设计后搅拌系统
反冲洗聚合物去除率/%	67.78	85.12
反冲洗悬浮固体去除率/%	67.03	84.96
滤料膨胀程度/m	0.34	0.32
进出水口压力差/MPa	0.31	0.17
冲洗水最优强度/[L/（s·m^2）]	9	3

对石英砂滤料搅拌系统进行设计时，采用增设强化耐磨搅拌桨实现。该桨可针对常规搅拌系统滤料个体结痂与滤料间结板的问题定向整治，其可在常规条件下，破坏结成的聚合物沉积痂、板，解决重质滤料的反冲洗问题，同时，通过适当的搅拌增强石英砂滤料间的相互碰撞提升其反冲洗效果。设计后石英砂滤料的聚合物处理效果和悬浮固体的去除率都提升了近 20 个百分点，进出水口压力差由原来的 0.31MPa 缩小到 0.17MPa，缩小了将近一半，而冲洗水最优强度由 9L/（s·m^2）变为了 3L/（s·m^2），说明设计后搅拌系统的反冲洗已经不再过于依赖水流的冲击强度，而是同时依靠强化耐磨损搅拌桨的增设来实现。

从表 4-18 的测试实验效果对比可见，设计后核桃壳滤料的混合流场搅拌系统的各项数据参数都要优于常规轴向性流场。其中，聚合物处理效果和悬浮固体的去除率都提升了近 10 个百分点；而膨胀程度由 0.77m 降低到 0.62m 是因为混合流场让滤料与水的混合更为充分并且受到更多的脱附力作用，从而降低了反冲洗时间；当进出水口的压力差及冲洗水达到一定设定参数时，含聚合物污水处理系统就会自动进行反冲洗，而设计后的搅拌系统进出水口压力差降低了近 1/4，由原来的 0.133MPa 缩小到 0.082MPa，这表示在设计后混合流场搅拌系统中可维持更久的常规运行时间，对提高污水处理效率有非常明显的效果。

表 4-18　石英砂滤料搅拌系统设计前后效果对比

项目类型	常规搅拌系统	设计后搅拌系统
反冲洗聚合物去除率/%	79.01	88.15
反冲洗悬浮固体去除率/%	77.15	85.17
滤料膨胀程度/m	0.77	0.62
进出水口压力差/MPa	0.133	0.082
冲洗水最优强度/[L/（s·m^2）]	2.5	2.9

4.3.2　布水器及排水系统测试实验

1. 测试实验

设计重力型排管式布水器及压力型管式排水系统，可以使污水的排出更为流畅，解决常规布水中的筛管堵塞以及在罐顶积累聚合物沉淀的问题，彻底解决了污水溢出问题。

2. 效果分析

在油田某污水处理站设定一个周期的含聚合物污水处理系统测试，分别对常规布水器及排水系统和设计后布水器及排水系统进行实测分析对比。如表 4-19 所示。

表 4-19　布水器及排水系统设计前后效果对比

项目名称	常规布水器及排水系统	设计后布水器及排水系统
反冲洗布水系统位置	罐体顶部	罐体底部
布水系统结构	布水过滤筛框	布水过滤筛管
实测通过水面积/m^2	0.146	1.052
反冲洗憋压现象情况（r）	3	0
聚合物排除死角存在比例/%	17	0
聚合物沉淀设置情况	无	有

通过测试实验效果可以看出，设计布水系统所处位置符合水流的常规流向，能够使液体均匀分布，配水方式更为合理，污水可通过配水管进入布水管，使反冲洗的憋压现象得到彻底解决。测试实验证明，设计后的布水器及排水系统效果要远远优于常规布水器及排水系统。

4.3.3　反冲洗系统测试实验

1. 测试实验

选用大庆油田某含油污水处理站的 2#和 3#压力过滤罐，进行反冲洗系统效果的实验验证。其中 2#反冲洗系统采用设计后的反冲洗系统进行实验，3#反冲洗系统采用常规反冲洗系统进行实验，实验测试时间为 6 月 21～25 日连续 5 天，分别对设计后和常规两种污水处理系统反冲洗后的水质进行跟踪化验监测，实验指标包括反冲洗单位时间监测（此次实验设计常规监测周期为 3h/次，即 22 时～0 时监测一次，0 时～1 时监测一次，合计 9 次/日监测）、聚合物质量浓度（单位：mg/L）、悬浮固体含量（单位：mg/L），测试后分别计算出三项指标的平均数值，5 天所测结果分别记录。对 2#和 3#反冲洗系统所测得的水质数据进行对比分析，从而验证设计后污水处理反冲洗系统的实际效果。

2. 效果分析

为了达到反冲洗的最佳效果，将滤料与水的混合介质温度设定在 50℃，重新设置反冲洗的水洗强度及搅拌时长，其具体设定为：滤料石英砂水洗强度为 15L/（$s\cdot m^2$），搅拌时长为 9min；滤料核桃壳水洗强度为 15L/（$s\cdot m^2$），搅拌时长 9min。对其中滤料所黏附聚合物的去除率与搅拌桨转速之间的关系分别进行记录对比，见图 4-64 所示。

如图 4-64 所示，在石英砂核桃壳滤料的搅拌桨转速由 15r/min 提升到 75r/min 的过程中，其滤料所黏附聚合物去除率是持续上升的；当滤料的搅拌桨转速达到 75r/min 附近时，其聚合物去除率为峰值，继续增大搅拌桨的转速，其聚合物去除率反而有所下降；搅拌桨转速在 75～120r/min 的时候，聚合物去除率再没有达到过峰值，只是在近似峰值的附近振荡。这是因为在搅拌桨转速提升的初期，搅拌桨的叶片会不停碰撞滤料或者通过搅拌让滤料之间相互碰撞，这会达到增强滤料所受脱附力的效果，从而使滤料的反冲洗效果越来越明显。而当转速达到临界状态时，即搅拌桨转速为 75r/min 的时候，反冲洗效果达到峰值，可以认为此时是所用滤料进行反冲洗的极限，再提升转速也无法突破这个极限，反而会因为滤料间的碰撞或滤料与搅拌桨的碰撞导致滤料损坏、滤料破损碎片使配水筛过水量降低间接导致罐内压力升高等负面因素的产生，使反冲洗效果略微下降。

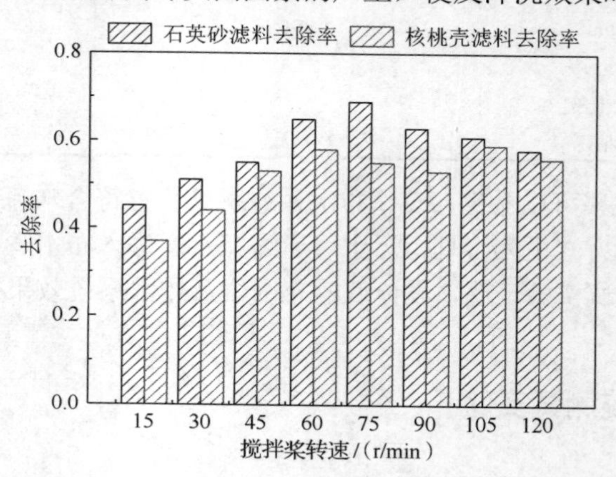

图 4-64　设计后滤料去除率与搅拌桨转速关系对比

2#反冲洗系统和 3#反冲洗系统 6 月 21～25 日连续 5 天的反冲洗后水质监测的实测数据如表 4-20～表 4-23 所示。

表 4-20　2#反冲洗系统聚合物质量浓度水质监测数据　（单位：mg/L）

日期	1 点	4 点	7 点	10 点	13 点	16 点	19 点	22 点	24 点	均值
21	16.5	15.1	14.3	13.1	12.3	10.1	10.9	12.5	19.0	13.8
22	18.4	18.4	15.6	14.4	15.9	14.7	13.0	16.8	15.9	15.9
23	16.9	17.6	17.5	15.9	15.1	12.8	11.1	11.9	15.0	14.9
24	17.7	12.3	10.3	15.0	13.8	16.2	14.5	14.1	14.3	14.2
25	18.8	15.1	13.5	15.9	17.8	15.8	14.8	14.5	16.1	15.8

表 4-21　2#反冲洗系统悬浮固体含量水质监测数据　（单位：mg/L）

日期	1 点	4 点	7 点	10 点	13 点	16 点	19 点	22 点	24 点	均值
21	16.9	15.8	15.4	13.9	14.0	11.9	11.0	12.0	12.9	13.8
22	21.3	20.3	18.9	18.2	16.6	15.5	13.3	15.1	16.8	17.3
23	21.6	19.5	18.9	18.7	17.3	15.3	14.3	14.5	16.9	17.4
24	23.0	22.4	24.2	20.8	20.2	17.9	16.4	15.3	19.4	20.0
25	22.9	21.5	20.0	19.9	17.3	16.0	15.6	14.6	17.9	18.4

表 4-22　3#反冲洗系统聚合物质量浓度水质监测数据　　（单位：mg/L）

日期	1 点	4 点	7 点	10 点	13 点	16 点	19 点	22 点	24 点	均值
21	18.3	18.9	17.7	17.2	15.1	13.8	14.8	14.9	16.0	16.3
22	19.8	17.7	17.9	16.6	18.0	17.1	14.9	16.1	15.9	17.1
23	18.4	15.9	18.9	18.8	16.8	13.9	13.8	13.8	15.1	16.2
24	17.2	18.0	15.8	15.1	17.8	18.3	17.1	16.5	17.1	17.0
25	15.8	19.2	16.3	16.2	15.1	12.8	16.5	17.1	17.8	16.3

表 4-23　3#反冲洗系统悬浮固体含量水质监测数据　　（单位：mg/L）

日期	1 点	4 点	7 点	10 点	13 点	16 点	19 点	22 点	24 点	均值
21	22.0	20.1	17.9	14.9	14.2	13.0	10.7	12.2	15.0	15.5
22	23.1	22.0	21.0	20.0	17.8	17.0	15.7	15.9	18.2	19.0
23	22.0	21.2	20.5	19.1	17.2	14.7	12.9	15.2	16.9	17.7
24	25.3	22.4	21.7	20.7	20.3	19.1	16.9	16.3	17.9	20.1
25	23.9	24.1	22.2	21.6	20.2	20.1	17.7	18.0	19.9	20.9

从表 4-20～表 4-23 的水质监测数据可以看出，设计后反冲洗系统连续 5 日监测的聚合物质量浓度平均值和悬浮固体含量平均值都要比常规反冲洗系统低，其具体的差值根据计算得出：2#反冲洗系统 5 天的平均聚合物质量浓度为 14.92mg/L，平均悬浮固体含量指标为 17.38mg/L；3#反冲洗系统 5 天的平均聚合物质量浓度为 16.58mg/L，平均悬浮固体含量为 18.64mg/L。即在 5 天内设计后反冲洗系统比常规反冲洗系统的聚合物质量浓度降低了 1.66mg/L，悬浮固体含量降低了 1.26mg/L，分别降低了 10.01%和 6.76%。

4.3.4　应用结果评价

在大庆油田某污水处理站进行污水反冲洗过滤罐系统实验，在使用常规含聚合物污水处理系统时，来水聚合物质量浓度平均为 39.8mg/L，含悬浮固体含量平均为 31.2mg/L，处理后出水聚合物质量浓度平均为 15.9mg/L，含悬浮固体含量平均为 20.8mg/L，并常伴随输出水质在达标临界值、系统内憋压、处理水量不足等问题。设计后的污水处理系统通过一段时间的监测，在监测过程中输出水的水质完全达到预计标准，即在来水聚合物质量浓度在 38.0～42.2mg/L 范围内的污水，经过设计后的污水处理系统处理后，其外输出水质可达到：聚合物质量浓度在 6.58mg/L 以下，平均去除率控制在 85.1%。来水悬浮固体含量在 29.8～43.4mg/L 范围内的污水，经过设计后的污水处理系统处理后，其外输出水质可达：悬浮固体含量在 11.35mg/L 以下，平均去除率控制在 71.2%。设计后系统与常规污水处理设备相比，聚合物去除效果和悬浮固体去除效果分别提高了 21.5%和 11.5%，优化效果极其明显。同时，在 3 个半月的监测周期中，外输出水的质量始终保持平稳，处理水量输出保持平稳，未出现过憋压现象，对监测前后的滤料质量进行记录，未发现滤料质量有明显降低，即无跑料现象发生，从而保证了反冲洗过滤的效果。

第5章　过滤罐反冲洗叶轮流场模拟及应用研究

目前，大庆油田双滤料过滤罐罐上口为喇叭口式结构或筛框结构，在过滤罐反冲洗时，过滤层滤料冲洗腾空，细小滤料随水流到反冲洗回收水池内，滤料流失严重，当过滤层滤料厚度流失25%以上，就会影响过滤后的水质，平均两年需补充一次滤料。反冲洗时滤料层的污油聚集在喇叭口周围，大部分无法随反冲洗水出罐，反冲洗结束后，污油又落到滤料层，造成滤料污染严重，再生困难。同时过滤罐布水不均匀，使滤料层发生变化，滤层表面形成“丘陵”状，导致滤层失去作用，影响过滤效果。

针对上述存在的问题，本章开展含油污水处理过滤工艺技术研究，对葡二联 1#污水处理站的 1 座双滤料过滤罐进行改造，应用反冲洗轴向动态技术，提高污水过滤及反冲洗效果。

ANSYS FLUENT 软件是用于计算流体流动和传热问题的程序，是目前市场上最流行的 CFD 软件，它在美国的市场占有率达到 60%。在使用商用 CFD 软件的工作中，大约有 80%的时间是花费在网格划分上的，可以说网格划分能力的高低是决定工作效率的主要因素之一。ANSYS FLUENT 软件采用非结构网格与适应性网格相结合的方式进行网格划分。与结构化网格和分块结构网格相比，非结构网格划分便于处理复杂外形的网格划分，而适应性网格则适用于计算流场参数变化剧烈、梯度流动很大的情况，同时这种划分方式也便于网格的细化或粗化，使得网格划分更加灵活、简便。

ANSYS FLUENT 划分网格的途径有两种：一种是用 ANSYS FLUENT 提供的专用网格软件 GAMB 进行网格划分；另一种则是由其他的 CAD 软件完成造型工作，再导入 GAMBIT 中生成网格。还可以用其他网格生成软件生成与 ANSYS FLUENT 兼容的网格用于 ANSYS FLUENT 计算。可以用于造型工作的 CAD 软件包括 I-DEAS、Pro/E、SolidWorks、Solidedge 等。除了 GAMBIT 外，可以生成 ANSYS FLUENT 网格的网格软件还有 ICEMCFD、GridGen 等。

ANSYS FLUENT 的内核部分是用 C 语言写成的，软件界面则是用 LISP 语言的一个分支 Sche 语言写成的。因为 C 语言在计算机资源的分配使用上非常灵活，所以 ANSYS FLUENT 也在这方面拥有很大的灵活性，并可以在“客户/服务器”模式下进行网络计算。而 LISP 类型允许高级用户通过编制宏和自定义函数改变软件的外观，使用户在使用中可以根据自己的喜好定制界面，这点是 ANSYS FLUENT 软件的一个显著特色。

本章研究主要是针对过滤反冲洗设备的旋转叶轮，通过反冲洗和搅拌过程中的流体动力学的模拟，考察搅拌时的流体动态以及搅拌效果。

5.1 水力动态反冲洗室内试验研究

针对反冲洗滤料堵塞和反冲洗过程中跑料的问题，在过滤反冲洗罐上部加入搅拌装置，在反冲洗过程中粉碎板结层，减少滤料的损失。本节研究主要在室内对搅拌器进行试验模拟和数值的优化，为后续的流体动力学模拟提供参数。

5.1.1 不同型式叶片水力特性研究（空载）

1. 转轮转动性能研究

1）流速对转轮转动性能的影响

运动流体拥有动能，动能的大小与流速呈线性关系。可以通过改变液体流量的方法获得通过同一断面的不同流速。运动流体通过转轮时产生能量转换，对转轮产生转动力矩。试验研究水流通过角度为 35°、45° 和 55° 转轮时的转动特性，见图 5-1。

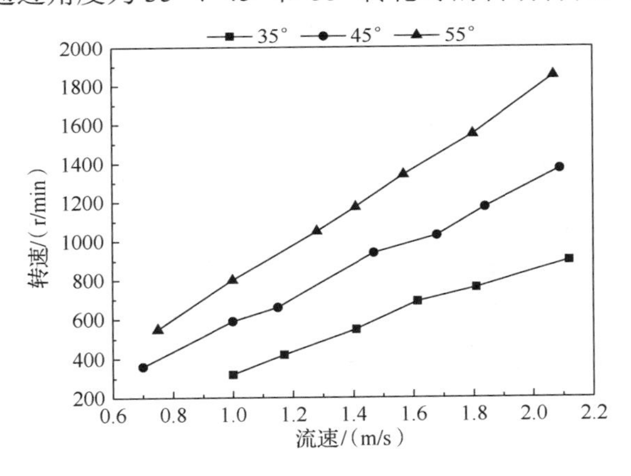

图 5-1 空载条件下液体流速和转轮转速关系曲线

如图 5-1 所示，随着流速的增大，转轮的转速呈线性规律增加。通过曲线斜率可以看出，流速增大时，角度为 55° 的转轮转速增加得快。在相同的流速下 55° 转轮的转速最高，35° 转轮的转速最低。当液体流速为 2.1m/s 时，角度为 55° 转轮转速为 1860r/min；角度为 45° 转轮转速为 1370r/min；角度为 35° 转轮转速为 898r/min。说明角度为 55° 的转轮水力转动特性较好。这主要是因为，在相同叶片长度下，角度大的转轮其叶片投影面积较大，水能利用系数较高。

2）转轮启动转矩特性

启动转矩是使机械启动所需要的驱动转矩，是用来衡量转轮启动性能的主要物理参数。转轮的启动转矩大说明启动特性好。

通过测定不同流速、定力臂下的弹簧拉力求出转轮的启动转矩。根据公式（5-1）

计算转轮启动转矩：

$$M = F \cdot L \tag{5-1}$$

式中，M表示叶轮启动转矩（N·m）；F表示弹簧拉力（N）；L表示力臂（m）。

试验研究水流通过角度为35°、45°和55°转轮时转动特性启动转矩，结果如图5-2所示。

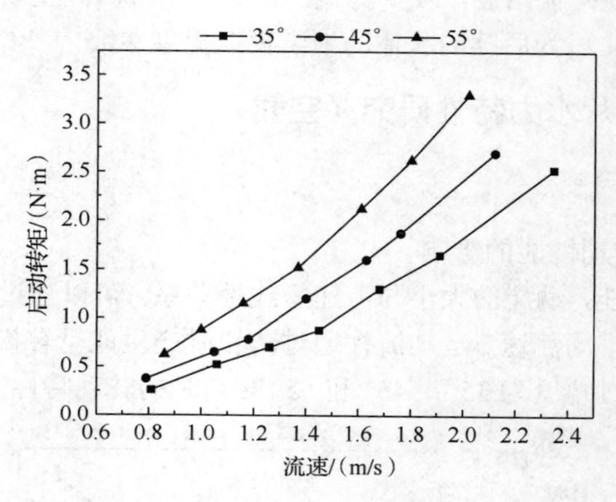

图5-2　空载条件下液体流速与启动转矩关系曲线

如图5-2所示，随着液体流速的增大，转轮的启动转矩基本呈线性增加。通过曲线斜率可以看出，流速增大时，角度为55°的转轮启动转矩增加得快。在相同的流速下，55°转轮的启动转矩最大，35°转轮的启动转矩最小。当液体流速为2m/s时，角度为55°转轮的启动转矩是3.33N·m；角度为45°转轮的启动转矩是2.4N·m；角度为35°转轮的启动转矩是1.8N·m。说明角度为55°的转轮启动转矩较好。

2. 转轮水阻特性影响

1）流速对转轮水力特性的影响

水头损失是水流中单位质量水体因克服水流阻力做功而损失的机械能。水头损失越大说明转轮所获得的能量越多。试验研究水流通过角度为35°、45°和55°转轮时水流的水头损失，见图5-3。

如图5-3所示，随着流速的增加，转轮的水头损失逐渐增加。通过曲线变化可以看出，流速增大时，角度为55°转轮水头损失量增加得最快。在相同的流速下，55°转轮的水头损失最大，35°转轮的水头损失最小。在液流流速为2.1m/s时，55°转轮的水头损失为2.1m；45°转轮的水头损失为1.33m；35°转轮水头损失0.72m。因此可以看出角度为55°的转轮水力特性较好。

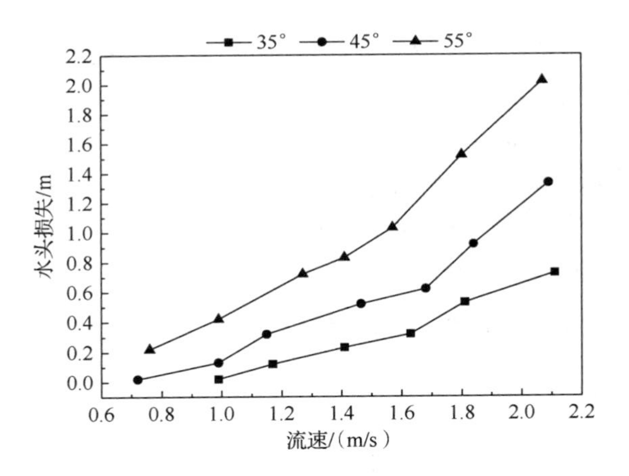

图 5-3　空载条件下流速与水头损失关系曲线

2）转轮阻力特性研究

转轮的阻力主要是由摩擦损耗和叶型的紊流阻力所形成的。同时流体阻力也是水流对转轮产生的作用力，作用力越大转轮所能获得的能量越大，这里运用阻力系数来表示阻力的大小，阻力系数的公式如下：

$$\xi = \frac{2gh}{v^2} \tag{5-2}$$

式中，g 表示重力加速度；h 表示压力损失（m）；ξ 表示阻力系数；v 表示水流速度（m/s）。

试验研究水流通过角度为 35°、45°和 55°转轮正常转动和静止的情况，分别求出这两种状态下转轮的阻力系数，见图 5-4。

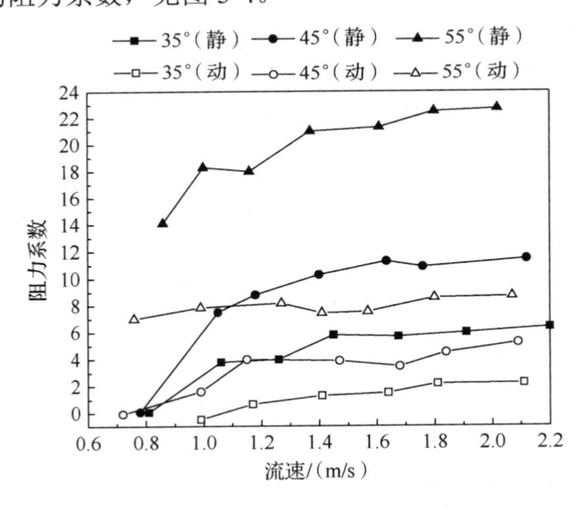

图 5-4　空载条件下流速与阻力系数关系曲线

如图 5-4 所示，转轮静止时的阻力系数比转轮转动时阻力系数大。在转轮正常转动的条件下，转轮的阻力系数不随水流流速变化而变化，基本为一恒定值，在水流流速一定的情况下，55°角的转轮阻力系数最大，35°角的阻力系数最小。在流速为2.1m/s时，55°角的转轮阻力系数为9.2，45°角的转轮阻力系数为6，35°角的转轮阻力系数为3.2。在转轮静止不动的条件下，阻力系数随着水流速度增大而增加。在相同流速下55°转轮阻力系数最大。综合研究表明，55°角转轮的阻力性能最好。

通过试验对转轮的转动性能和水阻特性的研究，得出55°转轮的水阻特性和转动性能是最好的，35°转轮的性能最差。

5.1.2 组合转轮水力特性研究（空载）

1. 组合转轮转动特性研究

1）流速对组合转轮转动性能的影响

类比对单个转轮的研究，对组合转轮进行转动特性研究，试验研究了水流通过45/55、35/55、35/45、55/45组合转轮的转动特性。

如图5-5所示，随着水流流速的增加组合转轮转速呈线性增加。在相同流速下，45/55组合转轮的转速最高，35/45组合转轮的转速最低。在流速为1.8m/s时，45/55转轮的转速为1450r/min，35/55组合转轮的转速为1280r/min，35/45组合转轮的转速为1000r/min，55/45组合转轮的转速为1200r/min。由此可以确定45/55组合转轮的转动性能较好。

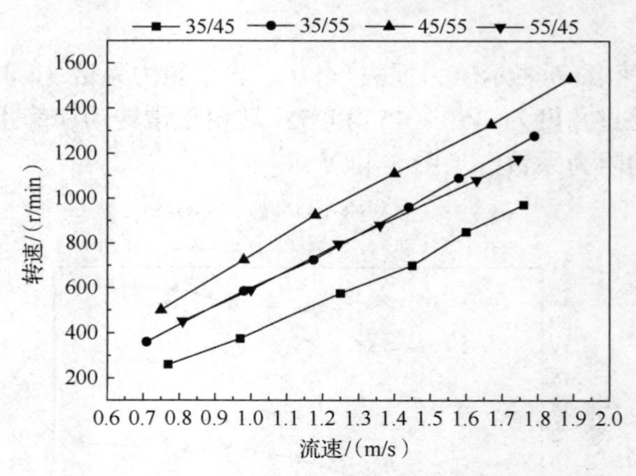

图5-5　空载条件下流速与转速关系曲线

2）组合转轮启动转矩特性

根据流速对组合转轮转动特性的研究结果，对45/55、35/55组合转轮的启动转矩进行研究，见图5-6。

如图5-6所示，组合转轮的启动转矩随流速的增加而逐渐增加。速度≤1.5m/s时，45/55与35/55组合转轮的启动转矩基本相同，在流速＞1.5m/s时，45/55的启动转矩将大于35/55的组合转轮。在流速为1.5m/s时，两个组合转轮的启动转矩均为1.95N·m，在流速为1.9m/s时，45/55转轮的启动转矩为3.5N·m，35/55组合转轮的启动转矩为3.3N·m。表明45/55组合转轮的启动转矩较好。

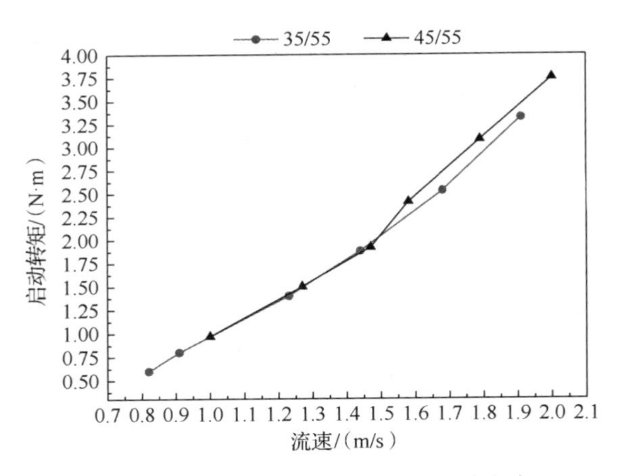

图 5-6　空载条件下流速与启动转矩关系曲线

2. 转轮水阻特性研究

1）流速对组合转轮水力特性影响

实验通过研究 45/55、35/55、35/45 和 55/45 转轮组合在空载条件下，流速和水头损失间的特性，确定不同型式转轮对水流的阻碍作用，进而实现有效转矩下减少能量的耗损，见图 5-7。

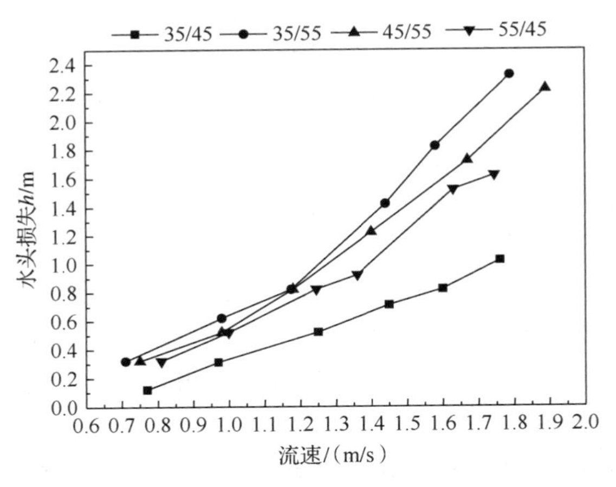

图 5-7　空载条件下流速与水头损失关系曲线

如图 5-7 所示，随着流速的增加，不同型式组合转轮的水头损失也逐渐增大。在相同的流速下，35/55 组合转轮的水头损失最大，35/45 组合转轮的水头损失最小。在流速为 1.7m/s 时，35/55 组合转轮的水头损失为 2.12m，45/55 组合转轮的水头损失为 1.8m，55/45 组合转轮的水头损失为 1.6m，35/45 组合转轮的水头损失为 0.95m。特别是在较低流速下，35/55 和 45/55 组合转轮具有相似的水阻特性，在较高的流速下，35/55 组合转轮的水头损失增大较快。这主要是因为在低速条件下，35/55 和 45/55 组合转轮的水流通道对水流阻碍产生的局部水头损失作用较弱，表现在较低流速下，35/55 和 45/55 组合转轮具有相似的水阻特性。在较高的流速下，45/55 组合转轮获得水流的能量大于35/55 组合转轮获得水流的能量，45/55 组合转轮的转动角速度大，这样反而减小了转轮叶片对水流的阻碍作用，表现在 45/55 组合转轮水阻增加较缓。

2）组合转轮阻力特性

通过试验研究 45/55、35/55、35/45 和 55/45 转轮组合分别在空载和加载至无穷大条件下，流速和转轮的阻力特性。通过比较不同型转轮组合在空载和加载至无穷大条件下的阻力系数，比较转轮系统的能量转换特性，确定高能量转轮的转轮组合，见图 5-8。

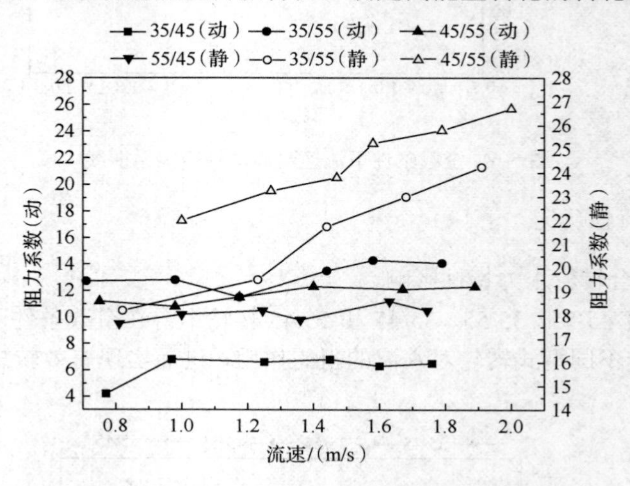

图 5-8　空载条件下流速与阻力系数关系曲线

如图 5-8 所示，空载条件下组合转轮的阻力系数较加载条件下阻力系数小，其数值为加载条件下阻力系数的一半左右。空载条件下不同组合转轮阻力系数为一恒定值，与水的流速无关。而在加载条件下阻力系数与流速有关，随流速增加阻力系数增大，这与局部损失理论相悖。这主要是转轮叶片为低阻力高升力叶片翼型所致。在无穷大加载条件下，流速为 1.6m/s 时，45/55 组合转轮的阻力系数为 12.8，35/55 组合转轮的阻力系数为 14.2。在空载条件下，流速为 1.6m/s 时，45/55 组合转轮的阻力系数为 22.5，35/55 组合转轮的阻力系数为 18。

以上分析可以看出，无穷大加载条件下的阻力系数大会获得较大的启动转矩，空载条件下阻力系数小会减小转动的水流阻力，更有利于获得较大的能量转换。综合比较得出 45/55 组合转轮较为理想。

5.2　ANSYS FLUENT 软件包和求解原理

ANSYS FLUENT 软件包中包括以下几个软件：

（1）FLUENT 求解器——ANSYS FLUENT 软件的核心，所有计算在此完成。

（2）prePDF——ANSYS FLUENT 用 PDF 模型计算燃烧过程的预处理软件。

（3）GAMBIT——ANSYS FLUENT 提供的网格生成软件。

（4）TGRID——ANSYS FLUENT 用于从表面网格生成空间网格的软件。

（5）过滤器（或者叫翻译器）——可以将其他 CAD/CAE（计算机辅助工程）软件生成的网格文件变成能被 ANSYSY FLUENT 识别的网格文件。

下面介绍 FLUENT 求解原理。

1. 控制方程

1）质量守恒方程（连续性方程）

任何流动问题都必须满足质量守恒定律，即单位时间内流体元中质量的增加等于同一时间间隔内流入该微元体的净质量。按照这一定律，可以得出质量守恒方程：

$$\frac{\partial \rho}{\partial t}+\frac{\partial(\rho u)}{\partial x}+\frac{\partial(\rho v)}{\partial y}+\frac{\partial(\rho w)}{\partial z}=0 \tag{5-3}$$

或写成矢量形式

$$\frac{\partial \rho}{\partial t}+\operatorname{div}(\rho \upsilon)=0 \tag{5-4}$$

式中，ρ 表示空气密度；υ 表示速度矢量；u、v、w 表示速度矢量 υ 在 x、y、z 方向的分量。

式（5-3）和式（5-4）是三维瞬态可压缩流体的连续性方程。若流体不可压缩，密度 ρ 为常数，则式（5-3）变为

$$\frac{\partial(u)}{\partial x}+\frac{\partial(v)}{\partial y}+\frac{\partial(w)}{\partial z}=0 \tag{5-5}$$

2）运动方程（Navier-Stokes 方程或动量守恒方程）

动量守恒定律是任何流动系统都必须满足的基本定律。该定律可表述为：微元体中流体的动量对时间的变化率等于外界作用在该微元体上的所有力之和，即牛顿第二定律。按照这一定律，x、y、z 方向的运动方程（动量守恒方程）分别为

$$\frac{\partial(\rho u)}{\partial t}+\operatorname{div}(\rho u u \upsilon)=-\frac{\partial p}{\partial x}+\frac{\partial \tau_{xx}}{\partial x}+\frac{\partial \tau_{yx}}{\partial y}+\frac{\partial \tau_{zx}}{\partial z}+F_x \tag{5-6a}$$

$$\frac{\partial(\rho v)}{\partial t}+\operatorname{div}(\rho v u \upsilon)=-\frac{\partial p}{\partial y}+\frac{\partial \tau_{xy}}{\partial x}+\frac{\partial \tau_{yy}}{\partial y}+\frac{\partial \tau_{zy}}{\partial z}+F_y \tag{5-6b}$$

$$\frac{\partial(\rho w)}{\partial t}+\operatorname{div}(\rho w u \upsilon)=-\frac{\partial p}{\partial z}+\frac{\partial \tau_{xz}}{\partial x}+\frac{\partial \tau_{yz}}{\partial y}+\frac{\partial \tau_{zz}}{\partial z}+F_z \tag{5-6c}$$

式中，p 为流体微元体上的压力；τ_{xx}、τ_{yx}、τ_{zx}、τ_{xy}、τ_{yy}、τ_{zy}、τ_{xz}、τ_{yz} 和 τ_{zz} 是因分子黏性作用而产生的作用在微元体表面上的黏性应力 τ 的分量；F_x、F_y 和 F_z 是微元体上的体力，若体力只有重力，且 z 轴竖直向上，则 $F_x=0$，$F_y=0$，$F_z=-\rho g$。

对于牛顿流体，黏性应力与流体的变形率成正比，运动方程可写为

$$\frac{\partial(\rho u)}{\partial t}+\mathrm{div}(\rho uu\upsilon)=\mathrm{div}(\mu\mathrm{grad}u)-\frac{\partial p}{\partial x}+S_u \tag{5-7a}$$

$$\frac{\partial(\rho u)}{\partial t}+\mathrm{div}(\rho vu\upsilon)=\mathrm{div}(\mu\mathrm{grad}v)-\frac{\partial p}{\partial y}+S_v \tag{5-7b}$$

$$\frac{\partial(\rho w)}{\partial t}+\mathrm{div}(\rho wu\upsilon)=\mathrm{div}(\mu\mathrm{grad}w)-\frac{\partial p}{\partial z}+S_w \tag{5-7c}$$

式中，μ 是流体的动力黏度；$\mathrm{grad}(\ )=\partial(\ )/\partial x+\partial(\ )/\partial y+\partial(\ )/\partial z$；$S_u$、$S_v$ 和 S_w 是动量守恒方程的广义源项，$S_u=F_x+s_x$，$S_v=F_y+s_y$，$S_w=F_z+s_z$，其中 s_x、s_y 和 s_z 的表达式如下：

$$s_x=\frac{\partial}{\partial x}(\mu\frac{\partial u}{\partial x})+\frac{\partial}{\partial y}(\mu\frac{\partial v}{\partial x})+\frac{\partial}{\partial z}(\mu\frac{\partial w}{\partial x})+\frac{\partial}{\partial x}(\lambda\mathrm{div}u\upsilon) \tag{5-8a}$$

$$s_y=\frac{\partial}{\partial x}(\mu\frac{\partial u}{\partial y})+\frac{\partial}{\partial y}(\mu\frac{\partial v}{\partial y})+\frac{\partial}{\partial z}(\mu\frac{\partial w}{\partial y})+\frac{\partial}{\partial y}(\lambda\mathrm{div}u\upsilon) \tag{5-8b}$$

$$s_z=\frac{\partial}{\partial x}(\mu\frac{\partial u}{\partial z})+\frac{\partial}{\partial y}(\mu\frac{\partial v}{\partial z})+\frac{\partial}{\partial z}(\mu\frac{\partial w}{\partial z})+\frac{\partial}{\partial z}(\lambda\mathrm{div}u\upsilon) \tag{5-8c}$$

一般情况下，s_x、s_y 和 s_z 是较小的量，对于黏度为常数的不可压缩流体，$s_x=s_y=s_z=0$。

3）能量守恒方程

能量守恒定律是包含有热交换的流动系统必须满足的基本定律。该定律可表示为：微元体中能量的增加率等于进入微元体的净热流量加上体力与面力对微元体所做的功。该定律是热力学第一定律。由于本次叶片气动力学分析不考虑空气之间的热交换和能量损失问题，所以这里不详细介绍能量守恒方程式。

2. 有限体积法

式（5-3）、式（5-7）相互耦合，具有很强的非线性，目前只能用数值方法进行求解，因此就需要对实际问题的求解区域进行离散。

目前常用的离散形式有有限差分法、有限元法和有限体积法。本节利用有限体积法。有限体积法又称为控制体积法。其基本思路是：将计算区域划分为一系列不重复的控制体积，并使每个网格点周围有一个控制体积。将待解的微分方程对每个控制体积积分，便得出一组离散方程。其中的未知数是网格点上的因变量的数值。为了求出控制体积的积分，必须假定值在网格点之间的变化规律，即假设值的分段的分布剖面。从积分区域的选取方法来看，有限体积法属于加权剩余法中的子区域法，从未知解的近似方法来看，有限体积法属于采用局部近似的离散方法。简言之，子区域法就是有限体积法的基本方法。

有限体积法的基本思路易于理解，并能得出直接的物理解释。离散方程的物理意义就是因变量在有限大小的控制体积中的守恒原理，如同微分方程表示因变量在无限小的控制体积中的守恒原理一样。有限体积法得出的离散方程，要求因变量的积分守恒对任

意一组控制体积都得到满足，对整个计算区域，自然也得到满足，这就是有限体积法的优点。有一些离散方法，例如有限差分法，仅当网格极其细密时，离散方程才满足积分守恒。而有限体积法即使在粗网格情况下，也显示出准确的积分守恒。

就离散方法而言，有限体积法可视作有限单元法和有限差分法的中间物。有限单元法必须假定值在网格点之间的变化规律（既插值函数），并将其作为近似解。有限差分法只考虑网格点上的数值而不考虑值在网格点之间如何变化。有限体积法只寻求结点的值，这与有限差分法相类似。但有限体积法在寻求控制体积的积分时，必须假定值在网格点之间的分布，这又与有限单元法相类似。在有限体积法中，插值函数只用于计算控制体积的积分，得出离散方程之后，便可忘掉插值函数。如果需要的话，也可以对微分方程中不同的项采取不同的插值函数。

本节研究网格划分采用结构和非结构网格相结合的方法，由于有限体积法对区域形状的适应性比较好，所以，本节采用了有限体积法。这样既可以保证计算的速度，又可以保证求解的精度。

5.3　计算模型的简化及模拟区域的确定

随着计算机科技的发展，商业 CFD 软件的求解速度也在提升，但是以目前普通工作站的运算速度模拟整个完整而复杂的反冲洗装置仍然是非常困难的，并且这也是不必要的。因为详细模拟得到其中的一些小细节并不是我们的模拟目的，所以在模拟之前需要对原始模型做出一定的简化及理论假设，确定基本的模拟区域。

5.3.1　模拟的目的及假设

图 5-9 为反冲洗过滤的旋转叶轮搅拌桨的实物图，而图 5-10 为水力动态反冲洗装置的 CAD 草图，本章的模拟目的是通过模拟观察反冲洗过程中搅拌桨对罐体内部水体流体的影响。

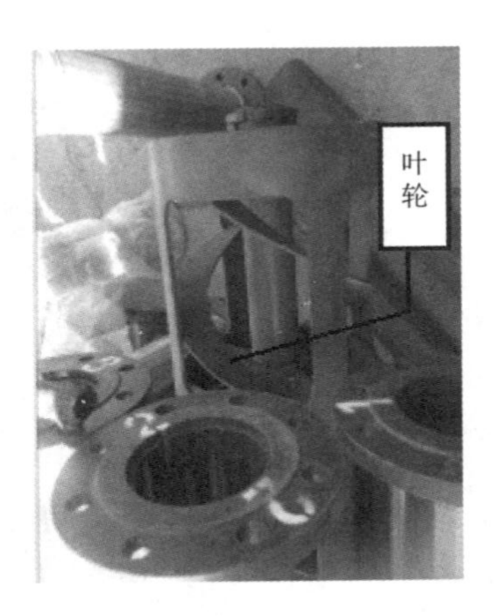

图 5-9　反冲洗过滤的旋转叶轮搅拌桨实物图

在简化模型及确定模拟区域前，作如下假设：

（1）反冲洗的水流流过滤料层后在罐体内部整个横截面上流速变得均匀；

（2）忽略反冲洗水流带走的少量石英砂颗粒；

（3）忽略模型中的一些非主要细节，如远离搅拌区域的圆角、倒角等模型细节。

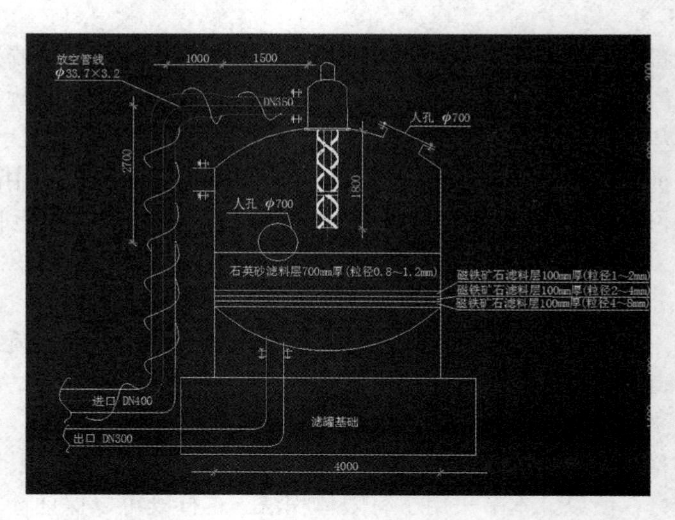

图 5-10　水力动态反冲洗装置的 CAD 草图

5.3.2　模型的建立

本节选取 ANSYS DesignModeler 工具作为主要的建模工具，一方面是因为该工具具备较强的几何建模及模型修复能力，能为后续的 CFD 仿真做准备，另一方面是因为目前 ANSYS DesignModeler 与网格划分工具 ANSYS Meshing 和 CFD 分析工具 ANSYS FLUENT 集成在同一平台 ANSYS Workbench 下，在该平台下不同模型之间可以无缝传输数据，带来较大的便利，如图 5-11 所示。

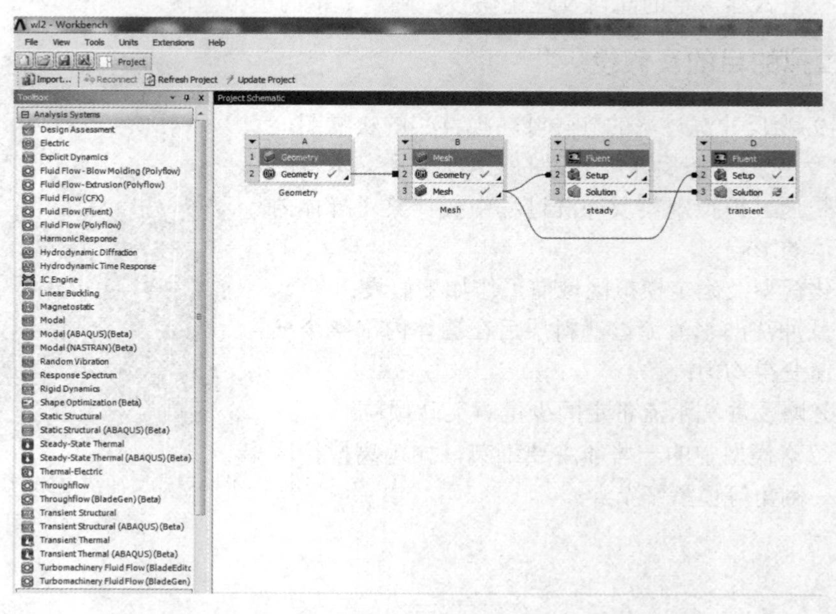

图 5-11　仿真模拟平台 ANSYS Workbench

根据上面的假设，选取罐体的上半部分（石英砂滤料层以上的区域）作为计算模型的进口部分，而出口部分则包含部分出口管道，整体的计算模型如图 5-12 所示。

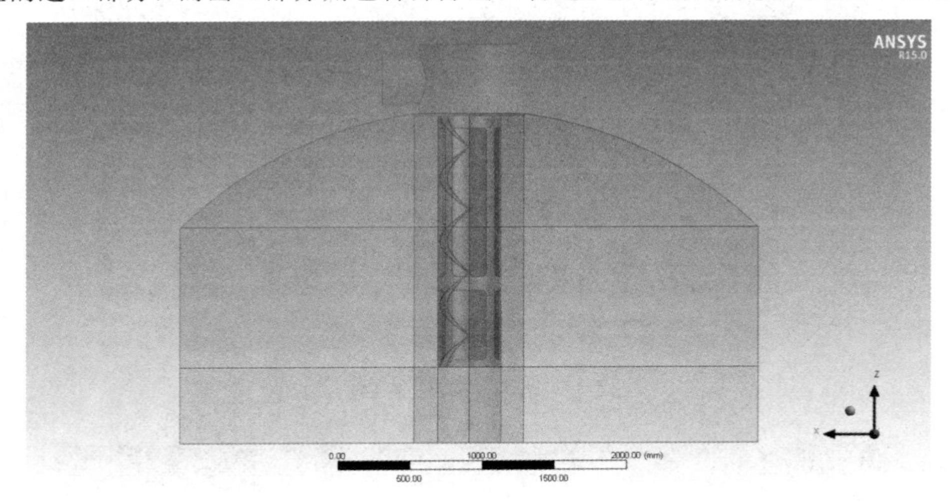

图 5-12　整体的计算模型的区域

其中搅拌器叶片是通过第三方软件 AutoCAD 2014 生成的空间螺旋线，然后通过直接的软件接口导入 ANSYS DesignModeler 中，并在后者中处理生成螺旋叶片。其中螺旋叶片的直径为 400mm，长度为 1800mm，叶片宽度为 50mm，厚度为 5mm，旋向为左旋。

5.4　计算区域网格的生成

模型创建好后，可以把数据导入 ANSYS Meshing 中划分网格。网格划分的策略主要从两方面考虑：一是网格数量会影响计算的精度和速度，通常采用的方法是在主要区域加密网格，在次要区域则适当减少网格；二是网格类型的选择，通常在几何结构简单的区域划分六面体网格，在复杂区域则选择生成效率更高的四面体网格。

针对反冲洗装置，搅拌叶片是主要模拟的区域，因而需要在该区域划分足够多的网格，同时该区域也是几何结构复杂的区域，因而只能选用四面体网格填充。而罐体区域则属于次要区域，几何结构也比较简单，因而选用较大的六面体网格划分，减少网格数量。图 5-13 和图 5-14 为划分后的网格效果，总的网格数量为 184 万，用于 ANSYS FLUENT®软件的计算。其中搅拌区域的网格数量为 137 万，其他区域网格数量合计为 47 万。

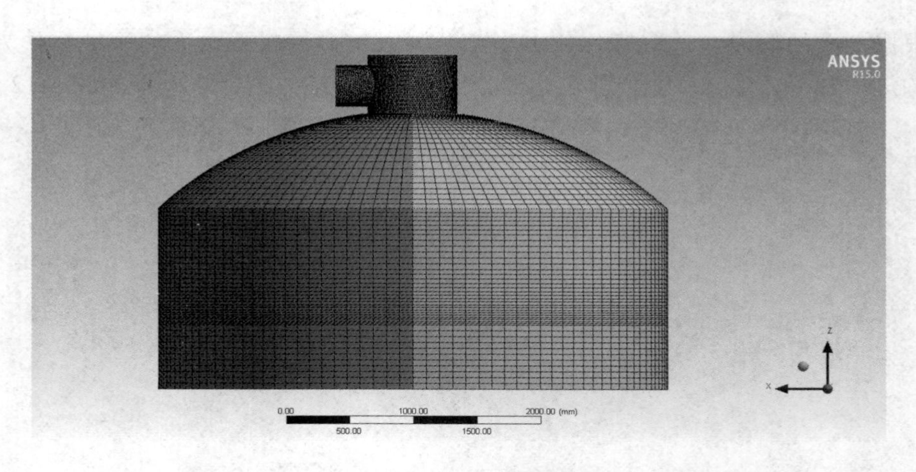

图 5-13 计算区域的网格划分

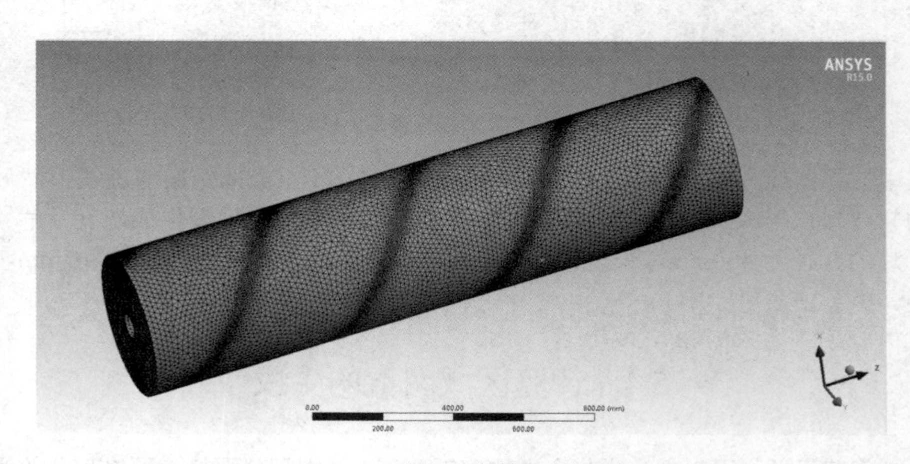

图 5-14 搅拌区域的四面体网格

5.5 模拟方法及求解器设置

1. 模拟方法

反冲洗的过程可以分成两步模拟，首先模拟搅拌桨不动，只通入反冲洗水流进行稳态计算，这个过程的仿真结果作为后续计算的初场；然后，在前面结果的基础上，加入搅拌桨旋转，使用滑移网格模型模拟搅拌桨与反冲洗水流的相互作用。

2. 边界及求解器的设置

水流从模型下方的边界均匀流入，流速为0.01m/s。当搅拌桨启动时，转速为30r/min。由于罐体内部是工质水在流动，而且罐体的高度较高，因而需要考虑静水压力，即需要

考虑高度 Z 方向的重力作用。考虑湍流的作用，因而打开湍流模型选项，选取 realizable k-e 湍流模型。

第一步模拟，目的是计算反冲洗水流稳定后的流场作为后续瞬态计算的初场，因而使用稳态求解器，模拟搅拌桨不动而水流动的情况，具体的边界条件和求解器设置见表 5-1。

表 5-1　稳态计算 FLUENT 求解器设置

Problemsetup	General	Solver	Type>Pressure-based Time>Steady
		Gravity	Gravitational Acceleration>Z（m/s^2）=−9.81
	model	models	Viscous>realizable k-e
	materials	materials	Fluid>water-liquid
	Cell zone condition	zone	所有区域的工质均设为 water-liquid；
	Boundary conditions	zone	进口边界 inlet 为速度的进口边界条件，速度为 0.01m/s； 出口 outlet 为压力出口边界条件，表压为 0 Pa
		Operating Condition	Pressure>Operating Pressure=101325Pa Reference Pressure Location>X=0m, Y=0m，Z=2.31m Operating Density=1.225kg/m^3；
solution	Solutionmethod	Pressure-velocity coupling	Scheme>simple； Gradient>Least Squares Cell Based； Pressure>PRESTO！； 动量方程 Momentum>second Order Upwind 湍流方程求解为 First Order Upwind
	Solution control	Under-relaxation factors	Pressure=0.3 Density=1 Body Forces=1 Momentum=0.7 Turbulent Kinetic Energy=0.8 Specific Dissipation Rate=0.8 Turbulent Viscosity=1
	Solution initialization	Initial Values	Standard Initialization； 初始化压力为 0 Pa，速度为 0m/s
	Run calculation		Number of Iterations = 1000

第二步模拟，目的是模拟桨叶与水流的相互作用，关心的是过程变量，因而使用瞬态求解器，使用滑移网格模型模拟桨叶的转动，具体的边界条件和求解器设置见表 5-2。

表 5-2　瞬态计算 FLUENT 求解器设置

Problemsetup	General	Solver	Type>Pressure-based Time>Transient
		Gravity	Gravitational Acceleration>Z（m/s^2）=−9.81
	model	models	Viscous>realizable k-e
	materials	materials	Fluid>water-liquid
	Cell zone condition	zone	所有区域的工质均设为 water-liquid； 在搅拌区域设置叶片的转速为 30r/min
	Boundary conditions	zone	进口边界 inlet 为速度进口边界条件，速度为 0.01m/s； 出口 outlet 为压力出口边界条件，表压为 0 Pa
		Operating Condition	Pressure>Operating Pressure=101325 Pa Reference Pressure Location>X=0m, Y=0m，Z=2.31m Operating Density=1.225kg/m^3；
solution	Solutionmethod	Pressure-velocity coupling	Scheme>PISO Gradient>Least Squares Cell Based； Pressure>PRESTO！； 动量方程 Momentum>second Order Upwind 湍流方程求解为 First Order Upwind
	Solution control	Under-relaxation factors	Pressure=0.3 Density=1 Body Forces=1 Momentum=0.7 Turbulent Kinetic Energy=0.8 Specific Dissipation Rate=0.8 Turbulent Viscosity=1
	Solution initialization	Initial Values	以上一步的稳态计算结果作为初场
	Runcalculation		Timestepsize = 0.01s Number of Time Step = 30000 Max Iteration/Timestep = 20

5.6　反冲洗仿真过程

反冲洗的仿真过程分为两步：第一步是进行稳态计算，以获得较真实的计算结果，作为瞬态计算的初场；第二步是进行瞬态模拟，模拟搅拌的过程。

1. 稳态分析过程

稳态计算的设置根据表 5-1 进行，图 5-15 为 ANSYS FLUENT 软件界面。图 5-16 为稳态计算收敛曲线，可以看到，在计算初期，残差下降速度较快，在迭代 200 步以后，残差下降速度减慢明显，并在一定范围内波动。

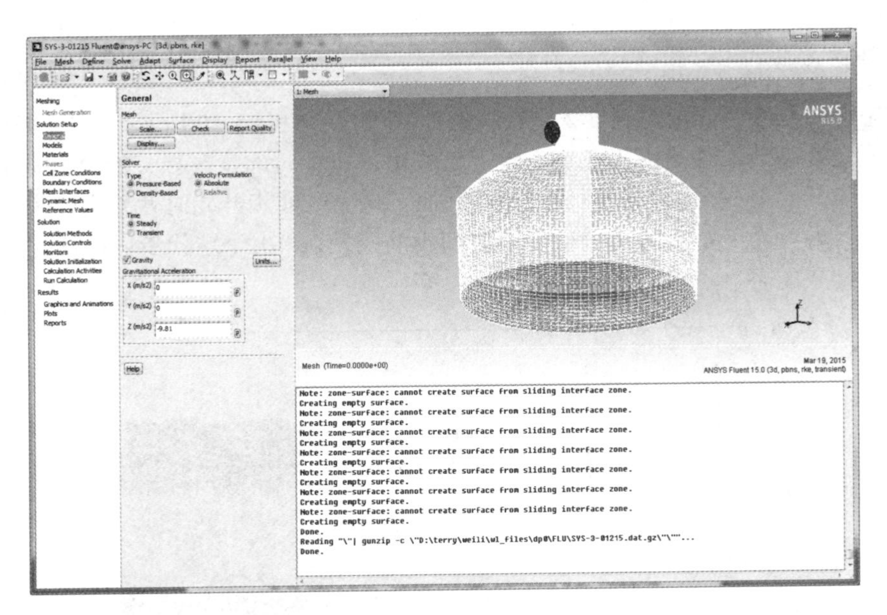

图 5-15　ANSYS FLUENT 软件界面

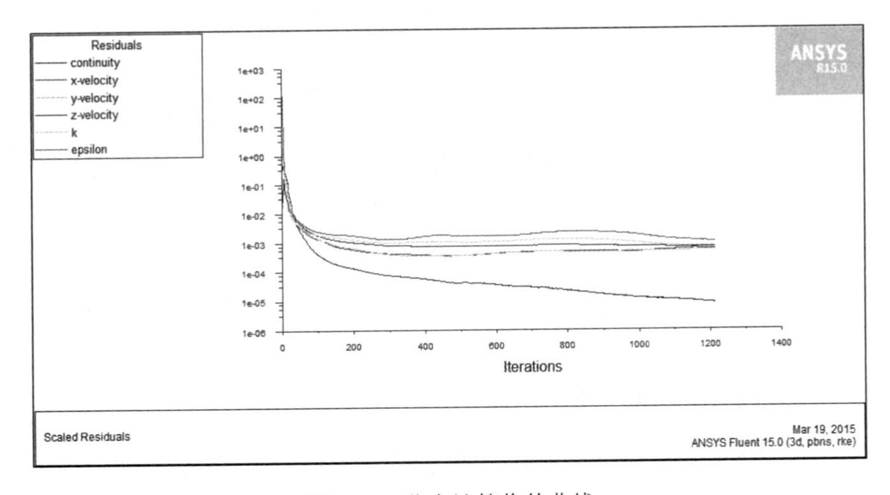

图 5-16　稳态计算收敛曲线

ANSYS FLUENT 软件的默认收敛准则为 $1e^{-3}$，在稳态计算中并没有严格按照该准则进行，因为这个稳态计算是作为瞬态计算的初场的，所以并不必要为了达到收敛准则而明显延长计算时间。考察在迭代 1200 步后，根据一些内部流场变量的状态认为稳态计算的结果已足以作为瞬态计算的初场。

2. 瞬态分析过程

稳态计算结束后，根据表 5-2 进行瞬态计算设置。如图 5-17 所示，瞬态计算过程的收敛曲线是波动的。这是因为在瞬态计算过程中，每个时间步搅拌桨的位置是不同的，每个时间步开始要先经历一次插值过程，因而在每个时间步开始时残差会较大，随着迭代的进行，残差会变小。瞬态分析每个时间步的残差在 10 个迭代步内均能达到收敛，因而计算结果的可靠性较高。

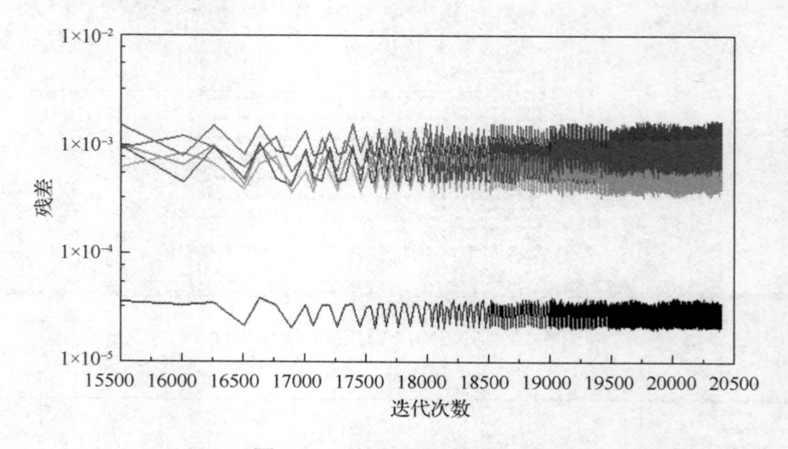

图 5-17 瞬态计算收敛曲线

5.7 反冲洗过程模拟结果分析

由于反冲洗过程持续时间较长，而本节只关心反冲洗过程稳定后的结果，因而在瞬态模拟时并没有完全模拟整个反冲洗过程，而是根据监测的变量值判断过程的进行情况。

5.7.1 反冲洗过程状态的判断

ANSYS FLUENT 软件提供了边界面和内部网格变量的监测方法，本节主要关心的区域在搅拌桨区域，因而在该区域设置了多个监测点监测过程进行的情况。图 5-18 为搅拌区域最大速度随时间的变化情况。

如图 5-18 所示，可以看到从 25s 以后，速度的变化呈现出比较好的规律性，可以认为已经达到周期性的稳定状态。

图 5-19 为搅拌区域平均速度随时间的变化。在搅拌桨启动 5s 后，平均速度就趋于比较稳定的状态，平均速度约为 0.34m/s。研究通过监测点的判断认为搅拌桨在启动 25s 以后，内部的流动就进入周期性的稳定状态。

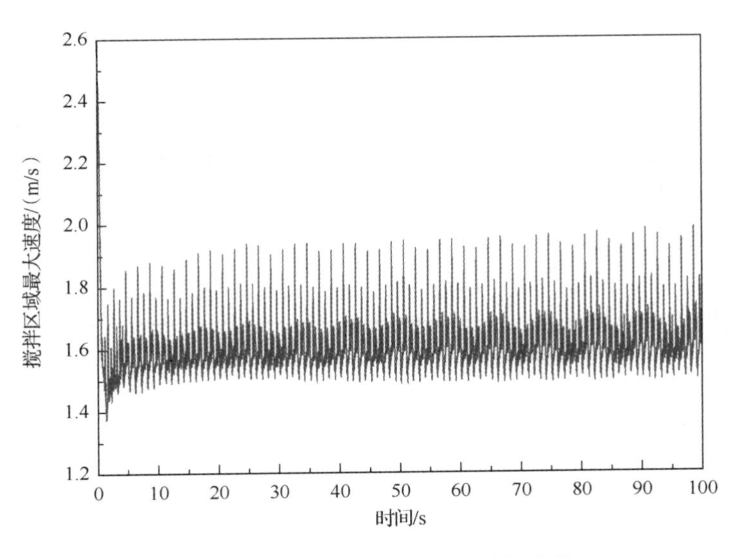

图 5-18　搅拌区域最大速度随时间变化

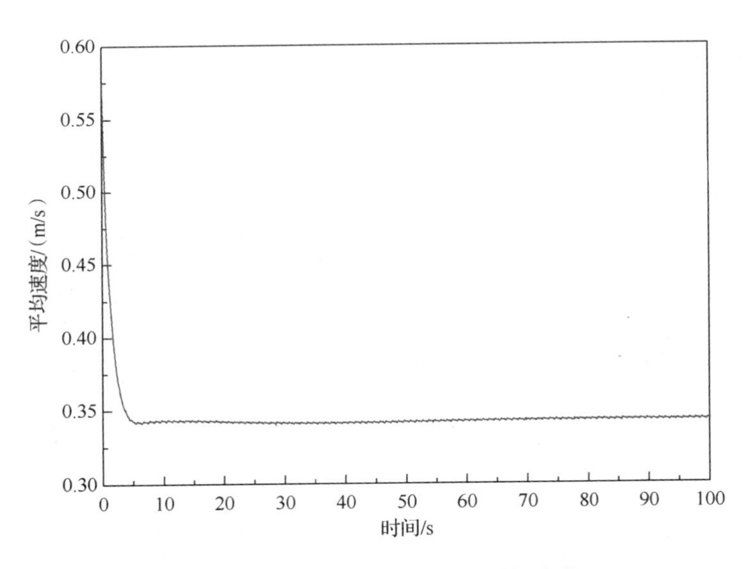

图 5-19　搅拌区域平均速度随时间变化

5.7.2　反冲洗过程模拟结果分析

由于反冲洗过程比较长，可选取流动稳定后的一个搅拌周期进行分析。这里取搅拌一分钟后的第一个周期进行分析（60～62s）。

1. 量结果分析

由表 5-3 可见，给出了一个周期上下半部分开孔位置及搅拌器下方入口流入搅拌器内部的总流量，可以看到这个周期内各个位置的入流量基本上是稳定的，只有很小的波动；另外，水主要从下方的进口以及搅拌器保护壳上半部分的 4 个矩形开孔流入搅拌器内部，而下半部分开孔的入流量偏小。

表 5-3　一个周期（60～62s）流量变化

时间/s	下半部分 4 个开孔总入流量/（kg/s）	上半部分 4 个开孔总入流量/(kg/s)	搅拌器下方入口入流量/（kg/s）
60	10.30	94.62	20.55
60.5	10.30	94.51	20.54
61	10.31	94.52	20.56
61.5	10.30	94.50	20.57
62	10.31	94.65	20.51

2. 速度场结果分析

图 5-20 为 t=60s 时，Y=0 截面（XZ 平面）上的速度分布，可以看到最大速度为 2.38m/s，最大速度位于出口位置。图 5-21 为 Z=0.9m（搅拌器高度的一半）时截面上速度的分布，可以看到流体呈旋转流动，其旋转方向与搅拌桨的旋转方向是一致的，旋转线速度在桨叶的轮毂上是最小的，随着半径的增大而增大，最大值约为 0.6m/s。

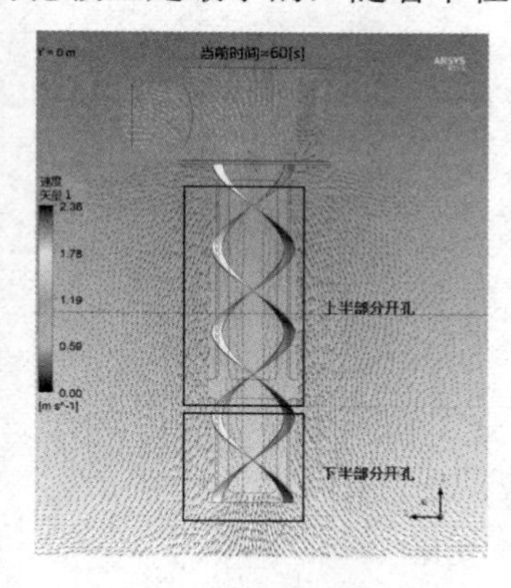

图 5-20　t=60s 时，Y=0 截面的速度矢量

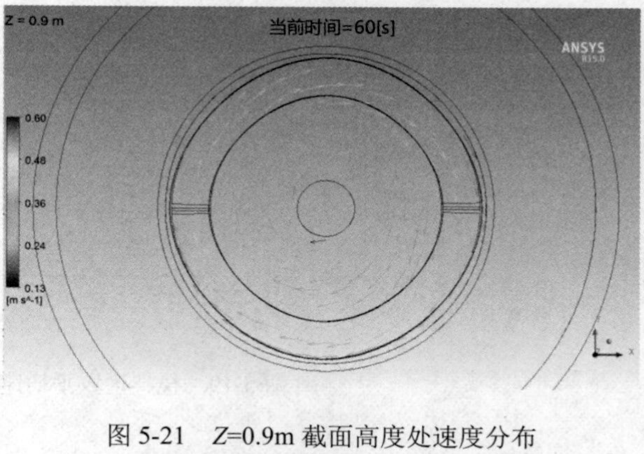

图 5-21　Z=0.9m 截面高度处速度分布

图 5-22 为 60～62s 搅拌区域及出口部分的流线图，在搅拌区域内流线比较紊乱，但是其形状基本上与叶片相同。搅拌作用使得流动具有较大的非定常性，因而可以看到不同时刻流线变化也是比较大的，这也是搅拌区域最大速度波动的原因。流线达到一定的紊乱程度，有利于污垢的破碎、冲散。

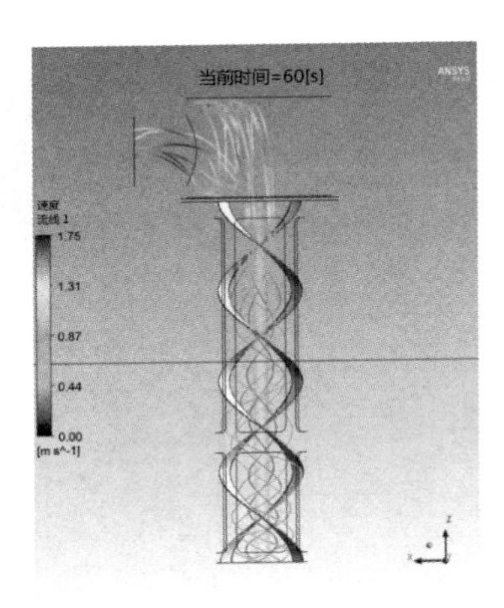

（a）t=60s

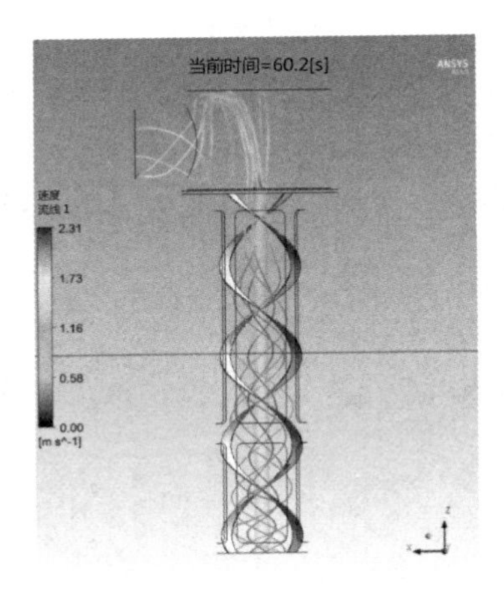

（b）t=60.2s

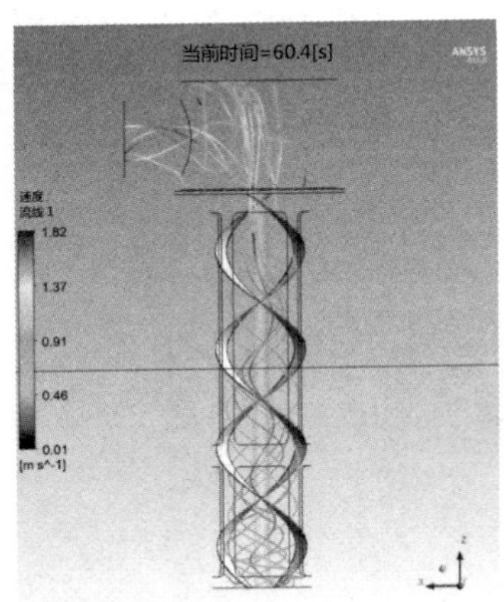

（c）t=60.4s

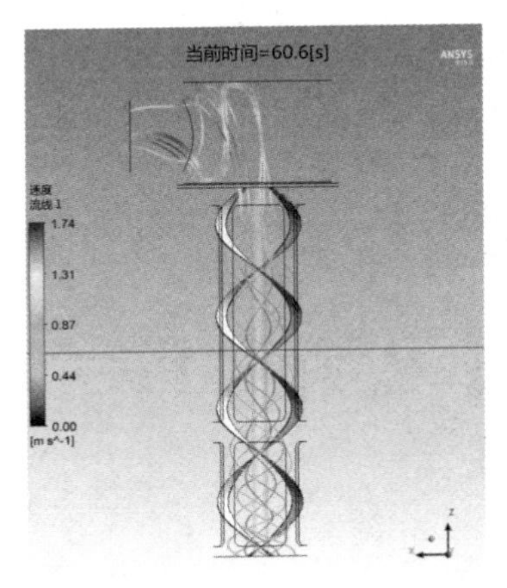

（d）t=60.6s

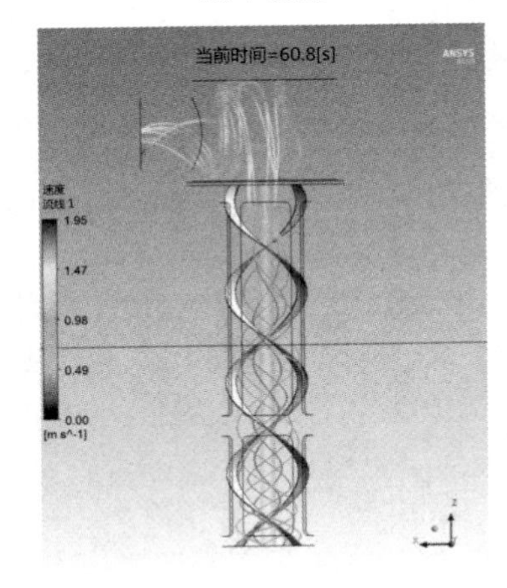

（e）t=60.8s

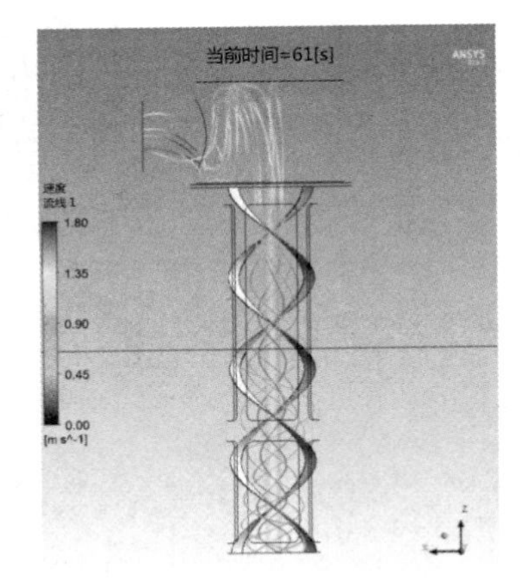

（f）t=61s

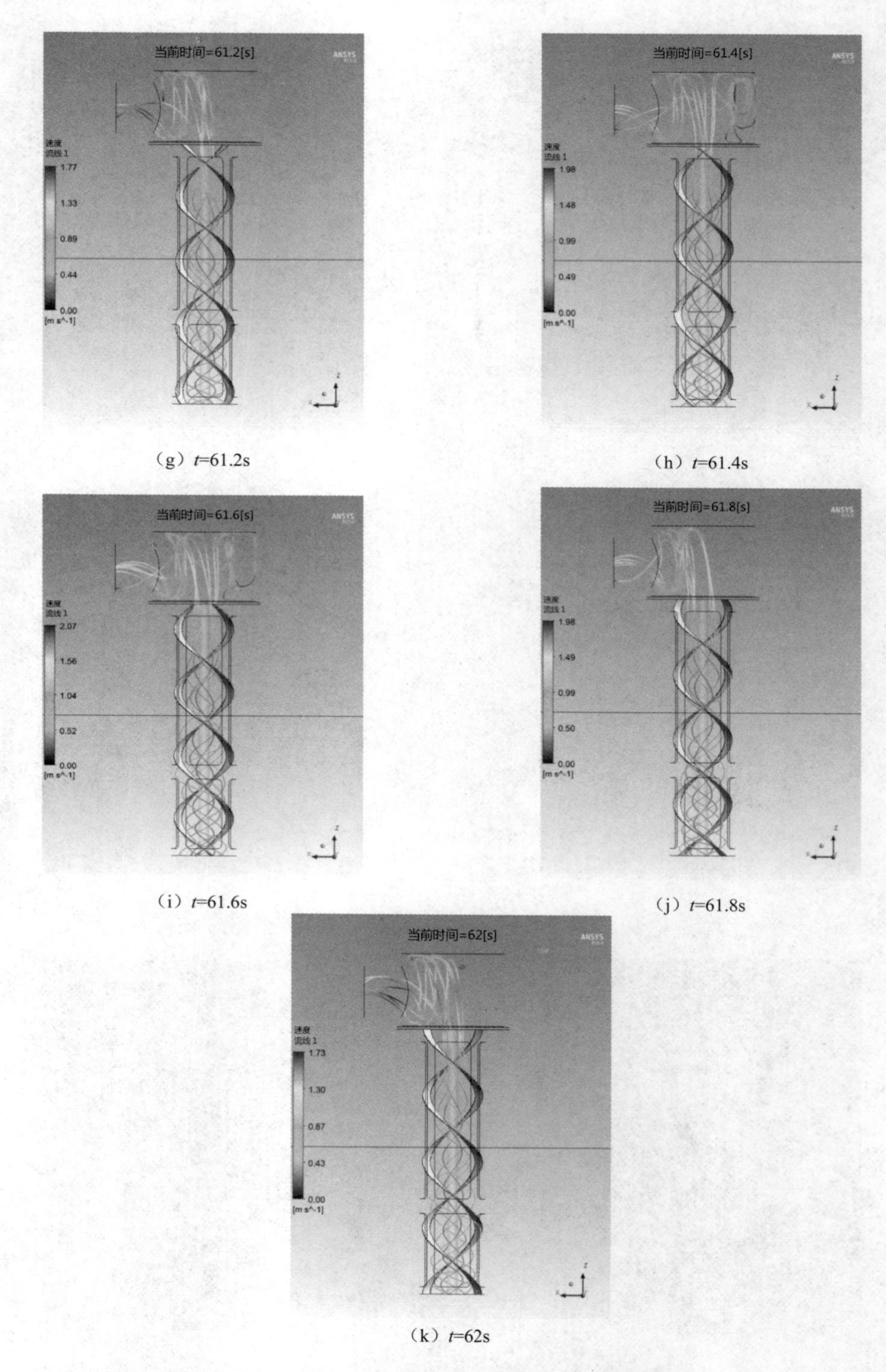

（g）t=61.2s

（h）t=61.4s

（i）t=61.6s

（j）t=61.8s

（k）t=62s

图 5-22　60～62s 搅拌区域及出口部分的流线图

3. 桨叶压力场结果分析

图 5-23 为 60～62s 桨叶表面压力分布情况，由于静水压力的作用，随着水深的增加，桨叶上的压力也越来越大。在不同时刻不同搅拌角度下，由于水流速的变化，压力也会有波动，同一高度叶片的压力波动范围在 1kPa 以内。

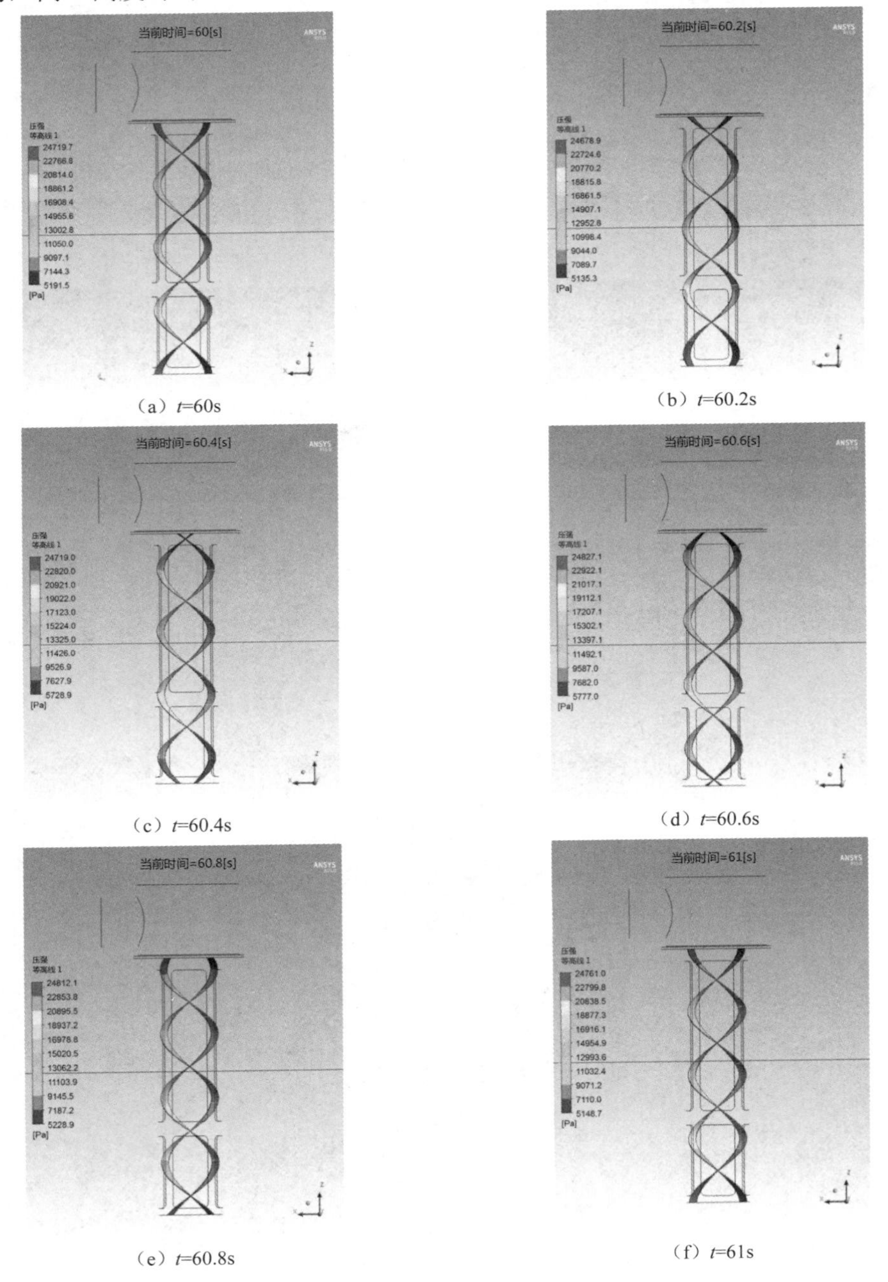

（a）t=60s　（b）t=60.2s

（c）t=60.4s　（d）t=60.6s

（e）t=60.8s　（f）t=61s

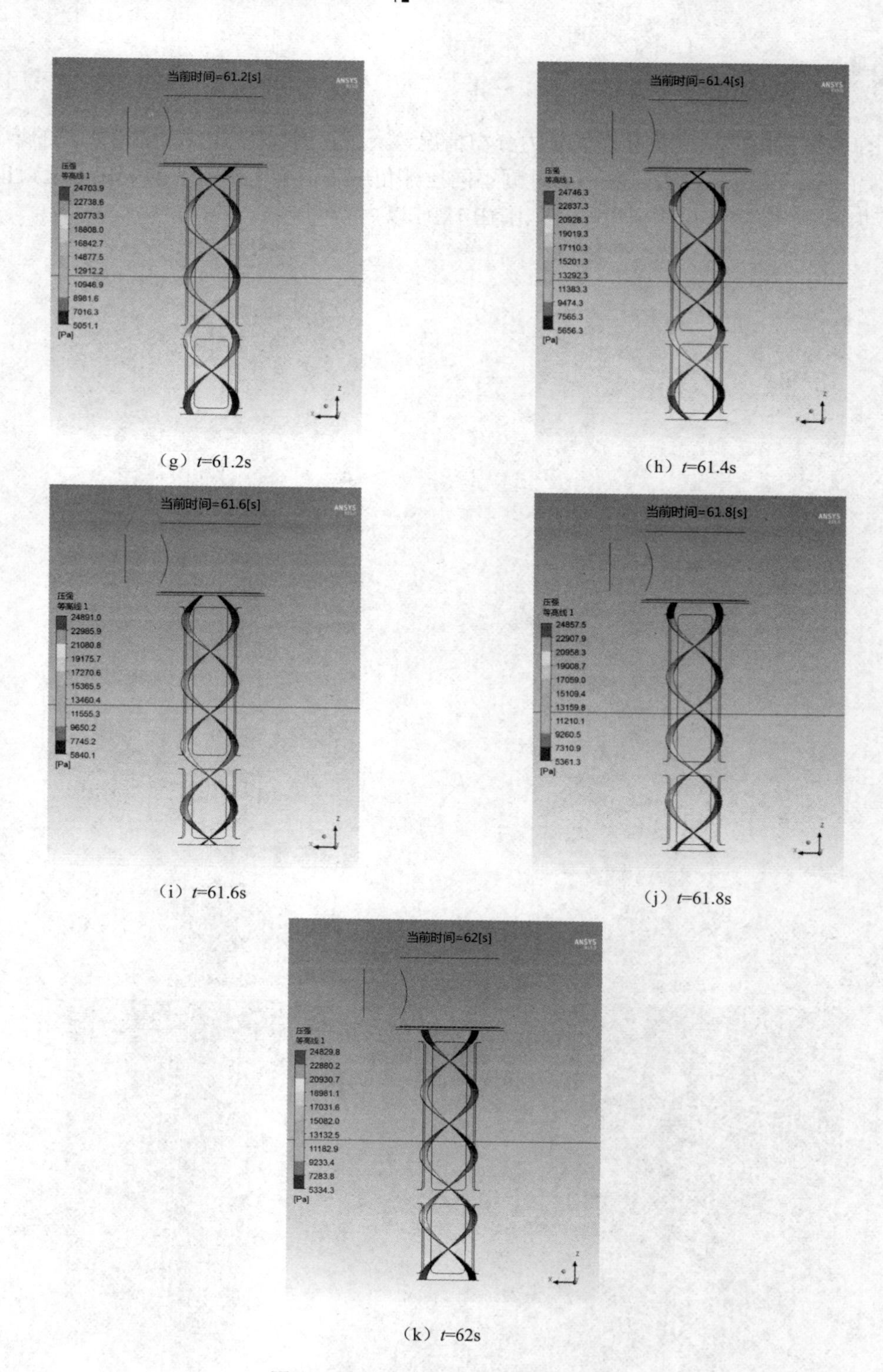

（g）t=61.2s

（h）t=61.4s

（i）t=61.6s

（j）t=61.8s

（k）t=62s

图 5-23　60～62s 桨叶表面压力分布

本节主要使用 ANSYS FLUENT 软件对整个反冲洗过程进行 CFD 分析，研究了反冲洗过程中的流动及压力变化状态，主要分析了搅拌区域的流场流型、速度云图等，结论如下：

（1）从搅拌桨启动到水流参数出现周期性稳定状态，大约需要 25s 的时间。

（2）水流主要从上半部分的 4 个开孔流入，并且在一个周期内各个入口位置的流量基本上不变。

（3）水流稳定后，最大流速集中在出口位置，最大流速可达 2.38m/s。

（4）在搅拌区域内流线比较紊乱，但是其形状基本上与叶片相同。由于搅拌作用，流动具有较大的非定常性，可以看到不同时刻流线变化比较大，这也是搅拌区域最大速度波动的原因。

（5）由于静水压力的作用，随着水深的增加，桨叶上的压力也越来越大。在不同时刻不同搅拌角度下，由于水流速的变化，压力也会有波动，同一高度叶片的压力波动范围在 1kPa 以内。

（6）通过 CFD 仿真，可以形象展示流线与压力的变化情况，方便研究反冲洗过程的内部流动情况。

5.8　反冲洗叶轮过滤罐现场改造及应用

5.8.1　过滤罐的改造设计

1. 技术原理

轴向动态反冲洗技术是旋流技术、反水轮机技术和水反冲洗技术的有机结合。反冲洗时冲洗水经回路式反冲洗集配水器均匀分布后进入石英砂滤层，在水流剪切力的作用下，对石英砂颗粒进行搓洗。流经石英砂滤层的反冲洗污水通过防冲整流锥形板收集后进入复合推动装置区，在水流的作用下推动装置产生转动力矩，带动与其相连的螺带式动态刮洗搅拌装置转动，转动着刮洗分离。旋转螺旋对过滤分配器筛管表面形成刮洗作用，防止了浮油和翻腾的石英砂聚集在筛管表面导致的堵塞。同时动态刮洗对浮油产生了搅拌和螺旋输送双重作用，使浮油随反冲洗水通过动态浮油聚集器和过滤分配器排出。部分污水通过圆周均布的固定旋翼装置，形成的离心螺旋不断地刮洗筛管表面，同时螺旋运动产生搅拌作用，减少过滤器内排油的死角，结构简图如图 5-24 所示。

1）过滤工作流程

过滤时，含油污水通过上部进水管进入复合水力推动装置外侧环隙空间，污水中夹带大颗粒物在环隙空间内产生沉降预分离作用，然后进入动态浮油聚集器和油水过滤分配器，经其均匀分配后进入石英砂滤层，在滤料颗粒的筛分、惯性拦截和扩散分离作用下，污水中油类滞留在石英砂和磁铁矿滤层内，油水实现了分离。分离后的滤后水经过回路式反冲洗集配水器收集，然后通过下部出水管流出罐体外，完成了过滤流程。

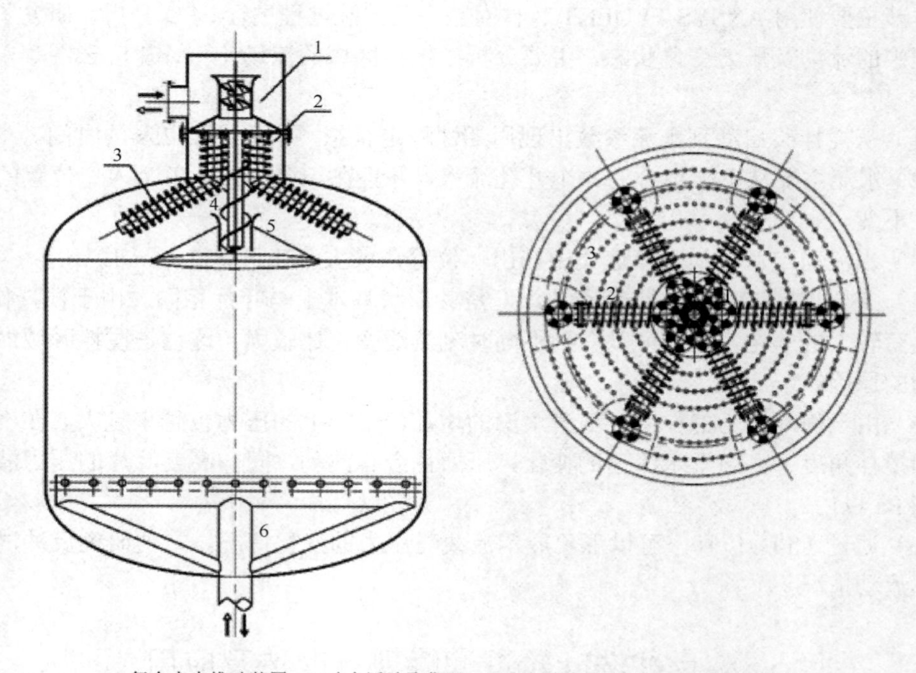

1-复合水力推动装置；2-动态浮油聚集器；3-油水过滤分配器；4-动态刮洗装置；
5-防冲整流锥形板；6-回路式反冲洗集配水器

图 5-24 石英砂过滤器结构示意图

2）反冲洗工作流程

反冲洗就是利用与过滤方向相反的高速水流冲洗滤层，使其适度膨胀，在水流的剪切力和膨胀颗粒间摩擦力的作用下，黏附在滤料颗粒表面的污染物剥离、脱落和污染物随水流排除的过程。

反冲洗时，滤后水经过下部反冲洗进水管进入回路式反冲洗集配水器。滤后水被均匀分配到过滤罐的整个横截面，石英砂滤料在反向高速水流的作用下产生适度膨胀，经水流剪切力和石英砂颗粒摩擦力剥落的油类污染物随水流向上流动，形成反冲洗油水混合液。同时未产生油类污染物有效剥离作用的石英砂颗粒质量相对较轻，也会随水流向上悬浮起来。这样反冲洗油水混合液中会夹杂石英砂颗粒。

反冲洗油水混合液经上部油水过滤分配器、动态浮油聚集器和动态刮洗装置收集，而混合液中夹杂的石英砂颗粒被筛管截留不能随反冲洗油水混合液流走。这样仅反冲洗油水混合液进入复合水力推动装置，经上部反冲洗排水管流出罐体外，完成了反冲洗流程。

随着反冲洗过程的进行，筛管上截留的石英砂滤料不断增多，会堵塞油水混合液流出的通道。动态反冲洗砂滤技术利用流体动力学原理能够实现不断地对筛管表面进行刮洗，防止石英砂滤料在筛管表面累积所产生的堵塞作用。

2. 改造内容

项目于2011年4月至2013年12月开展轴向动态技术改造与传统反冲洗技术的中试现场对比研究，研究内容包括：

（1）对葡二联1#污水处理站1座二次4#过滤罐的轴向动态技术改造，制定现场试验方案。并通过对葡二联1#污水处理站过滤罐常规过滤及反冲洗进行监测，对悬浮污泥出口、二次沉降罐出水、缓冲罐出水、二次过滤后水进行取样，送至厂中心化验室进行水质化验分析。

（2）在前期详细勘察、编制现场试验方案等工作的基础上，2013年11～12月进行现场试验，摸索该工艺的反冲洗周期、时间及强度等生产参数，并对轴向动态过滤罐的罐顶进行改进。

3. 关键技术

利用旋流、反水轮机及水反冲洗等技术将过滤罐的过滤进出口进行改造，拆除原有喇叭口式布水口及集水管，安装应用轴向动态过滤器。

4. 创新点

新的改造设计技术创新之处体现在以下几个方面：

（1）有效排出过滤罐内污油杂质。原有反冲洗出口（即过滤进口）采用的是喇叭口式，反冲洗后喇叭口部分污油杂质无法全部排出过滤罐。而轴向动态技术采用独特设计复合水力推动装置，利用反水轮机原理，有效利用反冲洗污水剩余机械能推动螺旋刮洗器，对浮油形成强搅拌并防止筛管的堵塞。同时螺旋运动形成搅拌作用，减少过滤器内排油的死角。

（2）减少反冲洗时滤料流失。过滤罐反冲洗出口设有防冲整流锥形板，而过滤分配筛管设置在防冲整流锥形板上部，固定旋翼形成的离心螺旋刮洗作用不断地刮洗筛管表面，有效防止细小石英砂进入筛管缝隙。

（3）实现过滤均匀布水及反冲洗配水。过滤罐顶部设动态浮油聚集器和油水过滤分配器，过滤时污水经其均匀分配后进入石英砂滤层，实现均匀布水。回路式反冲洗集配水系统采用多通道进水、通道成环的结构设计，能够实现均匀配水，使滤料得到有效清洗，减少滤料冲洗存在死角、长期运行累积悬浮固体等问题。

5.8.2 现场实施

1. 过滤罐改造前应用情况

1）反冲洗设备情况

葡二联1#污水处理站反冲洗设备统计详见表5-4。

表 5-4　反冲洗设备统计表

序号	设备名称	数量	单位	参数	备注
1	一次双滤料过滤罐	2	座	$\phi \times h$=4m×4.702m	—
2	二次双滤料过滤罐	4	座	$\phi \times h$ =4m×4.702m	—
3	反冲洗水罐	1	座	300m^3（$\phi \times h$=7.75m×7.07m）	未设置伴热
4	反冲洗水泵	2	台	额定排量为 720m^3/h	采用变频控制时排量为 460m^3/h

二次过滤罐的滤料粒径、填装厚度、堆密度见表 5-5。

表 5-5　二次过滤罐滤料情况

序号	名称	粒径/mm	填装厚度/mm	堆密度/（t/m^3）
1	石英砂滤层	0.5～0.8	400	1.6
2	磁铁矿滤层	0.25～0.5	400	2.8
3	磁铁矿垫料层	0.5～1	50	—
4	磁铁矿垫料层	1～2	100	2.8
5	磁铁矿垫料层	2～4	100	2.8
6	磁铁矿垫料层	4～8	100	—
7	砾石垫料层	8～16	100	1.85
8	砾石垫料层	16～32	至配水管管顶上 100mm	1.85

2）生产运行参数

（1）反冲洗方式：采用变频控制反冲洗。

（2）反冲洗强度：12～15L/（s·m^2）。

（3）反冲洗时间：单罐反冲洗时间为 15min。

（4）反冲洗水量：采用变频控制后，平均单罐反冲洗所用水量为 115m^3。

（5）反冲洗周期：24h。

（6）过滤罐内部结构：罐底设有集水管，罐顶设有喇叭口式布水装置，罐顶层滤料为石英砂，下部垫层为砾石。

3）常规反冲洗效果

为了对比试验效果，2013 年 7 月现场试验前，我们先进行了常规过滤及反冲洗滤料再生效果的测试，化验数据见表 5-6。

表 5-6　葡二联 1#污水处理站二次 4#过滤罐反冲洗化验数据表

序号	石英砂滤料		滤后水质	
			含油量/（mg/L）	悬浮固体含量/（mg/L）
1	反冲洗前	二次 4#过滤罐	4.28	5.6
2			4.46	5.5
3	反冲洗后（反冲洗 2h 后）	二次 4#过滤罐	3.93	5.2
4			3.66	4.8
反冲洗平均去除率/%			13	11

通过以上数据可知，二次 4#过滤罐在未实施改造前，过滤后水质中悬浮固体含量波

动，偶尔出现超标情况。同时，二次过滤罐的反冲洗时含油平均去除率为13%，悬浮固体的平均去除率为11%，去除率相对偏低，滤料再生效果差，说明反冲洗时油污和杂质仍黏附在滤料上，不能随反冲洗水一起排出过滤罐，反冲洗不彻底。

2. 过滤罐轴向动态反冲洗工艺改造

将二次4#过滤罐的所有滤料及垫层全部拆除，并拆除过滤罐原有的罐顶喇叭口式布水口、进水管及罐底的集水管。

1）罐内构件

重新安装复合水力推动装置、动态浮油聚集器、油水过滤分配器、动态刮洗装置、防冲整流锥形板、回路式反冲洗集配水器，如图5-25～图5-27所示。

图5-25　轴向动态过滤罐顶部结构图

图5-26　防冲整流锥形板

图5-27　罐底回路式反冲洗集配水器

2）罐内滤料

将罐底集配水器增设支撑肋，与过滤罐罐壁及罐底焊接牢固，利用集配水器作为滤料垫层，不再设置砾石垫层。滤料粒径及设置厚度详见表 5-7，轴向动态反冲洗过滤罐见图 5-28。

表 5-7　轴向动态过滤罐滤料情况　　（单位：mm）

序号	名称	粒径	填装厚度
1	石英砂滤料层	0.5～1.2	700
2	磁铁矿垫料层	1～2	100
3	磁铁矿垫料层	2～4	100
4	磁铁矿垫料层	4～8	100

图 5-28　轴向动态反冲洗过滤罐

3. 现场试验

1）试验运行参数的确定

（1）理论计算。首先通过理论计算，得出初步的反冲洗强度及时间。理论的反冲洗方程为

$$C=C_0+\left(\frac{m_1}{0.625\pi D^2}-C_0\right)\mathrm{e}^{\frac{\pi D^2\times 60}{4000\times 0.625\pi D^2}qT}=C_0+\left(\frac{m_1}{0.625\pi D^2}-C_0\right)\mathrm{e}^{-\frac{3}{125}qT} \tag{5-9}$$

式中，C 表示反冲洗经历时间 T 时主反冲洗区内污染物的质量浓度（g/m³）；m_1 表示反冲洗开始时过滤器内污染物质量（g）；C_0 表示反冲洗水含污染物质量浓度（g/m³）；T 表示反冲洗时间（min）；D 表示过滤器的直径（m）；q 表示反冲洗强度[L/（s·m²）]。

第一，反冲洗强度。石英砂压力过滤罐的反冲洗强度多依赖于实践经验，同时兼顾反冲洗时间，对于石英砂双滤料过滤介质，过滤器的反冲洗强度 q 值为 16L/（s·m²）左右。

第二，理论反冲洗时间 T 的确定。从推导可以得出，反冲洗时出水污染物质量浓度 C 和时间 T 的变化关系式为

$$C = C_0 + \left(\frac{m_1}{0.625\pi D^2} - C_0\right)e^{-\frac{3}{125}qT} \tag{5-10}$$

符号意义同前。

为能从理论上确定反冲洗时间 T，我们根据排出水污染物质量浓度的变化规律，推导出排除 99%污染物质量所需要的时间 T 作为反冲洗时间。定义 η 为污染物的去除率，是污染物的去除量与污染物总量之比。显然有

$$\eta = \frac{m_1 - C \times V}{m_1} \tag{5-11}$$

式中，V 表示反冲洗体积（L）；其他符号意义同前。

把反冲洗方程代入式（5-11），得到污染物的去除率 η 随时间 T 的变化规律为

$$\eta = 1 - \frac{0.625 \times \pi \times D^2 \times C_0}{m_1} - \left(1 - \frac{0.625 \times \pi \times D^2 \times C_0}{m_1}\right)e^{-\frac{3}{125}qT} \tag{5-12}$$

葡二联 1#污水处理站二次 4#过滤罐为直径 4.0m 的石英砂双滤料过滤器，在反冲洗开始时过滤器内的理论含油量 m_1 为 361728g，反冲洗水油的质量浓度 C_0 为 15g/m^3，反冲洗强度 q 为 16L/（s·m^2），代入反冲洗方程得出反冲洗时出水污染物质量浓度 C 和时间 T 变化的函数关系式为 $C = 15 + 11505e^{-0.384T}$。同理，代入上式得出污染物的理论去除率 η 和时间 T 变化的函数关系式为 $\eta = 0.9987 - 0.9987e^{-0.384T}$。把反冲洗过程中出水污染物质量浓度 C 和时间 T 的变化关系，以及污染物去除率 η 和时间 T 的变化关系，绘成一张双坐标图（图 5-29），具体数据见表 5-8。

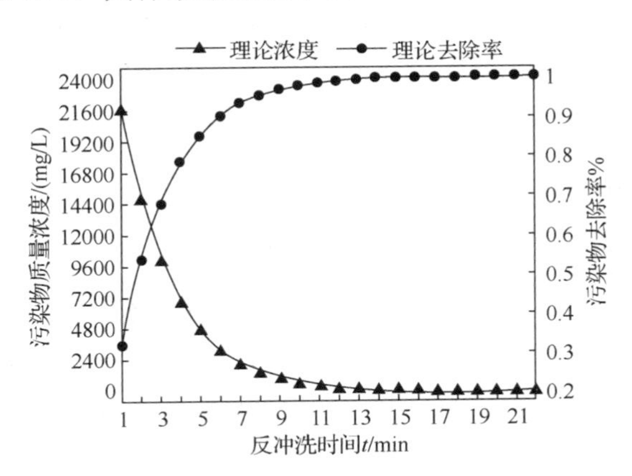

图 5-29　反冲洗时间和污染物质量浓度及去除率间关系图

表 5-8　反冲洗时间和污染物质量浓度/去除率间关系对照表

反冲洗历时/min	反冲洗区污染物质量浓度/（mg/L）	污染物去除率/%	反冲洗历时/min	反冲洗区污染物质量浓度/（mg/L）	污染物去除率/%
1	21715.85	31.8454	12	332.6997	98.8741
2	14796.13	53.5363	13	231.3952	99.1917
3	10082.89	68.3107	14	162.3936	99.408
4	6872.557	78.3739	15	115.3944	99.5553
5	4685.898	85.2284	16	83.38179	99.6556
6	3196.495	89.8971	17	61.57699	99.724
7	2182.016	93.0772	18	46.72505	99.7706
8	1491.023	95.2432	19	36.60893	99.8023
9	1020.366	96.7185	20	29.71852	99.8239
10	699.7861	97.7234	21	25.02525	99.8386
11	481.4294	98.4079	22	21.82851	99.8486

从图 5-29 和表 5-8 可以看出，反冲洗时间达到 13min 时，污染物的去除率可达 99.1917%，当反冲洗时间大于 13min 时，污物去除率曲线接近直线，污物去除率随时间变化不大。从图 5-29 中污染物理论去除率曲线可看出较为合理的反冲洗时间为 13min。

考虑葡二联 1#污水处理站污水回收池的容量，初步确定过滤罐采用日常小反冲洗、定期大反冲洗工艺。考虑反冲洗过程中可能的影响因素，对于单台过滤罐每隔两周进行强制反冲洗 20～25min。

（2）现场运行参数。改造的轴向动态反冲洗过滤罐于 2013 年 11 月投产运行，过滤罐滤速为 11m/h，反冲洗强度为 16L/（s·m^2），反冲洗周期为 24h，反冲洗时间为 13min。过滤罐过滤和反冲洗系统运行平稳，能够有效去除污水中的油和悬浮固体，滤后出水含油量和悬浮固体含量均优于站内其他二次过滤罐出水。

2）现场运行效果

（1）过滤罐对污油及悬浮固体的去除效果。

表 5-9 为取样测试的过滤罐含油量化验数据。

表 5-9　轴向动态过滤罐含油量化验数据表

取样化验日期	含油量/（mg/L）					轴向动态过滤罐平均去除率/%	常规过滤罐平均去除率/%
	油岗来水	二沉出水	一次过滤罐出水	轴向动态过滤罐出水	常规过滤罐出水		
2013.11.25	19.26	11.81	4.67	1.14	1.56	66.9	60.3
2013.11.27	16.89	10.64	4.38	1.89	1.94		
2013.12.03	14.55	8.67	3.22	1.02	1.37		

一次过滤的污水经轴向动态反冲洗过滤罐过滤后的平均含油量由 4.09mg/L 降至 1.35mg/L，污油的平均去除率为 66.9%；站内其他二次过滤罐出水平均含油量为 1.62mg/L，污油的平均去除率为 60.3%。轴向动态反冲洗过滤罐滤后出水含油量低于葡二联 1#污水处理站二次过滤罐出水，污油去除率相对较高。

表 5-10 为取样测试的过滤罐悬浮固体含量。

表 5-10　轴向动态过滤罐悬浮固体含量化验数据表

取样化验日期	悬浮固体含量/（mg/L）					轴向动态过滤罐平均去除率/%	常规过滤罐平均去除率/%
	油岗来水	二沉出水	一次过滤罐出水	轴向动态过滤罐出水	常规过滤罐出水		
2013.11.25	36.7	21.7	13.5	4.8	5.5	65.6	61.9
2013.11.27	33.3	23.6	13.9	4.4	4.8		
2013.12.03	27.9	19.1	11.4	4.1	4.5		

一次过滤后的污水经轴向动态反冲洗过滤罐过滤后的平均悬浮固体含量由12.93mg/L 降至 4.43mg/L，悬浮固体的平均去除率为 65.6%，而站内其他二次过滤罐出水平均悬浮固体含量为 4.93mg/L，悬浮固体的平均去除率为 61.9%。轴向动态反冲洗过滤罐滤后出水悬浮固体含量低于葡二联 1#污水处理站二次过滤罐出水，悬浮固体去除率也相对较高。

（2）过滤罐的反冲洗效果。

改造过滤罐运行 10 天后，开展轴向动态过滤罐反冲洗试验，验证滤料的清洗效果。

反冲洗前后滤料表面含油量变化明显，经过轴向动态反冲洗后平均含油去除率为19%，纳污滤层经轴向动态反冲洗后获得良好再生，取得了较好的反冲洗效果，取样测试结果见表 5-11。

表 5-11　轴向动态过滤罐反冲洗含油量对比表

取样化验日期	滤后含油量/（mg/L）		反冲洗平均去除率/%
	反冲洗前	反冲洗 2h 后	
2013.12.3	1.64	1.37	16
2013.12.5	1.85	1.45	22
平均值	1.745	1.41	19

同时，改造后的 4#过滤罐正常过滤时的进口压力为 0.105MPa，出口压力为0.125MPa，压力差值仅为 0.02MPa，差值非常小，说明该罐的反冲洗效果较好，见图 5-30和图 5-31。

图 5-30　轴向动态过滤罐进口压力

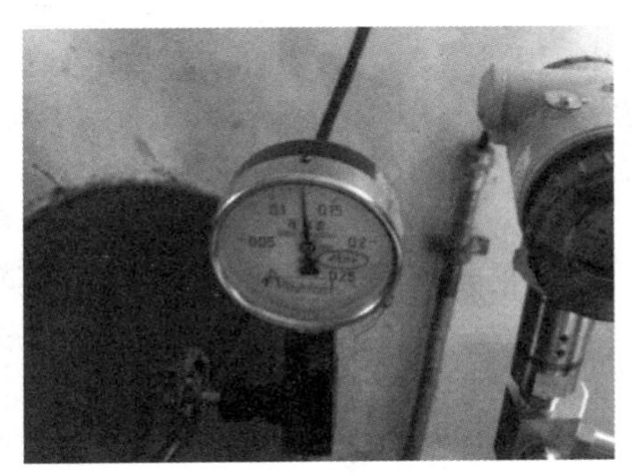

图 5-31　轴向动态过滤罐出口压力

5.8.3 应用情况、效益分析及市场前景

1. 应用情况

轴向动态反冲洗技术在葡二联1#污水处理站的1座二次4#石英砂过滤罐进行改造应用。通过试验，一是该罐应用轴向动态技术后，有效缓解了滤料污染、布水不均及过滤器长期运行垫层得不到良好清洗使悬浮固体累积等问题，滤后水质达到“10.5.2”的回注标准，提高了该罐滤后水质量，提高了油田开发效果；二是通过生产运行参数摸索及跟踪过滤罐过滤和反冲洗效果，摸索出轴向动态技术反冲洗周期为24h，对于单台过滤罐每间隔两周进行强制反冲洗20～25min。平时单台过滤罐每天反冲洗12～15min。

适用条件及应用范围：污水处理站已建的双滤料压力过滤罐均可应用轴向动态反冲洗技术进行改造。

2. 效益分析

（1）提高反冲洗效果，减少滤料专项清洗费用。

常规反冲洗时，每年需委托外部人员对过滤罐的滤料进行专项清洗，措施一是现场药剂浸泡清洗，单罐每次为2万元；措施二是将过滤罐内滤料全部掏出，拉运至厂家进行清洗，单罐每次为3万元。葡二联1#污水处理站本次应用该技术的1座过滤罐可不再实施专项清洗，每年可节省专项清洗费用2万～3万元。

（2）通过筛网减少滤料的流失，降低滤料补充维护费。

本次改造的过滤罐原有上口为喇叭口式结构，在过滤罐反冲洗时，滤料流失严重，当过滤层滤料厚度流失25%以上，平均两年需补充一次滤料。通过应用该技术，可节省补充滤料费用为0.5万元/年。

3. 市场前景

油田开发不断深入，采出水处理难度不断增大，过滤段也将面临挑战，常规反冲洗工艺将出现不适应性，而过滤罐是水质能否达标的关键，必须加大过滤罐技术的攻关研究。轴向动态技术可以对原有过滤罐进行改造，为解决各厂双滤料过滤罐存在的问题提供新途径，可为今后过滤罐改进提供技术储备，为含油污水处理过滤工艺技术提供经验，具有十分广阔的应用前景。

通过两年的工艺改造及现场试验，得出以下结论：

（1）已建的双滤料压力过滤罐实施轴向动态技术改造可行。

（2）改造后的过滤罐解决了滤料流失、反冲洗污油排不净及布水不均匀等问题，滤后水质满足“10.5.2”回注标准。

（3）考虑葡二联1#污水处理站污水回收池的容量，确定轴向动态过滤罐采用日常小反冲洗、定期大反冲洗工艺。日常小反冲洗周期为24h，反冲洗时间为13min；大反冲洗为每隔两周进行强制反冲洗20～25min。

第6章 油田过滤设备气水反冲洗技术研究

6.1 气水反冲洗技术概述

现有的各种油田水处理工程中，通常过滤都是最后把关的工序。由于颗粒滤料来源广、价格低、机械强度高、过滤效果好等优点，颗粒滤料填装的过滤器在各种水处理工程中被广泛应用。

过滤的核心技术是反冲洗再生技术，过滤器经过一个水质周期以后，滤料层截留了大量的污染物，滤料层会被污染、结球或产生板结，过滤器的水头损失增加，出水水质变差。这时过滤器必须进行反冲洗再生，必须进行滤料再生才能恢复初始工作状态。过滤器的反冲洗方式有许多种，多数油田普遍采用直接用水反冲洗滤料再生的方式。

1. 气水反冲洗技术的提出

我国大庆油田含油污水处理工艺中的颗粒滤料类过滤器多年来一直采用滤后水反冲洗的再生方式。该方式具有工艺流程简单、操作简便、易于管理等优点，在油田开发初期、中期的水驱含油污水处理工艺中使用其反冲洗效果是可行的。

目前油田已经进入了后期开发阶段，随着油田聚合物驱特别是三元复合驱开采区块增多，聚合物驱、三元复合驱采出水处理工艺中颗粒滤料过滤器反冲洗再生效果差、过滤效果不好和跑料等问题越来越多地暴露出来，严重影响生产运行，主要体现在以下几方面：

（1）聚合物驱、三元复合驱采出水在聚合物浓度较大时，在反冲洗时滤料摩擦作用降低，因此用水反冲洗对颗粒滤料的再生效果下降。

（2）由于聚合物驱、三元复合驱采出水的水质特点，颗粒滤料过滤后形成的污染层具有黏度高和附着力强的特点，采用单一的水反冲洗，很难将污油和聚合物等成分在滤料表面形成的包裹层冲洗掉，滤料无法得到有效恢复，从而使过滤性能降低。

（3）污染滤料容易形成板结块和滤饼层，反冲洗产生滤饼层的局部破裂，造成在局部的瞬间反冲洗强度突然增大，这样就出现底部垫料层被局部冲起，造成垫料和滤料混层，严重时在滤料中可以看到垫层的卵石，从而导致过滤或反冲洗时滤料流失，或过滤水形成短路穿过滤层，影响过滤水质。

因此油田开发急需可以解决聚合物驱、三元复合驱采出水处理工艺中颗粒滤料再生问题的反冲洗再生技术。气水反冲洗再生技术是为解决聚合物驱、三元复合驱采出水处理工艺中的颗粒滤料污染后再生困难的技术难题而提出的。

2. 气水反冲洗技术的机制和作用方法

目前油田开采方式发生了变化，水处理难度加大，滤料的污染非常严重，特别是某些开采方式的后期水处理工程中滤料的使用周期只有几个月，采用单一的水反冲洗，无法使滤料有效恢复，特别是水反冲洗根本不能解决某些开采方式的后期水处理工程中污染滤料的再生问题。因此油田必须寻找新的有效的滤料再生方法。

颗粒滤料过滤设备反冲洗最佳方式是采用气水反冲洗工艺，气水反冲洗的特点是再生效果好，节省水量。采用空气进行擦洗时，滤层并不膨胀。滤料间摩擦阻力较大，在滤层内小气泡合成大气泡的机会较少。气泡通过滤料表层时，表层滤料强烈翻卷。随着气流速度的增加，气泡增加了滤料颗粒间的摩擦阻力，使得深层滤料的扰动作用增强，在滤料间相互拥挤填充而产生的摩擦力以及气泡上升时与滤料颗粒间的摩擦力的共同作用下，滤料上黏附的杂质和污染物被剥落去除。

采用气水反冲洗时，如果空气流速大于由滤料特性决定的最小空气流速值，则只要冲洗水流速达到最小流态化冲洗流速的40%～50%，滤层内就会产生强烈的搅动和环流作用。冲洗一开始整个滤层就产生扰动，气泡在上升过程中所形成的气流涡区内，滤料翻卷滚动引起滤料颗粒剧烈的碰撞摩擦。同时，由于滤料环流，所有滤料均受到水流剪切力的作用。在水流剪切力的滤料间的剧烈碰撞摩擦作用下，滤料颗粒表面的杂质和污染物被充分击碎、剥落。

3. 气水反冲洗技术与水反冲洗技术对比分析

采用气水反冲洗方式时，空气作为一种反冲洗介质压入滤料层，对滤料产生了剪切和碰撞摩擦作用，因而可以破坏滤料中的杂质，使其无法形成固结；已形成固结的可被振动破坏，使滤料上的黏附物脱落。气水反冲洗时，在较小的水洗强度下即可达到较高的 G 值。当单独水反冲洗时，如果用水的冲洗强度为15L/（$s\cdot m^2$），对应的 G 值为354L/（$s\cdot m^2$）；当气、水同时反冲洗时，如果用水的冲洗强度为5L/（$s\cdot m^2$），气的冲洗强度为10L/（$s\cdot m^2$），对应的 G 值为662L/（$s\cdot m^2$）。显然，空气的加入使总的 G 值大大提高，可改善反冲洗效果。

气水反冲洗是采用高气冲洗强度的压缩空气擦洗滤料层，用低水冲洗强度的水对滤料进行清洗，可节省反冲洗水量40%～60%。气水反冲洗能充分清洗整个滤层，使滤层的初始过滤水头损失降低，运行周期延长，周期产水量增加。

气水反冲洗时，采用低水冲洗强度对滤层进行冲洗，不易产生滤料流失现象。空气对过滤罐中的厌氧菌具有杀灭作用，可以有效降低污水中的硫酸盐还原菌在污水系统的循环。同时，氧气对截留在过滤罐中的聚合物也有一定的降解作用。

目前，国内外先进的过滤罐工艺中，均采用了气水反冲洗技术。如美国 OMEX 公司高效多介质过滤器。

6.2　过滤罐再生试验装置及试验条件

6.2.1　再生试验设计

2006～2007 年，针对加工好的邮寄玻璃再生装置在试验室内进行了以下几种反冲洗再生方式的试验研究。

（1）单独水反冲洗再生试验。

（2）先气后水反冲洗再生试验。

（3）气水管路混合反冲洗再生试验。

（4）过滤器内分别布气、布水混合反冲洗再生试验。

1. 再生试验装置

室内试验采用ϕ200 有机玻璃颗粒滤料再生试验装置（图 6-1）。

再生试验装置设计有两套管路系统，可以实现分别进气、进水再生试验装置内分布后进行混合反冲洗再生。

图 6-1　ϕ200 有机玻璃再生装置

2. 试验条件

试验采用以下试验条件和试验参数。

（1）试验滤料取自大庆油田一厂某联合站 0.8～1.2mm 石英砂。

（2）再生后分析滤料取自再生后滤料中间部位 350mm 处。

（3）再生试验时水温 40℃。

（4）再生时间为 10min。

3. 试验参数

试验采用的试验滤料、垫料名称规格及填装高度见表 6-1。

表 6-1　试验滤料、垫料名称规格及填装高度表　　（单位：mm）

序号	滤料、垫料名称规格	填装高度
1	石英砂 0.8～1.2	700
2	磁铁矿 2～4	100
3	磁铁矿 4～8	50
4	卵石 8～16	50

6.2.2 单独水反冲洗再生试验

再生试验装置装入试验滤料，进行不同强度的单独水反冲洗再生试验。

单独水反冲洗再生试验时的反冲洗再生后滤料分析数据见表 6-2 和图 6-2。试验滤料含油量为 2.47mg/L。

表 6-2 反冲洗再生后滤料分析数据

水反冲洗强度/[L/（s·m^2）]	含油量/（mg/L）	去除率/%
12	0.88	64.37
14	0.78	68.42
16	1.04	57.68
18	1.21	51.01
20	1.36	44.94
22	1.40	43.32

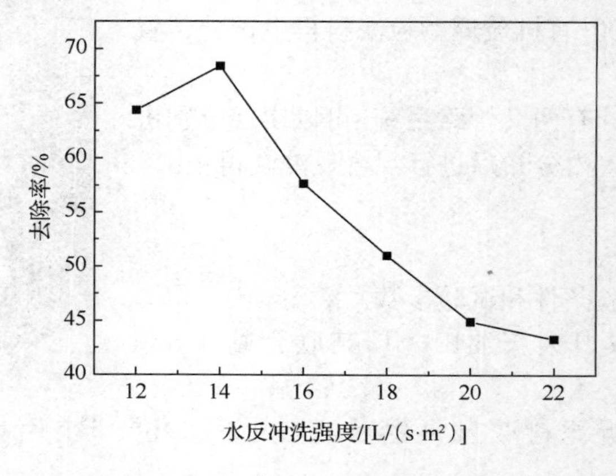

图 6-2 不同水反冲洗强度滤料再生数据曲线（水温 40℃）

由表 6-2 和图 6-2 可见，当水反冲洗强度达到 14L/(s·m^2)时，去除率最高为 68.42%，随着强度的增加，去除率不断降低，主要是由于反冲洗强度增大，滤料膨胀率增加，滤料颗粒之间的摩擦作用减弱，油的去除率降低。

6.2.3 气水反冲洗再生试验

气水反冲洗再生试验中试验了两种气水反冲洗再生方式，即先气后水反冲洗再生方式和气水混合反冲洗再生方式。

1. 气水反冲洗布气方式研究

气水反冲洗再生的主要效果来自于气体对滤料的再生作用，因此，各种气水反冲洗的布气方式十分关键。

1）先气后水反冲洗再生布气方式

先气后水反冲洗再生没有气、水同时洗的阶段，可以在气反冲洗时先使用反冲洗进水管线进气反冲洗再生，这样工艺可以简单化，过滤器内部不用变化，因此，先气后水反冲洗再生时过滤器内部和工艺上与单独水反冲洗一样，不用另外考虑布气方式。

2）气水管路混合反冲洗再生布气方式

气水管路混合反冲洗再生时气、水在反冲洗进水管路上进行汇合，混合后一同进过滤器内进行气水混合反冲洗再生。气、水管路混合示意图见图6-3。

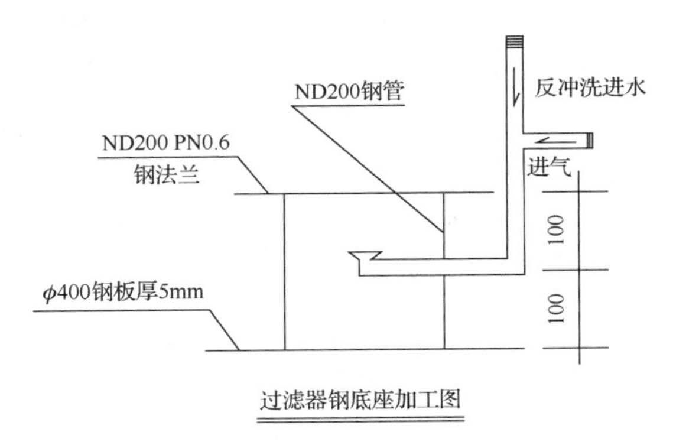

图6-3　气、水管路混合示意图

3）过滤器内分别布气、布水混合反冲洗再生布气方式

过滤器内分别布气、布水混合反冲洗再生必须在过滤器内分别有各自单独的布气系统和布水系统，这样才能实现进气单独进入过滤器内布气，进水单独进入过滤器内布水，各自单独分布后一同进行气水混合反冲洗再生。过滤器内分别布气、布水示意图见图6-4。

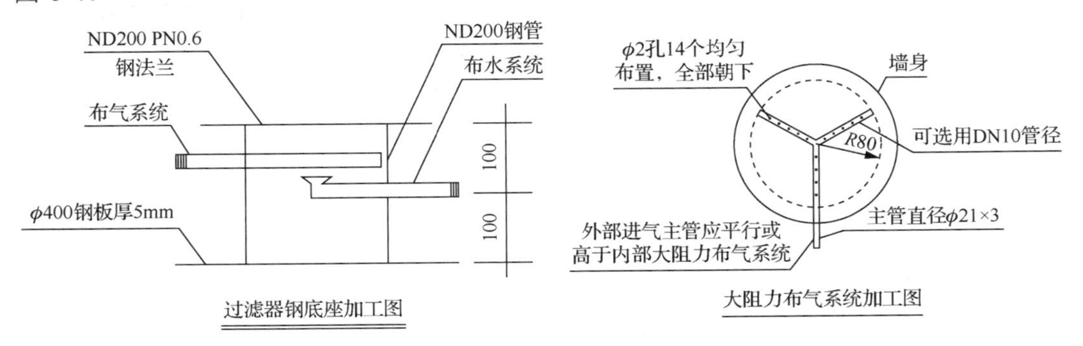

图6-4　过滤器内分别布气、布水示意图

2. 先气后水反冲洗再生试验

先气后水反冲洗再生是气水反冲洗再生方式中比较简单的方式，特点是工艺和操作都比较简单。单独气反冲洗的作用是气体进行污染滤料的污染物剥离，后面的水反冲洗

只起清洗作用。

先气后水反冲洗基本原理如下。

（1）气反冲洗（振荡作用、搓洗）。

（2）水反冲洗（清洗干净）。

在进行气单独反冲洗再生过程时，滤料层的高度是降低的，滤料层上的水位向上增加，其增加体积基本是垫层和滤料层的一半。这种现象是因为上升的反冲洗气体充满了整个垫料层和滤料层的孔隙将水挤到了滤料上的水层中，使整个垫料层和滤料层的孔隙中充满了气体，上部的水层由于重力作用对于下面的垫料层和滤料层有重力压实作用，因此进行气单独反冲洗再生过程中滤料层的浮力减少。

另外，无论气单独反冲洗强度大小如何变化，滤料流化现象只是在滤料和水的结合部出现。气体通过下部的垫料和滤料时产生强烈摩擦作用，因为没有水产生不了流化。

再生试验装置装入试验滤料，进行不同强度的先气后水反冲洗再生的试验。反冲洗再生后滤料分析数据见表 6-3 和图 6-5。

表 6-3　反冲洗再生后滤料分析数据

气反冲洗强度/[L/（s·m^2）]	含油量/（mg/L）	去除率/%
14	0.29	88.26
16	0.13	94.74
18	0.13	94.74
20	0.09	96.36
22	0.11	95.47
24	0.14	94.33

由表 6-3 和图 6-5 可见，当气反冲洗强度为 20L/（s·m^2）时，油的去除率最高，达到 96.36%，随着强度的增加或减小，去除率都降低。

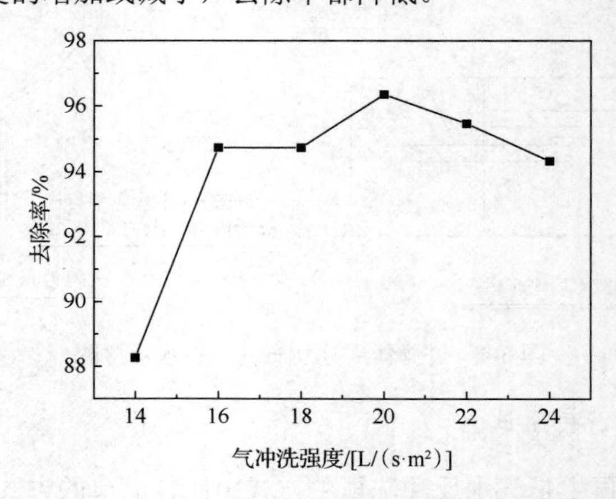

图 6-5　不同气反冲洗强度滤料再生数据曲线（水温 40℃）

3. 气水混合反冲洗再生试验

气水混合反冲洗再生试验时试验了两种混合方式：气水管路混合反冲洗再生方式和过滤器内分别布气、布水混合反冲洗再生方式。

1）气水管路混合反冲洗再生试验

再生试验装置装入试验滤料，进行不同强度的气水管路混合反冲洗再生试验。试验中发现当滤料开始流化时，出现了过滤器上部跑料和垫层与滤料混层严重的两大问题。过滤器上部跑料这一问题可以通过提高过滤器反冲洗预留膨胀高度的方法解决。垫层与滤料混层这一问题主要是反冲洗强度大小和气水混合方式两个影响因素造成，主要原因是气、水在管路混合时有一定的压力，进入过滤器内有一个压力突然释放的过程，造成大气泡溢出的现象，从而破坏了垫层的稳定性。

气水管路混合反冲洗再生试验在小强度混合时就有混层现象出现，大强度混合时混层现象已经比较严重。气水管路混合反冲洗再生试验时在气反冲洗强度 10L/（s·m^2）和水反冲洗强度 8L/（s·m^2）的试验条件下过滤器底部垫层被冲翻进入滤料中，如图 6-6 所示。

2）过滤器内分别布气、布水混合反冲洗再生试验

再生试验装置装入试验滤料，进行不同强度的过滤器内混合的反冲洗再生试验。

（1）反冲洗强度试验。通过试验发现过滤器内分别布气、布水混合反冲洗再生试验中，气反冲洗强度 18L/（s·m^2）和水反冲洗强度 4L/（s·m^2）是垫层和滤料混层的临界点，超过这个临界点时滤料流化加大。但是在这个临界点时，垫层最上层磁铁矿 2～4mm 也开始了流化。因此，水反冲洗强度 4L/（s·m^2）是流化临界点，水反冲洗强度 3L/（s·m^2）是过滤器内分别布气、布水混合反冲洗再生的水反冲洗的最大安全强度。图 6-7 是垫料层气反冲洗混层后的照片。

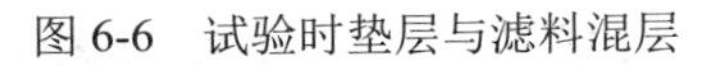

图 6-6　试验时垫层与滤料混层

图 6-7　磁铁矿开始混入石英砂

（2）再生试验数据和分析。不同气、水反冲洗强度再生试验的再生后滤料分析数据见表 6-4 和图 6-8。

表 6-4　不同气、水反冲洗强度再生后滤料分析数据

水反冲洗强度/[L/（s·m^2）]	气反冲洗强度/[L/（s·m^2）]	含油量/（mg/L）	去除率/%
3	14	0.173	92.99
3	16	0.11	95.54
3	18	0.18	92.71
3	20	0.11	95.54
4	14	0.167	93.24
4	16	0.374	84.86
4	18	0.045	98.18

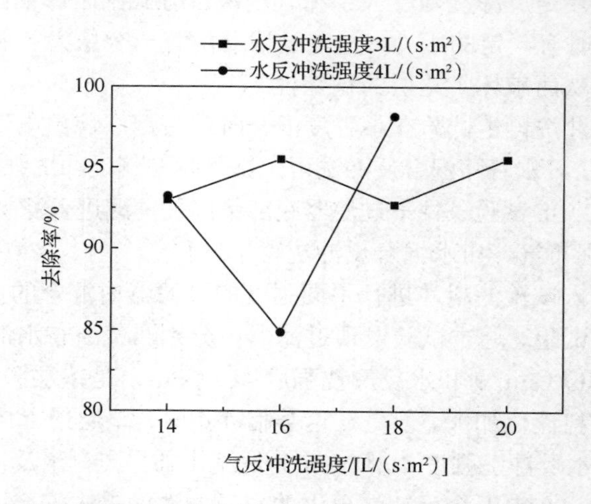

图 6-8　不同气、水反冲洗强度过滤器内混合滤料去除率（水温 40℃）

从表 6-4 和图 6-8 中可见，气水在过滤器内分别分布后混合反冲洗再生的去除率很高，平均在 90%以上，主要是由于在气水混合反冲洗过程中，在气水反冲洗同时作用下的小强度水反冲洗，强化了滤料的流化摩擦作用，并将摩擦下来的污染物及时带走，因此，气水混合同时反冲洗的去除率较高。

6.3　现场中试试验研究

6.3.1　现场中试

为了了解掌握颗粒滤料在三元污水处理中的使用情况，同时验证单独水反冲洗和气水反冲洗两种反冲洗再生方式在三元污水处理中对颗粒滤料的再生能力和实际再生效果的影响，2007 年下半年在某污水试验站开展了三元污水处理中颗粒滤料的单独水反冲洗和气水反冲洗的再生效果对比现场中型试验。

本次对比试验期间，三元污水某试验站的三元成分含量较高而且是上升状态，此期间的三元成分数据见表 6-5。

表6-5　三元污水主要成分含量表　（单位：mg/L）

时间	聚合物质量浓度	碱质量浓度	表面活性剂质量浓度
2007年9月	483.6	3229.7	7.43
2007年11月	626.1	3524.7	11.1

1. 工艺流程

三元污水某试验站的颗粒滤料再生效果对比现场试验同时使用两组颗粒滤料过滤器，每一组都是由一个ϕ200有机玻璃一次过滤器和一个ϕ200有机玻璃二次过滤器组成两级过滤单元，具体的工艺流程图见图6-9。

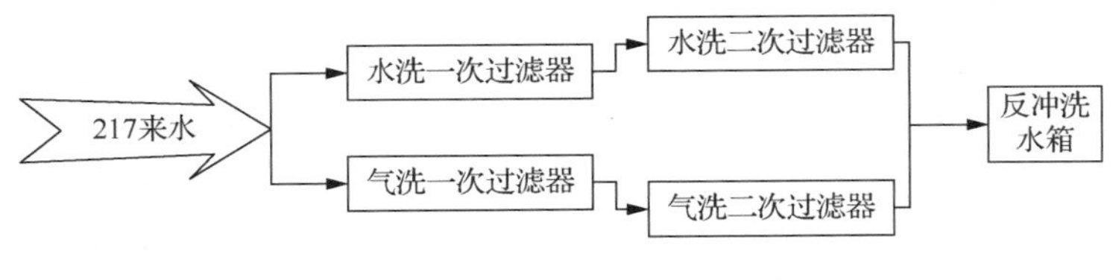

图6-9　对比试验工艺流程图

2. 反冲洗技术参数

两组颗粒滤料过滤器在滤料级配相同、试验条件相同（相同进水、相同滤速）情况下开展对比试验，一组过滤器采用滤后水进行反冲洗再生，另外一组过滤器采用气和滤后水在过滤器内分别分布后混合反冲洗再生。

水反冲洗中，一次过滤器采用反冲洗再生强度16L/（s·m^2），二次过滤器采用反冲洗再生强度13L/（s·m^2）。

气、水在过滤器内混合反冲洗采用的是气反冲洗再生强度16L/（s·m^2）和水反冲洗再生强度3L/（s·m^2）。

3. 试验步骤

试验从2007年9月26日开始，第一试验阶段进行了17d，第二试验阶段进行了19d，试验时滤前水水温在30～33℃，反冲洗水水温在20～30℃，属于三元低温含油污水现场试验。第三试验阶段从11月8日开始，进行了16d，此试验阶段滤前水水温不变，但是人工将反冲洗水水温提高到40℃再进行过滤器反冲洗。

再生效果对比现场试验在相同的工艺流程、相同的进水水质和反冲洗水温的试验条件下进行，对比现场试验从回收水箱、滤后水管线、反冲洗排水水质、污染滤料、滤料板结等方面进行了三元污水处理中使用的颗粒滤料反冲洗再生效果对比分析，经过两个月的现场试验，得到以下试验结论。

4. 结果与讨论

1）外观现象观察

（1）回收水箱上浮油现象。在试验过程中，两种反冲洗再生方式的反冲洗排水都是先进一个污水回收水箱后用泵打走，对比相同级数的过滤器，单独水反冲洗过滤器反冲洗排水时在水箱表面有一些零星浮油，但是气水反冲洗过滤器反冲洗排水时在水箱表面有一层厚厚的浮油。这一表面现象直接说明经气水反冲洗后，滤料表面黏结的大量污油被气水反冲洗再生下来进入回收水箱，滤料在同样污染程度下，气水反冲洗的污油脱落量高于单独水反冲洗的污油脱落量，因此，气水反冲洗的再生效果好于单独水反冲洗。

（2）滤后水管线污染现象。试验期间两组过滤器的滤后水管线都用的透明白胶管，单独水反冲洗过滤器滤后水管线在 17 d 时就开始变黑，气水反冲洗过滤器滤后水管线在 36d 时才开始变黑，直接说明单独水反冲洗过滤器的滤后水水质比较差。

2）反冲洗排水水质分析

在对比试验过程中，对单独水反冲洗过滤器和气水混合反冲洗过滤器的反冲洗排水进行了取样分析。

（1）第一次反冲洗排水水质分析。

在 10 月 10 日，进行了第一次反冲洗排水的取样分析，本过滤周期的滤前水水温是 33℃，反冲洗水水温是 30℃。单独水反冲洗的一次过滤器的水反冲洗强度是 16L/(s·m^2)，气水反冲洗一次过滤器在气水反冲洗时的气反冲洗强度是 16L/（s·m^2)，水反冲洗强度是 3L/（s·m^2)，后面用水清洗时的水反冲洗强度是 24L/（s·m^2)。

第一，反冲洗现象。用水反冲洗强度为 16L/（s·m^2）的单独水进行反冲洗，在 1～2min 时反冲洗排水是带油的黑水，在 3～4min 时排水很快变清，5min 以后排水基本与进水相同，见图 6-10。

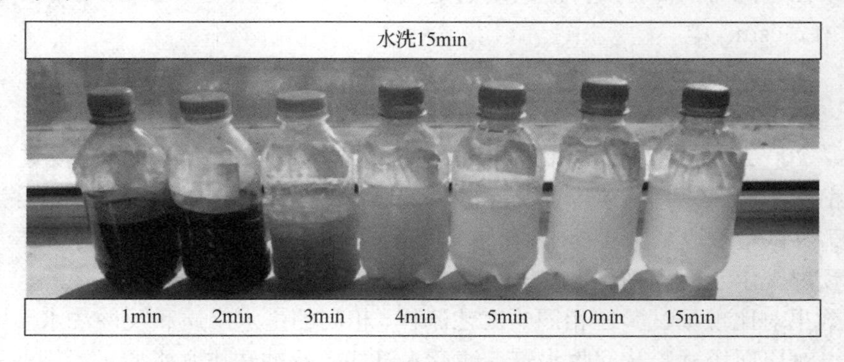

图 6-10 单独水反冲洗排水水样

用气反冲洗强度为 16L/（s·m^2）和水反冲洗强度为 3L/（s·m^2）进行的气水混合反冲洗时，从气水反冲洗开始到气水反冲洗结束的 15min 内，反冲洗排水一直是带油黑水，气水反冲洗结束后再用水清洗，在气、水同时反冲洗阶段，排水中含油量一直较高，颜色为黑色，水清洗 1min 以后（第 16min），排水颜色逐步变浅，水清洗 2min（第 17min）以后排水含油量达到 10mg/L 以下，见图 6-11。

图 6-11 气水反冲洗排水水样

第二，水质分析。通过上面的两种反冲洗再生方式的反冲洗排水现象可以看出：①对于三元含油污水中使用的颗粒滤料，用单独水进行反冲洗的再生效果不明显，开始在 1～2min 时反冲洗排水是带油的黑水，之后排水很快变清，单独水反冲洗对已经黏附到滤料上的油污和杂质的再生作用很小，因此单独水反冲洗排水很快变清，进出水基本相同；②气水反冲洗过程中，气泡增加了对滤料颗粒的摩擦力，在气流作用下其滤料间剧烈冲撞和摩擦以及气泡上升时与滤料颗粒的摩擦力共同作用下，滤料上黏附的杂质和污染物被剥落去除，颗粒滤料可以恢复原始表面。在整个气水反冲洗再生过程中，不断地有滤料上黏附的杂质和污染物在气流作用下因颗粒之间的冲撞和强烈摩擦而剥落下来，因此在气水反冲洗的时间内反冲洗排水一直是带油的黑水。反冲洗排水水质分析对比数据见图 6-12 和图 6-13。

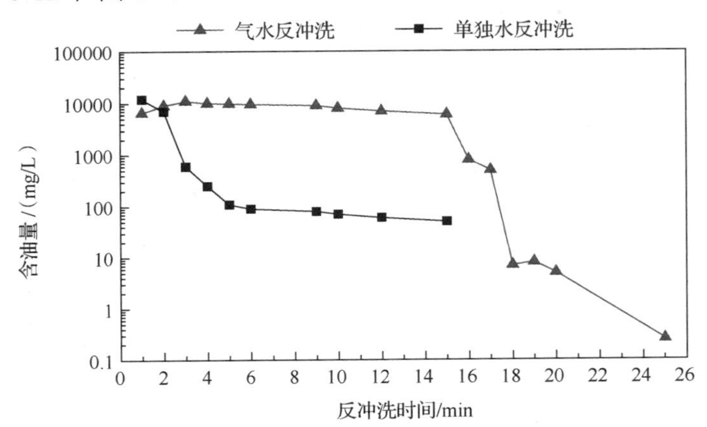

图 6-12 反冲洗过程中排水含油量变化对比图

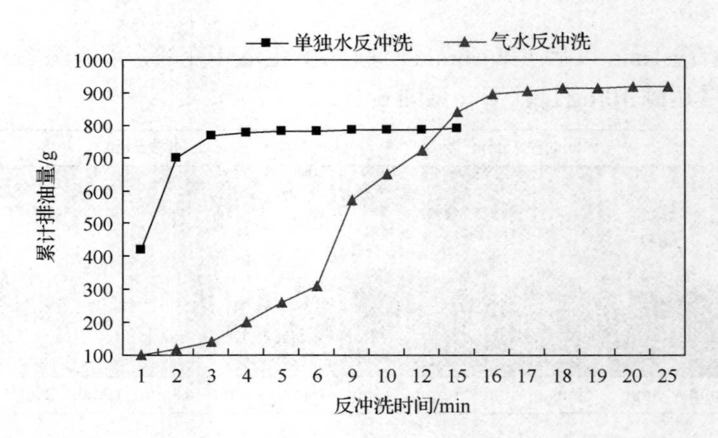

图 6-13　反冲洗过程中累计排油量变化对比图

如图 6-13 所示，单独水反冲洗的总排油量为 790g 左右，而气水反冲洗的总排油量为 910g 左右，可以看出气水反冲洗的总排油量比较多。

（2）第二次反冲洗排水水质分析。

在 10 月 13 日进行了第二次反冲洗排水的取样分析，本过滤周期的滤前水水温 31℃，反冲洗水水温 29℃。单独水反冲洗一次过滤器的反冲洗强度是 16L/（s·m^2），气水反冲洗一次过滤器在气水反冲洗时的气反冲洗强度是 16L/（s·m^2），水反冲洗强度是 3L/（s·m^2），后面用水清洗时的水反冲洗强度是 16L/（s·m^2）。反冲洗排水水质分析对比数据见图 6-14、图 6-15 和表 6-6。

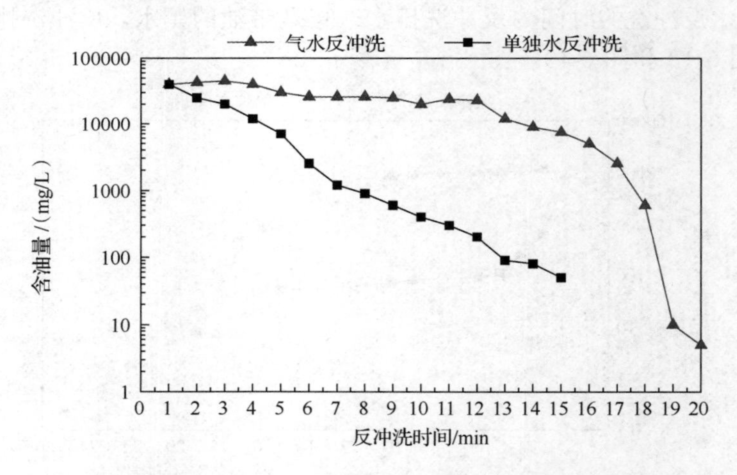

图 6-14　反冲洗过程中排水含油量变化对比图

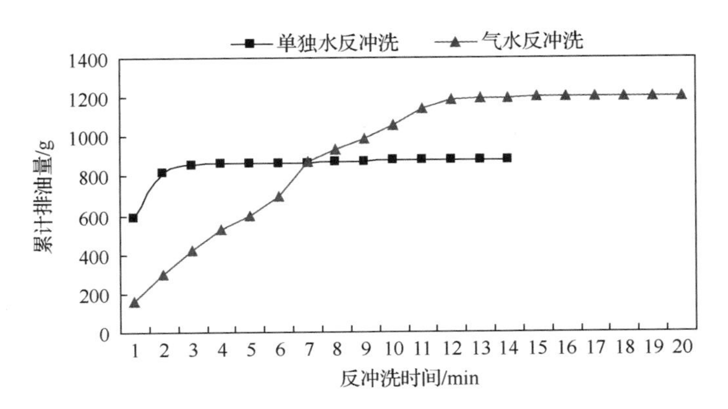

图 6-15　反冲洗过程中累计排油量变化对比图

表 6-6　第二次反冲洗排油量计算表

反冲洗时间/min	单独水反冲洗排油量/g	单独水反冲洗用水量/L	气水混合反冲洗排油量/g	气水混合反冲洗用水量/L
1	592.22	120.58	157.46	22.61
2	224.22	120.58	143.05	22.61
3	37.13	120.58	120.53	22.61
4	7.84	120.58	103.02	22.61
5	3.87	120.58	—	22.61
6	—	120.58	171.68	22.61
9	—	361.74	177.04	67.83
10	11.08	120.58	—	22.61
12	—	241.16	115.72	45.22
15	4.19	361.74	64.46	67.83
16	—	—	86.16	120.58
17	—	—	53.38	120.58
18	—	—	10.57	120.58
19	—	—	0.36	120.58
20	—	—	0.17	120.58
合计	880.55	1808.7	1203.60	942.05

从表 6-6 的分析数据可以看出：

（1）单独水反冲洗的总排油量 880.55g，其中前 2min 排油量 816.44g，占总排油量的 92.72%，其余 13min 的排油量只占总排油量的 7.28%。这说明前 2min 内的水反冲洗基本是将滤料层截留的、还没有黏附到滤料上的油污和杂质冲了下来，以后的 13min 水反冲洗对于已经黏附到滤料上的油污和杂质基本没有再生作用。

（2）气水混合反冲洗的总排油量 1203.60g，气水反冲洗时间段和用水清洗 2min 后的排油量 1192.50g，占气水反冲洗总排油量的 99.1%。可以看出气水反冲洗的再生效率高，去除油量大。

3）污染滤料分析

（1）第一次污染滤料分析。

2007 年 10 月 13 日，两组滤料级配相同和进水水质相同、反冲洗再生方式不同，滤前水保持在 30～33℃、最高没有超过 33℃，反冲洗水水温基本保持在 20～30℃、最高没有超过 30℃的过滤器正常运行了 17d 以后，进行了第一次两种不同反冲洗再生方式的一次过滤器开罐取滤料分析，取出的滤料主要进行不同层位滤料污染程度分析。

第一，取滤料部位。

取滤料第一层位：滤层往下 100mm 的上层石英砂滤料。

取滤料第二层位：滤层往下 400mm 的石英砂和磁铁矿结合部滤料。

取滤料第三层位：滤层往下 700mm 的下层磁铁矿滤料。

第二，滤料污染程度分析。

对单独水反冲洗过滤器和气水反冲洗过滤器不同层位滤料进行含油量分析，检查滤料污染程度，分析数据见表 6-7。

表 6-7　2017 年 10 月 13 日滤料表面含油量分析数据表

滤料层名	单独水反冲洗过滤器		气水反冲洗过滤器	
	表层往下距离/mm	含油量/（mg/L）	表层往下距离/mm	含油量/（mg/L）
一次过滤器上层	100	0.555	100	0.031
一次过滤器中层	400	0.377	400	0.017
一次过滤器下层	700	0.140	700	0.006

从表 6-7 的分析数据可以看出，单独水反冲洗过滤器内上层滤料残余含油量是气水反冲洗残余含油量的 17 倍。

单独水反冲洗过滤器内中层滤料反冲洗后残余含油量是气水反冲洗后残余含油量的 22 倍。

单独水反冲洗过滤器内下层滤料反冲洗后残余含油量是气水反冲洗后残余含油量的 23 倍。

研究表明：气水反冲洗的再生能力明显优于单独水反冲洗，采用气水反冲洗后滤料表面残余含油量明显小于单独水反冲洗残余含油量的，达到彻底再生的目的。

（2）第二次污染滤料分析。

2007 年 11 月 3 日，两组滤料级配相同和进水水质相同、反冲洗再生方式不同，滤前水保持在 30～33℃、最高没有超过 33℃和反冲洗水水温基本保持在 20～30℃、最高没有超过 30℃的过滤器再次连续运行了 19d 以后和 36d 以后，进行了第二次两种不同反冲洗再生方式的全部四个过滤器开罐取滤料分析。

在单独水反冲洗的一次过滤器滤料的下层和二次过滤器滤料的上层都已经明显看到有污油存在，滤料表面含油量分析数据也证明单独水反冲洗一次过滤器滤料的下层和二次过滤器滤料的上层含油量比较高，说明单独水反冲洗的过滤器随着运行时间的延长，滤料污染加剧，滤料污染穿透现象出现，单独水反冲洗的再生效果差的影响越来越严重。

两种反冲洗方式的滤料表面残余含油量数据见表 6-8。

表 6-8　11 月 3 日滤料表面残余含油量分析数据表

滤料层名	单独水反冲洗过滤器		气水反冲洗过滤器	
	表层往下距离/mm	含油量/（mg/L）	表层往下距离/mm	含油量/（mg/L）
一次过滤器上层	100	0.335	100	0.070
一次过滤器中层	400	0.206	400	0.056
一次过滤器下层	700	0.384	700	0.049
二次过滤器上层	100	1.575	100	0.028
二次过滤器中层	400	0.161	400	0.014
二次过滤器下层	700	0.091	700	0.021

从表 6-8 的分析数据表可以看出，随着生产运行时间的延长，单独水反冲洗过滤器再生效果差的影响开始体现，滤料污染穿透现象开始出现。单独水反冲洗二次过滤器内的上层滤料水反冲洗以后的残余含油量是气水反冲洗二次过滤器的 56 倍，滤料污染开始进入加速阶段。

数据显示，气水反冲洗后的滤料表面残余含油量有所上升，说明在长时间低温水过滤和低温水反冲洗的条件下，气水反冲洗再生效率有所下降，气水反冲洗必须增大气反冲洗的强度和时间，才能保持相同的再生效率。

4）滤料板结现象

2007 年 11 月 3 日，在开罐取滤料过程中发现，单独水反冲洗一次过滤器的上部滤层中有直径约 5cm、厚度约 1cm 的板结块，数量有 7～8 个，有一定的强度，可以成块拿起来，见图 6-16；在下部滤层中也有板结块形成，但是强度较小，直径也小一些，见图 6-17。

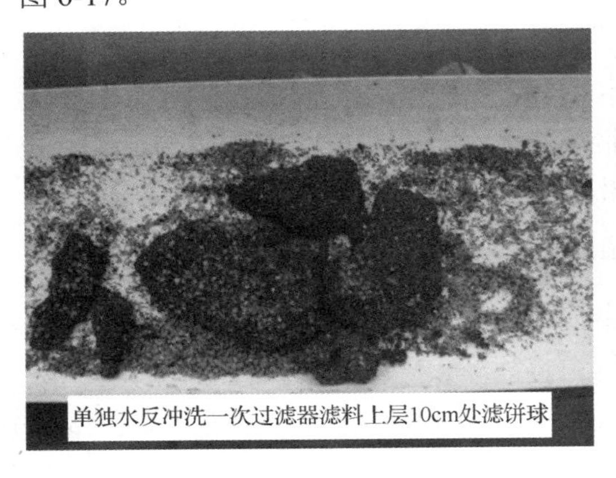

图 6-16　水反冲洗罐上部板结块

图 6-17　水反冲洗罐下部板结块

板结块现象说明，单独水反冲洗过滤器在滤前水水温 30～33℃、反冲洗水水温 20～30℃的低温试验条件下，随着时间的延长有大量板结块生成。说明长期低温水过滤和长期低温水反冲洗对颗粒滤料过滤器的影响很大。

气水反冲洗过滤器是在气体上升时产生强力摩擦作用，颗粒滤料上黏附的杂质和污染物被剥落去除，再生恢复出颗粒滤料的干净表面。因此，气水反冲洗即使在长期低温水过滤和低温水反冲洗的工艺条件下也不会出现滤料板结现象，见图 6-18 和图 6-19。

图 6-18　气水反冲洗罐滤料截面

图 6-19　气水反冲洗罐掏出的滤料

通过以上研究可见，三元含油污水在其含有的三元成分较大时，单独水反冲洗的水力剪切作用和摩擦作用相对较弱，因此三元含油污水的单独水反冲洗只是将滤料层吸附的部分油污和杂质冲下来，对于已经黏附油污和杂质的滤料基本没有再生作用。气水反冲洗主要作用是反冲洗气流作用下的颗粒之间的强烈冲撞和摩擦，能够将颗粒滤料上黏附的杂质和污染物剥落下来，再生恢复颗粒滤料的原始表面。颗粒滤料反冲洗再生效果对比试验表明，气水反冲洗的再生效果大大强于单独水反冲洗，能够再生出颗粒滤料原始表面。在低温条件下，单独水反冲洗除油效率最高只能达到气水反冲洗除油效率的 73.2%。

6.3.2　工业应用效果对比测试

本项目进行了二次工业应用效果对比测试，第一次是三元某 A 污水处理站的低温水反冲洗再生和先气后水反冲洗再生工业应用效果对比测试，第二次是三元某 B 污水处理站水加滤料清洗剂化学再生和先气后水反冲洗再生工业应用效果对比测试。

1. 三元某 A 污水处理站工业应用效果对比测试

1）生产现状

三元某 A 污水处理站于 2006 年 12 月 12 日投产，最大设计处理量 3500m^3/d。三元某 A 污水处理站的曝气沉降罐进水水温在 35～36℃，反冲洗水和外输水水温在 30～32℃。

2008 年 3～4 月，在三元某 A 污水处理站进行了站内工业生产中使用的海绿石过滤器的单独水反冲洗和气水反冲洗的再生效果对比测试，取得了较好的应用数据。

2）工艺流程

三元某 A 污水处理站是曝气沉降罐→高效油水分离器→一次高效过滤器→二次海绿石过滤器的四段三元污水处理工艺。具体工艺流程见图 6-20。

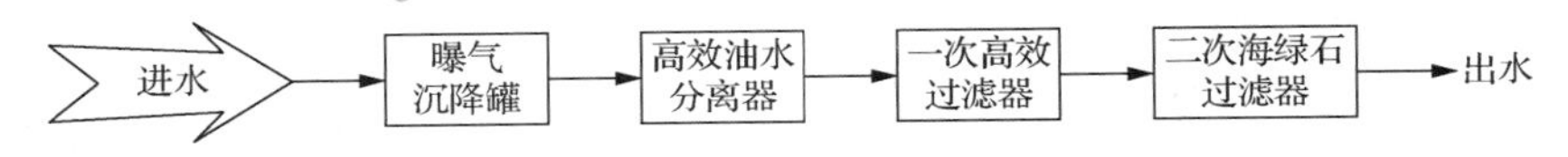

图 6-20 三元某 A 污水处理站工艺流程图

3）反冲洗技术参数

三元某 A 污水处理站再生效果对比测试时的单独水反冲洗技术参数和先气后水反冲洗技术参数如下。

（1）单独水反冲洗技术参数（图 6-21）。

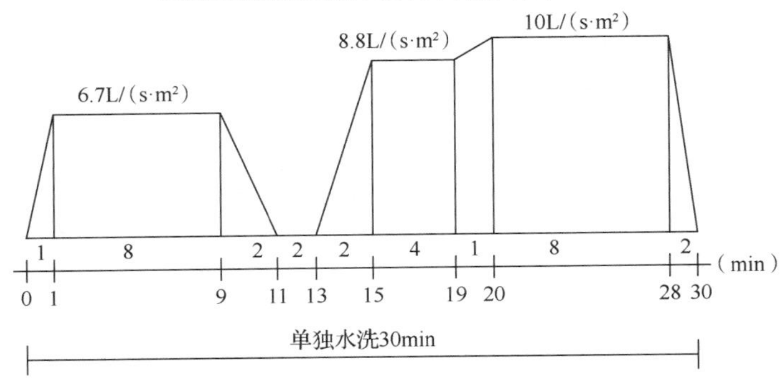

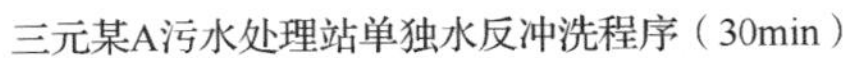
图 6-21 三元某 A 污水处理站单独水反冲洗程序

（2）先气后水反冲洗技术参数（图 6-22）。

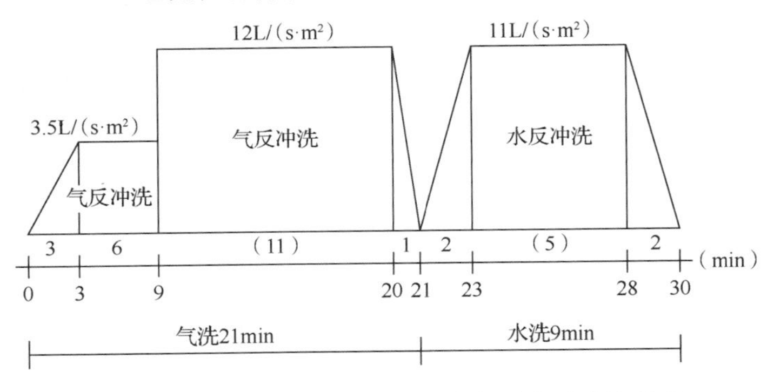

图 6-22 三元某 A 污水处理站先气后水反冲洗程序

4）试验步骤

在三元某 A 污水处理站的二次海绿石过滤器中选择一个 2#海绿石过滤器采用单独水反冲洗再生，其他三个海绿石过滤器采用气水反冲洗再生的对比测试方式，取样的是 4#海绿石过滤器。

5）水质数据与分析

在对比测试期间，三元某 A 污水处理站的三元成分变化数据见表 6-9。

表 6-9　三元成分含量表

时间	聚合物质量浓度/（mg/L）	碱质量浓度/（mg/L）	表面活性剂质量浓度/（mg/L）	pH 值
2008 年 3 月	470.6	3730.9	13.9	8.97
2008 年 4 月	332.4	3808.2	18.2	8.68

在对比测试期间，三元某 A 污水处理站进水水温在 35～36℃，外输水水温在 32℃以下，属于三元低温污水处理。

通过近一个月水质测试数据中，三元某 A 污水处理站的系统测试数据见表 6-10 和表 6-11。

表 6-10　三元某 A 污水处理站含油量测试数据表　　（单位：mg/L）

分析日期	污水处理站进水	2#过滤器		4#过滤器		外输水
		进水	出水	进水	出水	
2008 年 3 月 21 日	251.00	353.25	368.54	262.23	152.19	134.84
2008 年 3 月 24 日	246.94	145.60	586.84	174.45	166.57	326.18
2008 年 3 月 25 日	198.74	340.40	352.20	133.70	102.61	68.47
2008 年 3 月 29 日	344.50	480.76	115.34	575.17	60.55	68.55
2008 年 3 月 31 日	175.60	74.29	3.92	66.64	2.00	5.10
2008 年 4 月 4 日	205.12	70.44	8.62	109.20	2.44	1.02
2008 年 4 月 2 日	212.52	226.54	25.36	129.45	17.87	9.96
2008 年 4 月 4 日	205.12	70.44	8.62	109.20	2.44	1.02
2008 年 4 月 8 日	293.11	80.23	6.36	110.68	10.18	10.82
2008 年 4 月 10 日	270.12	123.34	4.09	211.32	10.31	6.37
2008 年 4 月 12 日	228.12	85.44	5.54	47.62	1.85	3.52
2008 年 4 月 14 日	192.89	156.31	2.24	375.32	1.82	2.30
平均	238.06	194.23	134.46	199.62	48.04	57.92

表6-11　三元某A污水处理站悬浮固体测试数据表　　（单位：mg/L）

分析日期	污水处理站进水	2#过滤器		4#过滤器		外输水
		进水	出水	进水	出水	
2008年3月21日	98.6	102.3	67.3	71.7	52.2	63.0
2008年3月24日	104.5	116.3	120.9	98.6	53.3	75.4
2008年3月25日	116.9	145.1	73.2	100.0	65.6	50.8
2008年4月10日	322.9	189.6	80.4	134.5	95.6	86.0
2008年4月14日	253.4	112.5	75.3	109.1	80.0	65.4
平均	179.26	133.16	83.42	102.78	69.34	53.19

（1）三元某A污水处理站的二次过滤器投产以后在长期低温的水质条件下，滤料污染较为严重，具体表现是过滤器滤后水和进水基本相同，除此以外还不定时出现大量的浮油块，滤料没有截留吸附作用。

（2）气水反冲洗再生的海绿石过滤器的出口水质测试数据由气水反冲洗再生开始以后的含油量100mg/L左右逐步下降到含油量10mg/L左右，而且在进口水质含油量375mg/L时，出口含油量还可以控制在10mg/L以下，说明经过气水反冲洗再生后海绿石滤料的过滤性能基本恢复，吸附截留能力较强。

（3）在三元某A污水处理站这种低温、高三元成分的水质条件下，气水反冲洗能够在很短的时间内，将已经严重污染的颗粒滤料逐渐再生，恢复颗粒滤料的原始表面和吸附截留能力。

2. 三元某B污水处理站工业应用效果对比测试

1）生产现状

三元某B污水处理站于2007年6月12日投产，最大设计处理量3500m^3/d。从2007年7月7日开始进行滤料清洗剂反冲洗再生至2008年6月，过滤器平均每天反冲洗两遍，有时过滤器压差上升过快，需要每天三遍反冲洗才能维持正常生产。这样每天频繁反冲洗带来的影响是：反冲洗自耗水量大，总处理量增加，过滤提升泵负荷增大，每天的反冲洗水泵和污水回收泵运行时间长，另外每天反冲洗两遍还需要投加150kg滤料清洗剂。因此增加了三元某B污水处理站生产运行成本。

三元某B污水处理站污水处理温度在38～40℃，试验期间三元成分变化数据见表6-12。

表6-12　三元成分含量表

日期	聚合物质量浓度/（mg/L）	碱质量浓度/（mg/L）	表面活性剂质量浓度/（mg/L）
2007年7月31日	244.4	2116.0	0.00
2007年9月4日	277.9	2238.0	0.00
2008年1月15日	415.0	2533.2	0.00
2008年3月25日	313.0	2753.2	4.65
2008年4月15日	264.4	3058.3	11.10
2008年6月22日	356.2	3124.6	9.32
2008年7月25日	263.3	3132.0	18.60

2）工艺流程

三元某 B 污水处理站是曝气沉降罐→横向流除油器→一次石英砂过滤器→二次海绿石过滤器的四段三元污水处理工艺。具体工艺流程见图 6-23。

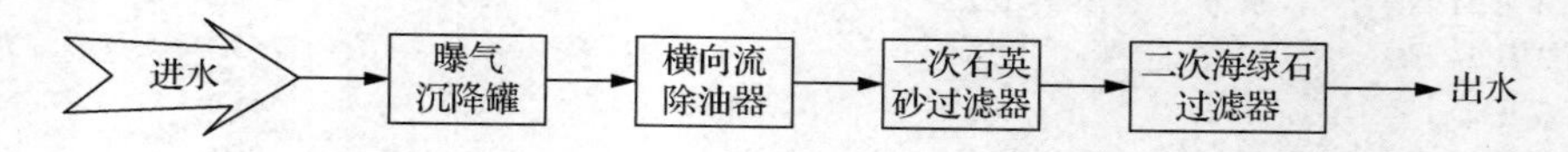

图 6-23　三元某 B 污水处理站工艺流程图

3）反冲洗技术参数

三元某 B 污水处理站应用效果测试时的滤料清洗剂反冲洗技术参数和先气后水反冲洗技术参数如下。

（1）滤料清洗剂反冲洗技术参数（图 6-24）。

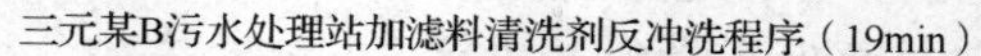

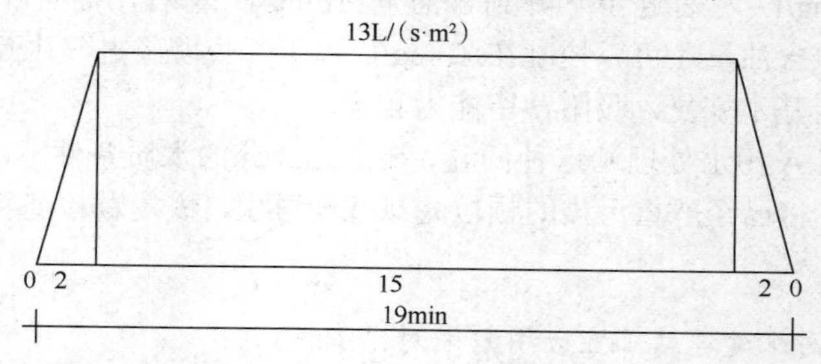

图 6-24　三元某 B 污水处理站水加滤料清洗剂反冲洗程序

（2）先气后水反冲洗技术参数（图 6-25）。

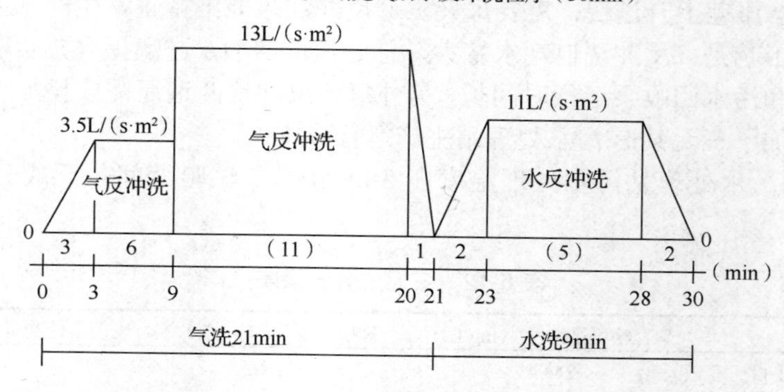

图 6-25　三元某 B 污水处理站先气后水反冲洗程序

4）试验步骤

2008 年 6 月 18 日开始进行气水反冲洗再生效果对比试验，通过以下三个方面的变化来进行气水反冲洗再生和滤料清洗剂反冲洗再生的对比分析：试验时选定一次石英砂过滤器中的 1#过滤器作为气水反冲洗再生的试验罐，反冲洗再生周期采用 24h；2#过滤器作为滤料清洗剂反冲洗再生的对比试验罐，反冲洗再生周期采用 24h；其他四个过滤器，即两个一次石英砂过滤器和两个二次过滤器还是和以前正常生产一样，继续采用滤料清洗剂的 12h 反冲洗再生周期。

5）数据与分析

（1）过滤压差。对比试验的第二天，即 6 月 19 日，三元某 B 污水处理站的过滤系统压力明显降低，气水反冲洗 1#过滤器的反冲洗后过滤起始压差为 0.05MPa，仍然较高，试验直到 6 月 22 日，气水反冲洗再生 6 次以后，1#过滤器反冲洗后过滤起始压差达到 0.005MPa，基本达到干净滤料清水过滤的起始压差。

（2）出水温度。6 月 18 日～6 月 24 日，基本是气水反冲洗过滤器出水温度最高，滤料清洗剂反冲洗 12h 周期的过滤器出水温度次之，滤料清洗剂反冲洗 24h 周期的过滤器出水温度最低，顺序为：气水反冲洗＞水反冲洗 12h＞水反冲洗 24h。

（3）出水水质。6 月 18 日～6 月 24 日进行气水反冲洗 24h 再生周期、滤料清洗剂反冲洗 24h 再生周期、滤料清洗剂反冲洗 12h 再生周期的第一水质测试阶段，各种反冲洗再生方式的水质数据见表 6-13、图 6-26、图 6-27。

表 6-13　试验水质数据表　　（单位：mg/L）

日期	含油量					悬浮固体含量				
	滤前水	水反冲洗12h	水反冲洗24h	气反冲洗24h	外输水	滤前水	水反冲洗12h	水反冲洗24h	气反冲洗24h	外输水
6月19日	16.90	10.68	5.83	2.45	—	316.0	198.6	150.0	157.0	—
6月20日	41.67	26.51	17.76	4.40	—	326.1	155.0	138.9	122.0	—
6月21日	21.12	16.02	6.35	1.27	4.39	292.0	229.2	184.6	160.7	164.0
6月22日	33.47	25.58	5.26	3.74	4.41	252.2	166.7	150.5	116.7	91.3
6月23日	53.97	23.36	14.65	7.67	5.55	254.1	150.0	121.4	120.0	65.0
6月24日	36.13	13.96	11.46	10.61	6.61	176.2	102.0	56.1	48.7	59.6
平均	33.87	19.35	10.22	4.97	5.24	269.4	166.9	133.6	120.9	95.0

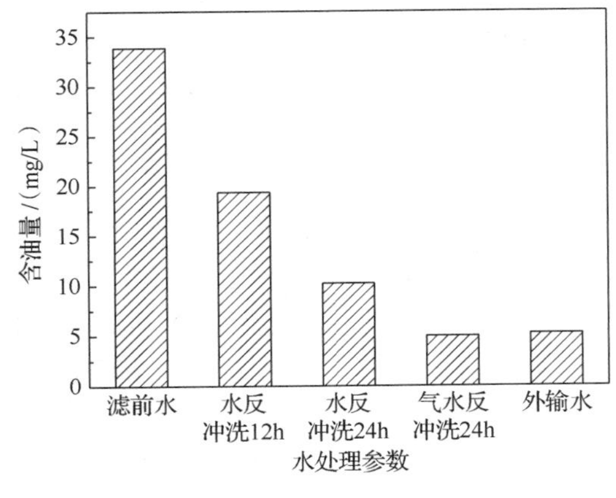

图 6-26　含油量变化图

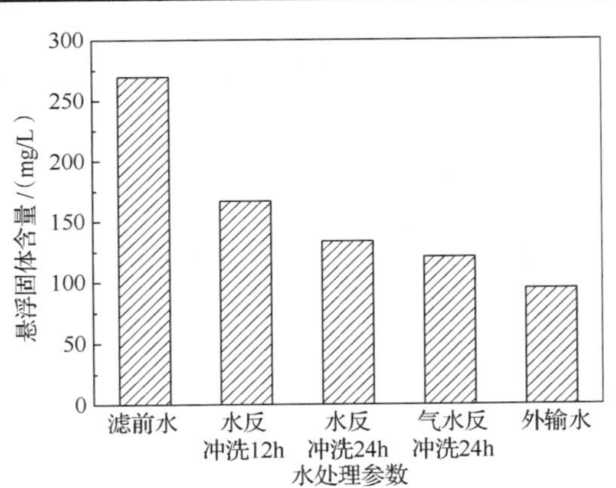

图 6-27　悬浮固体含量变化图

通过滤后水含油量数据可以看出，气水反冲洗后24h再生周期的出水水质数据比滤料清洗剂反冲洗后24h再生周期的出水要好一倍以上，比滤料清洗剂反冲洗后12h再生周期的出水要好三倍以上。采用12h反冲洗再生周期缩小了反冲洗周期时间，增加了反冲洗次数，可以保证生产正常运行，但是水质处理效果较差。

从6月24日开始，三元某B污水处理站的过滤系统一次过滤器和二次过滤器全部开始采用气水反冲洗24h周期的生产方法。表6-14是6月25日之前采用滤料清洗剂反冲洗的系统水质数据和6月25日开始的气水反冲洗的第二水质测试阶段水质数据情况。图6-28和图6-29分别是各处理段含油量和悬浮固体含量的变化图。

表6-14　三元某B污水处理站水质数据表　（单位：mg/L）

日期	含油量			悬浮固体含量		
	来水	滤前水	外输水	来水	滤前水	外输水
6月21日	—	21.12	4.39	—	292.0	164.0
6月22日	—	33.47	4.41	—	252.2	91.3
6月23日	—	53.97	5.55	—	254.1	65.0
6月24日	—	36.13	6.61	—	176.2	59.6
平均	—	36.17	5.22	—	243.63	94.98
6月25日	996.48	29.29	0.29	436.8	212.5	74.5
6月26日	451.04	77.12	2.53	155.6	188.0	88.9
6月27日	967.29	55.83	6.18	141.9	140.0	72.7
6月28日	385.84	35.73	7.30	191.3	213.6	50.0
6月29日	65.07	30.37	3.69	239.1	176.7	53.3
平均	573.14	45.67	4.0	232.9	186.2	67.88

通过水质数据含油量可以看出，采用气水反冲洗24h再生周期的出水水质数据基本将含油量控制在4.0mg/L左右。

（4）污染滤料分析。在试验过程中，对已经采用水加滤料清洗剂的反冲洗方式一年以上的一次3#过滤器和从2008年6月18日开始气水反冲洗、共进行了15次气水反冲洗的一次 3#过滤器分别进行了开罐检查滤料污染情况和取不同层位的滤料进行污染分析的研究。从表观现象和分析滤料污染数据上看都存在较大的差异。

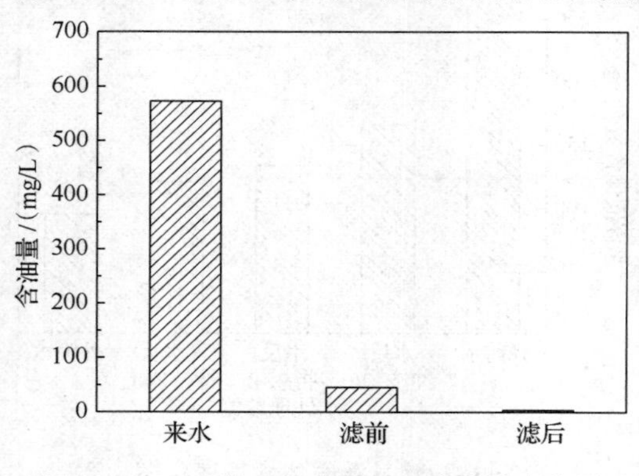

图6-28　三元某B污水处理站含油量变化图

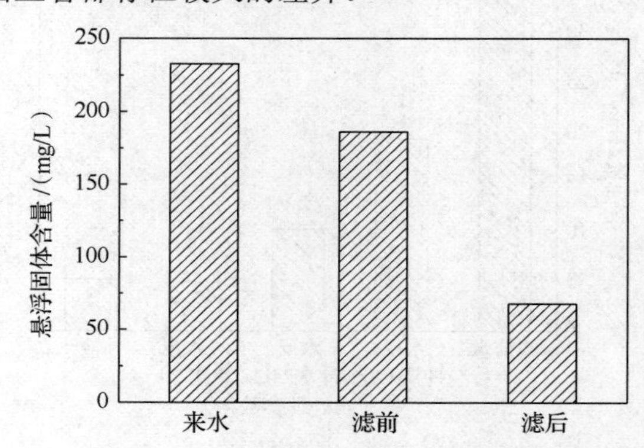

图6-29　三元某B污水处理站悬浮固体含量变化图

第一，滤料清洗剂反冲洗后的滤料污染情况。

在 6 月 24 日，三元某 B 污水处理站打开了一次石英砂过滤器中的 3#过滤器进行滤料污染情况检查，3#过滤器自投产以后一直是采用水加滤料清洗剂的反冲洗方式进行反冲洗操作，每天平均冲洗两次。

开罐以后首先检查滤料高度，滤料在人孔下面，说明没有跑料。罐内壁和人孔内壁有较厚的污油。开罐后看罐内滤料层表面明显有 3～4mm 的一层污油混合物。先在滤料表层取样，再在表层往下 100mm 和 400mm 处分别取样。

水加滤料清洗剂的反冲洗方式的滤料在不同取样层的残余含油量见表 6-15。

表 6-15　滤料清洗剂反冲洗再生的不同层滤料残余含油量

位置	残余含油量/（mg/L）
表层	5.11
表层往下 100mm	3.32
表层往下 400mm	2.90

滤料污染程度属于污染严重级别，具体污染情况见图 6-30～图 6-33。

图 6-30　入孔壁污染情况

图 6-31　罐壁污染情况

图 6-32　滤料层表面

图 6-33　滤料污染状况

第二，气水反冲洗后的滤料污染情况。

在 7 月 3 日，三元某 B 污水处理站打开了一次石英砂过滤器中的 1#过滤器进行滤料污染情况检查，1#过滤器从 2008 年 6 月 18 日开始进行一天一次的气水反冲洗，到开罐之日一共进行了15次气水反冲洗。

开罐以后首先检查滤料高度，滤料在人孔下面，说明没有跑料。罐内壁和人孔内壁干净无油，可以看到防腐漆颜色。滤料层表面没有污油层，可以非常清楚地看到一些漂浮的编织绳，但是滤料表面的细小颗粒比较多。取表层样后用手捏表面滤料，手上有滤料颗粒的压痕，但是手上没有油。又分别取了表层往下100mm处和400mm处的滤料，和表层滤料一样，手捏以后，手上留有滤料颗粒的压痕，但是手上没有油，这说明无论是表层滤料还是中层滤料在经过15次气水反冲洗以后基本达到了再生后没有污染的程度。

取不同层位滤料化验气水反冲洗再生后滤料表面残余含油量，见表6-16。

表6-16　气水反冲洗再生的不同层滤料残余含油量

位置	残余含油量/（mg/L）
表层	0.19
表层往下100mm	0.04
表层往下400mm	0.04

从滤料残余表面含油量看属于基本没有污染，具体情况见图6-34和图6-35。

图6-34　气水反冲洗15次后的罐壁

图6-35　气水反冲洗15次后的滤料

（5）滤料污染成分分析。如图6-36所示，在6月24日打开采用水加滤料清洗剂反冲洗方式的3#石英砂过滤器，污染滤料有一个显著特点是：表层、表层往下100mm处和表层往下400mm处三个不同的层位都是非滤料物质特别多，比例特别大。滤料是非常黏的，滤料烘干后主要以块、团状态存在，用手捏碎后粉末状物质成分含量特别大，分析滤料污染块的形成主要原因是化学药剂成分和污油黏合大量的粉末状物质再和细小滤料颗粒黏合在一起形成污染滤料块。

为了了解和掌握滤料污染的形成原因和主要污染成分，分析污染滤料中主要成分和杂质含量构成，进行两种滤料中的多种成分含量分析。

如图6-37所示，在7月3日打开采用气水反冲洗方式的1#石英砂过滤器，表层、表层往下100mm处和表层往下400mm处三个不同的层位就已经没有这种大的滤料块、团，但是小的滤料块、团能看见几个，捏碎后主要成分是粉末状物质和较轻及细小的磁铁矿颗粒，里面石英砂颗粒很少。滤料烘干后都是非常干净的颗粒，流动性能很好。但是表层滤料中非滤料物质比较多。

图 6-36　水加滤料清洗剂反冲洗滤料形态

图 6-37　气水反冲洗滤料形态

分析测试了两种再生方式的滤料污染物成分，数据见表 6-17。

表 6-17　两种再生方式的滤料污染成分分析数据表　（单位：mg/L）

滤料层名	3#石英砂过滤器			1#石英砂过滤器		
	含油量	杂质量	有机物量	含油量	杂质量	有机物量
表层	5.11	6.0	9.0	0.19	7.5	6.3
表层往下 100mm	3.32	3.6	5.2	0.04	0.7	1.1
表层往下 400mm	2.90	3.7	5.3	0.04	1.1	1.5

如表 6-17 所示，滤料清洗剂反冲洗再生的一次 3#石英砂过滤器表层滤料的含油量、杂质量、有机物量比其他两个层位都高，和开罐后罐内滤料层表面明显有约 100mm 的一层污油混合物有直接关系。滤料清洗剂反冲洗再生的反冲洗能力非常有限，部分冲洗掉的油污和杂质都集中在滤料层表面，冲不到过滤器外面去，这样时间长了以后就开始产生恶性循环，加快滤料污染速度。

气水反冲洗再生的一次 1#石英砂过滤器各层位滤料在气水反冲洗再生以后都达到无污染状态，气水反冲洗再生能够将滤料层的各个层位的非滤料物质冲到滤料层上部，大部分在气水反冲洗再生过程中冲到过滤器外面。可以看出：气水反冲洗再生过滤器内的杂质量、有机物量只有滤料清洗剂再生过滤器的杂质量、有机物量的一半左右，而且主要集中在最上面的表层滤料中，比较利于今后去除，随着气水反冲洗再生次数增加，表层滤料中的这些非滤料物质应该能够继续减少。从三元某 B 污水处理站的工业应用试验结果来看，气水反冲洗后的滤料比水反冲洗后的滤料杂质含量少，说明反冲洗效果比后者好，气水反冲洗后的出水水质也好于水反冲洗后的出水水质，因此，实际应用中气水反冲洗后的效果优于水反冲洗的效果。

6.3.3　现场测试

10 月 23 日，研究人员在三元某 B 污水处理站进行了项目的现场测试，开的是一次石英砂过滤器中的 3#石英砂过滤罐，测试数据见表 6-18。

表 6-18　现场测试数据表

滤料名称	含油量/（mg/L）
上层滤料	0.206
中层滤料	0.112

现场测试的气水反冲洗再生后的滤料表面残余含油量数据略好于现场试验期间 7 月 3 日的气水反冲洗再生 15 次后的滤料表面残余含油量数据，具体情况见图 6-38 和图 6-39。

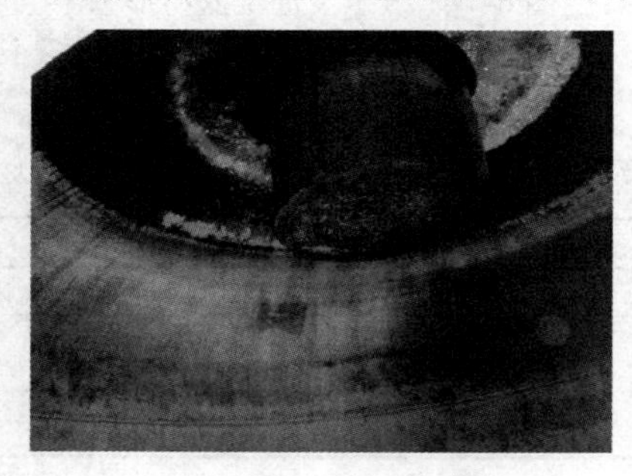

图 6-38　气水反冲洗后过滤器内壁

图 6-39　气水反冲洗后滤料表面

6.3.4　试验总结

（1）在单独水反冲洗和投加滤料清洗剂反冲洗两种再生方式的再生效果较差的情况下，气水反冲洗再生都能够将污染严重的颗粒滤料在很短的时间内彻底再生出来，恢复颗粒滤料的原始过滤性能。

（2）先气后水反冲洗再生方式和气、水在过滤器内混合反冲洗再生方式的再生效率都比较高，但是先气后水反冲洗再生方式具有在工艺流程中接入供气设备就可以实现气水反冲洗再生、工艺和过滤器内部都不用改造的特点，适用性强、经济效益大。

（3）气水反冲洗再生方式比其他已用的再生方式减少自耗水量 75%以上。

（4）工业应用试验的多次开罐检查颗粒滤料表面残余含油量的数据表明：污染程度达 3.0%左右污染严重的滤料，在每天一次气水反冲洗再生的工艺条件下，滤料表面残余含油量可以保持在 0.01%～0.04%范围内，达到滤料再生干净彻底的目的。聚合物驱、三元复合驱采出水处理工艺中采用气水反冲洗再生技术可以彻底解决滤料污染问题，经济效益和社会效益较大。

6.4　经济效益及社会效益分析

以设计处理量 3500m^3/d 的三元某 B 污水处理站为例，投产以后采用滤料清洗剂反冲洗再生方式，每天需要反冲洗两遍，这样污水处理站每天产生 1700m^3 反冲洗水量，占总处理量的 43%左右。采用气水反冲洗技术以后，目前采用两天气水反冲洗一遍，只产生了 350m³/d 反冲洗水量，每天减少 1350m³ 反冲洗水处理量，这样一年可以减少 $49.3\times10^4m^3$ 反冲洗水处理量，按大庆油田含油污水处理成本 2.50 元/m^3 计算，三元某 B 污水处理站采用气水反冲洗再生技术以后，每年可以减少生产成本投入 123.3 万元，同时相当于增加了 1350m^3/d 聚驱和三元污水处理能力。

大庆油田截至 2008 年底三元复合驱采出水处理工艺的处理规模已经达到 $8.9\times10^4m^3$/d，见表 6-19。已建设三元污水处理站有配套气水反冲洗再生技术设计，如果全部投产以后均采用气水反冲洗再生技术，可以每年减少生产成本投入 3135 万元。同时又相当于增加了 $3.4\times10^4m^3$/d 三元污水处理能力。

表 6-19　已建三元污水处理站规模

序号	三元污水处理站名称	设计规模/（m^3/d）
1	三元北二西污水处理站	0.35×10^4
2	三元某 A 污水处理站	0.35×10^4
3	三元某 B 污水处理站	0.35×10^4
4	三元喇 291 污水处理站	0.35×10^4
5	三元杏六污水处理站	1.0×10^4
6	三元南四污水处理站	1.5×10^4
7	三元中 306 污水处理站	2.0×10^4
8	三元杏十污水处理站	1.0×10^4
9	三元聚北一污水处理站	2.0×10^4
	合计	8.9×10^4

大庆油田目前聚合物驱采出水处理工艺的设计规模是 $54.4\times10^4m^3$/d，按聚合物驱采出水处理工艺过滤器每天反冲洗一次考虑，如果全部采用气水反冲洗再生技术，每年可以减少污水处理生产成本 0.95 亿元，同时可以增加 $10\times10^4m^3$/d 聚驱处理能力。

6.5　气水反冲洗再生工艺的技术改进

气水反冲洗再生技术是解决大庆油田三次采油污水处理中滤料污染不能再生干净的问题和可以大幅度提高处理后水质标准的最新颗粒滤料再生技术。这项再生技术具有滤料再生干净彻底、可以彻底去除滤料产生污染的核心物质、大幅度减少生产成本投入等技术特点，目前在油田含油污水处理工艺中大面积推广应用。

在初期的气水反冲洗再生工艺中，出现过气体在气反冲洗再生时由于反冲洗水泵的出口止回阀关不严窜气使水泵产生气蚀现象，因此气水反冲洗工艺设计采用反冲洗气体直接进单座过滤罐反冲洗再生的进气方式。这样每一个过滤器都设计有一个进气开关阀，因此，气水反冲洗再生部分除增加空压机动力系统投资以外，还有单罐进气开关阀一项投资，如果过滤罐超过 16 座，单罐进气开关阀投资大于空压机动力系统投资。单罐进气反冲洗示意图见图 6-40。

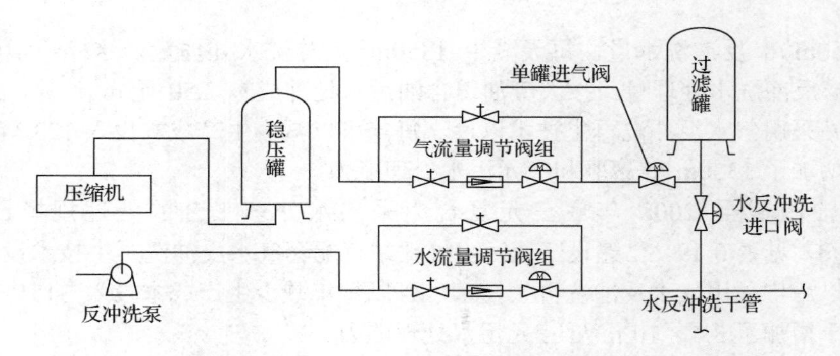

图 6-40　单罐进气反冲洗示意图

如图 6-40 所示，为了降低污水处理工艺中气水反冲洗再生部分的工程投资，在推广中经过试验研究以后，采用了在水流量调节阀组上增加一个切断开关阀，单罐不设进气开关阀的新的工艺设计。如图 6-41 所示，在进行气反冲洗的时候，程序首先将水流量调节阀组上的切断开关阀关闭，这样气体不会出现从水流量调节阀组窜气到水泵的隐患，气体只能从水反冲洗干管直接进过滤罐进行气反冲洗。新的气水反冲洗再生工艺的再生效果和初期的气水反冲洗再生工艺的再生效果基本相同。

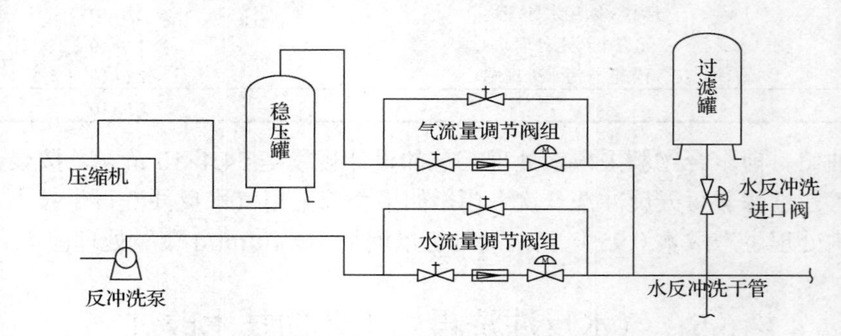

图 6-41　水反冲洗干管进气反冲洗示意图

以大庆油田已经投产的8座气水反冲洗再生工艺的三元污水处理站的气水反冲洗再生部分的平均投资基数为计算依据，改进后新的气水反冲洗再生部分与初期的气水反冲洗再生部分相比，工程投资减少了 44.5%。

新的气水反冲洗工艺在处理水质效果相同的条件下，具有以下特点：

（1）减少了反冲洗过程中的控制点和控制操作次数，程序操作简单化，有利于气水反冲洗再生工艺的稳定运行。

（2）节省投资、经济效益较大，利于气水反冲洗再生技术的大面积推广使用。

第7章　油田过滤反冲洗参数优化研究

7.1　反冲洗参数优化的目的和意义

目前，核桃壳过滤罐反冲洗存在的主要问题：一是反冲洗过程中跑料（或憋压），长期运行损坏过滤罐内部结构；二是反冲洗达不到预期效果，核桃壳滤料再生效果差，长期运行造成滤料污染，致使滤后水质达标困难。造成上述问题的主要原因是原有的反冲洗参数及反冲洗方式不适宜，需要进行修订。

根据核桃壳过滤生产实践及技术经验，目前核桃壳过滤工艺 8.0L/（$s \cdot m^2$）的反冲洗强度偏大，容易造成污染层整体上移，膨胀高度超过筛管，造成跑料及憋压或反向过滤，影响反冲洗效果；另外，反冲洗强度大，流体密度小，机械搅拌产生的摩擦力小，脱附作用差。在清洗阶段采用机械搅拌易产生紊流，不利于连续替换污染物。

有必要根据生产实际改进反冲洗方式，即对原有核桃壳过滤罐的反冲洗参数（反冲洗强度、反冲洗时间）及反冲洗方式进行优化。改善反冲洗效果，提高核桃壳过滤工艺运行效率。

过滤是用过滤介质（滤料）对作为分散相的悬浮固体进行拦截而允许作为连续相的水通过来实现两相分离的过程。过滤介质对悬浮固体的拦截作用可分为筛除作用和吸附作用。而反冲洗的目的是将污染物与滤料脱附并清洗去除，反冲洗阶段包括脱附和清洗过程。反冲洗参数及方式优化可改善脱附及清洗效果，保证滤料有效再生，确保反冲洗效果，恢复滤料的纳污能力，延长化学清洗和更换滤料的周期。

脱附可通过物理及化学方法实现，化学方法通过添加清洗剂等化学药剂，溶解污染物并去除，而物理方法通过机械搅拌等方式实现。由于高强度反冲洗流体密度小，机械搅拌产生的摩擦力小，污染物不易剥离、脱落，脱附作用差。所以我们确定方案时采用适当降低反冲洗强度的方法，并根据过滤及反冲洗机理确定了首先在脱附阶段小强度搅拌，然后在清洗阶段大强度搅拌的分段反冲洗方式。因为小强度搅拌较之大强度搅拌，流体密度增大，摩擦力随之增大，有利于脱附。

清洗过程包括溶解、置换等，溶解于水中的溶解物分散于清洁水中被置换出去，达到清洗滤料的目的。生产中最有力的方法是利用连续流替换脱附物。大强度冲洗时停止机械搅拌，即保证膨胀高度不过高，又使流体不形成紊流，保证脱附物被连续替换。所以在该阶段利用大强度冲洗，清洗脱附物。

7.2 水驱见聚 A 联合站反冲洗参数优化技术研究

在参数的具体选取上采用技术经验与现场运行情况相结合的方法。通过现场实际运行及技术经验总结出 8.0L/（s·m^2）的反冲洗强度偏大，因此试验方案中将 8.0L/（s·m^2）定为反冲洗强度上限，采取逐步降低强度的试验方法，所以大强度冲洗强度试验点分别选取 7.0L/（s·m^2）、5.0L/（s·m^2）、4.0L/（s·m^2）和 3.0L/（s·m^2），小强度搅拌试验点相应地分别选取 3.0L/（s·m^2）、2.5L/（s·m^2）、2.0L/（s·m^2）和 1.5L/（s·m^2）。

研究采用原有反冲洗参数和优化的反冲洗参数进行对比试验，通过几种反冲洗参数运行情况的对比，确定最佳反冲洗强度、时间及运行方式。对比参数如图 7-1、图 7-2 和表 7-1 所示。

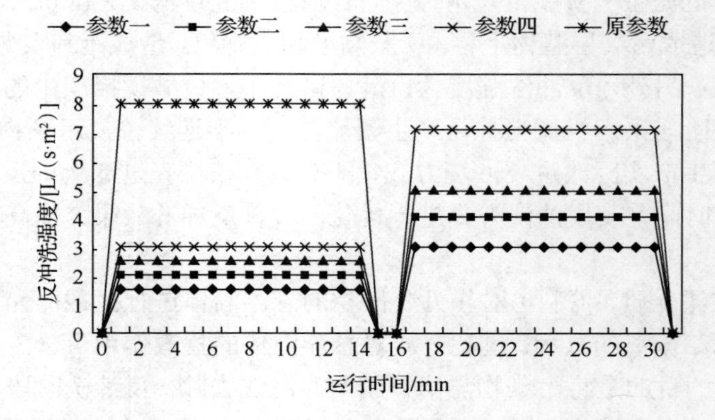

图 7-1　反冲洗参数对比图

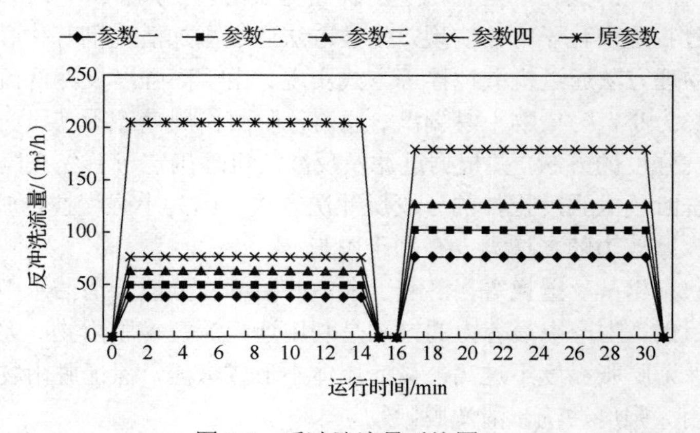

图 7-2　反冲洗流量对比图

表 7-1　反冲洗参数对比表

项目	参数一	参数二	参数三	参数四	原参数
启动强度/［L/（s·m^2）］	1.5	2.0	2.5	3.0	8.0
搅拌开启时间	1min 后	1min 后	1min 后	1min 后	反冲洗开始
搅拌时间/min	15	15	15	15	15
停止搅拌时间	16min 后	16min 后	16min 后	16min 后	反冲洗结束
大强度冲洗强度/［L/（s·m^2）］	3.0	4.0	5.0	7.0	—
大强度冲洗时间/min	15	15	15	15	—
反冲洗时间/min	30	30	30	30	15

A 联合站地处采油三厂东部过渡带地区，2003 年 10 月建成投产，设计能力 $2.0\times10^4m^3/d$，聚合物质量浓度 45mg/L，为水驱见聚站。主工艺为自然沉降、混凝沉降和一级核桃壳过滤，应用 10 座ϕ3.0m 核桃壳过滤罐。试验前，对该站水质状况及滤料污染情况进行调查，该站滤后水质超标（含油量 16.1mg/L，悬浮固体含量 27.0mg/L），滤料污染较严重（滤料含油量 22.4mg/L）。

在反冲洗参数的优化上，采取的办法是先小强度进水，使核桃壳滤料层适度膨胀；然后在小强度冲洗状态下搅拌一段时间，使滤料上的污染物充分摩擦、剥离；再关闭搅拌机，进行大强度冲洗，可以使污染物随反冲洗排水更好地去除。

研究采用原有反冲洗参数和优化的反冲洗参数进行对比试验。各种参数对比如表 7-2，其中前四个反冲洗参数为优化的参数。

表 7-2　反冲洗参数对比表

项目	参数一	参数二	参数三	参数四	原参数
反冲洗强度/［L/（s·m^2）］	前 15min1.5	前 15min2.0	前 15min2.5	前 15min3.0	15min8.0
搅拌时间/min	15	15	15	15	15
大强度冲洗强度（停搅拌机）/［L/（s·m^2）］	后 15min3.0	后 15min4.0	后 15min5.0	后 15min7.0	—
反冲洗时间/min	30	30	30	30	15

每个试验参数取两座过滤罐进行监测，反冲洗过程中监测过滤罐压差，同时取样监测水质，分析含油量、悬浮固体含量。过滤过程中取样监测水质，分析含油量、悬浮固体含量。

7.2.1 反冲洗压差

参数一反冲洗过程过滤罐压差如图 7-3 和图 7-4 所示。

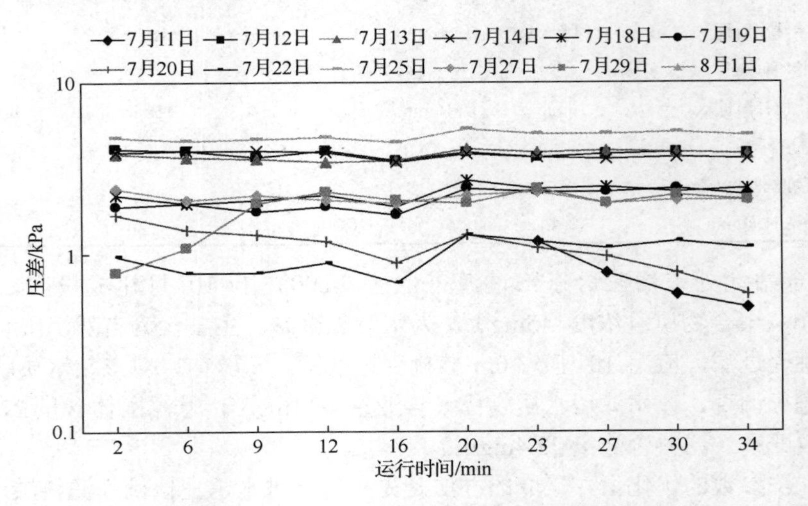

图 7-3 参数一（1#过滤罐）反冲洗压差图

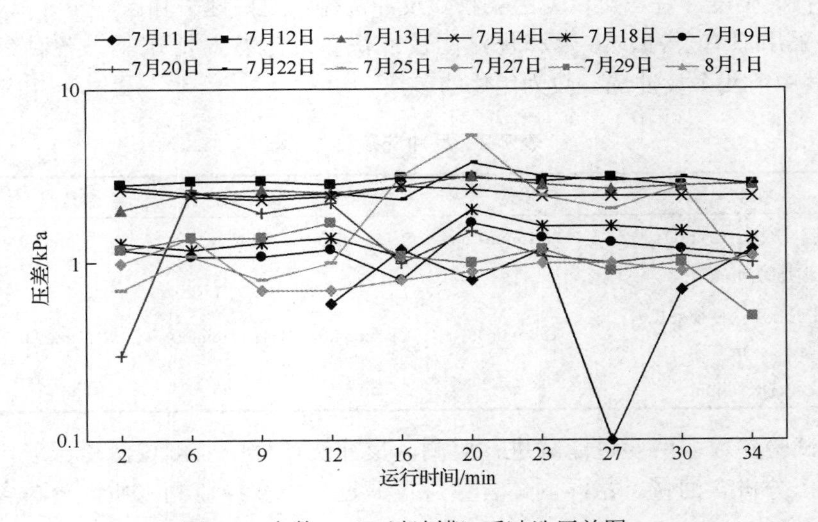

图 7-4 参数一（2#过滤罐）反冲洗压差图

参数二反冲洗过程过滤罐压差如图 7-5 和图 7-6 所示。

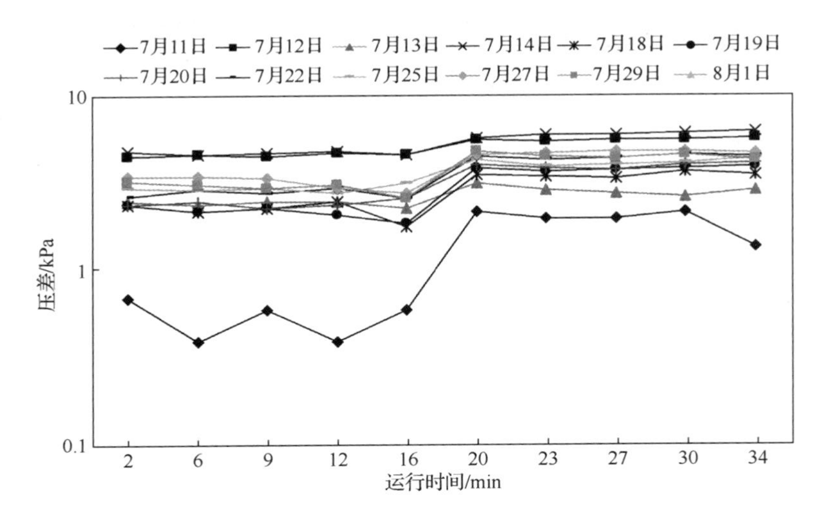

图 7-5　参数二（3#过滤罐）反冲洗压差图

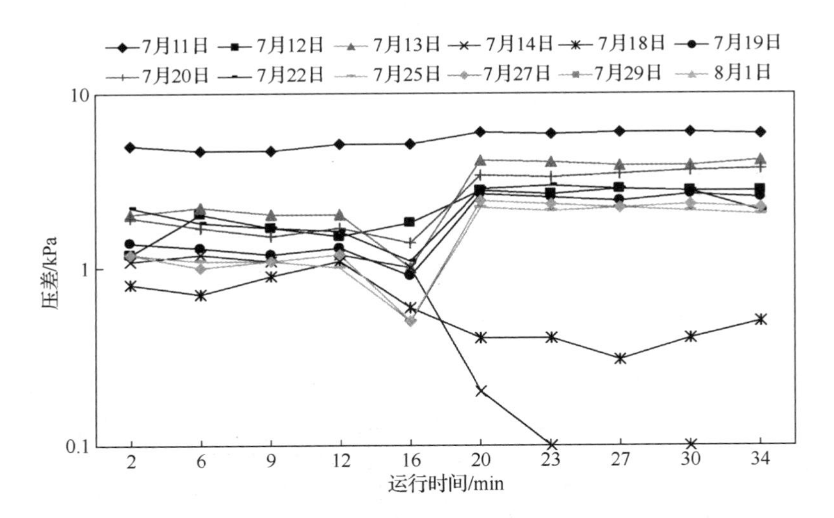

图 7-6　参数二（4#过滤罐）反冲洗压差图

参数三反冲洗过程过滤罐压差如图 7-7 和图 7-8 所示。

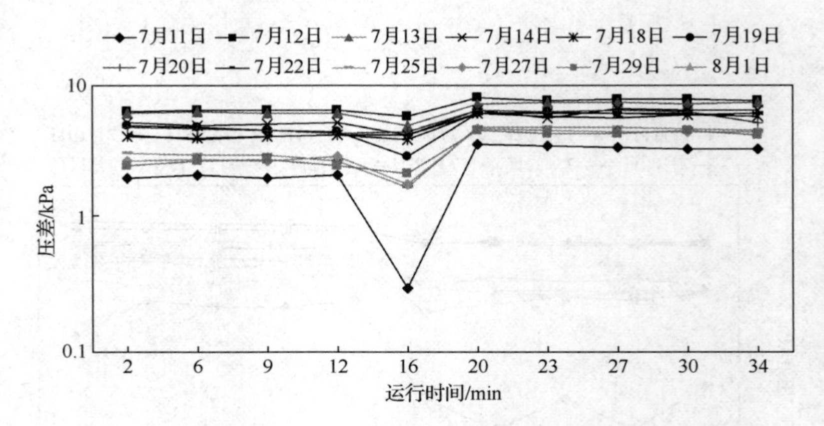

图 7-7　参数三（5#过滤罐）反冲洗压差图

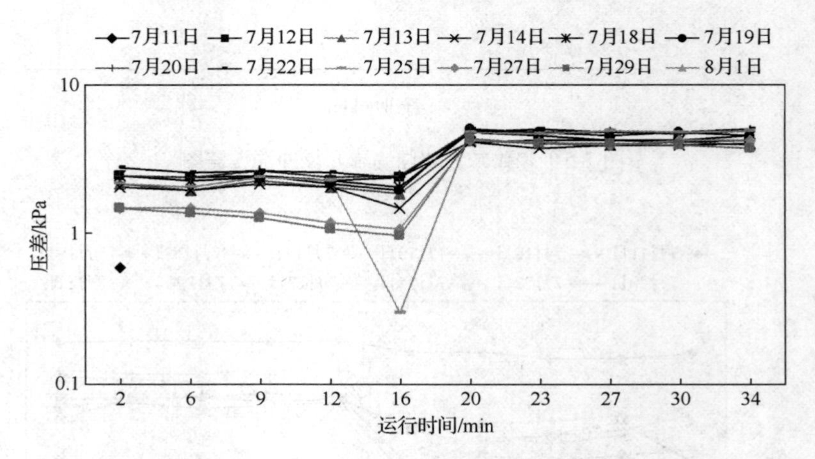

图 7-8　参数三（6#过滤罐）反冲洗压差图

参数四反冲洗过程过滤罐压差如图 7-9 和图 7-10 所示。

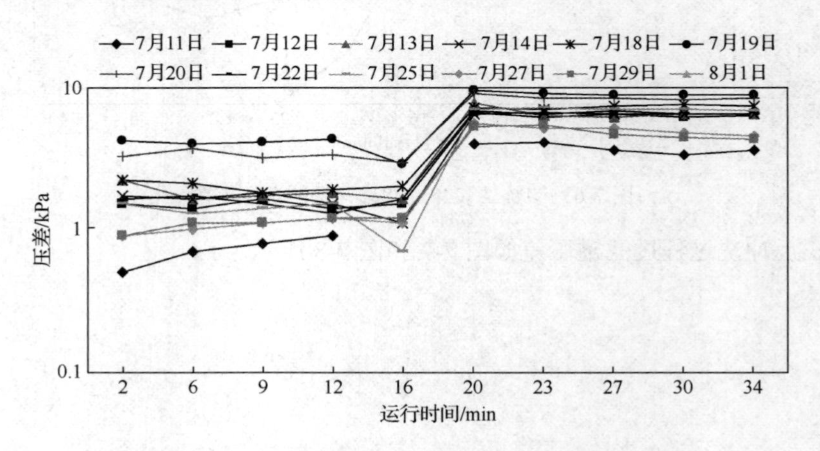

图 7-9　参数四（7#过滤罐）反冲洗压差图

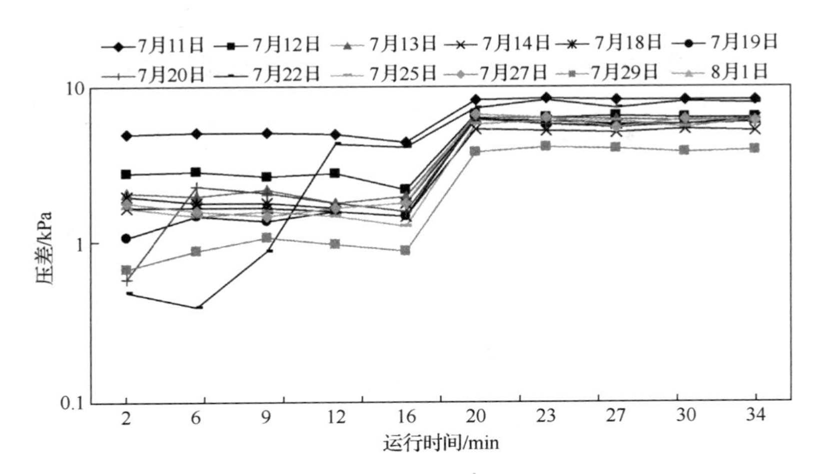

图 7-10 参数四（8#过滤罐）反冲洗压差图

原参数反冲洗过程过滤罐压差如图 7-11 和图 7-12 所示。

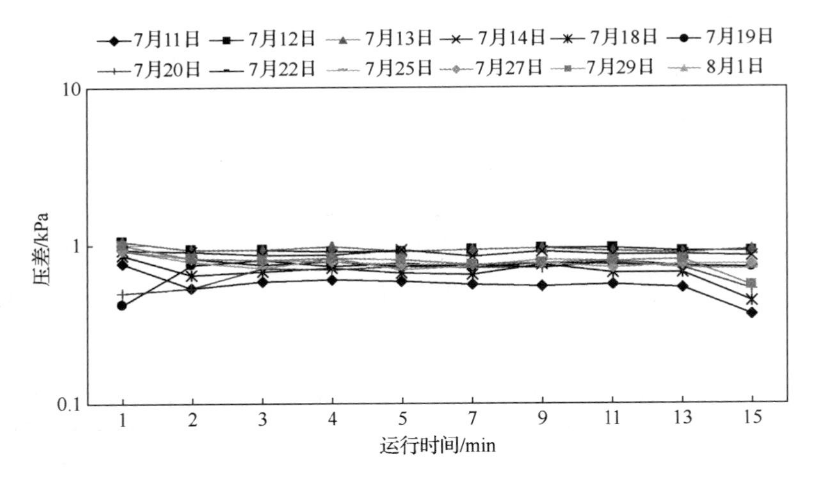

图 7-11 原参数（9#过滤罐）反冲洗压差图

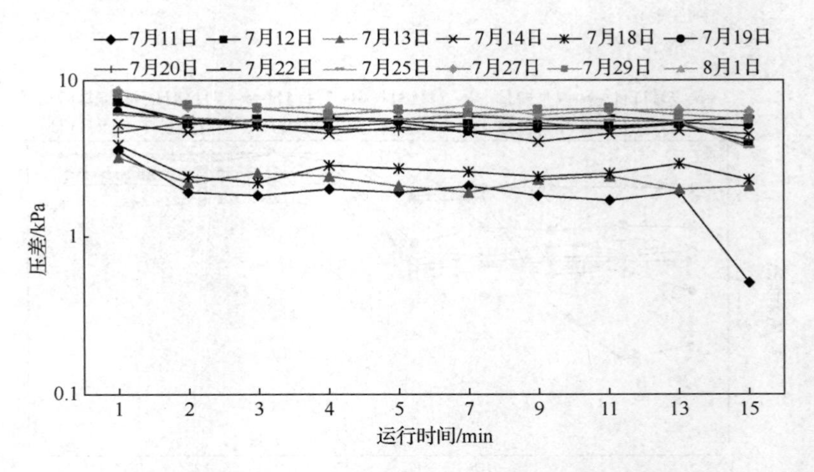

图 7-12　原参数（10#过滤罐）反冲洗压差图

反冲洗过程过滤罐压差统计见表 7-3。

表 7-3　反冲洗过程过滤罐压差对比表

采用参数	反冲洗压差/MPa
参数一	1～10
参数二	1～10
参数三	1～10
参数四	1～10
原参数	1～10

对于五种参数，反冲洗过程中，过滤罐进出口压差稳定，均在 1～10MPa，总体来说压差很小，表明该站配水结构没有产生憋压现象。具体数据和压差变化曲线见表 7-4 和图 7-13。

表 7-4　反冲洗过程过滤罐不同时间压差变化表　　（单位：MPa）

时间/min	方案一	方案二	方案三	方案四	原方案
2	3.8	3.9	2.2	1.9	4.1
6	3.7	4	2	2	4
9	3.6	4	2.1	1.8	3.7
12	3.4	3.9	2.2	1.9	4
16	3.5	3.4	1.9	1.7	3.5
20	4.1	3.8	2.7	2.4	3.9
23	3.9	3.7	2.4	2.3	3.7
27	4	3.6	2.5	2.3	3.8
30	3.9	3.7	2.3	2.4	3.9
34	3.8	3.6	2.4	2.2	3.8

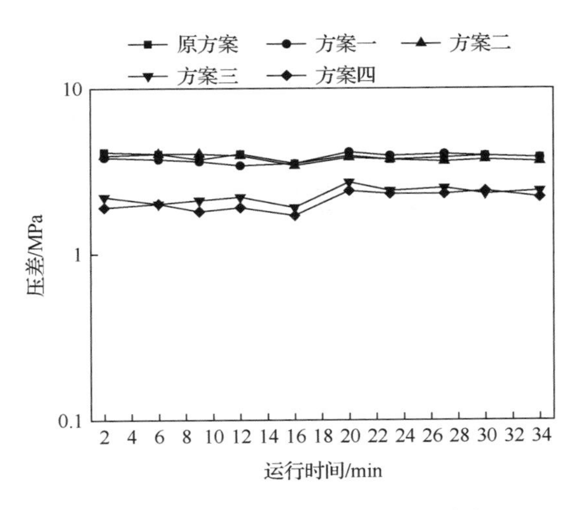

图 7-13　反冲洗阶段的压差变化曲线

7.2.2　反冲洗排水含油量

参数一反冲洗排水含油量化验数据见表 7-5 和图 7-14。

表 7-5　参数一反冲洗排水含油量统计表　　（单位：mg/L）

日期	运行时间									
	2min	6min	9min	12min	16min	20min	23min	27min	30min	34min
7 月 12 日	3554.3	2856.8	2520	2065.1	1752.3	941.7	913	125.9	78.4	44.9
7 月 13 日	4037.9	3775	3530.6	2831.3	2731.5	2386	1867.6	1073.3	141.7	53.8
7 月 14 日	3712.2	2541.7	1757.1	1789.7	2970.8	1164.7	1059.8	342.9	114.4	44.6
7 月 18 日	3143.5	2292.3	1388.2	1650	1117.6	900.9	806.4	617.6	100	33.6
7 月 19 日	3259.9	2032.8	1502.5	1509.2	1116.7	1307.1	217.1	198.8	123.1	45.1
7 月 20 日	5189.3	4860	4490	2755.3	2481	2215.2	1000	350.7	204.2	155.4
7 月 22 日	3669.1	3436.2	2920.1	2673	2387.3	1999.3	739.8	373.6	86.5	26.8
7 月 25 日	3586.7	3468.7	2942.3	2587.9	2323.8	2095.5	1620.1	250.5	214.9	21.3
7 月 27 日	4787.8	4143.7	3764.1	3053.3	2226.7	1400.9	704.6	335.8	97.3	23.3
7 月 29 日	4280.2	4083.3	3802.1	3533.8	2014.8	1062.2	94.9	615.8	59.1	24.7
8 月 1 日	4373.5	4077.5	4045.3	3724.3	3636.6	2072.3	418.7	315.7	118	72.5
平均	3934.3	3421.1	2927.3	2541.5	2203.8	1592.6	876.4	410.4	120.6	48.5

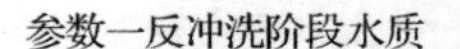

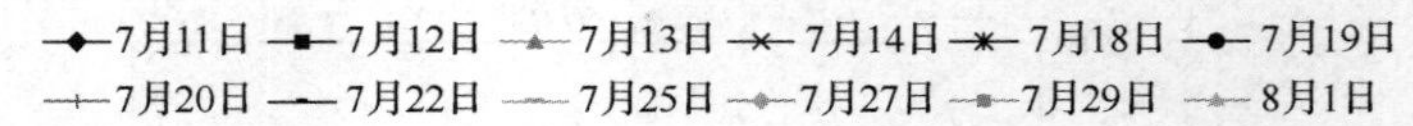

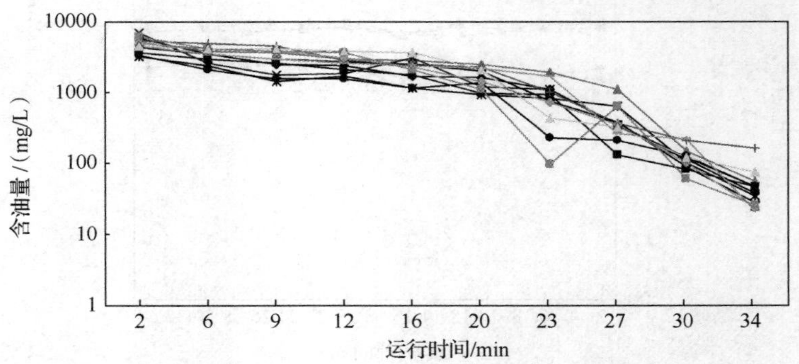

图 7-14 参数一反冲洗排水含油量图

参数二反冲洗排水含油量化验数据见表 7-6 和图 7-15。

表 7-6 参数二反冲洗排水含油量统计表 （单位：mg/L）

日期	运行时间									
	2min	6min	9min	12min	16min	20min	23min	27min	30min	34min
7 月 11 日	3627.5	2775.5	2552.9	2438.2	2233.6	1155.3	911.6	147.4	54.6	25.6
7 月 12 日	2452.9	1866.7	1742.9	1230.4	1397.5	944.7	1079.2	304.2	77.9	24.1
7 月 13 日	2569.4	1947.7	1920	2066.7	1786.7	794.9	650	238.5	89.1	23.3
7 月 14 日	3202.7	2963.7	2654.5	2535.4	2741.7	2197.4	428.6	204.5	52.5	23.8
7 月 18 日	1641.7	1544.5	1483.3	1294.8	872.9	705	364.7	108.9	49.9	14.7
7 月 19 日	5421.1	3905.6	3297.3	2488.8	2045.1	1845.9	427.2	58.5	51	38.6
7 月 20 日	3932.9	5444.4	2873.9	6056.9	5404.4	357.9	246.2	233.5	178.7	39.1
7 月 22 日	3754.5	3109.4	2443.7	1800.3	1921.2	1399.5	623.5	224.2	106.4	55.9
7 月 25 日	5650	5509.8	4688.3	4611.1	4250	2670.4	445.2	107.3	57.4	19.1
7 月 27 日	6622.8	5109	4726.2	4160.4	4114.6	3177.4	611.1	269.3	155.1	27.3
7 月 29 日	4517.7	3682.8	3557.3	3348.6	2865.7	2375.9	328.8	92.4	14.1	20.3
8 月 1 日	3949.2	3453.7	3011.7	2832.2	2642.5	2259.5	677.1	93.6	71.4	37.2
平均	3945.2	3442.7	2912.7	2905.3	2689.7	1657.0	566.1	173.5	79.8	29.1

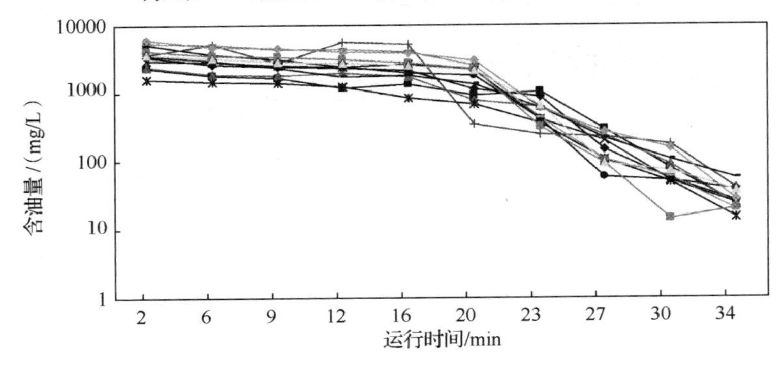

图 7-15　参数二反冲洗排水含油量图

参数三反冲洗排水含油量化验数据见表 7-7 和图 7-16。

表 7-7　参数三反冲洗排水含油量统计表　　（单位：mg/L）

日期	运行时间									
	2min	6min	9min	12min	16min	20min	23min	27min	30min	34min
7 月 11 日	4025.9	3097.8	2654.8	2550.3	1792.2	783.9	250.9	407	46.2	24.4
7 月 12 日	2715.3	2303	1610.4	1465.7	1225.5	821	748.5	322.7	32.6	36.2
7 月 13 日	4033.3	3910.1	3673.7	3437.5	3165.4	907.1	713.7	185.5	57.2	29.8
7 月 14 日	4076.2	1551.4	4371.4	5539.5	873.7	1656.3	835.9	188.6	49.1	35.1
7 月 18 日	3584	2819.9	2750	2371.2	1388.1	1333.3	1293	583.3	44.5	25
7 月 19 日	4744.4	3752	3160.5	2605.6	1846.5	260.3	166.4	71.9	30	22.1
7 月 20 日	5111.1	4720	3446.6	3497.6	2386	1227.2	700	157.8	47.5	23.1
7 月 22 日	2844.9	2042.8	1838	1545.2	808.3	694.2	70.2	178.9	59.7	34.7
7 月 25 日	4872.2	2016.2	18051.5	1644.6	1032.4	654.2	267.2	86	30.2	22.1
7 月 27 日	5547.6	4548	3773.3	2884.8	2085.7	1553.2	408.5	144.7	37.7	20.3
7 月 29 日	4066.7	3121.1	3026.8	2862.9	1958.3	1542.9	320.8	96.5	35.3	19
8 月 1 日	4381.6	4197.9	2705.7	2622	2163.9	1112.4	435.9	156.6	23.8	71.7
平均	4166.9	3173.4	4255.2	2752.2	1727.2	1045.5	517.6	215.0	41.2	27.3

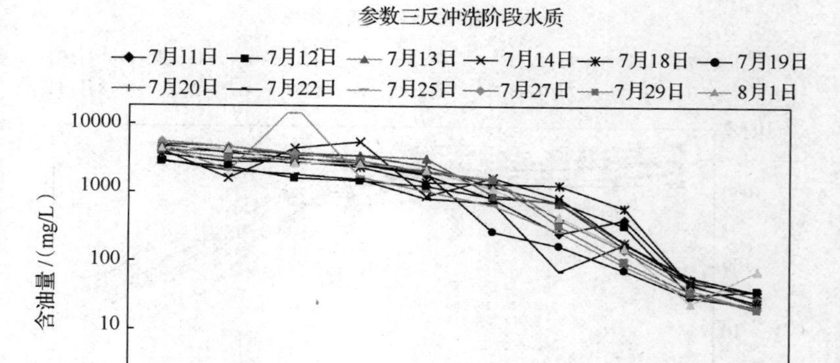

图 7-16　参数三反冲洗排水含油量图

参数四反冲洗排水含油量化验数据见表 7-8 和图 7-17。

表 7-8　参数四反冲洗排水含油量统计表　　（单位：mg/L）

日期	运行时间									
	2min	6min	9min	12min	16min	20min	23min	27min	30min	34min
7 月 11 日	4366.7	3111.4	2708.1	2527.8	1705.9	1123.7	492.6	115.1	46.3	20.8
7 月 12 日	4263.9	3145.8	2850	1527.3	1081.3	902.6	247.8	97.3	39.8	19
7 月 13 日	5084.3	4363	3333.3	2552.6	1975.8	1683.8	488.9	132.9	66.4	18.2
7 月 14 日	3768.8	3324.3	2294.3	2045.5	1319.4	1284.4	502.3	114.2	63.8	20.4
7 月 18 日	3934	3725	2969	2062.5	1715.4	312.7	162.1	56.6	33.2	20.4
7 月 19 日	4628.4	3561.4	2817.1	1881.9	923.6	210.9	104.5	59.1	33.5	24.8
7 月 20 日	6343.1	4256.6	3455	2343.3	1684.4	578.7	490	110.1	50.2	22.3
7 月 22 日	4087.5	3418.9	2842.7	2312.5	1299.2	711.8	335.9	38.7	61.7	16.6
7 月 25 日	4892.3	3170.6	2479.4	2115.5	1240.3	721.7	237.2	71.8	31.9	15.9
7 月 27 日	5502.4	4231.1	3433.3	2516	1802.8	861.1	462.9	91	42.6	18.9
7 月 29 日	4960.8	3390.2	2653.3	2087.7	1697.4	831.6	322.5	68.4	35.8	17.9
8 月 1 日	4723.5	4143.2	3974.3	3721.5	3023.3	1432.5	171.2	93.5	37.5	10.9
平均	4713.0	3653.5	2984.2	2307.8	1622.4	888.0	334.8	87.4	45.2	18.8

参数四反冲洗阶段水质

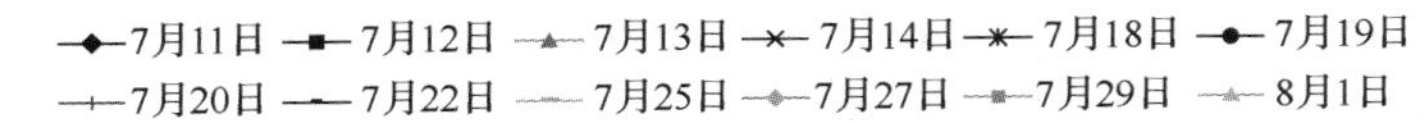

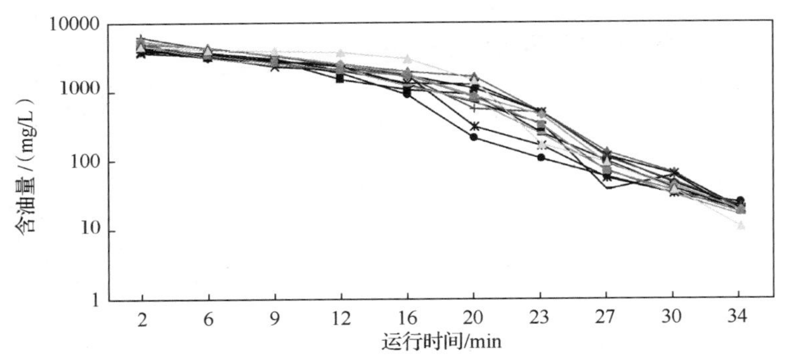

图 7-17 参数四反冲洗排水含油量图

原参数反冲洗排水含油量化验数据见表 7-9 和图 7-18。

表 7-9 原参数反冲洗排水含油量统计表 （单位：mg/L）

日期	运行时间									
	2min	6min	9min	12min	16min	20min	23min	27min	30min	34min
7月11日	2255.7	1842.5	1674.2	1525	1318.1	1469.5	543.6	335.3	226	226.8
7月12日	2565.1	2174.2	743.2	588.1	497.5	739.7	411.9	217.4	258.7	231.3
7月13日	3793.3	3491.2	3296.4	2793.3	2162.7	2094.3	1198.8	520.8	614.8	355.1
7月14日	2729.8	2607.9	3362.2	2155	1509.3	828.2	639	586.4	508.8	322.6
7月18日	2265.6	1444.4	1420	752.9	734.2	636.8	249.9	211.9	177.9	159.6
7月19日	1884.4	1321.5	1139.7	976.4	837.3	702.4	718.5	584.4	368.6	224.7
7月20日	2619	2220.2	1848.8	1740.4	1691.7	939.1	532.8	477.4	430	325
7月22日	3489.2	2918	2555.6	1931.7	1740.2	1122.7	921.2	542.9	408.5	251.5
7月25日	3000	2538.7	2320	1692.1	1215.4	955.7	810.1	721.1	569.2	358.9
7月27日	2390.5	2279.4	2220.5	2014.6	1952.1	1257.8	895.6	458.8	303.6	228.9
7月29日	2818.3	2794.8	2531.9	1708.3	1555.6	1053.8	582.1	463.3	300	198.9
8月1日	3750.8	3549.5	3238.4	2545.5	1566.1	883.7	504.6	458.3	457.6	318.3
平均	2796.8	2431.9	2195.9	1701.9	1398.4	1057.0	667.3	464.8	385.3	266.8

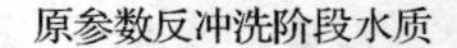

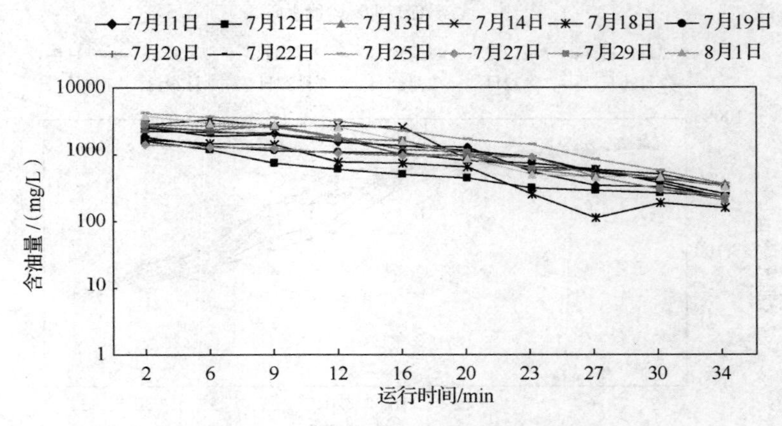

图 7-18　原参数反冲洗排水含油量图

由表 7-5～表 7-9、图 7-14～图 7-18 可以看出，五种参数运行的核桃壳过滤罐反冲洗排水含油量周期内均随着反冲洗的进行逐渐降低，最后稳定。随着运行周期的增加，反冲洗排水含油量曲线平稳，说明运行和反冲洗状态稳定。

参数三和参数四运行的核桃壳过滤罐反冲洗排水含油量周期内随着反冲洗的进行逐渐降低。随着运行周期的增加，反冲洗排水含油量曲线整体下移，说明滤层的污染程度在不断降低，受污染滤料可以逐渐恢复到正常状态，见图 7-19 和图 7-20。

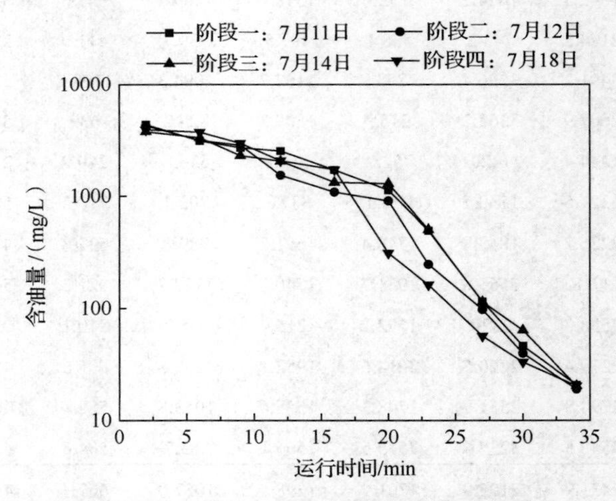

图 7-19　参数三反冲洗排水含油量分阶段图

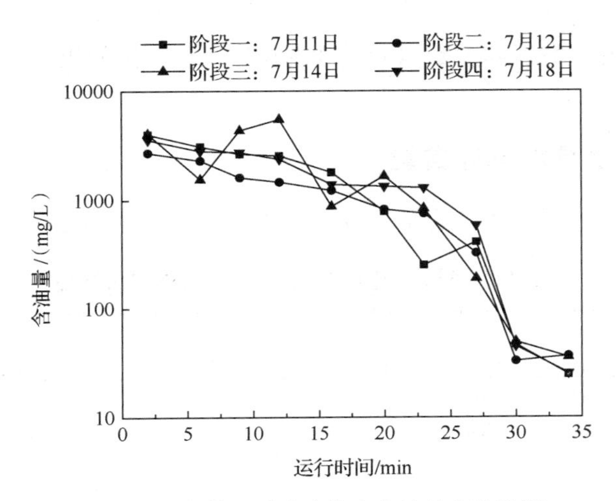

图 7-20　参数四反冲洗排水含油量分阶段图

五种参数反冲洗过程反冲洗排水含油量对比如图 7-21 所示。

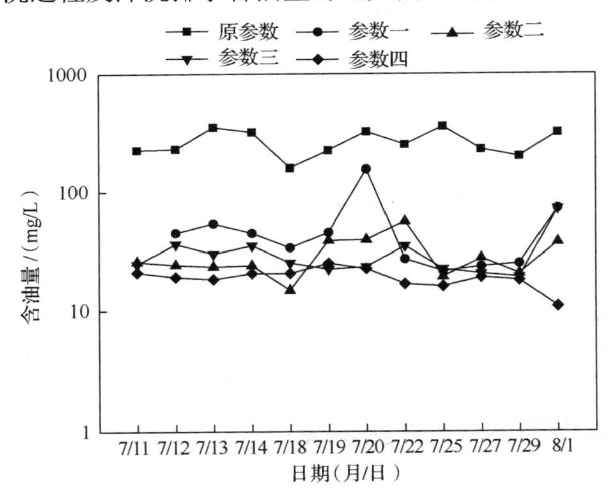

图7-21　五种参数反冲洗末期排水含油量对比图

反冲洗过程反冲洗排水含油量平均值对比如表 7-10。

表 7-10　反冲洗过程反冲洗排水含油量平均值对比表　　　　（单位：mg/L）

项目	参数一	参数二	参数三	参数四	原参数
初期排水含油量平均值	3934.3	3945.2	4166.9	4713.0	2796.8
末期排水含油量平均值	48.5	29.1	27.3	18.8	266.8
反冲洗水含油量平均值	7.8	8.3	12.8	10.6	10.9

由图 7-21 和表 7-10 看出，核桃壳过滤罐反冲洗初期排水含油量平均值最高的是参数三和参数四，原参数最低，说明参数三和参数四的反冲洗脱附效果好，而原参数脱附效果最差。反冲洗末期排水含油量平均值参数三和参数四最低，参数一和参数二次之，

原参数最高，这表明参数三和参数四的反冲洗彻底，反冲洗效果最好，其中参数四优于参数三。

7.2.3 反冲洗排水悬浮固体含量

参数一反冲洗排水悬浮固体含量化验数据见表 7-11 和图 7-22。

表 7-11 参数一反冲洗排水悬浮固体含量统计表 （单位：mg/L）

日期	运行时间									
	2min	6min	9min	12min	16min	20min	23min	27min	30min	34min
7 月 11 日	232	222	205	183	165	157	130	72.9	48.4	27
7 月 12 日	291	275	254	238	234	222	144	84	81	39.5
7 月 13 日	325	302	294	285	267	238	179	126	84	36.8
7 月 14 日	270	262	254	230	196	181	113	93	62.4	43.4
7 月 18 日	301	283	264	235	206	184	95	77	74.5	51.2
7 月 19 日	226	213	192	190	170	141	98	82	65.6	33.6
7 月 20 日	280	247	225	219	198	167	123	78	54.8	42
7 月 22 日	289	254	249	240	205	195	123	62.1	57.7	29.1
7 月 25 日	258.1	237	188	186	173	147	91	56	69	39.2
7 月 27 日	250	239	228	194	157	150	97	94	69	37.8
7 月 29 日	214	203	187	182	169	165	82	50	32	21.3
8 月 1 日	205	249	187	156	113	85	79	67.7	59.7	43.6
平均	251	257.2	235.6	219.8	191.0	169.3	112.8	78.6	63.2	37.0

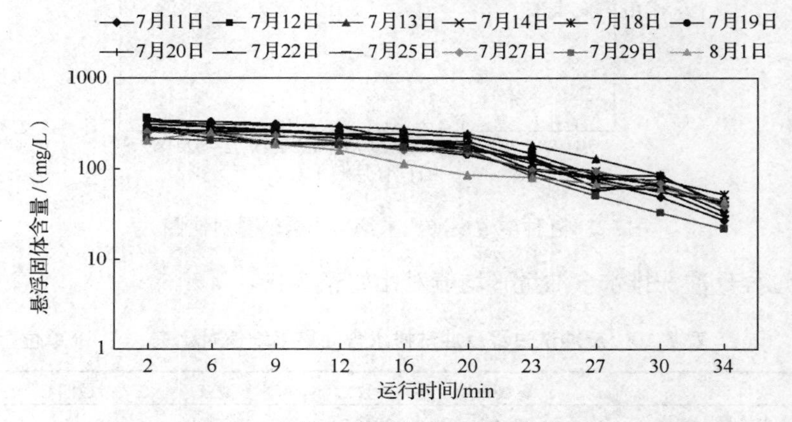

图 7-22 参数一反冲洗排水悬浮固体含量图

参数二反冲洗排水悬浮固体含量化验数据见表 7-12 和图 7-23。

表 7-12　参数二反冲洗排水悬浮固体含量统计表　　（单位：mg/L）

日期	运行时间									
	2min	6min	9min	12min	16min	20min	23min	27min	30min	34min
7 月 11 日	310	291	257	244	241	184	129	42.6	22.1	19.5
7 月 12 日	268	255	249	205	180	134	124	65	46.6	31.6
7 月 13 日	295	272	260	222	203	190	108	49	35.6	24.2
7 月 14 日	283	271	259	249	233	209	132	97.2	45.4	34.8
7 月 18 日	254	239	197	188	177	133	93	66.1	56.2	33
7 月 19 日	224	208	185	163	116	89	48	37	28.4	23.3
7 月 20 日	254	235	215	200	195	161	71	52.2	38.8	33
7 月 22 日	203	180	162	149	135	95	54	33.5	17.8	16.1
7 月 25 日	223	219	195	170	167	124	59	57	52.9	28.7
7 月 27 日	281	273	269	242	217	188	86	77	47.5	33.4
7 月 29 日	215	203	167	156	140	109	48	32.3	28.3	16.4
8 月 1 日	240	229	173	142	105	83	59	42.9	38.8	33.9
平均	254.2	239.6	215.7	194.2	175.8	141.6	84.3	54.3	38.2	27.3

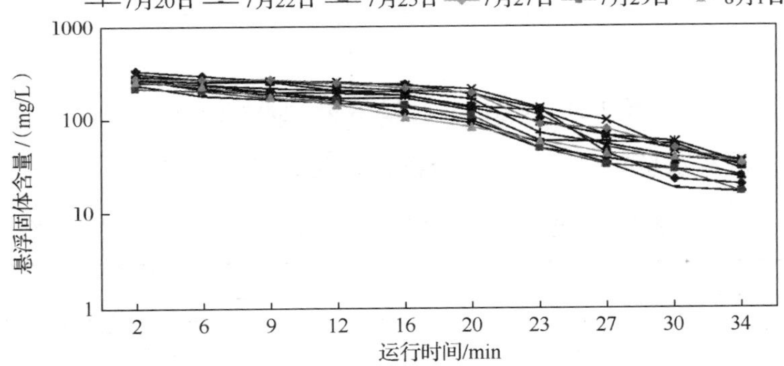

图 7-23　参数二反冲洗排水悬浮固体含量图

参数三反冲洗排水悬浮固体含量化验数据见表 7-13 和图 7-24。

表 7-13　参数三反冲洗排水悬浮固体含量统计表　　（单位：mg/L）

日期	运行时间									
	2min	6min	9min	12min	16min	20min	23min	27min	30min	34min
7 月 11 日	255	239	234	206	159	122	82	29.3	12.3	9.8
7 月 12 日	365	287	266	263	239	115	54	49.8	28.3	24.1
7 月 13 日	287	251	289	259	233	125	111	71	37.2	25.1
7 月 14 日	291	270	257	235	187	144	105	68	36.3	33.7
7 月 18 日	254	218	209	196	172	152	90	64.6	48.8	20.6
7 月 19 日	157	138	100	98	94	64	62.5	49	39.4	35.9
7 月 20 日	260	227	219	187	166	100	98	51.8	23.7	26.9
7 月 22 日	265	204	187	153	126	109	86	64.2	40.6	27.2
7 月 25 日	220	207	192	168	142	83	72	51.2	32.2	23.8

续表

日期	运行时间									
	2min	6min	9min	12min	16min	20min	23min	27min	30min	34min
7 月 27 日	240	232	216	207	183	109	83	68	32.1	18.5
7 月 29 日	257	229	218	173	139	96	71	54	28	17.9
8 月 1 日	225	183	173	160	142	101	67	63.3	28.7	18.5
平均	256.3	223.8	213.3	192.1	165.2	110.0	81.8	57.0	32.3	23.5

参数三反冲洗阶段水质

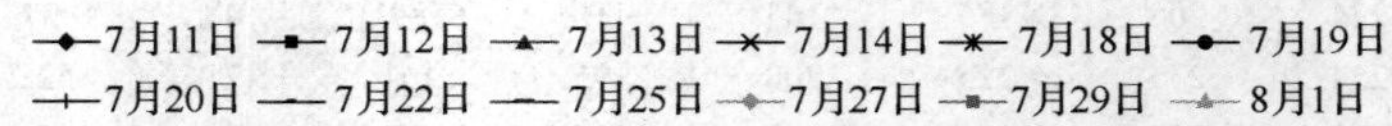

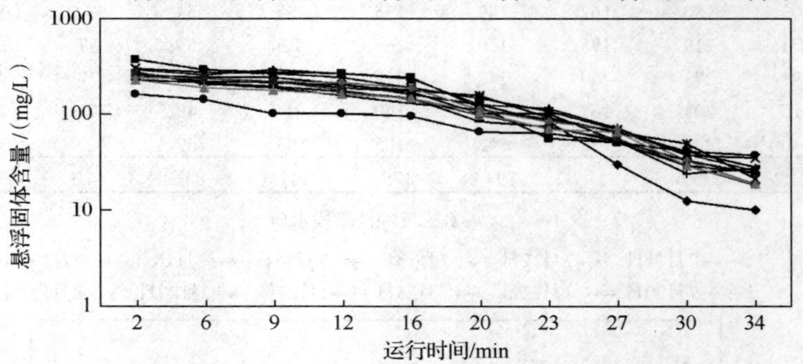

图 7-24　参数三反冲洗排水悬浮固体含量图

参数四反冲洗排水悬浮固体含量化验数据见表 7-14 和图 7-25。

表 7-14　参数四反冲洗排水悬浮固体含量统计表　　（单位：mg/L）

日期	运行时间									
	2min	6min	9min	12min	16min	20min	23min	27min	30min	34min
7 月 11 日	357	337	268	244	241	133	52.9	21.6	16.5	14.1
7 月 12 日	376	265	228	218	165	135	61	36.3	14.2	9.7
7 月 13 日	303	293	269	260	231	155	106	38	23	12
7 月 14 日	322	272	250	229	181	135	103	57.4	31.3	16.6
7 月 18 日	252	222	172	161	106	99	54	28.9	17.8	5.2
7 月 19 日	197	181	161	120	115	87	55	32.9	7.4	6.3
7 月 20 日	235	248	233	207	180	156	69	24.1	19.6	18.8
7 月 22 日	284	246	220	188	166	110	52.6	17.5	13.4	11.7
7 月 25 日	255	177	161	119	94	80	73	38.3	29.9	22
7 月 27 日	259	216	191	173	118	78	63	32.5	27.6	20.5
7 月 29 日	166	140	128	107	95	69	33.8	20.1	7.7	6
8 月 1 日	268	240	213	195	172	93.4	85.2	43.8	16.1	10
平均	272.8	236.4	207.8	185.1	155.3	110.9	67.4	32.6	18.7	12.7

参数四反冲洗阶段水质

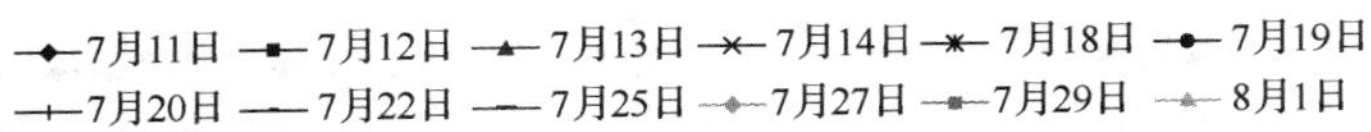

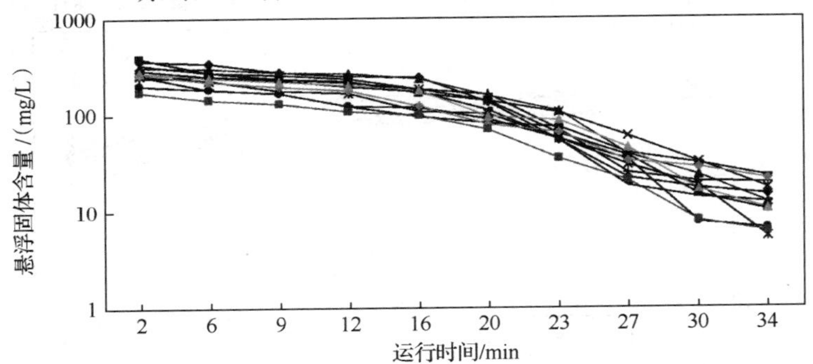

图 7-25　参数四反冲洗排水悬浮固体含量图

原参数反冲洗排水悬浮固体含量化验数据见表 7-15 和图 7-26。

表 7-15　原参数反冲洗排水悬浮固体含量统计表　　（单位：mg/L）

日期	运行时间									
	2min	6min	9min	12min	16min	20min	23min	27min	30min	34min
7 月 11 日	176	125	119	112	103	98	94	56	53	50
7 月 12 日	174	159	144	124	106	98	85	75	50.7	43.7
7 月 13 日	260	255	246	186	181	179	122	98	83	67
7 月 14 日	256	221	211	193	199	192	152	104	75	52.8
7 月 18 日	234	220	196	165	143	108	89	72	39.4	29.9
7 月 19 日	148	135	125	117	113	95	86	77	76	75
7 月 20 日	200	193	189	159	145	103	87	80	70	67
7 月 22 日	267	226	205	160	125	111	101	39.3	33.4	31.6
7 月 25 日	181	170	162	143	132	110	80	60	57	46
7 月 27 日	194	180	144	129	96	86	84	65	64	58
7 月 29 日	175	163	152	137	126	97	68	63	43	42
8 月 1 日	237	202	144	133	120	105	95	45.8	36	29
平均	208.5	187.4	169.8	146.5	132.4	115.2	95.3	69.6	56.7	49.3

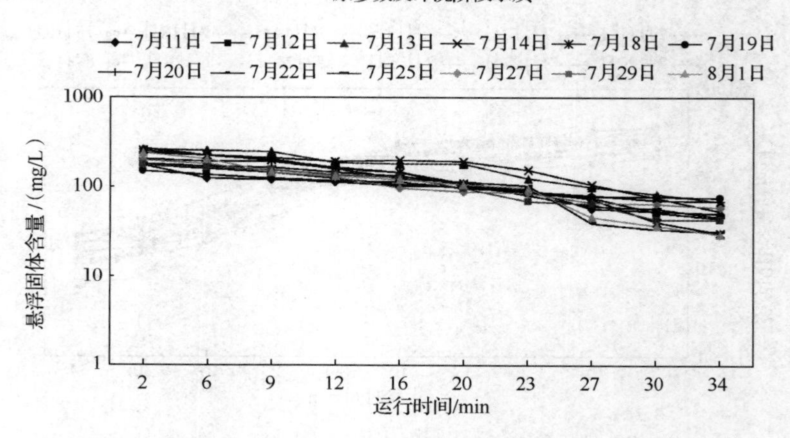

图 7-26 原参数反冲洗排水悬浮固体含量图

由表 7-11～表 7-15 和图 7-22～图 7-26 可以看出，五种参数运行的核桃壳过滤罐反冲洗排水悬浮固体含量周期内均随着反冲洗的进行逐渐降低，最后稳定，说明运行和反冲洗状态稳定。

参数三和参数四的悬浮固体含量分阶段变化曲线见图 7-27 和图 7-28。

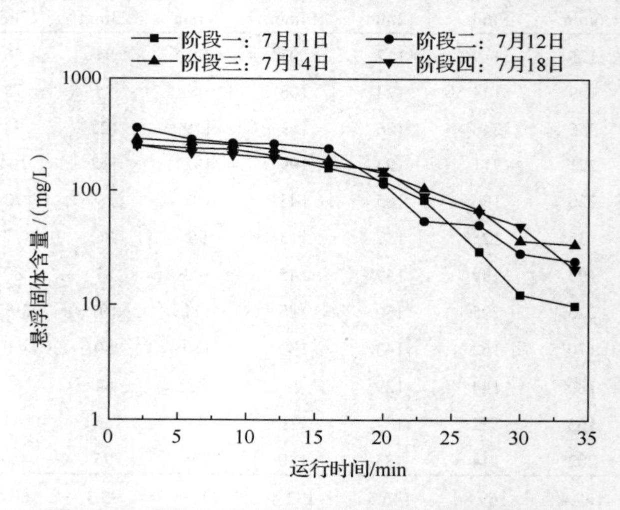

图 7-27 参数三反冲洗排水悬浮固体含量分阶段图

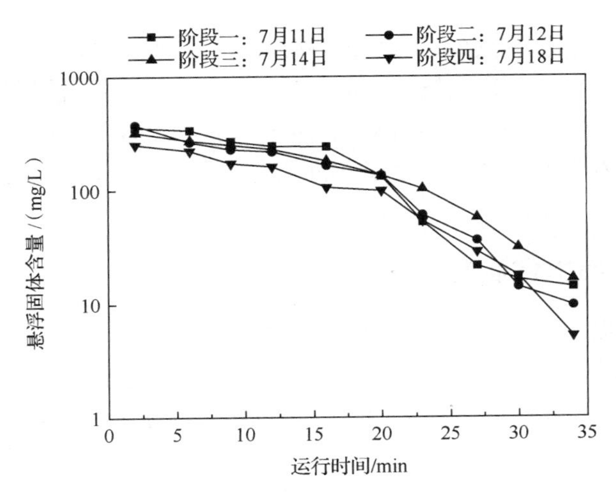

图 7-28 参数四反冲洗排水悬浮固体含量分阶段图

参数三和参数四运行的核桃壳过滤罐反冲洗排水悬浮固体含量随着运行周期的增加曲线平稳，整体下移，说明滤层的污染程度在不断降低，受污染滤料可以逐渐恢复到正常状态。

五种参数反冲洗过程排水悬浮固体含量对比如图 7-29 所示。

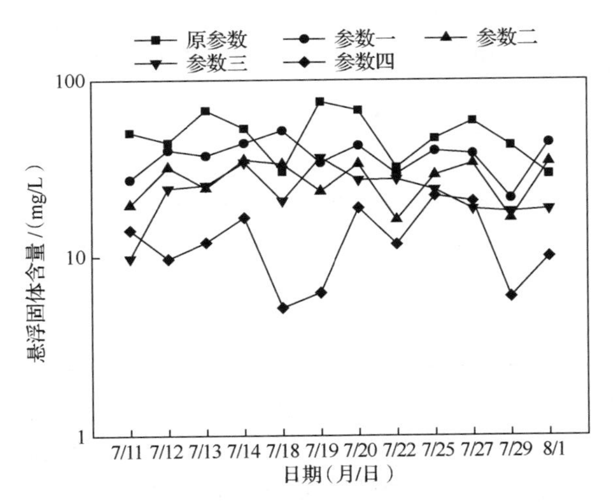

图 7-29 五种参数反冲洗末期排水悬浮固体对比图

反冲洗过程反冲洗排水悬浮固体含量平均值对比如表 7-16。

表 7-16 反冲洗过程反冲洗排水悬浮固体含量平均值表 （单位：mg/L）

项目	参数一	参数二	参数三	参数四	原参数
初期排水悬浮固体含量平均值	251	254.2	256.3	272.8	208.5
末期排水悬浮固体含量平均值	37.0	27.3	23.5	12.7	49.3
反冲洗水悬浮固体含量平均值	22.9	22.3	26.5	19.2	22.7

由表 7-16 得出，核桃壳过滤罐反冲洗排水中，初期排水悬浮固体含量平均值最高的是参数三和参数四，原参数最低，说明参数三和参数四反冲洗脱附效果好，而原参数脱附效果最差。反冲洗末期排水悬浮固体含量平均值最低的是参数三和参数四，参数一、参数二次之，原参数最高。这表明参数三和参数四的反冲洗彻底，反冲洗效果最好，其中参数四优于参数三。

7.2.4 过滤阶段出水含油量

五种参数过滤阶段出水含油量对比如图 7-30 所示。

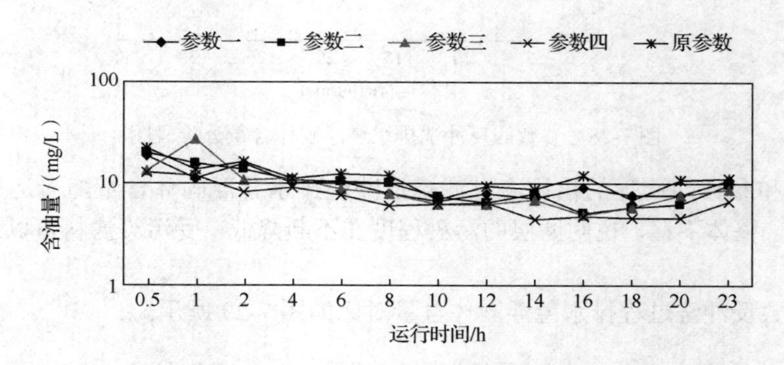

图 7-30 五种参数过滤阶段出水含油量对比图

过滤阶段出水含油量对比见表 7-17。

表 7-17 过滤阶段出水含油量表

项目	参数一	参数二	参数三	参数四	原参数
含油量平均值/（mg/L）	10.8	9.9	8.9	7.8	11.7
反冲洗后稳定时间	3h 后	3h 后	2h 后	2h 后	4h 后
稳定阶段含油量/（mg/L）	9.6	8.4	7.5	6.5	9.7

由表 7-17 可见，采用五种反冲洗参数反冲洗后，对于稳定时间（滤料压实、过滤效果稳定），参数三和参数四的最短，为 2h，参数一和参数二的为 3h，原参数的最长，为 4h。优化后四种参数滤后水除油效果均优于原参数（平均含油量为 11.7mg/L），其中参数四除油效果最优（平均含油量为 7.8mg/L）。表明反冲洗参数优化后，反冲洗效果得到改善，随着污染滤料逐步恢复正常，纳污能力逐渐增强，滤后水质也有所改善。

7.2.5　过滤阶段出水悬浮固体含量

参数一过滤阶段出水悬浮固体含量见图 7-31 和图 7-32。

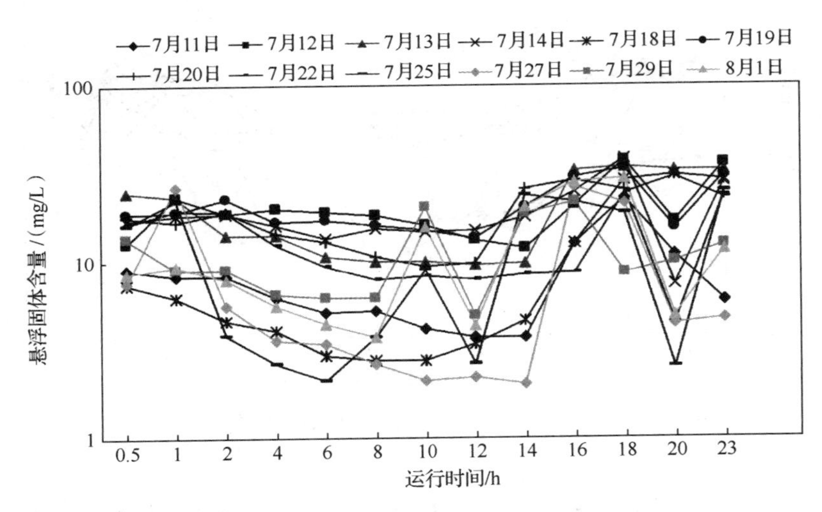

图 7-31　参数一（1#过滤罐）过滤阶段出水悬浮固体含量

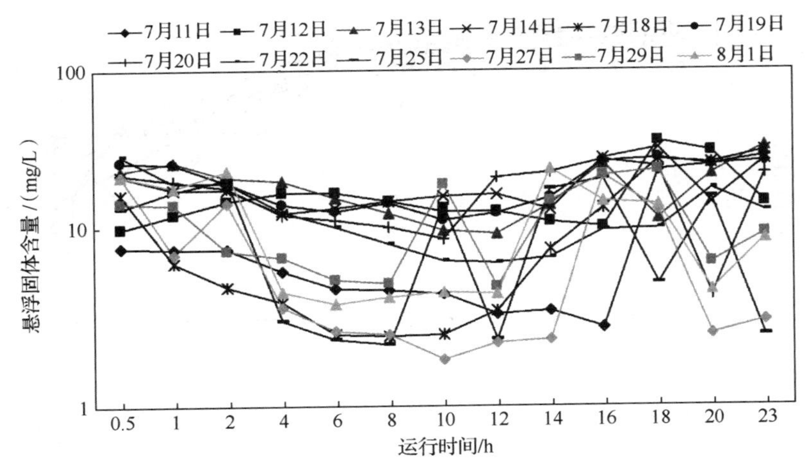

图 7-32　参数一（2#过滤罐）过滤阶段出水悬浮固体含量

参数二过滤阶段出水悬浮固体含量见图 7-33 和图 7-34。

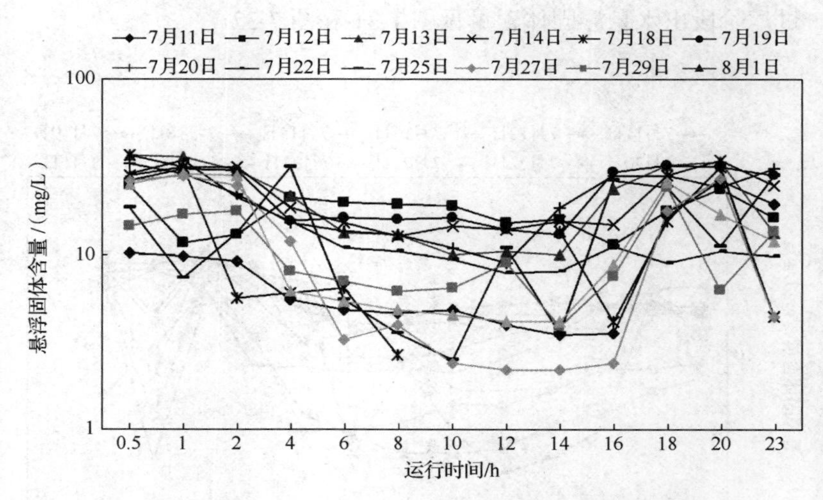

图 7-33　参数二（3#过滤罐）过滤阶段出水悬浮固体含量

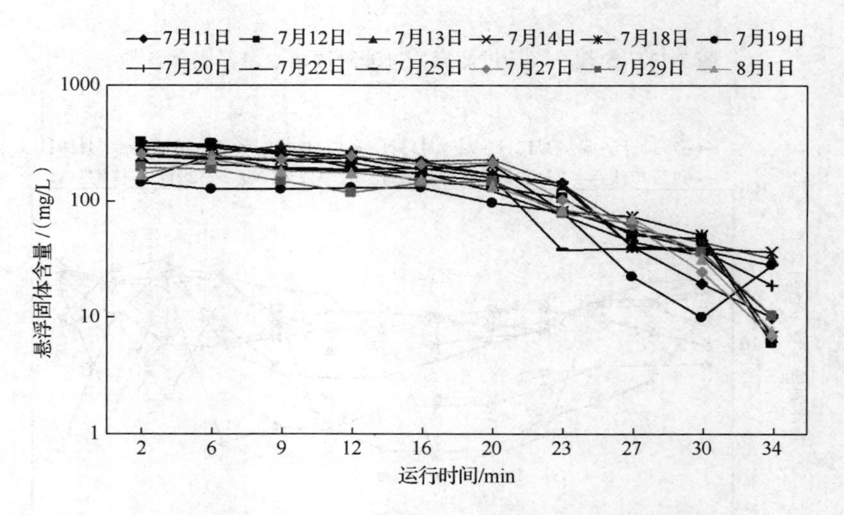

图 7-34　参数二（4#过滤罐）过滤阶段出水悬浮固体含量

参数三过滤阶段出水悬浮固体含量见图 7-35 和图 7-36。

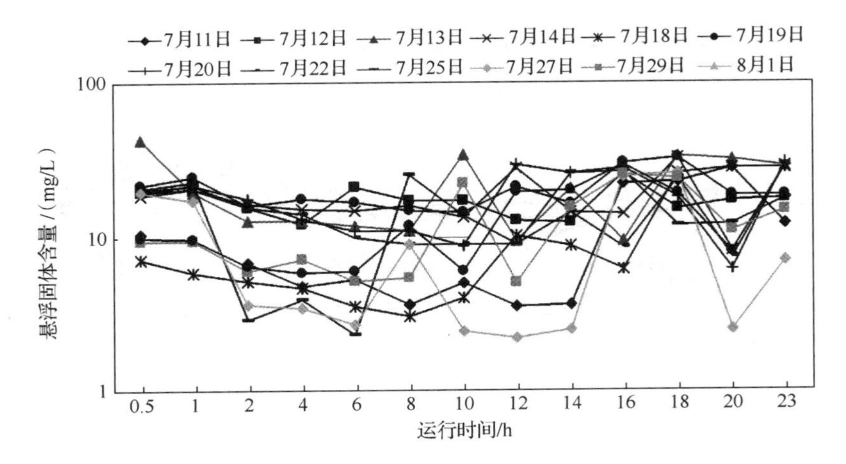

图 7-35　参数三（5#过滤罐）过滤阶段出水悬浮固体含量

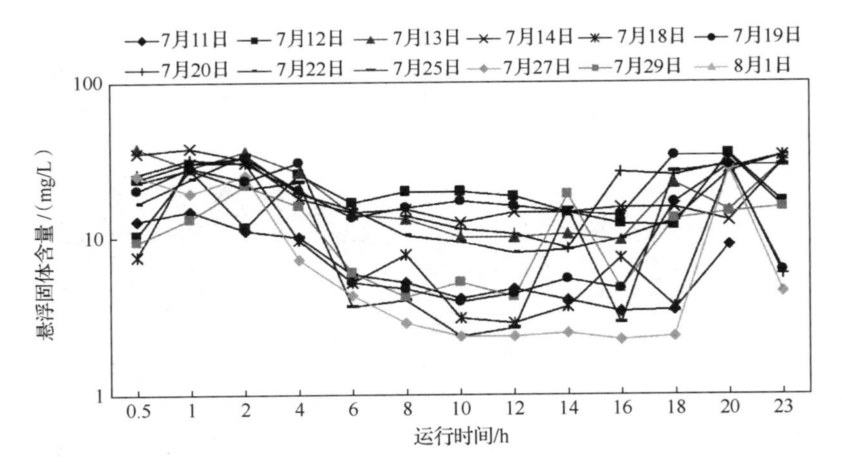

图 7-36　参数三（6#过滤罐）过滤阶段出水悬浮固体含量

参数四过滤阶段出水悬浮固体含量见图 7-37 和图 7-38。

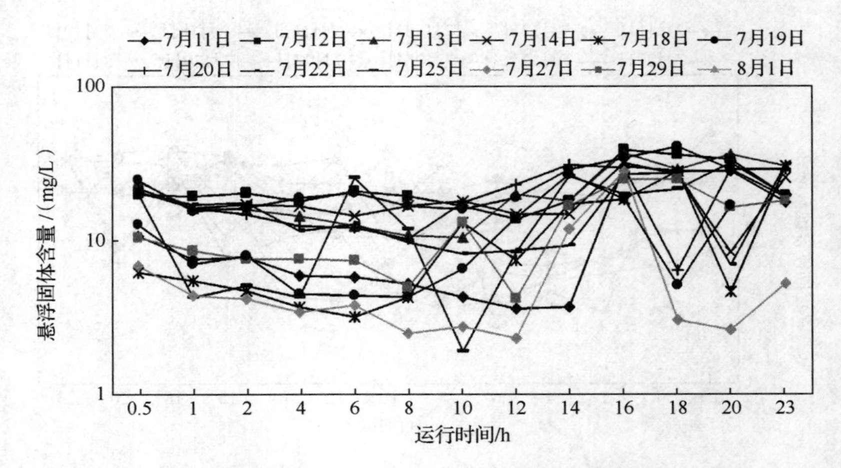

图 7-37　参数四（7#过滤罐）过滤阶段出水悬浮固体含量

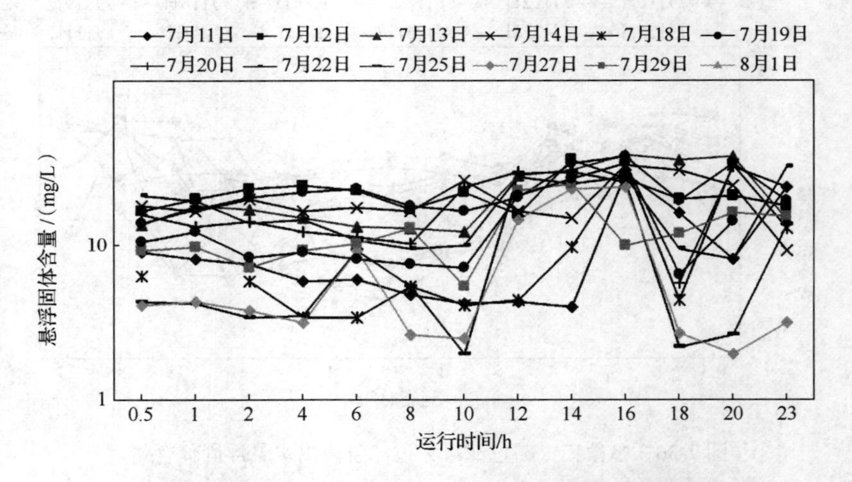

图 7-38　参数四（8#过滤罐）过滤阶段出水悬浮固体含量

原参数过滤阶段出水悬浮固体含量见图 7-39 和图 7-40。

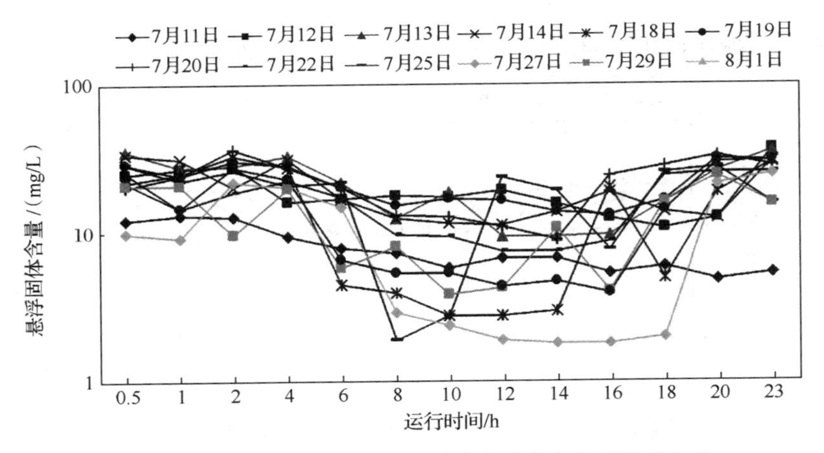

图 7-39　原参数（9#过滤罐）过滤阶段出水悬浮固体含量

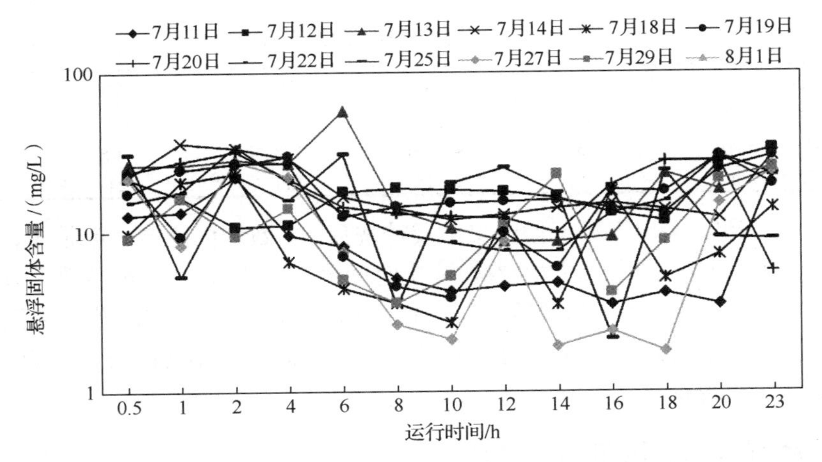

图 7-40　原参数（10#过滤罐）过滤阶段出水悬浮固体含量

10#过滤罐过滤阶段出水悬浮固体对比见表 7-18。

表 7-18　10#过滤罐过滤阶段出水悬浮固体对比

项目	参数一	参数二	参数三	参数四	原参数
反冲洗后稳定时间	3h 后	3h 后	2h 后	2h 后	4h 后
稳定阶段悬浮固体含量在10mg/L 以下所占比例/%	40	50	60	60	20
稳定过滤时间/h	18	18	20	24	16

由表 7-18 可见，采用五种反冲洗参数反冲洗后，参数三和参数四的稳定过虑时间（滤料压实、过滤效果稳定）比参数一和参数二长 2h 以上。出水悬浮固体含量只有参数四稳定达标，参数三大部分达标，而参数一、参数二及原参数达标率较低。五种参数中只有参数四过滤周期能达到 24h，参数一和参数二能达到 18h，原参数只有 16h。

五种参数过滤阶段出水悬浮固体含量对比如图 7-41 所示。

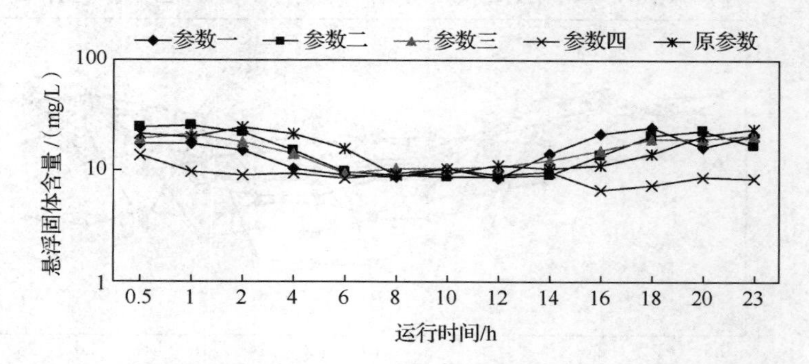

图 7-41　五种参数过滤阶段出水悬浮固体含量对比图

过滤阶段出水悬浮固体对比见表 7-19。

表 7-19　过滤阶段出水悬浮固体对比

项目	参数一	参数二	参数三	参数四	原参数
反冲洗后稳定时间	3h 后	3h 后	2h 后	1h 后	4h 后
悬浮固体含量/（mg/L）	15.3	15.0	14.9	11.5	16.9
稳定过滤时间/h	18	18	20	24	16

由表 7-19 可见，采用五种反冲洗参数反冲洗后，参数四的稳定时间最短，为 1h（滤料压实、过滤效果稳定），原参数的参数稳定时间最长，为 4h；五种参数中只有参数四过滤周期能达到 24h，参数一和参数二能达到 18h，原参数只有 16h。优化后四种参数滤后水去除悬浮固体效果均优于原参数（滤后悬浮固体含量为 16.9mg/L），其中，参数四去除悬浮固体效果最优（滤后悬浮固体含量为 11.5mg/L）。

7.2.6　试验前后滤料污染情况对比

核桃壳过滤器反冲洗现场试验前后的滤料污染情况如表 7-20 所示，其中试验后的过滤罐只打开了运行参数三的 5#过滤罐。

表 7-20　试验前后的滤料污染情况表

检测参数	5#	6#	7#	8#	9#	10#	5#-1
含泥量	符合	符合	符合	符合	符合	符合	符合
盐酸可溶率	符合	符合	符合	符合	符合	符合	符合
皮壳率	—	—	—	—	—	—	符合
破碎率+磨损率	符合	符合	符合	符合	符合	符合	符合
杂质率	—	—	—	—	—	—	符合
密度	符合	符合	符合	符合	符合	符合	符合
粒径	符合	符合	符合	符合	符合	符合	符合
含油质量分数/%	40	23.7	25.7	1.2	22.8	21.1	0.18

注：被油污染的滤料，皮壳率一项检测不准确；5#-1 为 5#过滤罐试验后数据

由表 7-20 可见，试验前各过滤罐的滤料除 8#外都有深度污染的情况，随着反冲洗参数优化试验的进行，滤料逐渐恢复正常状态（反冲洗的含油量和悬浮固体含量数据反映的结果），试验后的 5#过滤罐滤料含油质量分数由试验前的 40%下降到 0.18%，检测结果验证了这个判断。

7.3　高含聚污水 B 联合站反冲洗参数优化技术研究

为进一步验证优化后反冲洗参数对含聚污水处理站的适应性，试验第二阶段选择聚合物质量浓度较高的 B 联合站继续开展此项试验研究，为合理确定最佳反冲洗方式及参数提供依据。试验地点选取采油三厂 B 联合站，该站于 2003 年建成投产，设计能力 $2.5\times10^4m^3/d$，聚合物质量浓度 140mg/L 左右，含油污水处理主工艺为自然沉降、混凝沉降和一级核桃壳过滤，应用 12 座ϕ3.0m 核桃壳过滤罐。在开始试验前，为使过滤罐恢复正常状态，对 B 联合站的 12 座核桃壳过滤罐进行了原位再生，然后开始进行试验。在 7.2 节基础上优选出参数三和参数四两组反冲洗参数，与原参数对比，进一步验证其稳定性及适应性。三种参数对比见表 7-21，其中前两个反冲洗参数为优化的参数。

表 7-21　反冲洗参数对比表

项目	参数三	参数四	原参数
启动强度/［L/（s·m^2）］	2.5	3.0	8.1
搅拌开启时间	1min 后	1min 后	反冲洗开始
搅拌时间/min	15	15	15
停止搅拌时间	16min 后	16min 后	反冲洗结束
大强度冲洗强度/［L/（s·m^2）］	5.0	7.0	—
大强度冲洗时间/min	15	15	—
反冲洗时间/min	30	30	15

每个试验参数取两座过滤罐进行监测，反冲洗过程中监测过滤罐压差，同时取样监测水质，分析含油量、悬浮固体含量。过滤过程中取样监测水质，分析含油量、悬浮固体含量。

7.3.1　反冲洗压差

反冲洗压差平均值对比见表 7-22。

表 7-22　反冲洗压差平均值对比表　（单位：kPa）

项目	参数三	参数四	原参数
反冲洗开始压差平均值	13.5	15.3	41.7
反冲洗结束压差平均值	30.4	32.0	52.7

由表 7-22 可见，核桃壳过滤罐反冲洗开始压差平均值参数三和参数四相当，原参数相对较大；核桃壳过滤罐反冲洗结束压差平均值参数三和参数四相当，原参数相对较

大。但各压差平均值都不大，过滤罐没有憋压现象。

7.3.2 反冲洗排水含油量

反冲洗过程排水含油量平均值对比见表 7-23。

表 7-23 反冲洗过程排水含油量平均值对比表 （单位：mg/L）

项目	参数三	参数四	原参数
初期排水含油量平均值	8387	8932	7936
末期排水含油量平均值	78.9	59.5	308.8

由表 7-23 可见，核桃壳过滤罐反冲洗排水中，原参数的初期排水含油量平均值低于参数三和参数四，说明原参数脱附效果差；原参数末期排水含油量平均值高，与反冲洗水相差大，说明原参数反冲洗不彻底，反冲洗效果差。参数三和参数四平均值之差大于原参数，反冲洗总历时（30min）比原参数（15min）长，去除的污染物也相对更多，即参数三和参数四的反冲洗效果比原参数好，其中参数四优于参数三。

7.3.3 反冲洗排水悬浮固体含量

反冲洗过程排水悬浮固体含量平均值对比见表 7-24。

表 7-24 反冲洗过程反冲洗排水悬浮固体含量平均值对比表 （单位：mg/L）

项目	参数三	参数四	原参数
初期排水悬浮固体含量平均值	640	645	633
末期排水悬浮固体含量平均值	38.3	24.4	72.1

由表 7-24 可见，核桃壳过滤罐反冲洗排水中，参数四的初期排水悬浮固体含量平均值最高，参数三次之，原参数最低，说明参数四脱附效果好；参数四的末期排水悬浮固体含量平均值最低，参数三偏高，原参数最高，说明参数四对污染物脱附清洗效果最好，即反冲洗效果最好，参数三次之，原参数最差。

7.4 水驱见聚 A 联合站反冲洗参数优化稳定试验

为了进一步考核优化后反冲洗参数的效果及适应性，将 A 联合站的 10 座过滤罐反冲洗参数分别调整为参数三和参数四运行（5#、6#、7#、8#、9#为参数三，10#、1#、2#、3#、4#为参数四），通过现场长期运行考核其反冲洗再生效果及对滤后水质的影响。并于 2006 年 4 月，对每站各进行了为期一周的集中取样、化验，试验方法与第一阶段试验方法相同，并开罐取滤料进行化验、分析。

7.4.1　反冲洗排水含油量

参数三反冲洗过程反冲洗排水含油量见图 7-42 和图 7-43。

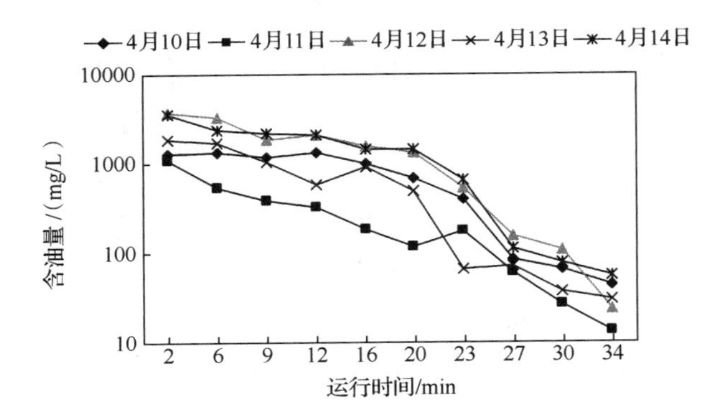

图 7-42　参数三（8#过滤罐）反冲洗排水含油量图

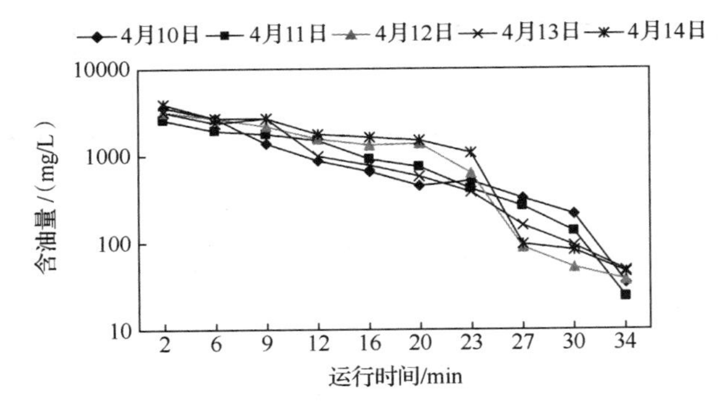

图 7-43　参数三（9#过滤罐）反冲洗排水含油量图

参数四反冲洗过程反冲洗排水含油量见图 7-44 和图 7-45。

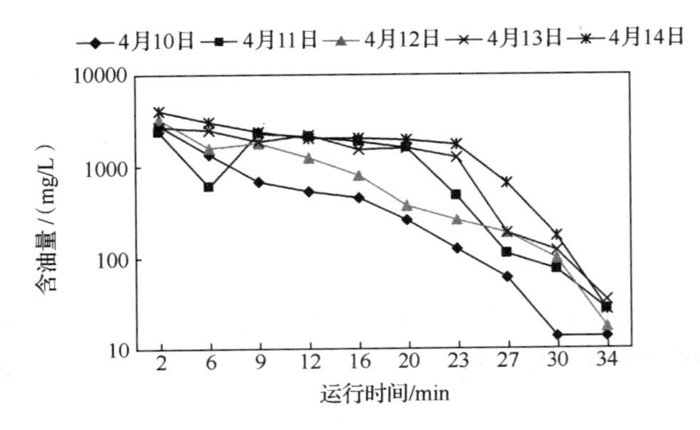

图 7-44　参数四（3#过滤罐）反冲洗排水含油量图

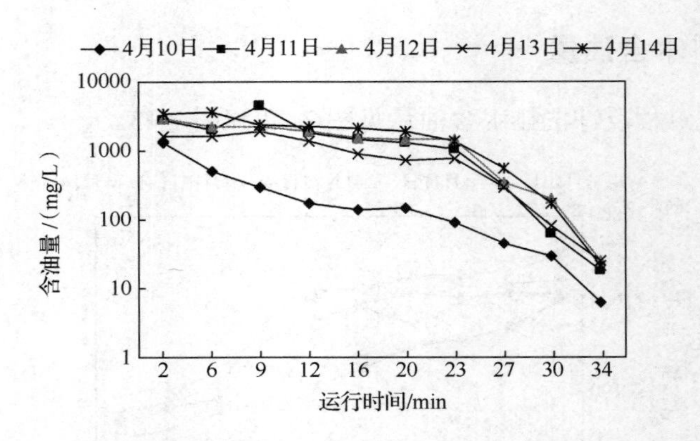

图 7-45　参数四（4#过滤罐）反冲洗排水含油量图

反冲洗过程反冲洗排水含油量平均值对比见表 7-25。

表 7-25　反冲洗过程反冲洗排水含油量平均值对比表　（单位：mg/L）

项目	参数三	参数四
初期排水含油量平均值	2699	2818
末期排水含油量平均值	35.5	11.5
反冲洗水含油量平均值	6.3	8.8

反冲洗过程反冲洗末期排水含油量对比见图 7-46。

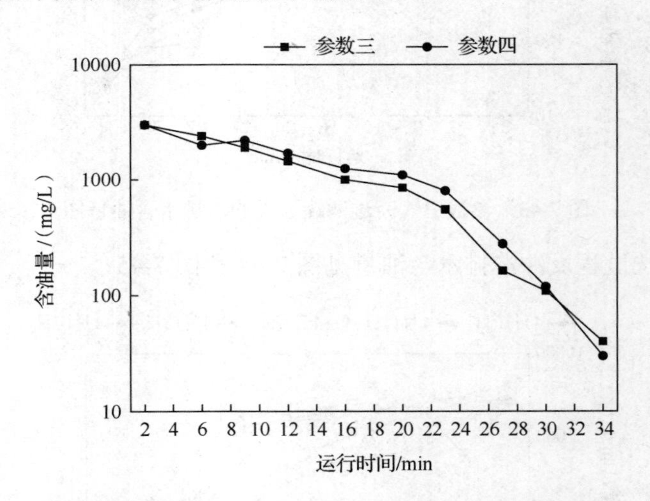

图 7-46　两种参数反冲洗末期排水含油量对比图

由表 7-25 和图 7-46 可见，参数四的核桃壳过滤罐反冲洗初期排水含油量平均值高于参数三，末期排水含油量平均值低于参数三，说明参数四的脱附及反冲洗效果优于参数三。

7.4.2　反冲洗排水悬浮固体含量

参数三反冲洗过程反冲洗排水悬浮固体含量见图 7-47 和图 7-48。

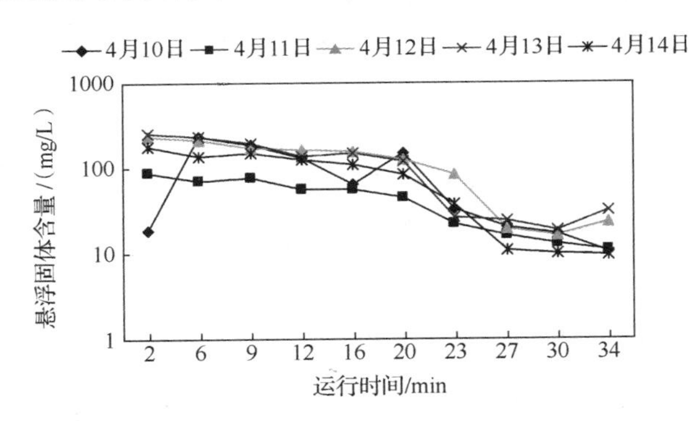

图 7-47　参数三（8#过滤罐）反冲洗排水悬浮固体含量

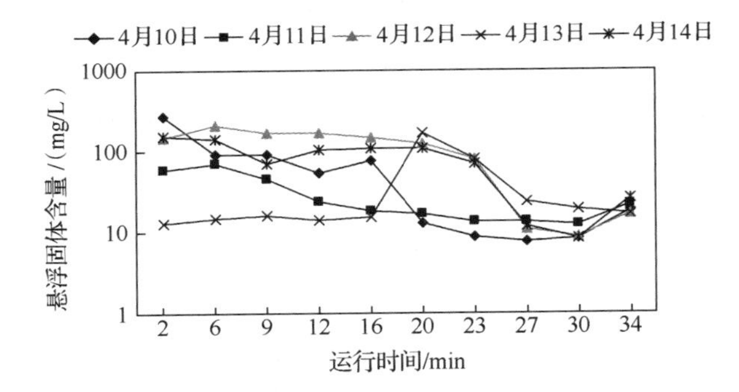

图 7-48　参数三（9#过滤罐）反冲洗排水悬浮固体含量

参数四反冲洗过程反冲洗排水悬浮固体含量见图 7-49 和图 7-50。

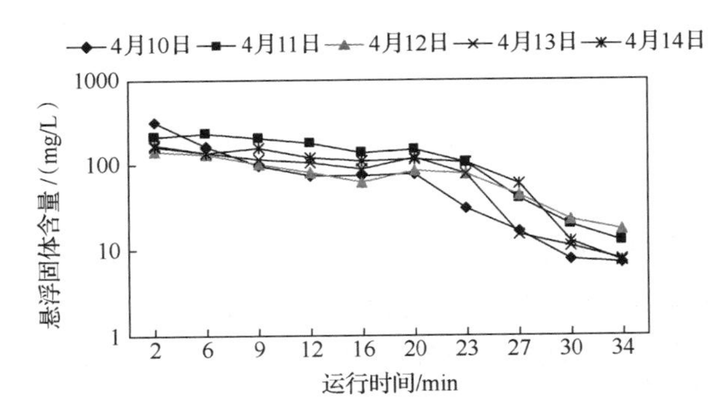

图 7-49　参数四（3#过滤罐）反冲洗排水悬浮固体含量

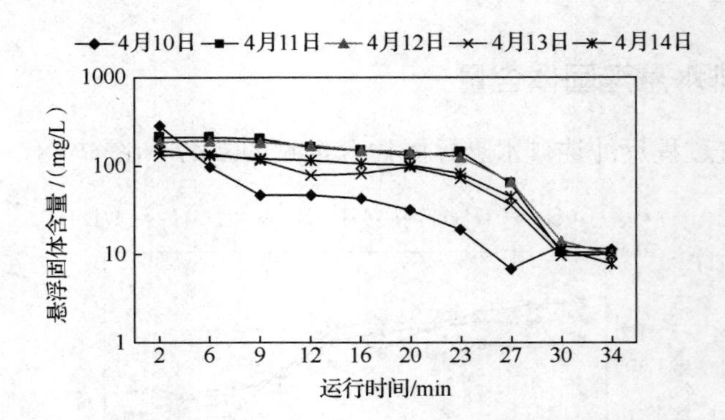

图 7-50 参数四（4#过滤罐）反冲洗排水悬浮固体含量

反冲洗过程反冲洗排水悬浮固体含量平均值对比见表 7-26。

表 7-26 反冲洗过程反冲洗排水悬浮固体含量平均值表 （单位：mg/L）

项目	参数三	参数四
初期排水悬浮固体含量平均值	141	199
末期排水悬浮固体含量平均值	18.5	10.1
反冲洗水悬浮固体含量平均值	9.3	11.4

反冲洗过程反冲洗末期排水悬浮固体含量对比见图 7-51。

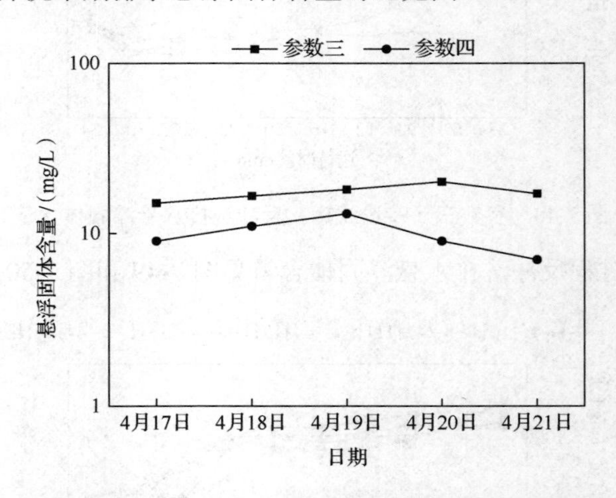

图 7-51 两种参数反冲洗末期排水悬浮固体含量对比图

由表 7-26 和图 7-51 可见，参数四的核桃壳过滤罐反冲洗排水中，初期排水悬浮固体含量平均值高于参数三，末期排水悬浮固体含量平均值低于参数三，说明参数四的反冲洗效果好。

7.4.3 过滤阶段出水含油量

参数三过滤阶段出水含油量见图 7-52 和图 7-53。

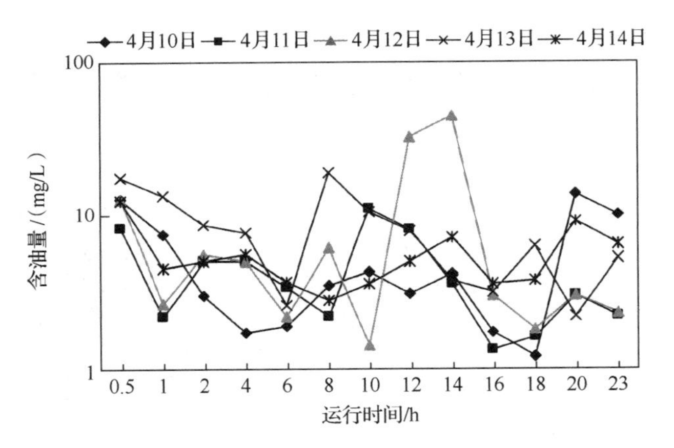

图 7-52　参数三（8#过滤罐）过滤阶段出水含油量

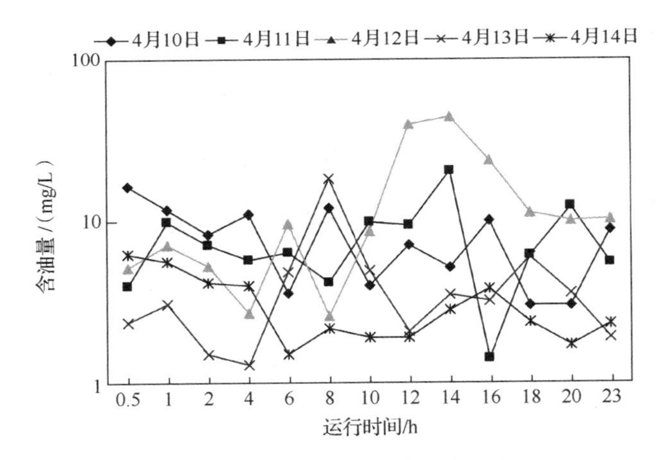

图 7-53　参数三（9#过滤罐）过滤阶段出水含油量

参数四过滤阶段出水含油量见图 7-54 和图 7-55。

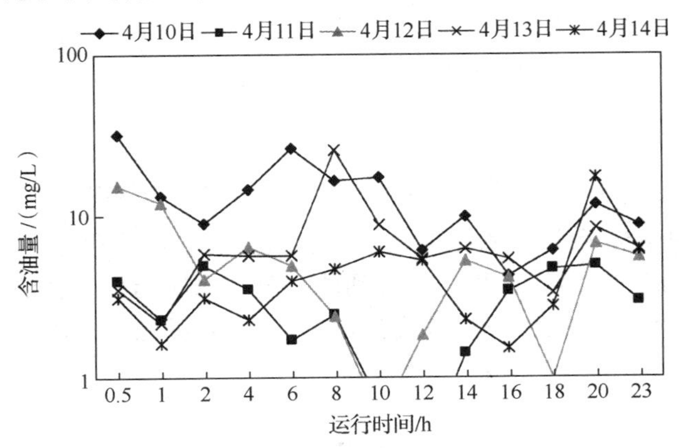

图 7-54　参数四（3#过滤罐）过滤阶段出水含油量

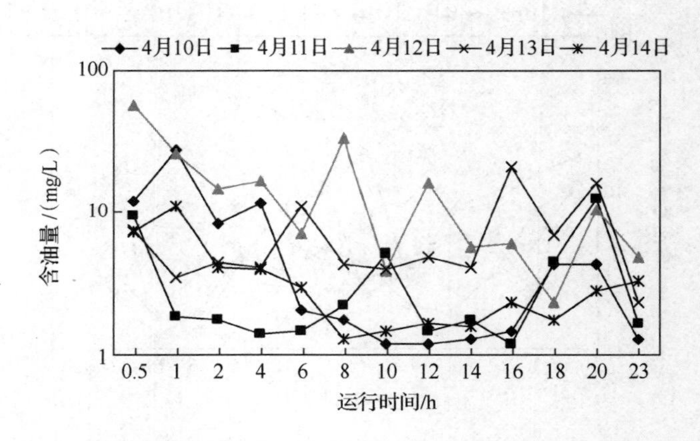

图 7-55　参数四（4#过滤罐）过滤阶段出水含油量

两种参数过滤阶段出水含油量对比见表 7-27 和图 7-56。

表 7-27　过滤阶段出水含油量对比表

项目	参数三	参数四
含油量/（mg/L）	7.0	6.8
达标率/%	92.3	94.6

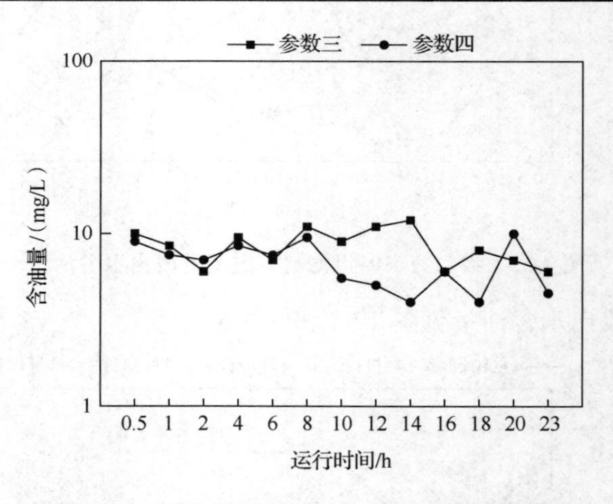

图 7-56　两种参数过滤阶段出水含油量对比图

如表 7-27 和图 7-56 所示，参数四核桃壳过滤罐滤后水质含油量平均值（6.8mg/L）优于参数三（7.0mg/L），两种参数均能达到油田公司水质指标（含油量≤20mg/L）。说明随着试验时间的延长，优化后的反冲洗参数运行逐渐稳定，核桃壳滤料再生效果好，纳污能力增加，改善了滤后水质。

7.4.4　过滤阶段出水悬浮固体含量

参数三过滤阶段出水悬浮固体含量见图 7-57 和图 7-58。

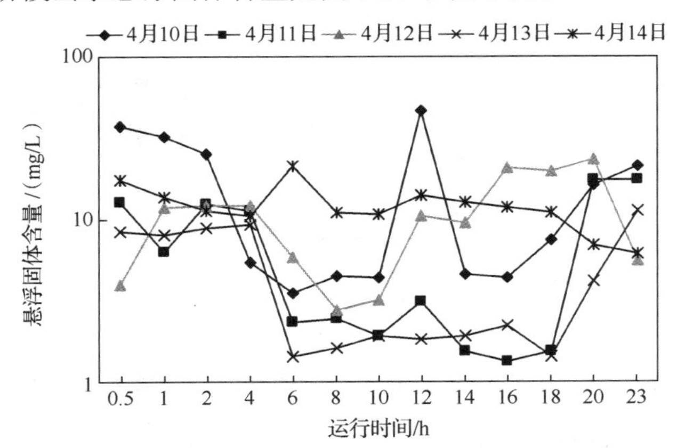

图 7-57　参数三（8#过滤罐）过滤阶段出水悬浮固体含量

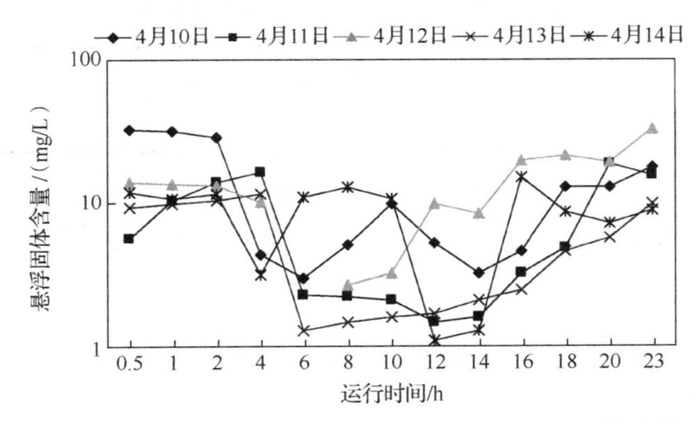

图 7-58　参数三（9#过滤罐）过滤阶段出水悬浮固体含量

参数四过滤阶段出水悬浮固体含量见图 7-59 和图 7-60。

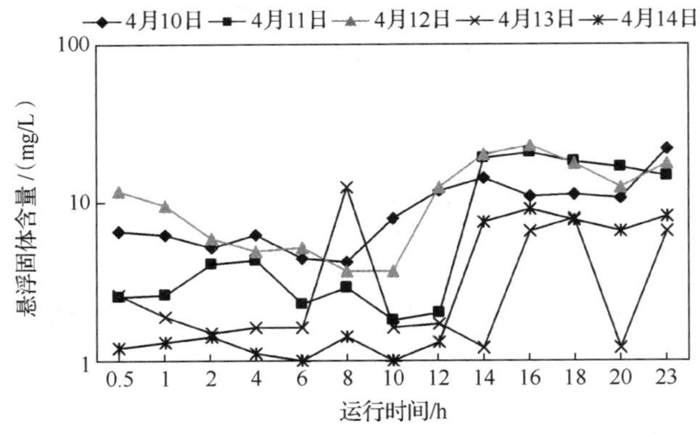

图 7-59　参数四（3#过滤罐）过滤阶段出水悬浮固体含量

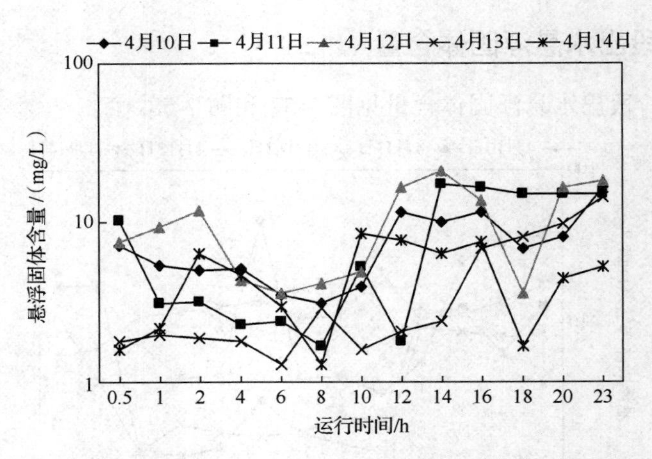

图 7-60　参数四（4#过滤罐）过滤阶段出水悬浮固体含量

过滤阶段出水悬浮固体含量对比见表 7-28 和图 7-61。

表 7-28　过滤阶段出水悬浮固体含量对比表

项目	参数三	参数四
悬浮固体含量/（mg/L）	9.9	7.2
达标率/%	91.5	97.7

如表 7-28 和图 7-61 所示，参数四核桃壳过滤罐滤后水质悬浮固体含量（7.2mg/L）低于参数三（9.9mg/L），且达标率高于参数三。两种参数均能达到油田公司水质指标（悬浮固体含量≤20mg/L）。

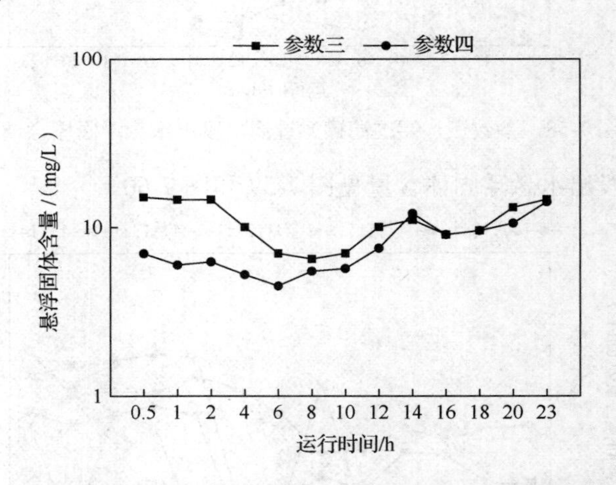

图 7-61　两种参数过滤阶段出水悬浮固体含量对比图

7.5　高含聚污水 B 联合站反冲洗参数优化稳定试验

为了进一步考核优化后反冲洗参数的效果及适应性，将 B 联合站同时保留三种反冲洗参数运行（1#、2#、3#、4#为参数三，5#、6#、7#、8#为参数四，9#、10#、11#、12#为原参数），通过现场长期运行考核其反冲洗再生效果及对滤后水质的影响。并于 2006 年 4 月，对每站各进行了为期一周的集中取样、化验，试验方法与第一阶段试验方法相同，并开罐取滤料进行化验、分析。

7.5.1　反冲洗排水含油量

参数三反冲洗过程反冲洗排水含油量见图 7-62 和图 7-63。

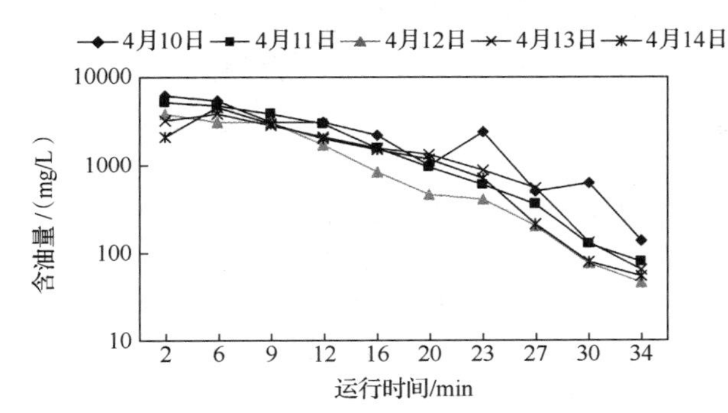

图 7-62　参数三（1#过滤罐）反冲洗排水含油量图

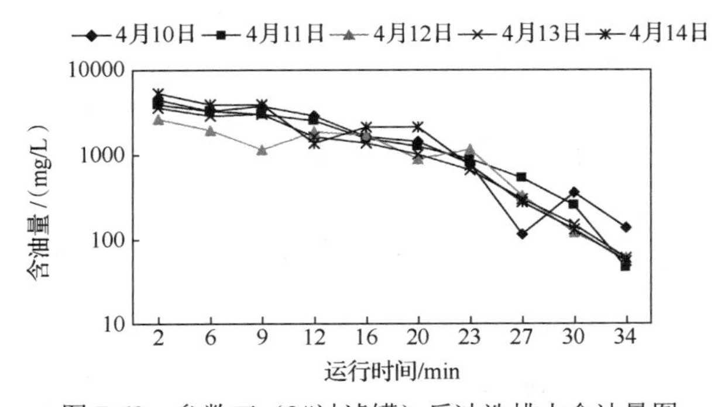

图 7-63　参数三（2#过滤罐）反冲洗排水含油量图

参数四反冲洗过程反冲洗排水含油量见图 7-64 和图 7-65。

原参数反冲洗过程反冲洗排水含油量见图 7-66 和图 7-67。

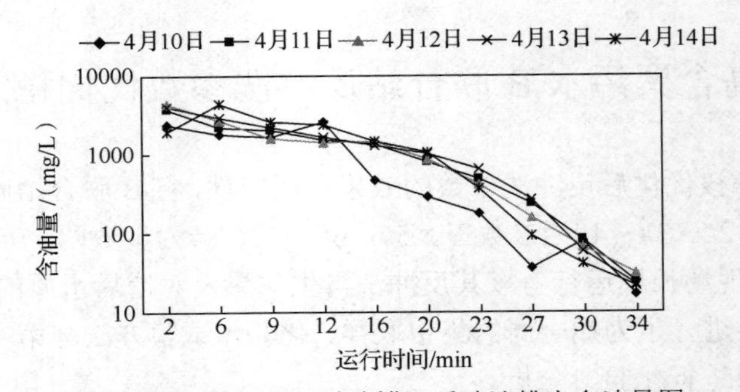

图 7-64　参数四（5#过滤罐）反冲洗排水含油量图

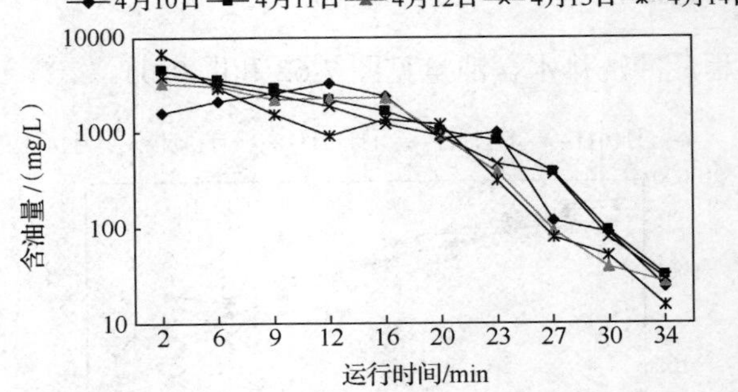

图 7-65　参数四（6#过滤罐）反冲洗排水含油量图

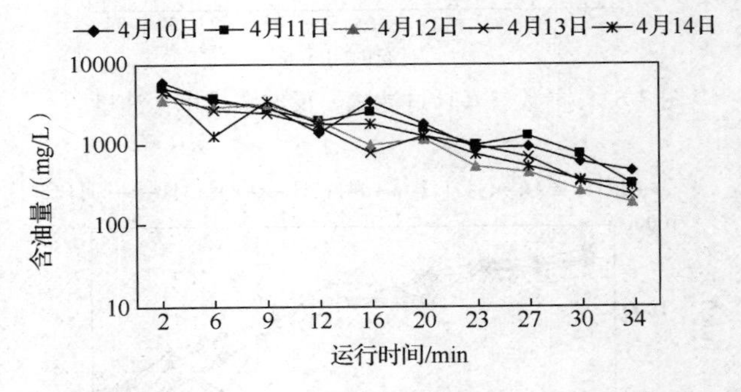

图 7-66　原参数（10#过滤罐）反冲洗排水含油量图

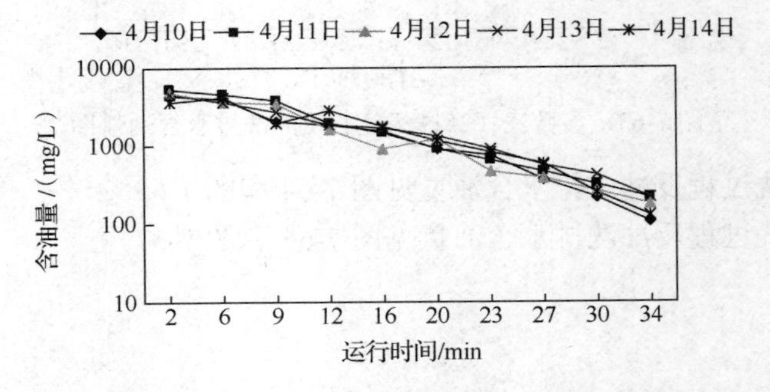

图 7-67　原参数（12#过滤罐）反冲洗排水含油量图

反冲洗过程反冲洗排水含油量平均值对比见表 7-29。

表 7-29　反冲洗过程反冲洗排水含油量平均值对比　（单位：mg/L）

项目	参数三	参数四	原参数
初期排水含油量平均值	4034	3589	4704
末期排水含油量平均值	72.7	23.6	237
反冲洗水含油量平均值	22.7	23	22.1

反冲洗过程各参数反冲洗末期排水含油量见图 7-68。

由表 7-29 和图 7-68 可见，参数四的核桃壳过滤罐反冲洗初期排水含油量平均值低于参数三和原参数；参数四的核桃壳过滤罐反冲洗末期排水含油量平均值低，接近反冲洗水含油量平均值，参数三和原参数的含油量平均值偏高，与反冲洗水相差大，说明参数四的反冲洗彻底，反冲洗效果好，优于参数三，而原参数反冲洗效果最差。

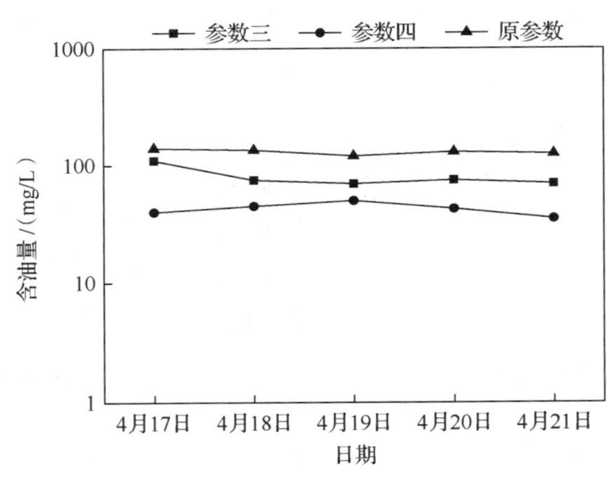

图 7-68　各参数反冲洗末期排水含油量对比图

7.5.2　反冲洗排水悬浮固体含量

参数三反冲洗过程反冲洗排水悬浮固体含量见图 7-69 和图 7-70。

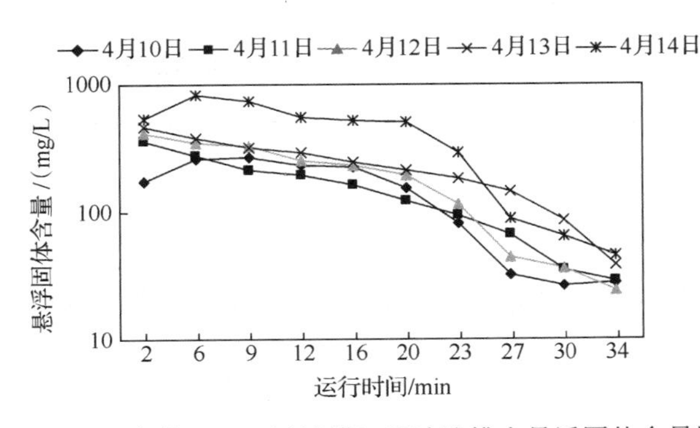

图 7-69　参数三（1#过滤罐）反冲洗排水悬浮固体含量图

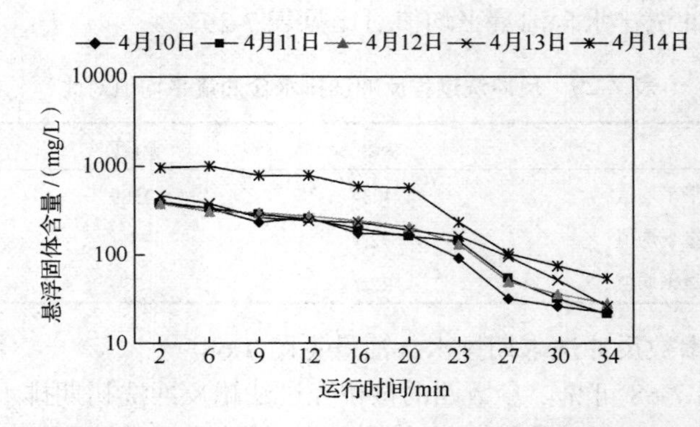

图 7-70　参数三（2#过滤罐）反冲洗排水悬浮固体含量图

参数四反冲洗过程反冲洗排水悬浮固体含量见图 7-71 和图 7-72。

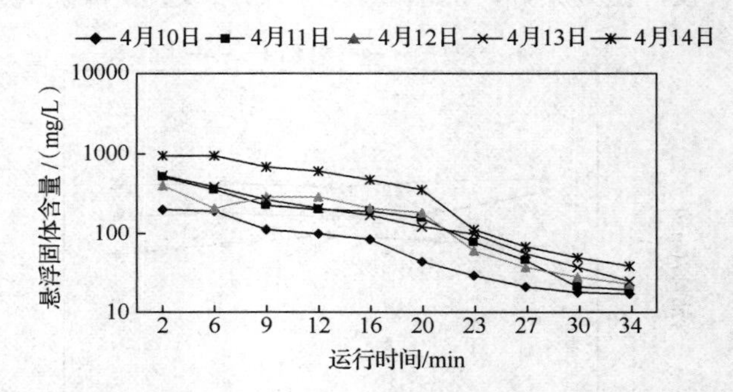

图 7-71　参数四（5#过滤罐）反冲洗排水悬浮固体含量图

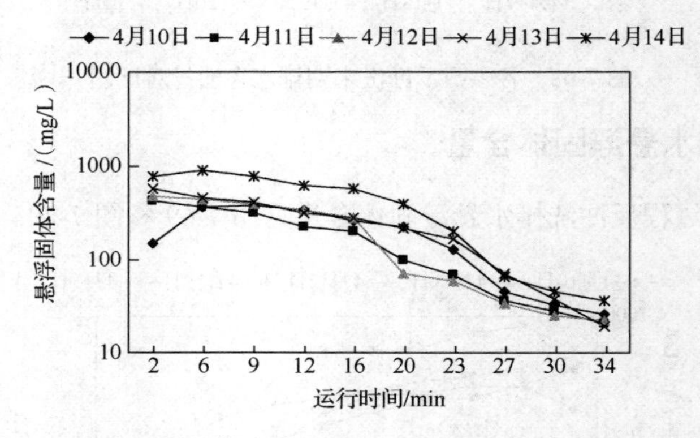

图 7-72　参数四（6#过滤罐）反冲洗排水悬浮固体含量图

原参数反冲洗过程反冲洗排水悬浮固体含量见图 7-73 和图 7-74。

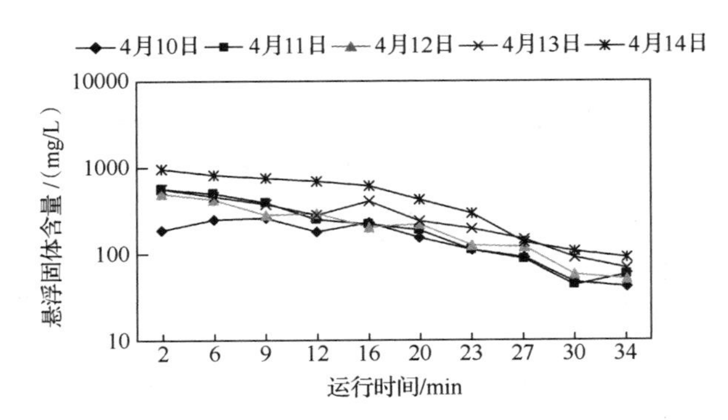

图 7-73　原参数（10#过滤罐）反冲洗排水悬浮固体含量图

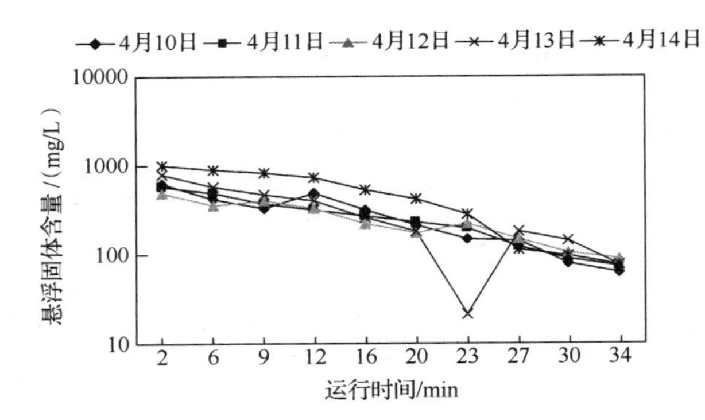

图 7-74　原参数（12#过滤罐）反冲洗排水悬浮固体含量图

反冲洗过程反冲洗排水悬浮固体含量平均值对比见表 7-30。

表 7-30　反冲洗过程反冲洗排水悬浮固体含量平均值表　（单位：mg/L）

项目	参数三	参数四	原参数
初期排水悬浮固体含量平均值	452.4	499.9	624.3
末期排水悬浮固体含量平均值	32.1	24.6	68.6
反冲洗水悬浮固体含量平均值	19.9	20.6	19.4

反冲洗过程各参数反冲洗末期排水悬浮固体含量对比见图 7-75。

由表 7-30 和图 7-75 可见，参数四的反冲洗末期排水悬浮固体含量平均值最低，接近反冲洗水悬浮固体含量平均值，参数三略高，原参数最高，说明参数四的反冲洗效果最好，参数三次之，原参数最差。

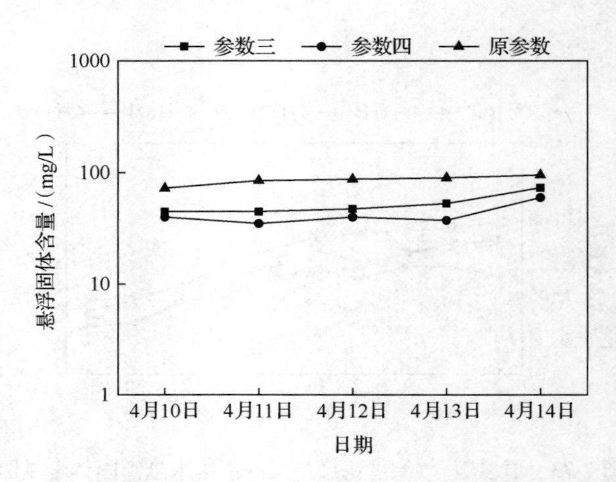

图 7-75　各参数反冲洗末期排水悬浮固体含量对比图

7.5.3　过滤阶段出水含油量

参数三过滤阶段出水含油量见图 7-76 和图 7-77。

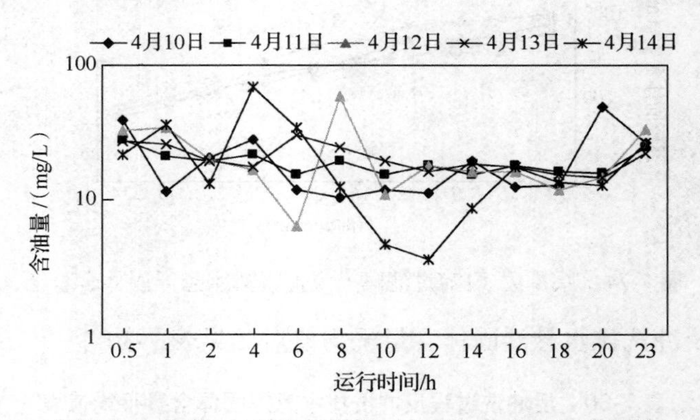

图 7-76　参数三（1#过滤罐）过滤阶段出水含油量图

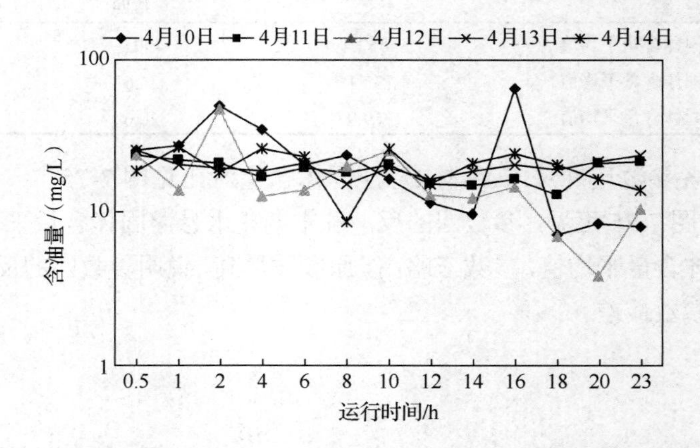

图 7-77　参数三（2#过滤罐）过滤阶段出水含油量图

参数四过滤阶段出水含油量见图 7-78 和图 7-79。

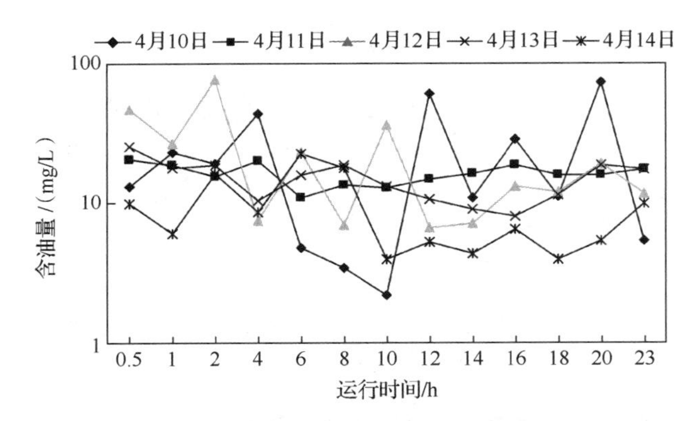

图 7-78　参数四（5#过滤罐）过滤阶段出水含油量图

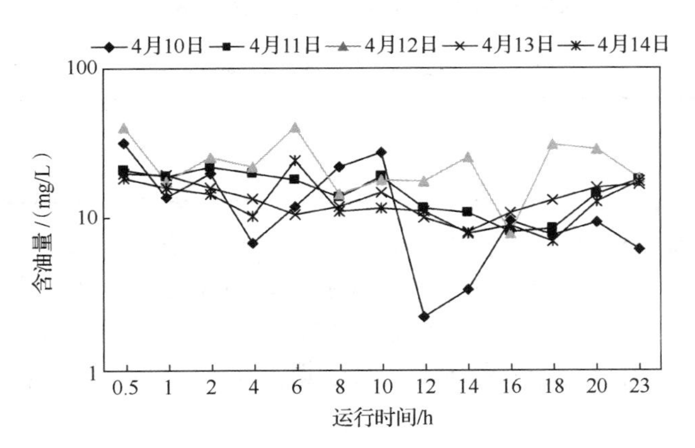

图 7-79　参数四（6#过滤罐）过滤阶段出水含油量图

原参数过滤阶段出水含油量见图 7-80 和图 7-81。

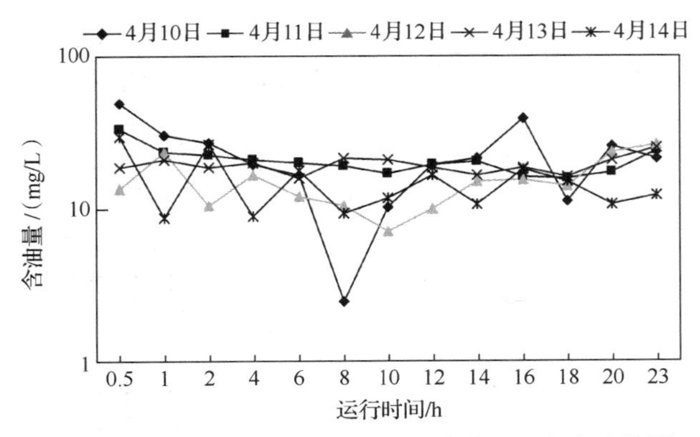

图 7-80　原参数（10#过滤罐）过滤阶段出水含油量图

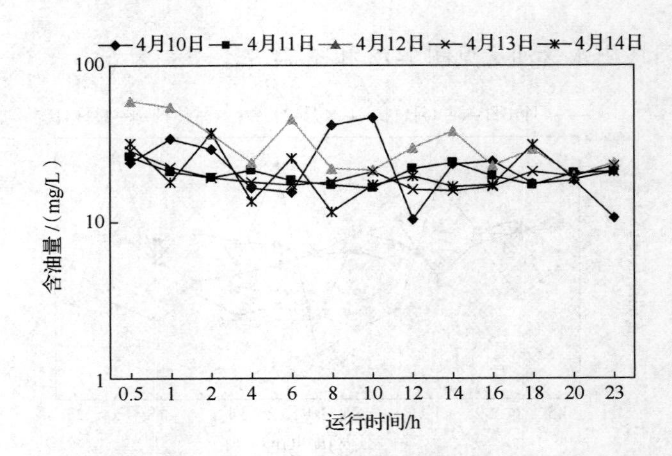

图 7-81　原参数（12#过滤罐）过滤阶段出水含油量图

三种参数过滤阶段出水含油量对比见表 7-31 和图 7-82。

表 7-31　过滤阶段出水含油量对比表

项目	参数三	参数四	原参数
含油量/（mg/L）	20.3	16.4	21.1
达标率/%	59.2	79.2	57

由表 7-31 和图 7-82 可见，采用三种反冲洗参数反冲洗后，参数三和原参数的除油效果差，含油量达不到油田公司排水水质指标（≤20mg/L），只有参数四除油效果好，滤后水含油量平均值能达标，但也未能全部达标。说明随着试验时间的延长，优化后的反冲洗参数四运行逐渐稳定，采用该参数的过滤罐再生效果较好，纳污能力有所增加，改善了滤后水质。

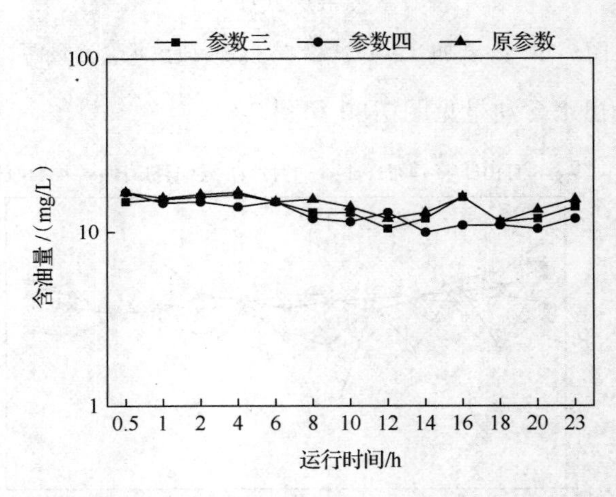

图 7-82　各参数过滤阶段出水含油量对比图

7.5.4 过滤阶段出水悬浮固体含量

参数三过滤阶段出水悬浮固体含量见图 7-83 和图 7-84。

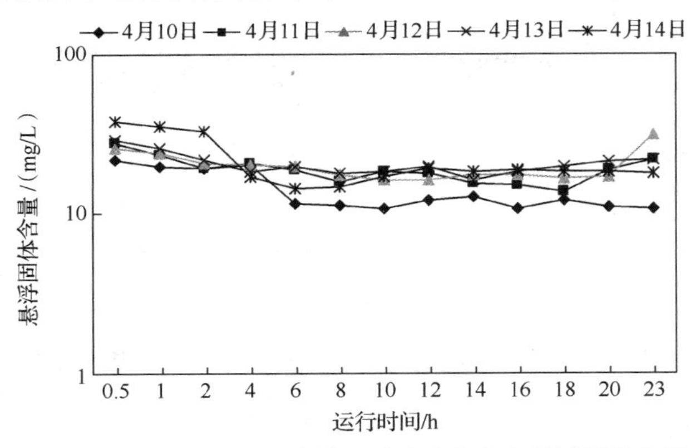

图 7-83 参数三（1#过滤罐）过滤阶段出水悬浮固体含量

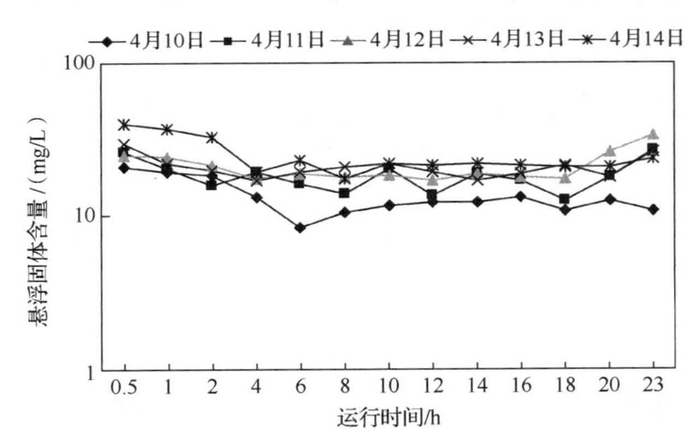

图 7-84 参数三（2#过滤罐）过滤阶段出水悬浮固体含量

参数四过滤阶段出水悬浮固体含量见图 7-85 和图 7-86。

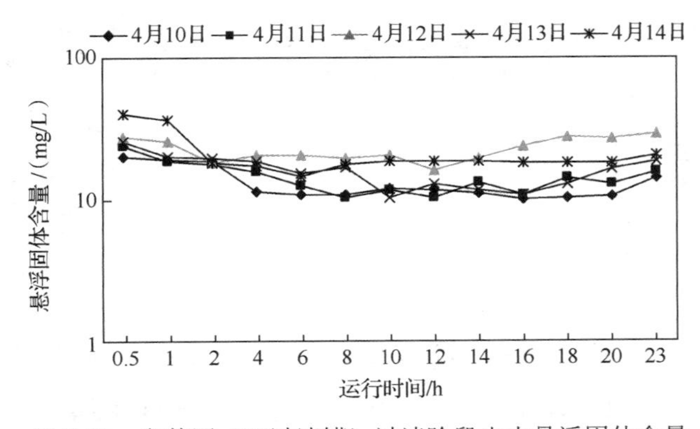

图 7-85 参数四（5#过滤罐）过滤阶段出水悬浮固体含量

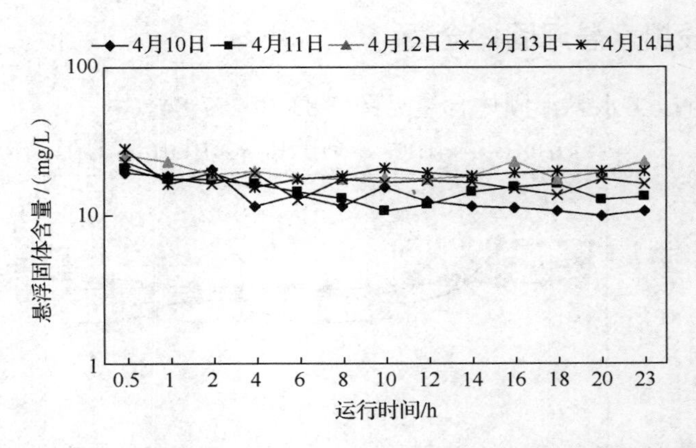

图 7-86　参数四（6#过滤罐）过滤阶段出水悬浮固体含量

原参数过滤阶段出水悬浮固体含量见图 7-87 和图 7-88。

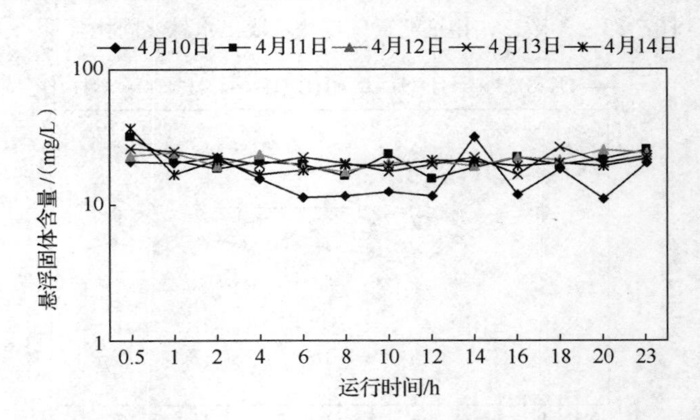

图 7-87　原参数（10#过滤罐）过滤出水悬浮固体含量

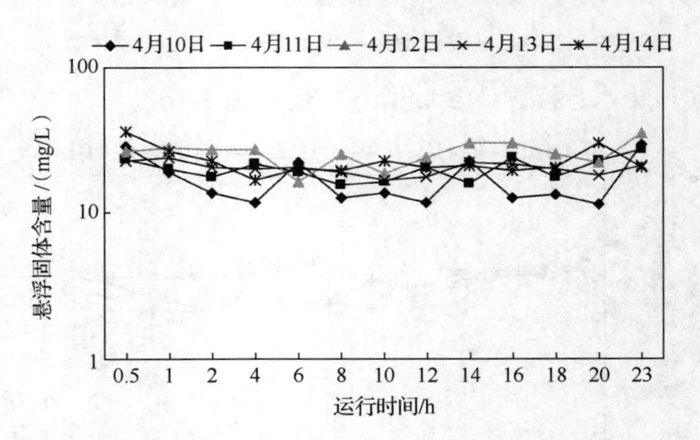

图 7-88　原参数（12#过滤罐）过滤出水悬浮固体含量

三种参数过滤阶段出水悬浮固体含量对比见表 7-32 和图 7-89。

表 7-32　过滤阶段出水悬浮固体含量对比表

项目	参数三	参数四	原参数
悬浮固体含量/（mg/L）	19.1	17.4	20.7
达标率/%	66.9	78.5	44.6

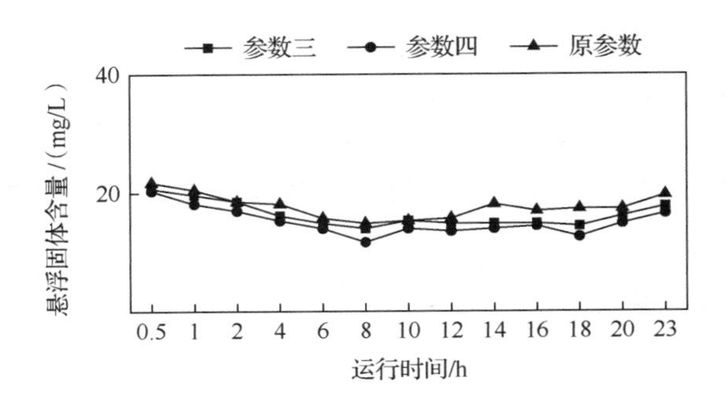

图 7-89　各参数过滤阶段出水悬浮固体含量对比

由表 7-32 和图 7-89 可见，参数四去除悬浮固体效果好，滤后水悬浮固体含量平均值为 17.4mg/L，达标率较高，为 78.5%，参数三次之，而原参数悬浮固体含量平均值为 20.7mg/L，不能达标。

7.6　滤料含杂和水质情况对比

A 联合站的反冲洗参数优化为参数三和参数四，运行了 10 个月后，开罐检查并取滤料分析，该罐滤料含油质量分数由试验前的 22.4%降至 1.42%，这表明随着反冲洗参数优化试验的进行，滤料逐渐恢复正常状态。充分证明了优化后的反冲洗参数，滤料反冲洗再生效果好。选择合适的反冲洗参数，可以保证滤料有效再生，确保反冲洗效果，恢复滤料的纳污能力，延长化学清洗和更换滤料的周期。最终达到改善滤后水质的目的。两座联合站过滤罐试验后测试的滤料污染情况见表 7-33。

表 7-33　试验后的滤料污染情况表

序号	取样地点	参数	含油质量分数/%
1	A 联合站 3#过滤罐	参数四	0.10
2	A 联合站 4#过滤罐	参数四	0.45
3	A 联合站 8#过滤罐	参数三	2.91
4	A 联合站 9#过滤罐	参数三	2.22
5	B 联合站 4#过滤罐	参数三	1.88
6	B 联合站 7#过滤罐	参数四	0.23
7	B 联合站 10#过滤罐	原参数	1.25

试验后，A 联合站 10 台过滤罐均改为优化后反冲洗方式（参数三和参数四）运行，平稳运行 11 个月，该站滤后水水质有很大程度改善。改造后，滤后水含油量由 16.1mg/L 下降至 7.0mg/L，下降了 56.5%；悬浮固体含量由 27.0mg/L 降至 7.4mg/L，下降了 72.6%（详见表 7-34）。综上所述，选择合适的反冲洗参数，可以保证滤料有效再生，确保反冲洗效果，恢复滤料的纳污能力，最终达到改善滤后水质的目的。

表 7-34　试验前后滤后水质对比表　（单位：mg/L）

时间		外输水质	
		含油量	悬浮固体含量
试验前	2 月	15.9	17
	4 月	16.3	34
	5 月	16	30
	平均	16.1	27.0
试验后	9 月	7.2	6.3
	10 月	7.5	7.5
	11 月	6.3	8.5
	平均	7.0	7.4

7.7　本 章 小 结

（1）水驱见聚 A 联合站的试验结论如下：①五种参数，反冲洗过程中过滤罐进出口压差稳定，并且无憋压现象；②五种参数中，参数一、参数二反冲洗效果较差（主要是悬浮固体含量），参数三、参数四初期排水含油量及悬浮固体含量高，脱附效果好，这两组末期排水含油量及悬浮固体含量较低，反冲洗彻底、效果好，其中参数四优于参数三，为最优方案；③原参数反冲洗效果及滤后水质最差，参数三、参数四滤料稳定时间较短，过滤周期较长，其中参数四最优，滤后水质能够稳定达标；④随着反冲洗参数优化试验的进行，滤料逐渐恢复正常状态，说明优化后的反冲洗参数改善了反冲洗效果，避免了滤料污染，延长了过滤周期。

（2）高含聚污水 B 联合站反冲洗参数优化试验结果与 A 联合站的试验结果相同，三种参数中，原参数反冲洗效果最差，参数四反冲洗初期排水及末期排水水质表明，其反冲洗最为彻底，反冲洗效果最好，参数三次之。

（3）水驱见聚 A 联合站的考核试验进一步表明，优化后的反冲洗参数均能够平稳运行，且滤后水质有了一定程度改善，参数三和参数四的反冲洗排水水质接近反冲洗进水，说明反冲洗有效果。过滤阶段出水含油量、悬浮固体含量都能够稳定达标。说明优化后的参数都优于原参数，其中参数四优于参数三。

（4）高含聚污水 B 联合站的考核试验进一步表明，与原反冲洗参数相比，优化后的参数（参数四）反冲洗排水水质接近反冲洗进水，说明反冲洗达到了效果。过滤阶段出水含油量及悬浮固体含量只有参数四达标率较高。说明优化后的参数都优于原参数，其中参数四优于参数三。

（5）水驱见聚A联合站及高含聚污水B联合站的稳定试验进一步表明，优化后的反冲洗参数均能够平稳运行，且滤后水质有了一定程度改善，参数三和参数四反冲洗排水水质接近反冲洗进水，说明反冲洗达到了效果。过滤阶段出水含油量、悬浮固体含量都能够稳定达标。说明优化后的参数都优于原参数，其中参数四优于参数三，为最优参数。优化后参数能够有效解决核桃壳滤罐正常过滤状况下的低温滤料再生问题，同时也可减小投加滤料反冲洗剂对水质造成的不利影响。

第 8 章　油田过滤反冲洗工艺的改进及其现场调试运行

石英砂过滤罐的反冲洗主要分为两个阶段：一是搅拌反冲洗阶段，首先在搅拌桨离心力作用下，破坏滤料顶部的板结层，避免反冲洗过程中的憋压，其次利用低强度反冲洗水力，使滤料之间产生一定的摩擦力，从而使黏附在滤料表层的杂质脱附下来，形成滤料与悬浮固体的初步分离；二是水反冲洗阶段，在这一阶段中，使用中强度反冲洗，增加滤料之间的摩擦力，使杂质可以完全脱附，再用大强度反冲洗，把脱附下来的杂质冲走。因此，搅拌桨固定后，反冲洗强度的确定是反冲洗参数优化的关键。强度过大会导致滤料膨化太高，则滤料彼此间碰撞机会减少，不利于滤料再生；强度过小，膨化太低，水力冲刷起不到作用。因此，确定最佳反冲洗强度，保证其在最佳膨化率进行反冲洗是提高反冲洗效果的有效途径。搅拌式反冲洗利用搅拌桨的破坏作用实现滤料板结层的破碎，在搅拌反冲洗阶段，滤料在搅拌桨的作用下做加速运动，同时滤料受到水流剪切的作用，颗粒的碰撞起主导作用。颗粒碰撞过程中，彼此之间形成一定的冲击力。

本章将通过流体动力学模拟的结论，将优化后的旋转叶轮搅拌桨应用到实际的工艺运行中，考察实际的运行效果。

8.1　搅拌式过滤器现场应用效果分析

通过增设搅拌桨装置，增加滤料之间的摩擦，破坏滤料的板结层，使滤料表面的油污及悬浮固体与滤料剥离。降低滤料的膨胀率，保证反冲洗效果，从而提高过滤出水水质。

搅拌桨转速的确定：选择石英砂过滤器，反冲洗强度为 7L/（$s\cdot m^2$），滤料搅拌时间为 5min，对叶片搅拌转速与石英砂过滤器的滤料反冲洗效果关系进行试验研究，测试结果见表 8-1。

表 8-1　叶片转速对反冲洗效果的影响

转速/（r/min）	去除率/%
10	46
30	50
50	58
70	64
80	66
100	59

由表 8-1 可见，在开始增加叶片转速时，随转速的增加反冲洗效果有较大的改善。随后，转速再继续增加时，滤料反冲洗效果改善的速度逐渐放慢。最佳反冲洗效果下，

石英砂过滤器的转速在50～70r/min，增加至100r/min以后，与前面相比滤料的反冲洗效果反而变差。分析原因，起初转速的增加可以加强颗粒与桨叶间的碰撞以及固体颗粒的扰动强度，从而增加了滤料颗粒的碰撞摩擦作用，因此滤料的反冲洗效果随转速的增加有所改善。但是转速过大，加大了滤料的碰撞作用力，易导致滤料破碎，影响反冲洗效果。改进旋转叶轮搅拌桨，有利于板结层的粉碎，减少滤料的流失。

反冲洗时间的确定：反冲洗时间根据反冲洗出水的悬浮固体变化确定，石英砂过滤器在反冲洗18min后出水悬浮固体含量和含油量都已降至很低，因此，石英砂过滤器反冲洗时间选择在不超过18min。按照上述反冲洗运行方式进行，改造后石英砂滤后水含油量由24.3mg/L下降至8.9mg/L，悬浮固体含量由32.5mg/L下降至15.7mg/L，去除率与改造前相比分别提高了10%和50%。同时反冲洗流量稳定在450～500m^3/h，反冲洗压力在0.18～0.22MPa。

优化反冲洗参数及方式，将石英砂过滤罐原有高强度、短时间搅拌反冲洗的方式，优化为先小强度搅拌反冲洗、然后大强度冲洗的反冲洗方式，改善了石英砂过滤罐的反冲洗效果。并在大量试验数据的基础上，确定适宜的反冲洗强度。

表8-2为石英砂过滤器反冲洗罐的处理效果。

表8-2　石英砂过滤器反冲洗罐处理效果

时间/d	进水含油量/（mg/L）	进水悬浮固体含量/（mg/L）	滤后含油量/（mg/L）	滤后悬浮固体含量/（mg/L）	除油率/%	除杂率/%
1	42.7	46.5	10.13	14.6	76.28	68.60
2	67.4	41.4	8.8	13.8	86.94	66.67
4	58.4	34.4	8.47	15.9	85.50	53.78
6	49.8	30.5	8.2	18.8	83.53	38.36
8	54.6	51.3	6.8	16.5	87.55	67.84
10	42.1	41	11.2	14.4	73.40	64.88
12	46.4	36.7	8.1	14.6	82.54	60.22
14	52.8	41	9.7	16.8	81.63	59.02
平均	51.8	40.4	8.9	15.7	82.17	59.92

反冲洗正常运行的主体滤料相对密度的降低对滤料反冲洗膨胀高度的影响有限，造成滤料流失的根本原因在于滤料板结成块之后以堆积形式存在，在反冲洗过程中流失。随着过滤过程进行，滤料表层黏附污染物质导致滤料密度降低，其密度降低至1.1×10^3kg/m^{3}以下方会出现流失现象。

滤料板结形成与滤料黏附的油污杂质（聚合物、胶质和沥青质）存在一定关系，反冲洗无法将这些污染物从滤料上完全脱附下来，并且滤料表层聚合物随着反冲洗有增高的趋势。板结层出现的高度在滤料表层80～100mm范围内，当滤料含油量超过25mg/L时滤料发生板结。

8.2 改进石英砂过滤罐上布水筛管结构技术研究

选择合适的配水结构，可以保证反冲洗水携带杂质的顺畅排出，不产生跑料和憋压现象。在后续的研究中，考虑原布水筛管结构过流面积小，造成局部高流速，筛管堵塞，使反冲洗压力迅速升高，流量下降，导致石英砂过滤罐反冲洗憋压、跑料和出水水质质量下降，有必要根据生产实际，改进石英砂过滤罐上布水筛管结构，增加其过流面积，增进石英砂过滤罐的运行可靠性。

增加筛管直径及筛分间隙，其目的是增大过流面积，增加筛管的过流能力，避免局部流速过大，避免反冲洗憋压、反冲洗流量过低、反冲洗效果差的问题。筛管直径由114mm 增大为 230mm，筛分间隙由 0.5～0.6mm 增大到 2.5mm，改进后单罐过流面积由 1.12m^2 增大到 1.93m^2，过流面积增加了 42.0%。

为了防止反冲洗意外状态下滤料膨胀高度过高，筛分间隙增大，造成跑料，在外包覆 30 目的方孔筛网，筛网的过水系数为 4/5。筛孔形状由圆形改为方形，既保证了反冲洗时筛管的截留效果，又减小了滤料堵塞筛管的概率，增进了石英砂过滤罐的运行稳定性。

8.2.1 试验地点及试验内容

大庆油田某联合站于 2003 年 11 月建成投产，现有核桃壳过滤罐 14 座，为确保反冲洗强度，该站过滤罐搅拌器已全部停运，反冲洗时间提高至 20min。该站设计处理规模为 3.0×10^4m^3/d，实际处理量为 2.3×10^4m^3/d，外输污水含油量为 7.6mg/L、悬浮固体含量为 11.2mg/L，聚合物质量浓度为 170mg/L，应用 14 座ϕ3.0m 核桃壳过滤罐，改造前该站存在过滤罐反冲洗憋压问题。

针对核桃壳过滤罐反冲洗憋压这一问题，选择憋压问题较严重的二厂南 III-1 污水处理站进行现场试验，选 6#、7#两座过滤罐将原筛管改为大筛管布水，校核其反冲洗效果。憋压是由核桃壳滤料固有特性决定的，核桃壳过滤罐顶部筛管间隙为 0.5mm，核桃壳滤料规格为 0.8～1.2mm，由于长期运行，核桃壳滤料磨损，粒径变小，反冲洗时启动搅拌器，核桃壳滤料被推起堆积在过滤罐顶部筛管周围，极易嵌入筛管的筛缝中，降低了筛管的有效过水面积，造成筛管堵塞，导致过滤罐反冲洗流量下降，罐压升高，严重影响过滤罐反冲洗效果。为提高反冲洗强度，只能停用搅拌器以避免核桃壳滤料被推起堵塞过滤罐。

另外，随着聚驱开发规模的加大，虽然在联合站可以实现水驱与聚驱污水分开运行，但聚驱污水在基础井网回注后，水驱污水见聚问题已在所难免。在注聚开发阶段，目前水驱污水处理站的污水中聚合物质量浓度在 70～260mg/L，因此，水驱污水处理站的概念已不存在。由于水驱污水见聚后，污水成分发生了较大变化，污水中出现了大量的胶质、聚合物、污泥等物质，其混合物黏度大、流动性极差。反冲洗时若停用搅拌器，这部分物质滞留在滤料层中，反冲洗不彻底，长期运行会严重污染滤料。

为更好地验证改进结构后筛管的效果，选择堵塞最严重的 6#、7#过滤罐作为试验过滤罐，同时选择了 8#、9#过滤罐作为对比罐，进行同步对比验证。

改进核桃壳过滤罐上布水筛管的筛分间隙、筛管直径后主要监测反冲洗是否憋压和反冲洗流量大小，考察运行中的可靠性和稳定性。

试验期间，要求反冲洗时必须启动搅拌器。反冲洗期间，监测对比 4 座过滤罐反冲洗强度变化情况，即强度是否达到设计要求 8L/（s·m^2）（反冲洗流量 200m^3/h），过滤罐进出口压差变化情况，滤料污染情况。对 4 座过滤罐在反冲洗前 1h、反冲洗后 2h 的过滤罐水质进行监测对比。

8.2.2　6#、7#过滤罐运行情况

2005 年，对 6#、7#过滤罐顶部筛管进行了改造，然后对过滤罐进行了连续两个月的监测，对比情况如下。

筛管改造前，反冲洗期间启动搅拌器时，反冲洗运行不超过 10min 即出现过滤罐堵塞问题，甚至个别运行时间不超过 6min，流量急剧下降，由最高 150～190m^3/h 降至 50～70m^3/h，反冲洗进口压力由 0.02MPa 迅速升至 0.3MPa，被迫终止反冲洗操作，反冲洗强度、时间均无法达到设计要求，反冲洗效果受到影响。

筛管改造后，反冲洗期间启动搅拌器时，反冲洗流量均在 200m^3/h 左右，在反冲洗期间进口压力变化不大，基本未发生过滤罐堵塞问题，反冲洗强度、时间均能达到设计要求，反冲洗效果得到提高。连续运行近 9 个月，效果仍然比较理想。

6#过滤罐改造前后的反冲洗流量、压差变化趋势见图 8-1～图 8-4 和表 8-3～表 8-6。

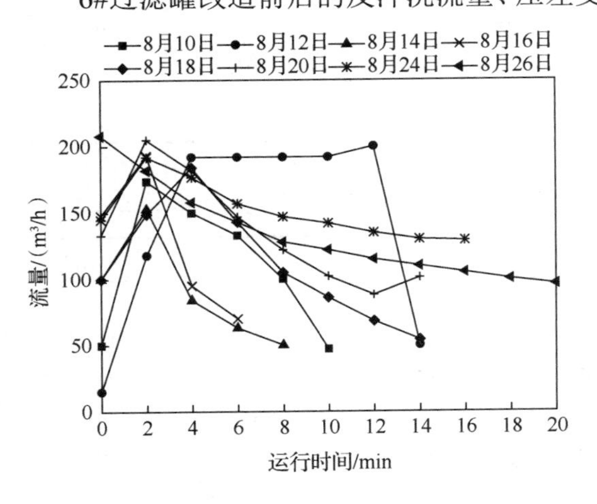

图 8-1　改造前 6#过滤罐反冲洗流量图

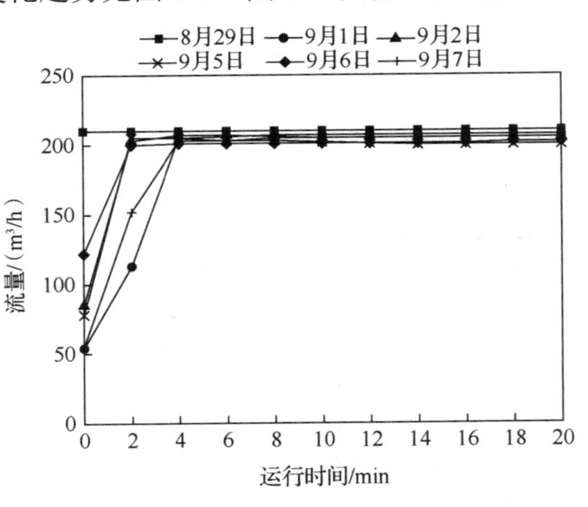

图 8-2　改造后 6#过滤罐反冲洗流量图

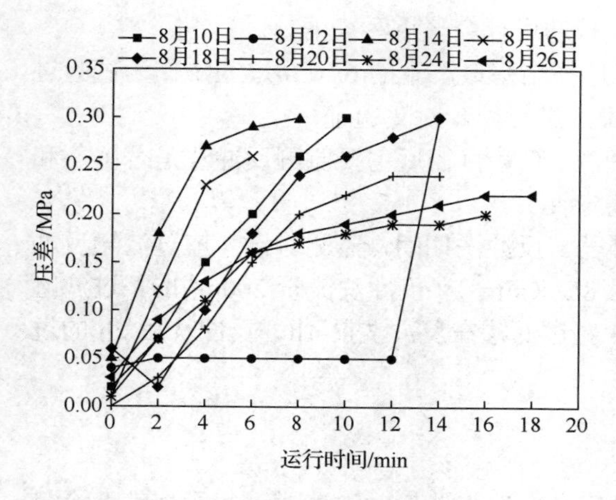

图 8-3　改造前 7#过滤罐反冲洗压差图

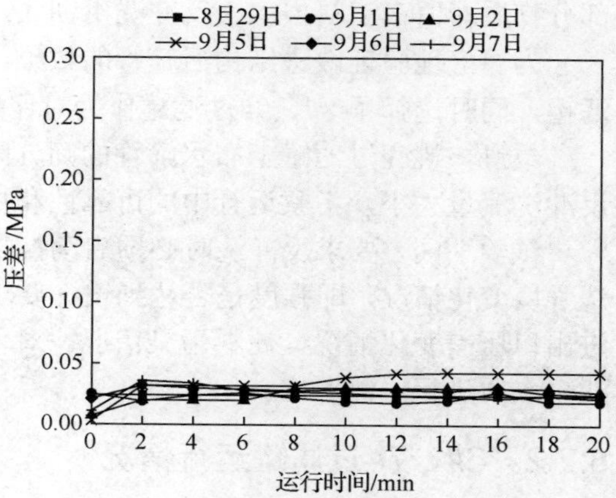

图 8-4　改造后 7#过滤罐反冲洗压差图

表 8-3　改造前 6#过滤罐反冲洗流量统计表　　（单位：m^3/h）

时间	8 月 10 日	8 月 12 日	8 月 14 日	8 月 16 日	8 月 18 日	8 月 20 日	8 月 24 日	8 月 26 日
0min	50	15	100	148	100	133	145	208
2min	174	118	153	193	149	205	192	182
4min	150	192	84	95	184	182	177	158
6min	133	192	63	70	143	147	157	143
8min	100	192	50	—	105	122	147	128
10min	47	192	—	—	86	102	142	122
12min	—	200	—	—	68	88	135	115
14min	—	50	—	—	54	101	130	110
16min	—	—	—	—	—	—	129	105
18min	—	—	—	—	—	—	—	100
20min	—	—	—	—	—	—	—	96

表 8-4　改造后 6#过滤罐反冲洗流量统计表　　（单位：m^3/h）

时间	8 月 29 日	9 月 1 日	9 月 2 日	9 月 5 日	9 月 6 日	9 月 7 日
0min	210	54	85	78	122	55
2min	210	113	203	205	200	152
4min	210	205	207	205	201	203
6min	210	206	207	203	201	203
8min	210	207	206	203	201	205
10min	210	207	205	202	201	205
12min	210	207	205	201	201	205
14min	210	207	205	200	201	205
16min	210	207	205	200	201	205
18min	210	207	205	200	202	205
20min	210	207	205	200	202	205

表 8-5　改造前 7#过滤罐反冲洗压差统计表　　（单位：MPa）

时间	8 月 10 日	8 月 12 日	8 月 14 日	8 月 16 日	8 月 18 日	8 月 20 日	8 月 24 日	8 月 26 日
0min	0.02	0.04	0.05	0.01	0.06	0	0.01	0.03
2min	0.07	0.05	0.18	0.12	0.02	0.03	0.07	0.09
4min	0.15	0.05	0.27	0.23	0.1	0.08	0.11	0.13
6min	0.2	0.05	0.29	0.26	0.18	0.15	0.16	0.16
8min	0.26	0.05	0.3	—	0.24	0.2	0.17	0.18
10min	0.3	0.05	—	—	0.26	0.22	0.18	0.19
12min	—	0.05	—	—	0.28	0.24	0.19	0.2
14min	—	0.3	—	—	0.3	0.24	0.19	0.21
16min	—	—	—	—	—	—	0.2	0.22
18min	—	—	—	—	—	—	—	0.22
20min	—	—	—	—	—	—	—	—

表 8-6　改造后 7#过滤罐反冲洗压差统计表　　（单位：MPa）

时间	8 月 29 日	9 月 1 日	9 月 2 日	9 月 5 日	9 月 6 日	9 月 7 日
0min	0.024	0.025	0.007	0.003	0.021	0.011
2min	0.024	0.019	0.02	0.032	0.032	0.036
4min	0.024	0.024	0.02	0.032	0.03	0.034
6min	0.024	0.026	0.02	0.032	0.029	0.028
8min	0.024	0.022	0.03	0.032	0.028	0.027
10min	0.024	0.019	0.03	0.039	0.029	0.026
12min	0.024	0.018	0.03	0.042	0.029	0.024
14min	0.024	0.02	0.03	0.043	0.028	0.023
16min	0.024	0.027	0.03	0.043	0.031	0.022
18min	0.024	0.019	0.03	0.043	0.026	0.024
20min	0.024	0.019	0.027	0.043	0.025	0.022

8.2.3　过滤罐运行情况对比

通过试验可以看出，同步对比的 8#、9#未改造过滤罐与 6#、7#过滤罐改造前的问题一样。反冲洗期间启动搅拌器时，过滤罐出现堵塞问题，流量急剧下降，最后被迫终止反冲洗操作。反冲洗强度、时间均无法达到设计要求，反冲洗效果受到影响。若要保证反冲洗强度，只能停运搅拌器。对比罐 8#过滤罐、9#过滤罐的反冲洗流量、压差变化趋势见表 8-7～表 8-10 和图 8-5～图 8-8。

表 8-7　对比罐（8#过滤罐）反冲洗流量统计表　　（单位：m^3/h）

时间	8 月 29 日	9 月 1 日	9 月 2 日	9 月 5 日	9 月 6 日	9 月 7 日
0min	203	78	65	70	113	102
2min	188	128	157	176	198	191
4min	142	197	133	174	140	130

续表

时间	8月29日	9月1日	9月2日	9月5日	9月6日	9月7日
6min	125	148	73	140	117	86
8min	100	114	—	117	94	—
10min	80	93	—	100	79	—
12min	56	80	—	85	—	—
14min	35	—	—	—	—	—
16min	—	—	—	—	—	—
18min	—	—	—	—	—	—
20min	—	—	—	—	—	—

表 8-8　对比罐（9#过滤罐）反冲洗流量统计表　（单位：m^3/h）

时间	8月29日	9月1日	9月2日	9月5日	9月6日	9月7日
0min	176	88	66	76	114	93
2min	133	179	127	193	162	174
4min	100	133	153	143	68	81
6min	84	105	66	115	—	—
8min	—	90	—	103	—	—
10min	—	80	—	95	—	—
12min	—	—	—	86	—	—
14min	—	—	—	—	—	—
16min	—	—	—	—	—	—
18min	—	—	—	—	—	—
20min	—	—	—	—	—	—

表 8-9　对比罐（8#过滤罐）反冲洗压差统计表　（单位：MPa）

时间	8月29日	9月1日	9月2日	9月5日	9月6日	9月7日
0min	0.035	0.05	0.007	0.004	0.011	0.009
2min	0.087	0.019	0.032	0.037	0.067	0.036
4min	0.155	0.091	0.196	0.12	0.166	0.189
6min	0.184	0.169	0.254	0.178	0.205	0.241
8min	0.209	0.213	—	0.209	0.228	—
10min	0.239	0.239	—	0.23	0.244	—
12min	0.259	0.252	—	0.245	—	—
14min	0.278	—	—	—	—	—
16min	—	—	—	—	—	—
18min	—	—	—	—	—	—
20min	—	—	—	—	—	—

表 8-10　对比罐（9#过滤罐）反冲洗压差统计表　　（单位：MPa）

时间	8 月 29 日	9 月 1 日	9 月 2 日	9 月 5 日	9 月 6 日	9 月 7 日
0min	0.109	0.02	0.006	0.002	0.003	0.006
2min	0.171	0.037	0.03	0.034	0.213	0.035
4min	0.212	0.192	0.157	0.173	0.258	0.25
6min	0.23	0.223	0.27	0.206	—	—
8min	—	0.245	—	0.222	—	—
10min	—	0.252	—	0.232	—	—
12min	—	—	—	0.24	—	—
14min	—	—	—	—	—	—
16min	—	—	—	—	—	—
18min	—	—	—	—	—	—
20min	—	—	—	—	—	—

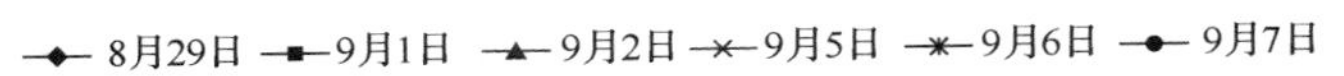

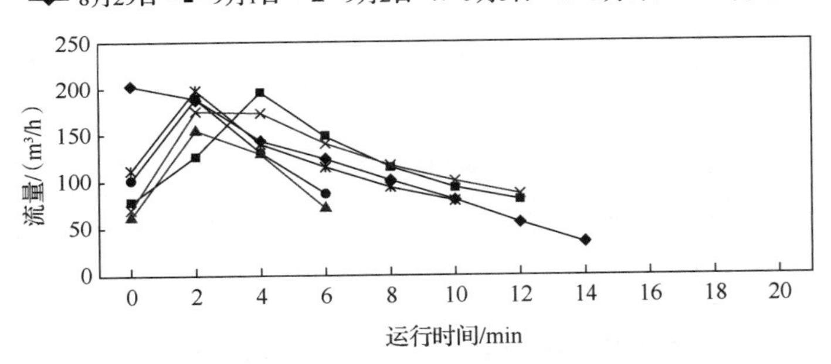

图 8-5　对比罐（8#过滤罐）流量图

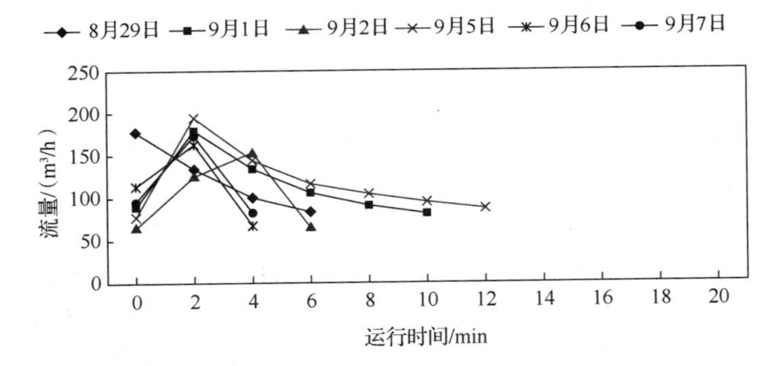

图 8-6　对比罐（9#过滤罐）流量图

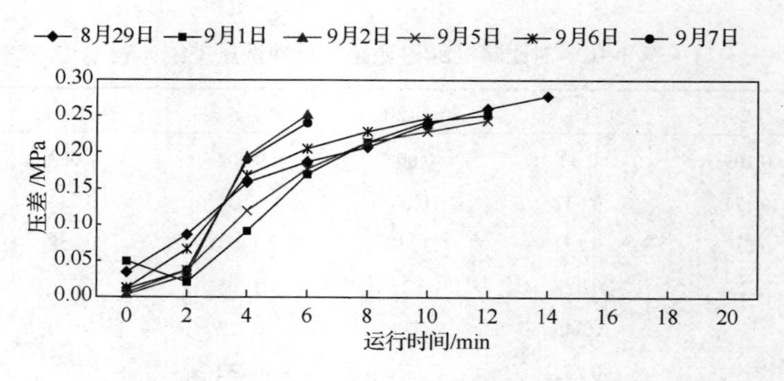

图 8-7 对比罐（8#过滤罐）压差图

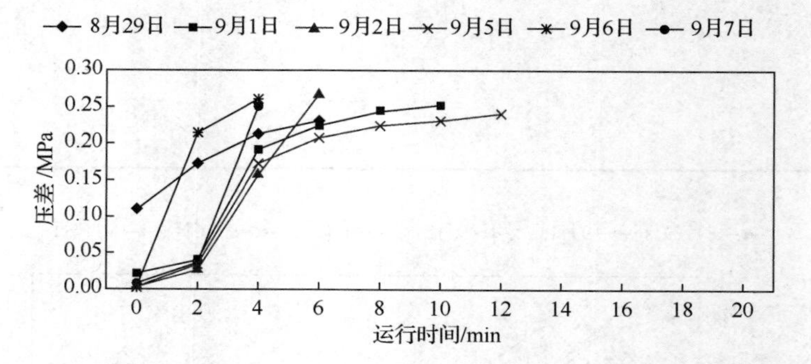

图 8-8 对比罐（9#过滤罐）压差图

对比过滤罐 6#（改造）、7#（改造）、8#（未改造）、9#（未改造）过滤罐的流量和压差均值，结果见表 8-11。

表 8-11 改造前后反冲洗流量、压差对比表

类别		改造罐		未改造罐	
		6#	7#	8#	9#
改造前	流量/（m^3/h）	70	55	89	131
	压差/MPa	0.24	0.29	0.23	0.17
改造后	流量/（m^3/h）	206	207	84	73
	压差/MPa	0.022	0.023	0.18	0.15

8.2.4 滤后水质情况对比

改造后，6#、7#过滤罐滤后水质含油量由 8.8mg/L 下降到 3.5mg/L，下降了 60%；悬浮固体含量由 20.0mg/L 下降到 12.2mg/L，下降了 39%；8#、9#过滤罐水质变化不大。这说明改进上布水筛管结构，确保了反冲洗效果，恢复了滤料的纳污能力，最终达到改善滤后水质的目的。表 8-12 为改造前后滤后水质的对比数据。

表 8-12　改造前后滤后水质对比表　（单位：mg/L）

类别		改造罐			未改造罐		
		6#	7#	平均	8#	9#	平均
改造前	含油量	13.8	3.7	8.8	4.45	13.4	8.9
	悬浮固体含量	23.4	16.5	20.0	18.5	17.7	18.1
改造后	含油量	3.1	3.8	3.5	6.4	15.2	10.8
	悬浮固体含量	14.3	10.0	12.2	17.0	16.6	16.8

2017 年 5 月通过开罐检查，可以看出，6#、7#过滤罐滤层顶部近 40cm 的滤料受到一定污染，此部分污染初步判断是由于反冲洗时，过滤罐顶部部分污油未被冲洗出去，在开罐检查放水时污油渗入顶部滤层，因此向下检查滤层污染情况，40cm 以下滤层污油少，污染程度低。而对未改造的对比过滤罐检查时发现，滤料被深层污染，40cm 以下检查污油仍较多。这说明，反冲洗时启动搅拌器是有利于过滤罐滤料反冲洗再生处理的，有利于提高过滤罐过滤效果。

8.2.5　水质变化情况

6#过滤罐在反冲洗后 2h 的滤后含油量、悬浮固体含量由筛管改造前的 10mg/L、30mg/L 左右，分别降至改造后的 5mg/L、10mg/L 以内。由于污水中聚合物质量浓度由 2005 年 8 月的 50mg/L 升至 170mg/L，过滤效果受到一定影响，该过滤罐的含油量、悬浮固体含量可以控制在 10mg/L、20mg/L 以内。

7#过滤罐在反冲洗后 2h 的滤后含油量、悬浮固体含量由筛管改造前的 20mg/L、20mg/L 以内，分别降至改造后的 5mg/L、10mg/L 以内。由于污水中聚合物质量浓度的增加，过滤效果受到影响，目前该过滤罐的含油量、悬浮固体含量均可以控制在 15mg/L 以内。

污水处理站改进核桃壳过滤罐上布水筛管技术研究，改进了上布水筛管结构，增大了其过流面积，使反冲洗流量能够达到设计流量（200m^3/h），解决了反冲洗憋压的问题，大大改善了反冲洗效果，降低了滤料的污染程度，改善了滤后水质。

8.3　某聚驱污水处理站石英砂滤料过滤罐高温热洗技术研究

随着油田开发不断深入，采出水成分日益复杂，污水处理难度逐年加大，污水含聚及常温集输等原因，造成含油污水深度处理过程中滤料污染、再生困难、更换周期短等问题。根据现场观察，反冲洗时采用过滤后的污水回收至反冲洗水罐内的滤后水温度一般为 33～39℃，且由于回收水罐内未设伴热保温措施，在冬季时，当日下午收至反冲洗水罐内的水存放一夜后，次日进行反冲洗时水温仅在 31～35℃，反冲洗水温相对较低。

而经过前端沉降后的含油污水内仍含有污油、悬浮固体等杂质，使滤料表面和滤层孔隙内截留大量污物，具有很强的黏性，改变了滤料的流动特性，从而使滤料表层易出现板结，污水含聚使污物形成黏附于滤料上的胶冻状滤饼，即使是大强度反冲洗也不能有效地将胶冻状滤饼破碎并冲洗出去。反冲洗强度过大又会导致滤料迅速上升，使滤料进入布水筛管，导致布水筛管堵塞，造成反冲洗压力升高，水量下降，反冲洗不能顺利进行。目前常规措施反冲洗后仍有部分污物在滤层上部，反冲洗不彻底，致使滤料污染、再生困难，降低了过滤效果。

针对上述问题，为了探索高效的反冲洗措施，实现滤料的有效再生，开展石英砂滤料热洗技术研究。通过室内模拟过滤罐试验和现场生产运行过滤罐试验，评价不同反冲洗方式滤料的再生效果，确定合理的反冲洗现场运行参数，为改善石英砂过滤工艺处理效果、提高滤后水质质量、延长滤料的更换周期提供技术依据。

8.3.1 滤料污染机理研究

1. 污染滤料有机物质谱分析

将污染滤料通过环己烷浸渍，溶去表面的石油类有机物，并进行质谱分析。分析结果表明，污染滤料表面的吸附物为复杂的有机混合物，按石油类物质分析，其中含有烷烃、烷基芳烃、环烷烃、稠环芳烃等石油类有机物。

2. 新滤料及污染滤料微观 SEM 分析

利用 SEM 对新滤料和污染滤料做对比扫描分析，结果见图 8-9 和图 8-10。

图 8-9 新滤料 SEM 照片（放大 1000 倍）

图 8-10 污染滤料 SEM 照片（放大 1000 倍）

由图 8-9 和图 8-10 可以看出，新滤料及污染滤料的 SEM 照片均表现出片状结构，呈现 SiO_2 的结构特征。新滤料表面呈粗粒状形态，而污染滤料表面有大量絮凝胶状有机物。

3. 新滤料及污染滤料化学元素组成分析

对新滤料和污染滤料的化学组分做 ICP（电感耦合等离子体原子发射光谱仪）测试，结果见表 8-13。

表 8-13　污染滤料及新滤料 ICP 分析　（单位：%）

滤料	K_2O	Na_2O	CaO	MgO	Fe_2O_3	SrO	Al_2O_3	BaO	ZnO	SiO_2	失重
新滤料	0.07	0.05	0.28	0.02	0.19	0.005	0.30	0.01	0.001	98.00	0.95
污染滤料	0.08	0.09	0.50	0.03	0.30	0.005	0.70	0.08	0.004	98.00	0.54

ICP 测定结果显示，污染滤料及新滤料成分基本一致，主要是 SiO_2。相对于新滤料样品，污染滤料样品中含有相对多的 CaO、Fe_2O_3 和 Al_2O_3。

综上所述，污染滤料中主要污染物为原油及杂质等，如芳烃、沥青质和胶质，其与滤料作用的表面张力和静电吸引力较强，容易黏附在滤料表层。目前油田主要采用滤后水反冲洗，常温集输的推广使污水温度较低，导致反冲洗过程中滤料再生效果差，不能将高分子有机物质从滤料表层脱附，导致滤料污染速度加快。

鉴于此，我们尝试采用对反冲洗水加温的方式进行滤料反冲洗再生，通过检测热洗后滤料含油质量分数、含杂质量分数随温度变化的试验数据，探索随着水温升高滤料再生效果的变化，通过现场试验优选确定现场运行参数。

8.3.2　室内小试

1. 高温热洗试验

1）室内烧杯试验

为了能够有效直观地观察石英砂滤料污染的过程，从某聚驱污水处理站取来污染滤料，称取相同的量分别放入三个烧杯中，用不同温度的热水进行冲洗，并将其放到电热炉上恒温，保持温度稳定。同时用玻璃棒不断搅拌，每隔一定的时间取样化验滤料的含油质量分数。试验数据如表 8-14 所示，绘制变化趋势图见图 8-11。

表 8-14　高温热洗试验滤料化验数据表　（单位：%）

时间	水温为 40～50℃时滤料含油质量分数	水温为 50～60℃时滤料含油质量分数	水温为 60～70℃时滤料含油质量分数
15min	12.8	13.4	13.1
30min	11.4	11.7	10.6
45min	8.6	8.5	8.7
60min	7.0	4.4	3.0
90min	4.3	1.9	1.8
120min	2.1	1.6	1.4
去除率	82.9	86.99	88.6

由表 8-14 和图 8-11 可以看出，当水温为 50～60℃时，搅拌 120min 后滤料含油质量分数达到 1.6%，与试验前的 12.3%相比，去除率达到 86.99%，说明滤料表层黏附的油基本可以从滤料表层冲洗走。但随着温度的升高，去除率变化不大，分析滤料表层剩余部分油为重质油，提高温度对于重质油清洗效果的影响不明显。因此，反冲洗水的温度也不宜过高，控制在 60℃左右即可。

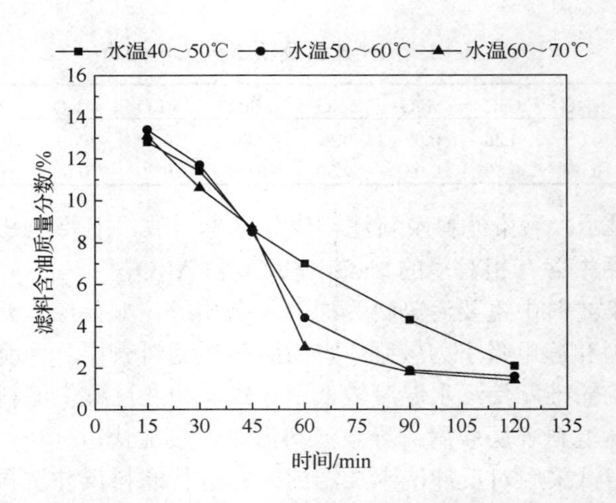

图 8-11　高温热洗试验不同温度的滤料含油质量分数对比图

2）模拟过滤罐试验

为进一步研究不同温度下滤料高温热洗效果，在烧杯试验基础上利用某聚驱污水处理站现场小试装置再次进行试验，试验探索随着水温升高滤料再生效果的变化，通过检测滤料含油质量分数、含杂质量分数随温度变化的试验数据，优选现场运行的反冲洗温度范围。小试装置见图 8-12，装置的具体设计参数见表 8-15。

图 8-12　滤料高温热洗技术小试装置

表 8-15　滤料高温热洗技术小试装置设计参数

滤罐尺寸	滤罐材质	滤料种类	滤料填充高度
ϕ0.3m×2.5m	有机玻璃柱	砾石+石英砂	0.5m+0.8m

试验数据见表 8-16，绘制反冲洗前后污染物含量对比图，如图 8-13 和图 8-14 所示。

表 8-16　高温热洗试验滤料化验数据表

反冲洗温度/℃	时间	含杂		含油	
		质量分数/%	去除率/%	质量分数/%	去除率/%
50	反冲洗前	1.3	90.08	0.38	90.05
	反冲洗后	0.129		0.0378	
60	反冲洗前	1.4	86.40	0.336	90.18
	反冲洗后	0.19		0.033	
70	反冲洗前	0.95	83.16	0.45	92.89
	反冲洗后	0.16		0.032	

注：反冲洗强度为 15L/（s · m^2）

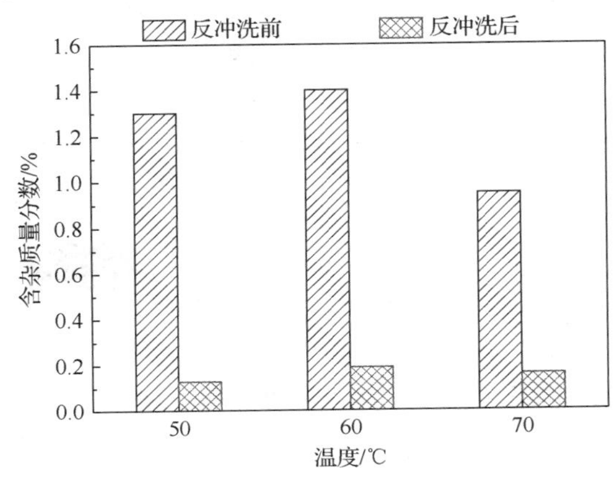

图 8-13　高温热洗试验不同温度的滤料含杂质量分数对比图

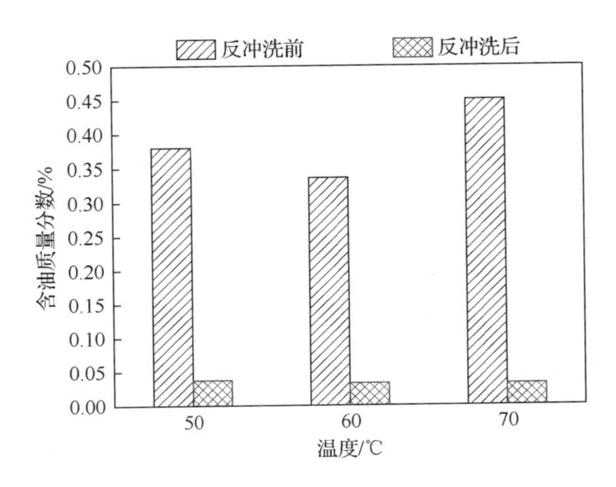

图 8-14　高温热洗试验不同温度的滤料含油质量分数对比图

试验数据表明，模拟过滤罐试验高温热洗对污油的去除效果也较为明显，去除率均在 90%以上，可见温度能够提高滤料表层油的脱附能力，提高油的去除率。但是随着温度升高，杂质的去除率却在降低，综合滤料含油和含杂的去除效果，确定模拟过滤罐试验推荐热洗温度为60℃。

3）试验小结

通过室内烧杯试验和模拟过滤罐试验，综合去除效果和经济效益，当反冲洗水温为60℃左右时，滤料再生效果较优。鉴于温度对于滤料杂质去除贡献较小，下一步采用投加清洗剂助洗，提高杂质的去除率。

2. 投加清洗剂助洗试验

1）烧杯试验

利用清洗剂清除黏性物质，将污染物与其结合的石英砂滤料分离，并与污染物作用产生微量小气泡促进污染物与滤料本体分离，增进脱附效果。

为观察清洗剂的浓度对污染滤料去除油污杂质效果的影响，通过烧杯试验分别选取浓度为0.5‰、1‰、2‰和3‰的清洗剂浸泡污染的滤料，并用玻璃棒不断搅拌，使清洗剂与污染滤料充分接触混合。投加原理见图8-15和图8-16。

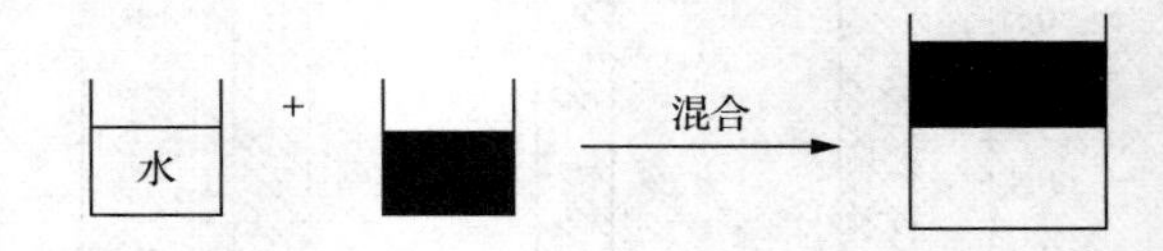

图8-15　未投加清洗剂时污染滤料与水的状态

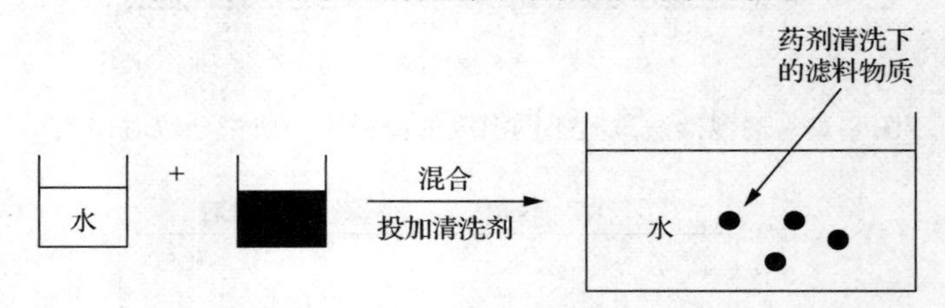

图8-16　投加清洗剂前后污染滤料与水的状态

每种浓度下各取滤料样品，经化验后的数据如表8-17所示，投加不同浓度清洗剂后的滤料污染物含量变化见图8-17和图8-18。

表8-17　投加清洗剂助洗试验滤料化验数据表　　（单位：%）

时间	清洗剂浓度0.5‰		清洗剂浓度1‰		清洗剂浓度2‰		清洗剂浓度3‰	
	含油质量分数	含杂质量分数	含油质量分数	含杂质量分数	含油质量分数	含杂质量分数	含油质量分数	含杂质量分数
10min	11.4	4.33	12	4.89	12.4	4.17	12.1	4.02
20min	8.7	1.21	6.6	1.07	5.2	0.88	6.3	0.92
30min	4.8	0.96	3.9	0.80	1.7	0.56	2.0	0.56
40min	2.3	0.58	1.8	0.81	1.4	0.56	1.6	0.48
50min	1.9	0.64	1.3	0.65	1.2	0.43	1.3	0.49
60min	1.7	0.60	1.3	0.47	1.1	0.32	1.2	0.46
去除率	86.1	88.7	89.4	91.2	91.1	93.9	90.08	91.3

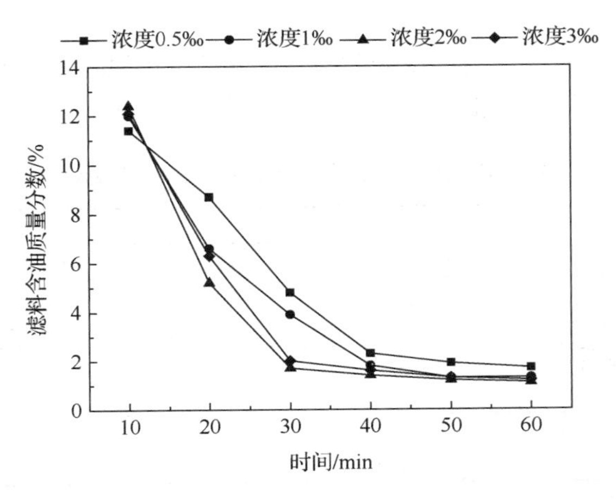

图 8-17　投加不同浓度清洗剂助洗的滤料含油质量分数对比图

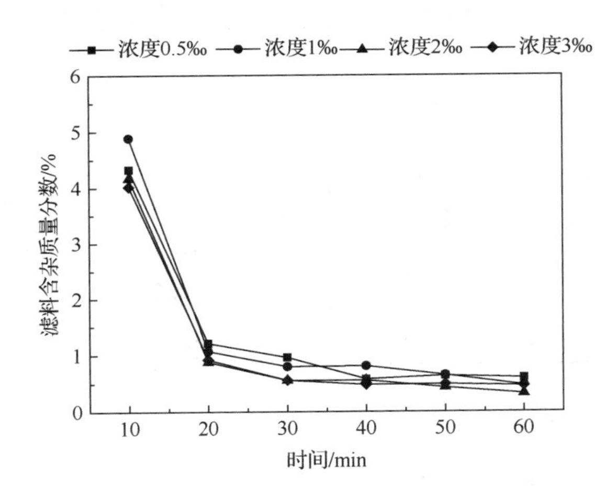

图 8-18　投加不同浓度清洗剂助洗的滤料含杂质量分数对比图

投入清洗剂后有油污杂质从污染的石英砂滤料上脱落，并有大量气泡冒出。一段时间后继续观察，在浓度为 2‰的清洗剂中有大量的黏性物质、油污杂质等脱落，而在浓度为 0.5‰和 1‰的清洗剂中脱落的较少。说明对于污染滤料上附着的污物，提高清洗剂的浓度对其去除率的提高是有利的，且去除速度也相对较快。

化验数据分析可知，当浓度为 2‰时滤料的含油质量分数最终达到了 1.1%、含杂质量分数达到了 0.32%的显著效果，含油质量分数与试验前的 12.3%相比，去除率高达 91.1%；含杂质量分数与试验前的 5.31%相比，去除率达到 93.9%。虽然清洗剂浓度为 3‰时滤料清洗效果也较好，但综合去除效果及节省药剂费用等方面考虑，最终选择浓度 2‰作为现场模拟试验清洗剂投加浓度的上限。

2）模拟过滤罐试验

为进一步验证投加清洗剂助洗试验效果，对现场模拟过滤罐投加0.5‰～2‰清洗剂助洗，考察滤料再生效果，结果见表8-18。污染物含量对比见图8-19和图8-20。

表8-18　投加清洗剂助洗的滤料化验数据表

清洗剂浓度	时间	含杂		含油	
		质量分数/%	去除率/%	质量分数/%	去除率/%
0.5‰	反冲洗前	1.49	83.89	0.55	89.64
	反冲洗后	0.24		0.057	
1‰	反冲洗前	1.32	85	0.67	93.58
	反冲洗后	0.198		0.043	
2‰	反冲洗前	1.38	89.86	0.51	94.31
	反冲洗后	0.14		0.029	

注：反冲洗强度为15L/（s·m²）

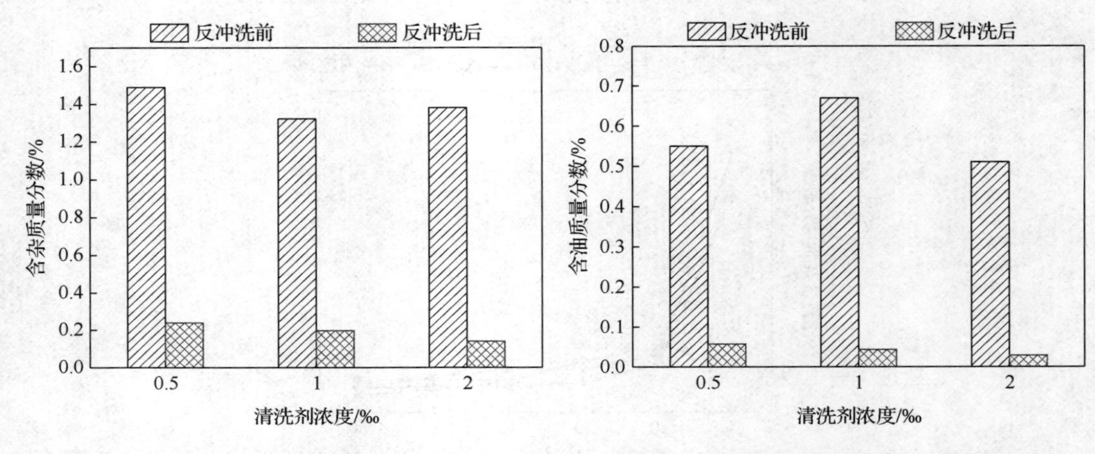

图8-19　投加不同浓度清洗剂助洗的滤料含杂质量分数对比图

图8-20　投加不同浓度清洗剂助洗的滤料含油质量分数对比图

如表8-18所示，随着投加清洗剂浓度的增加，滤料杂质及油污的去除率也在增加，当清洗剂浓度为2‰时，反冲洗后的滤料含杂及含油去除率分别为89.86%和94.31%。由此可知投加清洗剂反冲洗效果显著，对反冲洗过程中杂质及油污的去除具有明显的作用。综合以上试验数据分析，当投加2‰浓度的清洗剂时，滤料再生效果最好，含油、含杂去除率均在90%左右。

8.3.3　现场试验

根据室内小试结果，选择某含聚污水处理站10#过滤罐进行现场试验，通过现场运行不断优化热洗方式。

1. 常规反冲洗

现场试验前，我们先进行了常规反冲洗滤料再生效果考核，化验数据见表 8-19。

表 8-19　石英砂过滤罐常规反冲洗滤料化验数据表　　（单位：%）

时间	位置	含油质量分数	含杂质量分数
反冲洗前	表层	10.68	4.41
	中层	8.98	3.61
	下层	10.88	2.86
	平均	10.18	3.63
反冲洗后	表层	10.40	3.88
	中层	8.46	3.17
	下层	10.67	2.58
	平均	9.84	3.21
去除率		3.34	11.57

通过以上数据可知，石英砂过滤罐常规水反冲洗后滤料含油质量分数下降 0.34 个百分点，下降比例仅在 3%左右，含杂质量分数下降 0.42 个百分点，下降比例为 11.57%。滤料再生效果差，说明反冲洗时油污和杂质仍黏附在滤料上，且不能随反冲洗水一起外排。

2. 高温热洗

首先进行工艺流程改造，在原反冲洗进口管线上开口，安装 DN50 管线及阀门，作为热洗水的进口，在罐顶人孔处开口，安装 DN50 管线及阀门，作为排污口。过滤罐反冲热洗工艺示意图如图 8-21 所示，现场施工情况见图 8-22。

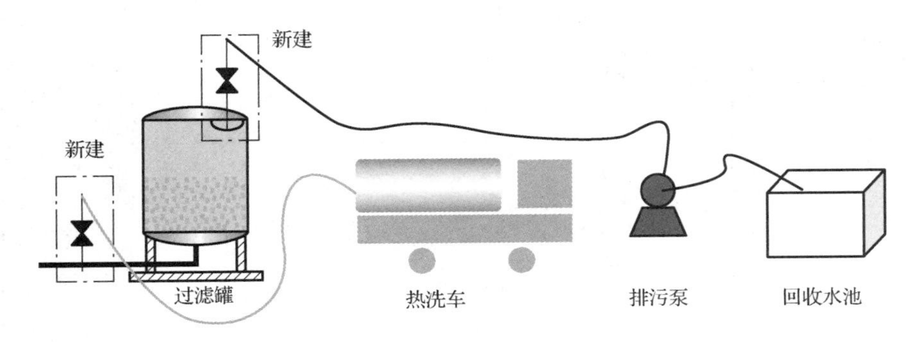

图 8-21　过滤罐反冲洗工艺增加热洗流程示意图

根据小试结果，用洗井车（温度 60～70℃）注反冲洗水，同时加入清洗剂，闷罐 2h 后利用罗茨泵将罐内反冲洗后污水排至某聚驱污水处理站回收池内，通过不断循环操作提升并保持该罐内反冲洗水温在 60℃左右，满足试验要求。试验前后化验水质指标、滤料污染物含量见表 8-20 和表 8-21。

图 8-22　现场试验施工图

表 8-20　石英砂过滤罐高温热洗试验水质化验数据表

时间/h	试验前				试验后			
	含油量/（mg/L）	悬浮固体含量/（mg/L）	进口压力/MPa	出口压力/MPa	含油量/（mg/L）	悬浮固体含量/（mg/L）	进口压力/MPa	出口压力/MPa
2	4.5	38.4	1.3	1.2	痕迹	12.3	1.1	1.1
4	3.9	27.2	1.3	1.2	痕迹	11.6	1	1
6	3.6	29.2	1.2	1.1	痕迹	11.7	1.1	1
8	4.6	31.4	1.3	1.2	痕迹	11.9	1.1	1
10	4.7	30.2	1.2	1.2	痕迹	12.2	1.1	1
12	4.6	22.6	1.3	1.2	1.2	13.4	1.1	1
14	4.2	20.3	1.3	1.2	1.8	15.1	1.2	1
16	3.9	19.3	1.3	1.1	2	16.2	1.2	1.1
18	3.6	18.7	1.3	1.2	1.4	15.8	1.1	1
20	4	21.3	1.4	1.3	1.3	15.4	1	1
22	4.6	23.5	1.3	1.2	1	14.9	1	1
24	3.8	26.8	1.3	1.2	1.5	15.7	1.1	1
26	3.7	26.5	1.3	1.2	1.9	16.3	1.1	1
28	3.8	28.3	1.4	1.2	2.1	16.8	1.1	1
30	4	29.6	1.3	1.2	2.3	17.6	1.1	1
32	4.1	31.2	1.4	1.3	2.2	16.9	1.1	1
34	4.3	33.8	1.4	1.2	2.2	17.5	1.2	1
36	4.7	33.1	1.3	1.2	2.9	18.5	1.1	1
38	4.5	35.6	1.4	1.2	2.3	17.8	1.1	1
40	4.7	36.4	1.4	1.2	3.5	19.2	1.1	1
42	4.6	37.3	1.3	1.2	3.2	18.6	1.2	1.1
44	4.9	38.5	1.4	1.2	3.2	18.8	1.1	1.1
46	4.8	37.8	1.3	1.1	3	19.1	1.2	1
48	4.5	38.2	1.4	1.2	3.6	19.6	1.2	1

表 8-21　石英砂过滤罐高温热洗试验滤料化验数据表　　（单位：%）

时间	位置	含油质量分数	含杂质量分数
试验前	表层	10.4	3.88
	中层	8.46	3.17
	下层	10.67	2.58
	平均	9.84	3.21
试验后	表层	4.85	2.21
	中层	1.78	1.34
	下层	0.93	0.78
	平均	2.52	1.44

试验后，滤料含油质量分数、含杂质量分数比试验前分别下降 7.32、1.77 个百分点，下降比例分别为 74.4%和 55.1%。同时化验滤后水质含油量、悬浮固体含量，分别下降 2.5mg/L、13.8mg/L，下降比例分别为 58.1%、46.3%。过滤罐进出口压力、压差也有所降低。

与常规反冲洗相比，石英砂滤料经高温热水反冲洗后，滤料含油质量分数、含杂质量分数下降比例分别提高了 71.06%和 43.53%，滤料再生效果显著。根据室内小试和现场试验数据分析，结合常规反冲洗水质和滤料指标，高温热洗和投加清洗剂助洗对滤料再生有一定的效果，反冲洗水温在 60℃左右、清洗剂浓度 2‰、闷罐 2h，滤料再生效果最好。

通过以上的研究证实，高温热洗与清洗剂助洗叠加使用，黏附在滤料上的污染物质在高温热水和药剂的作用下与滤料脱离，而且附着在滤料上的油污等杂质溶解在高温水中，滤料再生效果显著。应用石英砂滤料高温热洗技术，能够改善石英砂过滤反冲洗效果，提高石英砂滤后水质，延长石英砂滤料使用寿命，操作简便，可在油田大面积推广应用。

8.4　葡三联污水处理站过滤罐高温热水反冲洗技术研究

8.4.1　试验计划及研究内容

目前，在国外油田含油污水处理方面，进行过滤罐高温热水反冲洗的相关报道很少；在国内，采油三厂进行了前期小型试验，已在一座污水处理站建设加热炉，单独为过滤反冲洗提供热水，达到了理想的反冲洗效果。

本节对葡三联污水处理站一次、二次过滤罐开展过滤罐高温热水反冲洗现场试验，验证前期小型试验的反冲洗技术对滤料再生和滤后水质的影响。试验分为以下两个方面进行。

（1）过滤罐工艺改造：对每座过滤罐进行改造。

（2）从新建的过滤罐高温热水反冲洗进口加入热水（温度不低于 60℃），并加入适当浓度的清洗剂，测试反冲洗后滤料再生效果。

本次现场试验的进度安排见表 8-22。

表 8-22 试验进度安排

序号	起止时间	试验内容
1	2011 年 4 月～2013 年 6 月	开展工艺改造设计，确定试验方案，化验分析试验前数据
2	2013 年 6 月～8 月	工艺改造完成施工
3	2013 年 9 月～12 月	开展过滤罐高温热洗试验，摸索过滤罐热洗周期
4	2013 年 12 月	验收及总结阶段

具体的研究内容如下。

（1）对葡三联污水处理站 6 座过滤罐进行高温热水反冲洗工艺现场改造，制定现场试验方案。并对葡三联污水处理站反冲洗水温进行监测，对悬浮污泥出水、二次沉降罐出水、缓冲罐出水、二次过滤后水进行取样，送厂中心化验室进行水质化验分析。

（2）在 2012～2013 年通过老区改造项目对葡三联污水处理站过滤罐高温热洗进行工艺设计和改造施工，在不改动原反冲洗工艺的基础上，增加了一套反冲洗工艺，单独设置阀门控制，不影响正常反冲洗。

（3）在前期详细勘察、编制现场试验方案等工作的基础上，2013 年 11～12 月进行室内小型试验及现场试验。

8.4.2 室内小型试验

1. 高温热洗试验

为了初步确定过滤罐反冲洗的合理水温，且能够有效直观地观察石英砂滤料污染去除的过程及效果，利用葡三联污水处理站过滤罐开罐补换滤料的机会，对其中两座过滤罐的上层石英砂滤料、下部的砾石垫层取样，进行室内小型试验（图 8-23、图 8-24）。

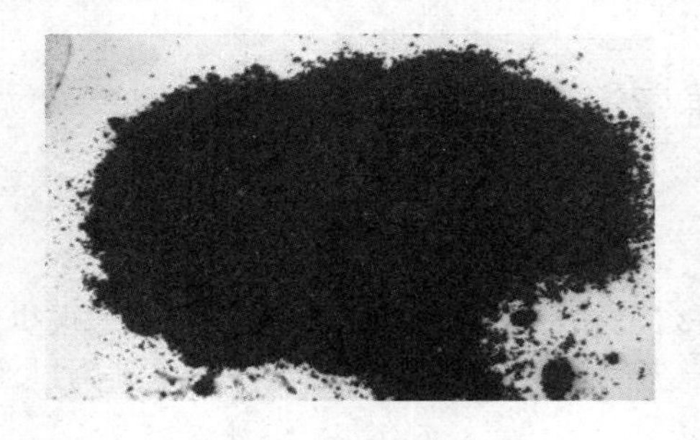

图 8-23 石英砂滤料污染

图 8-24 砾石垫层污染

试验步骤如下：

（1）利用矿泉水瓶制作 4 个塑料容器，高度约为 10cm（图 8-25）。

（2）用电子秤称取塑料容器的重量约为 8.96g（图 8-26），再用电子秤称取过滤罐上层污染的石英砂滤料 30g，共称取 4 份，分别放入 4 个容器内，并依次编写序号（图 8-27）。

图 8-25　塑料容器

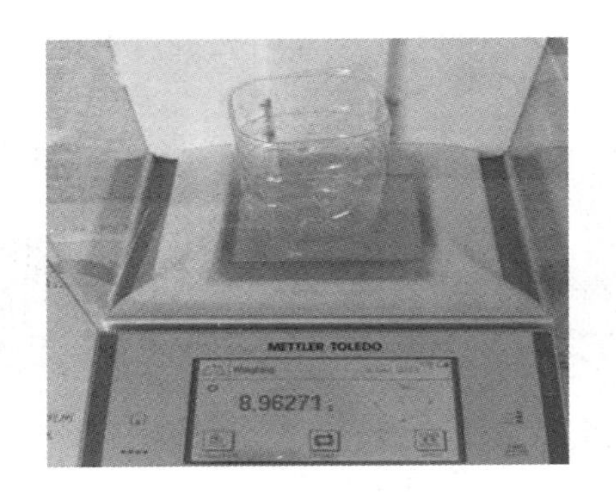

图 8-26　称取塑料容器重量

图 8-27　四个容器及滤料的重量

（3）根据装有滤料的塑料容器的容积，准备 4 份 175ml 的热水，温度分别为 35℃、50℃、60℃、70℃，利用测温仪观察水的温度（图 8-28、图 8-29）。

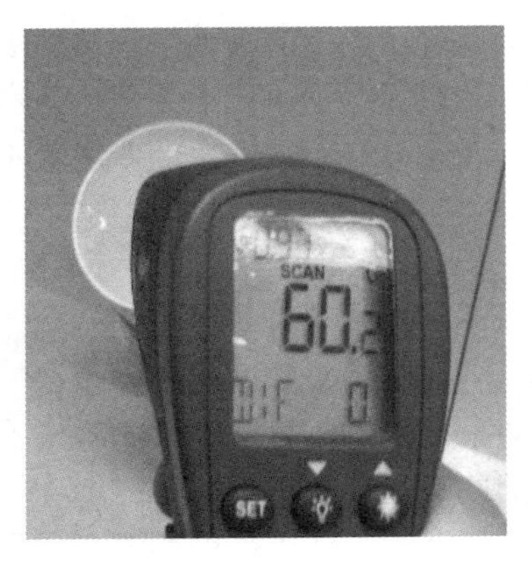

图 8-28　测试水温

图 8-29　量取水量

（4）将 4 种温度不同的热水依次加入 4 个装有滤料的塑料容器中，为了保证室内试验效果与现场实际相近，浸泡时间与常规反冲洗时间接近，确定浸泡时间 10min，同时用玻璃棒不断搅拌，取样化验水中含油量（图 8-30、图 8-31）。

图 8-30　四个容器加水后的变化

图 8-31　1#与 4#加水后情况对比

从试验照片图 8-31 可以明显看出，1#污染滤料投加 35℃的水，容器中液体的颜色相对浅一些，而 3#、4#污染滤料投加 60℃、70℃的水，容器中液体的颜色相对较深，说明加入热水的温度越高，对污染滤料的污油、杂质等的去除效果越好。

浸泡 10min 后，取 4 个容器内的水化验含油量，试验数据如表 8-23 所示。

表 8-23　室内高温热洗试验滤料化验数据表　（单位：mg/L）

热洗时间	水温为 35℃的 1#容器内含油量	水温为 50℃的 2#容器内含油量	水温为 60℃的 3#容器内含油量	水温为 70℃的 4#容器内含油量
10min	465	831	1125	1247

由表 8-23 可见，由于塑料容器较小，投加的污染滤料较多，且污染滤料是取自葡三联污水处理站过滤罐进入大量污油后严重污染的滤料，故化验数据中含油量特别高。浸泡 10min 后，3#容器水中含油量达到 1125mg/L，与水温为 35℃的 1#容器相比，去除率提高了 77%，说明反冲洗水温提高到 60℃后，滤料表层黏附的污油等杂质的去除率明显提高，可见温度能够提高滤料表层污油等杂质的脱附能力。但随着水温的升高，去除率变化不大，同时考虑过滤罐阀门橡胶垫不耐高温的因素，反冲洗水的温度也不宜过高，确定试验热洗水温控制在 60℃左右即可。

2. 投加助洗剂室内试验

利用助洗剂将污染物与其结合的石英砂滤料分离，并与污染物作用产生微小气泡促进污染物与滤料本体分离，增进脱附效果。为了观察助洗剂的浓度对污染滤料去除油污杂质效果的影响，分别选取浓度为 1‰、2‰、3‰的助洗剂浸泡污染的滤料。

取葡三联污水处理站的助洗剂，浓度为 3‰，为了获得不同浓度的助洗剂，利用现有的浓度为 3‰的助洗剂加水稀释。根据溶液浓度计算公式，取 5g 浓度为 3‰的助洗剂，加入 2.5g 的清水稀释后即可获得浓度为 2‰的助洗剂；同样，取 5g 浓度为 3‰的助洗剂，加入 10g 的清水稀释后即可获得浓度为 1‰的助洗剂（图 8-32）。

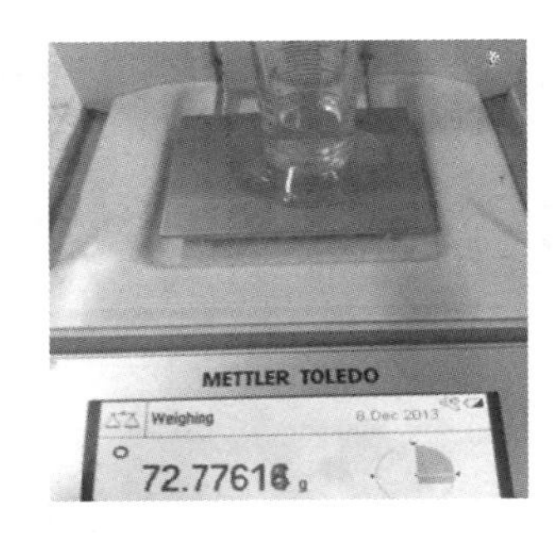

图 8-32　称取 5g 助洗剂

为了便于对比投加助洗剂前后的试验效果，仍然取 4 份污染滤料，每份重量为 30g（图 8-33），且均加 60℃热水，然后依次加入 20ml 不同浓度的助洗剂（图 8-34），并用玻璃棒不断搅拌，使助洗剂与污染滤料充分接触混合，浸泡 10min 后观察并取样化验，分析试验效果。

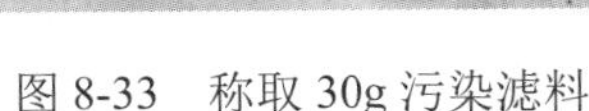
图 8-33　称取 30g 污染滤料

图 8-34　污染滤料投加助洗剂

通过试验发现，直接目测无法观察出不同浓度助洗剂作用的差别。我们对每种浓度助洗剂浸泡后的滤料上层污水取样化验，化验数据如表 8-24 所示。

表 8-24　投加助洗剂助洗试验化验数据表　（单位：%）

热洗时间	容器内污水含油质量分数			
	未加助洗剂	助洗剂浓度 1‰	助洗剂浓度 2‰	助洗剂浓度 3‰
10min	1118	1359	1584	1677

由表 8-24 可见，当投入助洗剂后便有油污杂质从污染的石英砂滤料上脱落。在投加浓度为 3‰的助洗剂时滤料中的污油杂质等脱落最多，投加浓度为 2‰的助洗剂时滤料中的污油杂质等脱落次之，而未投加助洗剂和投加 1‰助洗剂中脱落的较少。说明对于去除污染滤料上附着的污物，提高助洗剂的浓度对其去除率的提高是有利的，且去除速度也相对较快。

投加助洗剂浓度为 2‰相对于未投加助洗时去除率提高了 42%，虽然助洗剂浓度为 3‰时滤料清洗效果最好，但综合去除效果及节省药剂费用等方面考虑，最终选择浓度 2‰作为现场模拟试验助洗剂投加浓度的上限。

8.4.3 现场试验

因为葡三联污水处理站双滤料过滤罐污染严重，根据室内试验结果，选择在葡三联污水处理站进行现场试验。

1. 现场基本情况

1）工艺情况

葡三联污水处理站原采用“两级沉降+两级过滤”处理工艺，2009年将一座旧二次沉降罐改造为悬浮污泥罐，污水处理工艺相应变为悬浮污泥过滤工艺，处理能力$5000m^3/d$，原有沉降工艺保留一部分。具体工艺流程图见图8-35。

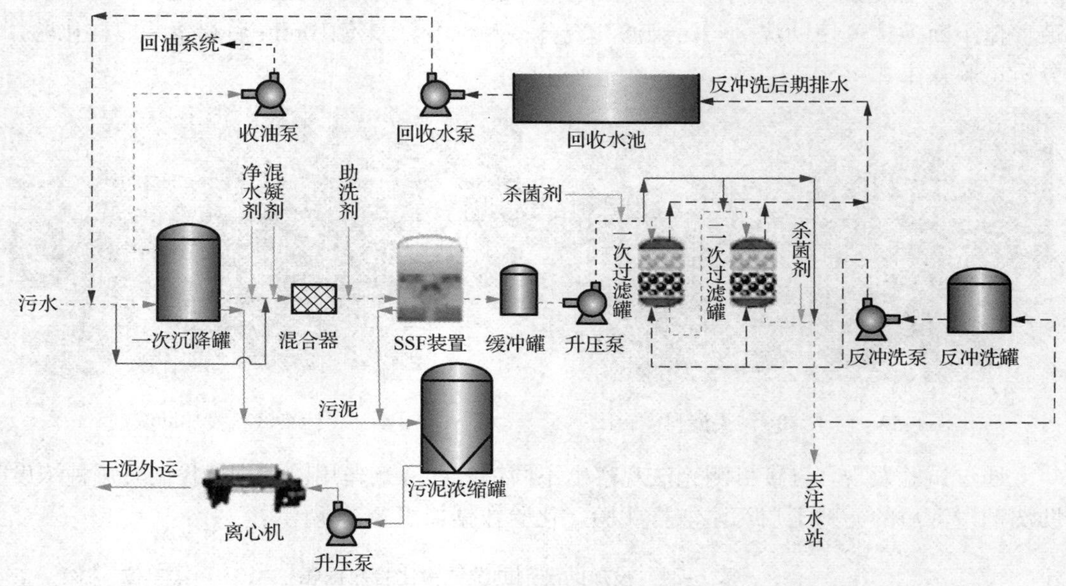

图8-35 葡三联污水处理工艺流程图

SSF：悬浮污泥技术

2）反冲洗设备情况

反冲洗设备统计详见表8-25。

表8-25 反冲洗设备统计表

序号	设备名称	数量	单位	参数	备注
1	一次双滤料过滤罐	3	座	$\phi\times h$=3m×3m	顶层滤料粒径为0.8～1.2mm
2	二次双滤料过滤罐	3	座	$\phi\times h$=4m×4m	顶层滤料粒径为0.5～0.8mm
3	反冲洗水罐	1	座	$300m^3$（$\phi\times h$=7.49m×7.57m）	未设置伴热保温
4	反冲洗水泵	2	台	SBS200-420	运二备一

3）生产运行参数

（1）水温：滤后水温度为 38～40℃（图 8-36），夏季反冲洗水温为 37～39℃，冬季反冲洗水温为 33～37℃。

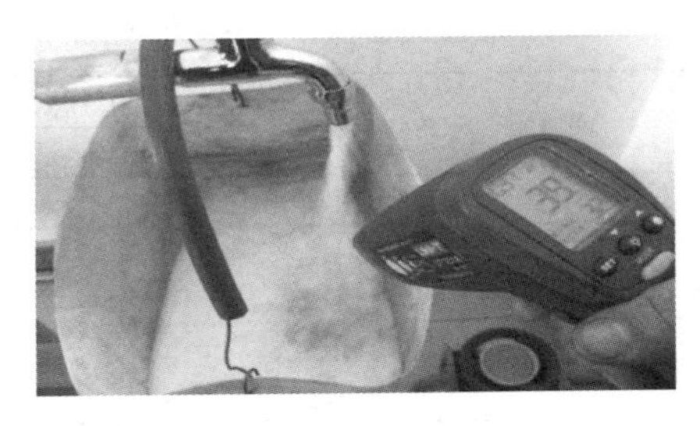

图 8-36　滤后水温度测试

（2）反冲洗方式：采用变频控制反冲洗。

（3）反冲洗强度：12～14L/（s·m^2）。

（4）反冲洗时间：单罐反冲洗时间为 15min。

（5）反冲洗水量：平均单罐反冲洗所用水量为 87.5m^3。

（6）反冲洗周期：24h。

（7）药剂投加：平均每 10d 投加一次助洗剂，每次 200kg，投加至反冲洗水罐内，助洗剂为液态，浓度为 3‰。

（8）过滤罐内部结构：罐底设有集水管，罐顶设有筛框式布水装置，罐顶层滤料为石英砂，下部垫层为卵石。

（9）开罐检查周期：每年进行一次开罐检查。

4）滤料污染情况

根据 2013 年葡三联污水处理站过滤罐的开罐检查情况，观察 6 座过滤罐内的滤料污染情况，滤料上层存有大量的污物及杂质等，且滤料、垫层等颗粒之间污染严重，常规反冲洗已无法达到要求。不定期观测发现过滤罐进出口压差经常大于 0.2MPa，完全超出了设计规定的压差 0.15MPa，说明滤料污染严重，污水过滤速率低于设计值，达不到理想的过滤效果。过滤罐内滤料的污染情况详见图 8-37。

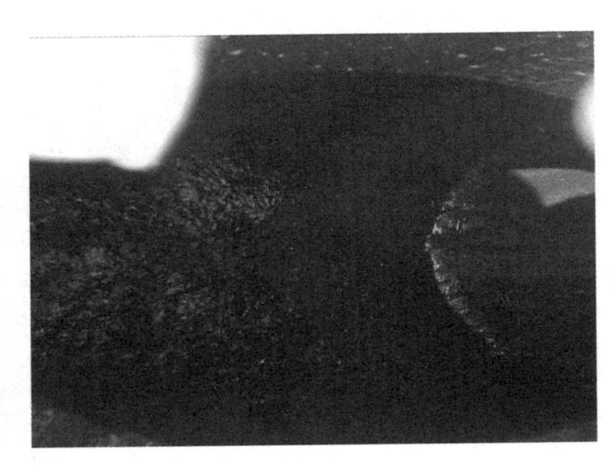

图 8-37　过滤罐内滤料污染情况

5）常规反冲洗效果

为了对比试验效果，在现场试验前，我们先进行了常规反冲洗滤料再生效果的测试，化验数据见表 8-26。

表 8-26 葡三联过滤罐常规反冲洗化验数据表

时间	节点名称	压力/MPa		滤后水质/（mg/L）		去除率/%	
		进口	出口	含油量	悬浮固体含量	含油	悬浮固体
—	缓冲罐出水	—	—	13.56	22.1	—	—
反冲洗前	一次过滤罐	0.38	0.24	7.78	14.3	43	35
	二次过滤罐	0.24	0.11	5.04	8.4	35	41
反冲洗后	一次过滤罐	0.38	0.27	5.67	12.7	58	43
	二次过滤罐	0.27	0.15	2.16	5.5	62	57

（1）含油去除率：通过以上数据可知，石英砂过滤罐在反冲洗前，一次过滤罐含油去除率为43%，二次过滤罐的含油去除率为35%；而采用常温水反冲洗后，一次过滤罐含油去除率为58%，提高了15个百分点，二次过滤罐含油去除率为62%，提高了27个百分点。

（2）悬浮固体去除率：石英砂过滤罐在反冲洗前，一次过滤罐悬浮固体去除率为35%，二次过滤罐的悬浮固体去除率为41%；而采用常温水反冲洗后，一次过滤罐悬浮固体去除率为43%，提高了8个百分点，二次过滤罐悬浮固体去除率为57%，提高了16个百分点。

从上述可知，常温水反冲洗有一定效果，但效果不理想，滤料再生效果差，说明反冲洗时油污和杂质仍黏附在滤料上，不能随反冲洗水一起排出过滤罐，反冲洗不彻底。

2. 工艺设计及现场改造

高温热水反冲洗工艺的设计考虑以不影响原有过滤及反冲洗工艺为原则，确定热洗管线与过滤罐的连接位置，现场安装图见图8-38。

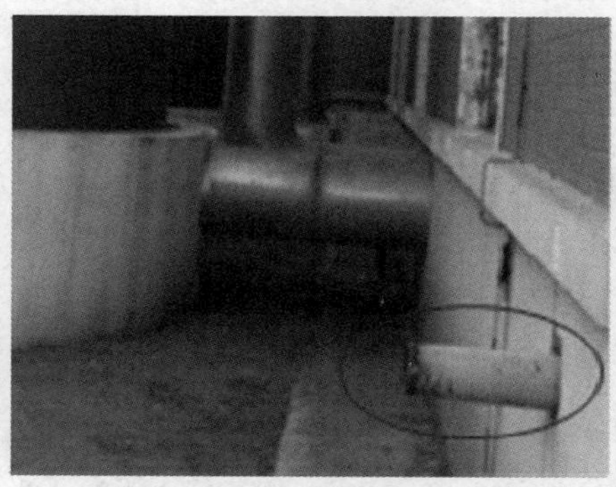

图 8-38 葡三联污水处理站热洗管线现场安装图

在过滤罐阀组间的室内地面下的原反冲洗进口管线（规格为ϕ325mm×7mm，管顶标高−1.5m）上开口，增设热水反冲洗管线，采用ϕ114.3mm×4mm无缝钢管，配套1个DN100手动闸阀。热水反冲洗管线延伸至过滤罐阀组间墙外侧，便于热洗水罐车及泵车连接操作。

同时考虑排污需求，设计安装了1套排污流程，热洗管线与反冲洗排水出口管线通过ϕ33.7mm×3.2mm的管道连接，即热洗水可不经过过滤罐直接通过反冲洗排水管线排入污水回收池。

3. 某联合试验站现场试验

在室内小型试验取得较好效果的基础上，于 2013 年 12 月初开展了现场试验。利用 1 台清水罐车装运热水，1 台水泥泵车负责打压，60℃的热水需从盐水站拉运，见图 8-39。试验前在改造的反冲洗管线端头处焊接能与水泥泵车打压管线连接的接头。

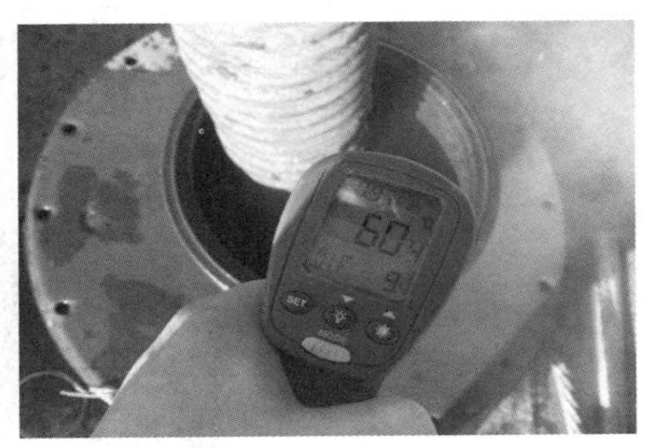

图 8-39　罐车拉热水及水温测试

首先将水泥泵车管线与清水罐车及反冲洗管线接头连接牢固，关闭单座过滤罐的过滤进水阀门，打开热水反冲洗阀门，然后向罐车内的热水中投加 2‰的助洗剂，再用水泥泵车将罐车内的热水通过改造的反冲洗入口打入过滤罐内，进行热水反冲洗。在试验过程中，为了避免冲击滤料翻层，泵车出口压力控制在 0.4MPa 以内。具体的现场试验见图 8-40。

（a）投加助洗剂

（b）泵车打水1

（c）固定接头

（d）泵车打水2

图 8-40　现场试验照片

每罐车的水罐装水量为 13m^3，每座过滤罐正常需利用泵车打水，平均每罐水全部打完需 25min。

葡三联污水处理站 1 座 3#二次过滤罐在常规反冲洗时及高温热水反冲洗（高温热洗）时，分别对反冲洗出水进行取样，见图 8-41。

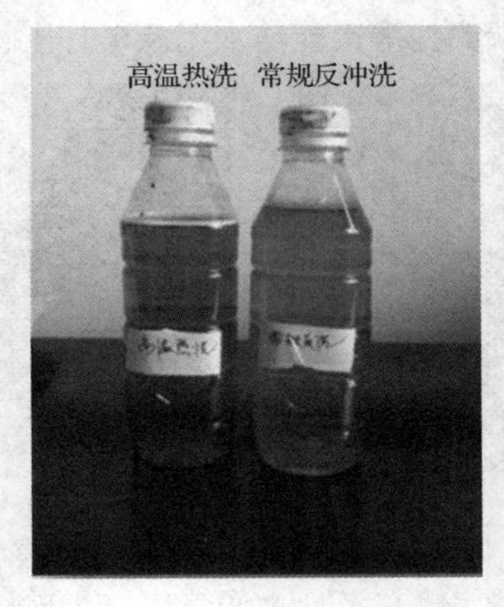

图 8-41 两种反冲洗出水取样照片

从两种不同方式的反冲洗出水可以明显看出，高温热水反冲洗出水颜色相对深。对其进行化验，数据见表 8-27。

表 8-27 两种不同方式的反冲洗出水化验数据 （单位：mg/L）

序号	取样时间	反冲洗方式	反冲洗出水	
			含油量	悬浮固体含量
1	2013.12.4	常规反冲洗	265.19	198.3
2	2013.12.5	高温热洗	413.26	284.1

通过以上数据可知，常规反冲洗出水含油量为 265.19mg/L，而高温热水反冲洗出水含油量为 413.26mg/L，是常规反冲洗的 1.56 倍；常规反冲洗出水悬浮固体含量为 198.3mg/L，而高温热水反冲洗出水悬浮固体含量为 284.1mg/L，是常规反冲洗的 1.4 倍。

对反冲洗前后过滤罐的进出口压力及滤后水质进行监测，化验数据见表 8-28。

表 8-28 葡三联污水处理站过滤罐高温热水反冲洗化验数据表

时间	节点名称	压力/MPa			滤后水质		
		进口	出口	压差	含油量/（mg/L）	悬浮固体含量/（mg/L）	粒径中值/μm
—	缓冲罐出水	—	—	—	12.03	27.7	—
反冲洗前	二次过滤罐	0.24	0.12	0.12	4.88	4.6	1.8
反冲洗后	二次过滤罐	0.30	0.22	0.08	1.76	2.9	1.5

（1）进出口压力：在反冲洗前，二次过滤罐进出口压差为 0.12MPa；通过热洗，二次过滤罐进出口压差为 0.08MPa，降低了 0.04MPa。说明过滤罐内的阻力降低了，热洗

方式对过滤罐内的杂质去除率提高了。

（2）滤后水质：通过热洗后，经过二次过滤后水中含油量为 1.76mg/L，悬浮固体含量为 2.9mg/L，粒径中值为 1.5μm，达到了“8.3.2”回注标准。

8.4.4　应用情况、效益分析及市场前景

1. 应用情况

过滤罐高温热洗工艺在采油七厂第三油矿葡三联污水处理站的石英砂过滤罐进行了反冲洗试验应用。通过试验可知，热水反冲洗可以有效改善反冲洗效果，提高污油及杂质的去除率，提高滤料再生效果，延长滤料的使用寿命。

适用条件及应用范围：反冲洗热水温度为 60℃左右，反冲洗压力不超过 0.4MPa，可应用于污水处理站的石英砂滤料的过滤罐反冲洗。

2. 效益分析

（1）改善滤后水水质，提高油田开发效果。

葡三联污水处理站 6 座过滤罐实施热水反冲洗后，有效改善了反冲洗效果，提高了污水过滤效果，提高了滤后水质含油量、悬浮固体含量及粒径中值达标率，提高了出站水标准，注水水质得到改善，减少了注水井欠注数量，进一步提高了油田开发效果。

（2）提高反冲洗效果，减少滤料专项清洗。

常规反冲洗时，每年需委托外部人员对过滤罐的滤料进行专项清洗。措施一是现场药剂浸泡清洗，单罐每次为 2 万元，6 座过滤罐专项清洗一次为 12 万元；措施二是将过滤罐内滤料全部掏出，拉运至厂家进行清洗，单罐每次为 3 万元，6 座过滤罐专项清洗一次为 18 万元。

6 座过滤罐可根据污染程度，定期进行高温热洗，可不再实施专项清洗，每年可节省专项清洗费用 12 万～18 万元。

3. 市场前景

随着油田开发不断深入，采出水成分日益复杂，污水处理前端工艺处理困难，势必给后端过滤段增大过滤难度，常规反冲洗水温将不能满足反冲洗要求。过滤罐高温热洗技术，可有效改善反冲洗效果，为了保证油田水驱开发效果，该技术具有较大的推广应用空间。同时在夏季可利用联合站内季节停运的已建的采暖炉，由采暖炉加热水为热水反冲洗提供水源，对过滤罐进行热洗，该种方式只需建设配套热洗工艺流程，即按照反冲洗水量扩建清水泵和锅炉补水泵，并敷设反冲洗供热水管线，节省建设加热炉的费用；在冬季可采用临时热洗车或水罐车配套泵车进行热洗。热洗在不改造较大工程量的情况下即可实施，工艺简单、便于操作，可在全厂各污水处理站进行推广应用。列举的几个污水处理站水温要求参数如表 8-29 所示。

表 8-29　各站水温要求参数表

序号	联合站	每次反冲洗水量/m^3	反冲洗水平均温度/℃	锅炉供水温度/℃	混合高温水量/m^3
1	葡一联污水处理站	360	65	75	308
2	葡二联1#污水处理站	280	65	75	240
3	葡二联2#污水处理站	280	65	75	240
4	葡三联污水处理站	210	65	75	180
5	葡四联污水处理站	240	65	75	206
6	台肇联污水处理站	110	65	75	95
7	敖联污水处理站	280	65	75	240

通过两年的室内及现场试验，得出以下结论：

（1）应用石英砂滤料高温热洗技术能够改善石英砂过滤反冲洗效果，有效去除滤料中污油及杂质，提高滤后水水质，延长石英砂滤料使用寿命。

（2）过滤罐反冲洗的水温一般控制在 60℃左右，高温热水反冲洗出水含油量是常规反冲洗的 1.56 倍，悬浮固体含量是常规反冲洗的 1.4 倍，能够更有效地去除油污及杂质，提高了去除率，滤后出水达到了“8.3.2”回注标准。

（3）在热水反冲洗时，投加浓度为 2‰的助洗剂时，能更好地去除污染滤料上附着的污物，去除速度也相对提高。

（4）根据滤料污染情况，初步确定污水处理站过滤罐每两个月进行一次热洗。

8.5　三元复合驱采出水过滤技术优化及应用研究

通过室内模拟三元复合驱含油污水沉降分离特性及现场水质监测，找出含油污水处理的影响因素；通过颗粒过滤技术适应性的室内模拟试验研究，总结在油田不同注采阶段，各种过滤技术除油、除悬浮固体的特点。研究出一套适合三元某污水处理站复合驱采出污水处理的设备及工艺流程，确定过滤技术对三元采出水的适用界限和技术参数，达到大庆油田注水水质指标，具有工业化推广应用价值。

8.5.1　过滤机理和过滤器原理及结构

1. 过滤机理

粒状滤料的过滤是指污水流过一个较厚而多孔的粒状物质的过滤床，杂质被留在这些介质的孔隙里或介质上，从而使污水得到进一步净化。过滤机理可分为吸附、絮凝、沉淀和截留等。

（1）吸附。过滤罐功能之一是把悬浮颗粒吸附到滤料颗粒表面。吸附是滤料颗粒尺寸、絮凝体颗粒尺寸以及吸附性质和抗剪强度的函数。

（2）絮凝。为了得到有效过滤效果，预处理的目的应是产生小而致密而不是大而松散的絮凝体，使之能穿透表面而进入滤床。絮凝体颗粒的形成，大大提高了与滤料表面的接触机遇。在滤床内主要依靠絮凝体颗粒与滤料颗粒表面或先前已沉积的絮凝体相接触来去除絮凝体，并使絮凝体黏结在滤料表面。

（3）沉淀。小于孔隙空间颗粒的过滤去除同一个布满极大数目浅盘的水池中的沉淀作用相类似。

（4）截留。截留也可以说成筛滤，这是最简单的过滤。它几乎全部发生在滤池表面，也就是水进入滤床的孔隙之处。开始时，筛滤只能去除比孔隙大的那些物质。随着过滤的进行，筛滤出的物质储积在滤池滤料表面形成一层膜，此时水必须先通过它才能到达过滤介质。这样，杂质的去除也就更限制在滤层的表面上了。

2. 压力式过滤器的原理及结构

核桃壳过滤器和石英砂过滤器的结构示意图见图 8-42 和图 8-43。

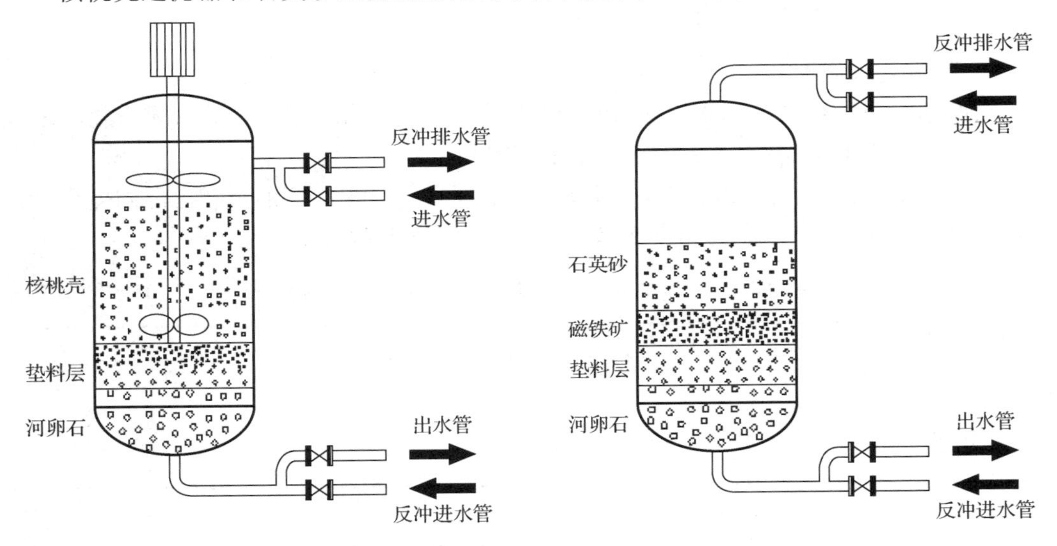

图 8-42　核桃壳过滤器结构示意图　　图 8-43　石英砂过滤器结构示意图

（1）核桃壳过滤器。过滤时靠水的流动压力以及核桃壳自身的重力把滤料整体压实，滤料反冲洗时，水流自下而上逆向流经过滤器，同时辅助机械搅拌，使滤料翻滚，以提高滤料的冲洗效果。

（2）石英砂过滤器。过滤时水流自上而下流经过滤器，反冲洗时，水流自下而上逆向流经过滤器，依靠水流的冲击力，使滤料产生“流化”，达到滤料再生的效果。

（3）海绿石过滤器。过滤原理及结构形式与石英砂过滤器相同。

8.5.2　小型过滤设备的室内模拟试验

根据粒状填料的性能特点，结合大庆油田含油污水的特性，过滤器采用压力式大阻力配水的结构形式。根据已经确定的两种过滤设备结构，设计加工出室内小型试验设备。小型试验设备的实物照片见图 8-44 和图 8-45。核桃壳过滤器试验设备的处理量为 5m³/h，石英砂过滤器试验装置的处理量为 0.2m³/h。

图 8-44　核桃壳过滤器试验装置

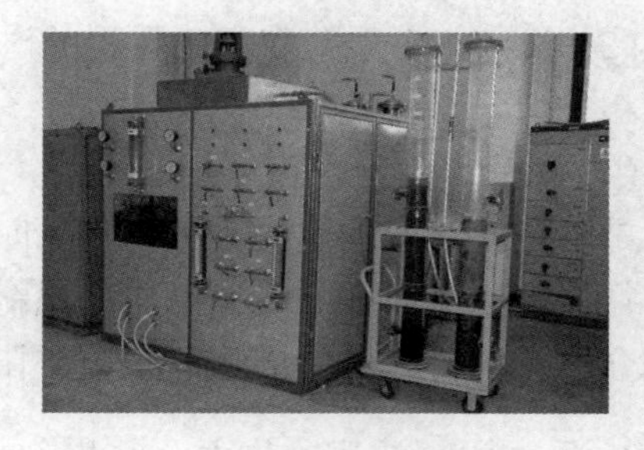

图 8-45　石英砂滤料试验装置图

1. 含聚污水的室内试验

1）核桃壳过滤器

根据确定的核桃壳过滤器的滤料级配和设备结构，现场取含聚污水（聚合物质量浓度为 150mg/L 左右）进行设备的处理效果评价试验。

试验设备运行操作参数见表 8-30。试验中选择设备进出口含油量和悬浮固体含量作为评价设备处理效果的指标。试验结果见图 8-46 和图 8-47。

表 8-30　核桃壳过滤器处理含聚污水的运行操作参数

序号	参数名称	单位	数量
1	过滤速度	m/h	16
2	反冲洗强度	L/（s·m²）	8
3	反冲洗历时	min	15
4	反冲洗周期	h	24

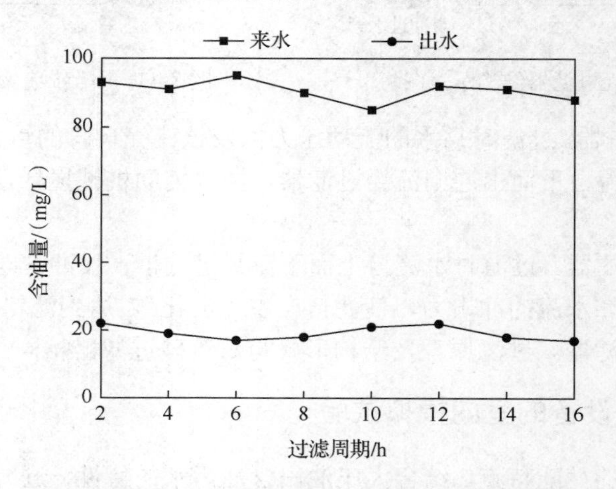

图 8-46　核桃壳过滤器进出口含油量变化曲线图

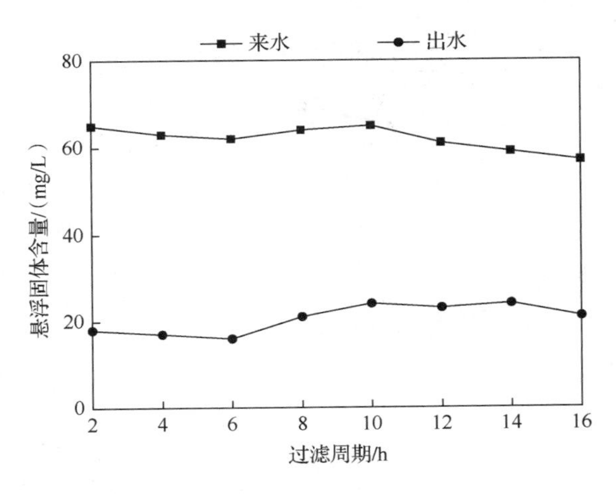

图 8-47　核桃壳过滤器进出口悬浮固体含量变化曲线图

如图 8-46 和图 8-47 所示，小型试验装置核桃壳过滤器在来水聚合物质量浓度为 150mg/L 左右、含油量为 100mg/L、悬浮固体含量为 60～70mg/L 的条件下，过滤后的出水含油量平均为 20.14mg/L，悬浮固体含量平均为 24.6mg/L。

2）石英砂过滤器

试验所用水质同上，试验设备运行操作参数见表 8-31，试验结果见图 8-48 和图 8-49。

表 8-31　石英砂过滤器处理含聚污水的运行操作参数

序号	参数名称	单位	数量
1	过滤速度	m/h	10
2	反冲洗强度	L/（s·m^2）	15
3	反冲洗历时	min	15
4	反冲洗周期	h	24

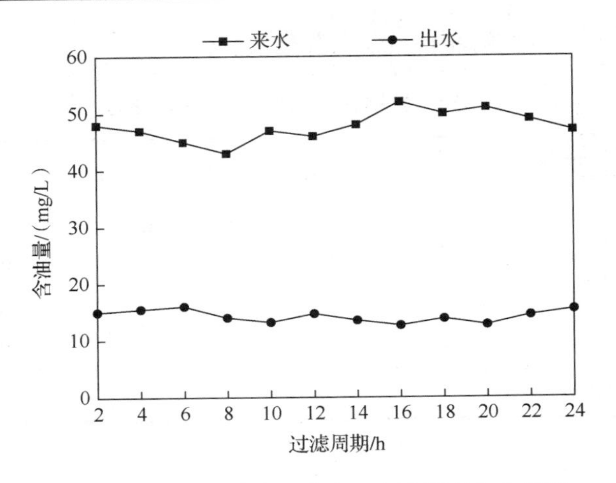

图 8-48　石英砂过滤器进出口含油量变化曲线图

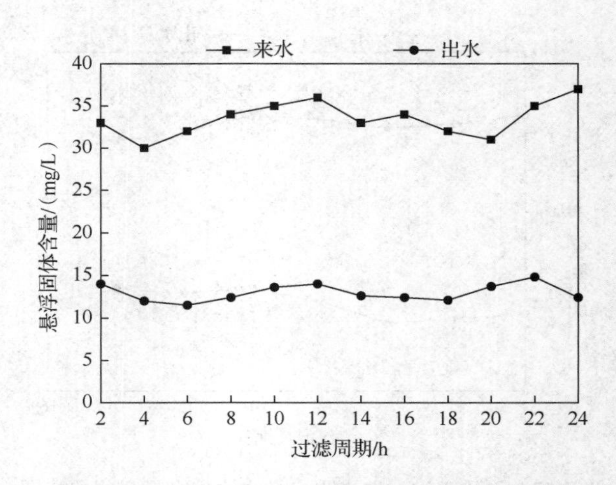

图 8-49　石英砂过滤器进出口悬浮固体含量变化曲线图

如图 8-48 和图 8-49 所示，小型试验装置石英砂过滤器在来水聚合物质量浓度为150mg/L 左右、含油量 50mg/L、悬浮固体含量 40mg/L 的条件下，过滤后的出水含油量平均为 14.2mg/L 和悬浮固体含量平均为 13.0mg/L。

2. 含三元成分污水的室内试验

1）核桃壳过滤器

试验条件：模拟液配制的水样、油样和三元物质均来自三元某污水处理站试验区中心井和配注站。三元物质加入质量浓度：碱 3000mg/L、聚合物 500mg/L、国产表面活性剂 100mg/L。试验温度 42℃。采用实验室动态模拟配制系统（包括污水加温装置、聚合物分散熟化装置、三元调配装置、原油加热计量装置、均化仪等设备）连续配制三元采出水进行试验。

试验设备运行操作参数见表 8-32，试验结果见表 8-33。

表 8-32　核桃壳过滤器的运行操作参数

序号	处理量/（m^3/h）	滤速/（m/h）	反冲洗强度/[L/（s·m^2）]	反冲洗周期/h
1	5.1	18	8	24
2	4.5	16	8	24
3	4.0	14	8	24
4	3.4	12	8	24
5	2.8	10	8	24
6	2.3	8	8	24

表 8-33　核桃壳过滤器试验数据表

序号	水量/（m^3/h）	进水/（mg/L）		出水/（mg/L）	
		含油量	悬浮固体含量	含油量	悬浮固体含量
1	5.1	192	72.4	83.5	59.8
2	4.5	203	71.8	61.5	46.5
3	4.0	207	75.6	48.7	44.3
4	3.4	212	81.5	43.3	40.2
5	2.8	195	79.5	40.2	38.5
6	2.3	197	83.3	41.7	38.2

可以看出，当处理量为 4.0m^3/h（即滤速为 14m/h）、进水含油量为 207mg/L、悬浮固体含量为 75.6mg/L 时，其处理后的含油量为 48.7mg/L、悬浮固体含量为 44.3mg/L。说明核桃壳过滤器处理三元某污水处理站复合驱采出污水对悬浮固体的去除效率差，只能作为一次过滤设备。

2）石英砂过滤器

试验设备运行操作参数见表 8-34。

表 8-34　石英砂过滤器的运行操作参数

序号	处理量/（L/h）	滤速/（m/h）	反冲洗强度/[L/（s·m^2）]	反冲洗周期/h
1	440	14	14	24
2	377	12	14	24
3	314	10	14	24
4	251	8	14	24
5	188	6	14	24
6	126	4	14	24

试验条件的选择：模拟液配制的水样、油样和三元驱油剂均来自三元某污水处理站除油设备出水、游离水油出口和配注站。三元驱油剂加入质量浓度：碱 3000mg/L、聚合物 700mg/L、国产表面活性剂 300mg/L。试验温度 42℃。试验结果见表 8-35。

表 8-35　石英砂过滤器的试验数据表

序号	水量/（L/h）	进水/（mg/L）		出水/（mg/L）	
		含油量	悬浮固体含量	含油量	悬浮固体含量
1	440	43.2	32.4	32.4	22.8
2	377	41.3	32.6	22.3	21.4
3	314	46.8	33.5	14.5	19.5
4	251	42.5	31.8	12.3	18.6
5	188	47.6	33.7	10.4	18.4
6	126	48.7	32.4	9.7	16.7

可以看出，当处理量为 314L/h（即滤速为 10m/h）、进水含油量 46.8mg/L、悬浮固体含量 33.5mg/L 时，其处理后的含油量为 14.5mg/L，悬浮固体含量为 19.5mg/L。总体来看，石英砂过滤器处理三元某污水处理站复合驱采出污水应降低滤速。

8.5.3 工业化生产装置现场试验

依据中-111 进口 ORS-41 表面活性剂三元复合驱先导性试验站的研究成果，大庆油田建成了采用国产表面活性剂的三元某污水处理站复合驱采出水处理工业化现场试验站，从 2002 年开始在该站进行工业化现场试验。

1. 工业化生产装置现场试验工艺流程及设计参数

三元某污水处理站污水处理系统主要工艺流程见图 8-50。

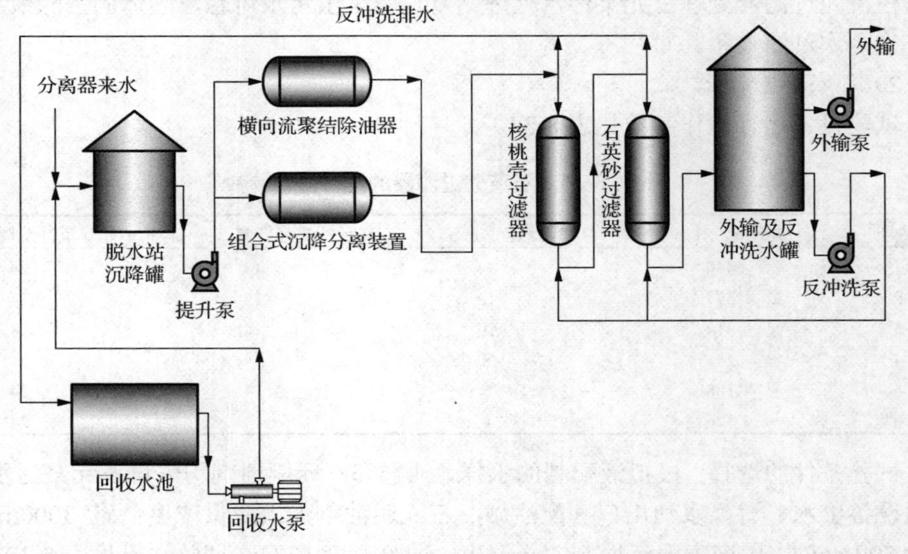

图 8-50　三元某污水处理站污水处理系统主要工艺流程示意图

工业化生产装置的设计参数如表 8-36 所示。

表 8-36　三元试验站工艺设计参数

设备名称	参数	设计值
核桃壳过滤器	滤速/（m/h）	16
	反冲洗强度/[L/（s·m²）]	8
	反冲洗周期/h	24
	反冲洗历时/min	15
石英砂过滤器	滤速/（m/h）	8
	反冲洗强度/[L/（s·m²）]	16
	反冲洗周期/h	24
	反冲洗历时/min	15

2. 三元某污水处理站驱油剂中的含聚阶段开展的试验

试验条件：处理量 1400～1800m^3/d 的油系统投加 SP169 破乳剂 30mg/L，水系统未投加任何水处理剂。试验数据见表 8-37、图 8-51 和图 8-52。

表 8-37 含聚阶段工业化生产装置现场试验数据表 （单位：mg/L）

日期	聚合物质量浓度	含油量				悬浮固体含量			
		原水	沉降出水	一次过滤出水	二次过滤出水	原水	沉降出水	一次过滤出水	二次过滤出水
2002 年 9 月	52	242.5	57.3	21.4	7.13	43.6	31.2	18.2	13.4
2002 年 10 月	60	326.7	76.2	27.1	8.6	31.2	24.3	16.3	5.11
2003 年 1 月	77	457.1	92.7	14.1	2.2	35.4	21.5	17.6	7.23
2003 年 2 月	74	398.1	87.5	14.3	6.4	41.2	32.6	21	4.36
2003 年 3 月	85	364.6	69.8	14.2	8.2	48.1	35.4	18.9	13.8
2003 年 4 月	103	235.5	94.6	26.4	9.9	34.1	26.8	15.4	11.1
2003 年 5 月	107	534.2	71.1	25.6	14.5	42.7	28.4	19.8	13.0
2003 年 7 月	128	656.1	96.4	30.8	16.1	64.9	44.3	22.1	11.6
2003 年 8 月	125	425.4	85.8	22.4	14.4	51.2	35.0	19.6	9.51
2003 年 9 月	133	330.2	76.4	18.7	13.2	37.7	24.5	14.5	12.1
2003 年 10 月	138	290.6	71.5	16.4	9.73	33.8	21.1	12.7	13.7
2003 年 11 月	126	214.7	88.2	19.5	12.3	35.4	20.4	15.5	11.7
2004 年 1 月	117	367.2	97.5	33.6	24.5	64.8	31.7	26.8	15.5
2004 年 2 月	105	314.4	82.1	26.7	16.9	45.12	25.6	22.1	16.7
2004 年 3 月	128	285.6	104.5	41.2	26.9	125.5	74.2	57.2	42.7
平均值	97.4	363	83.44	23.49	12.71	48.97	31.79	21.18	13.43

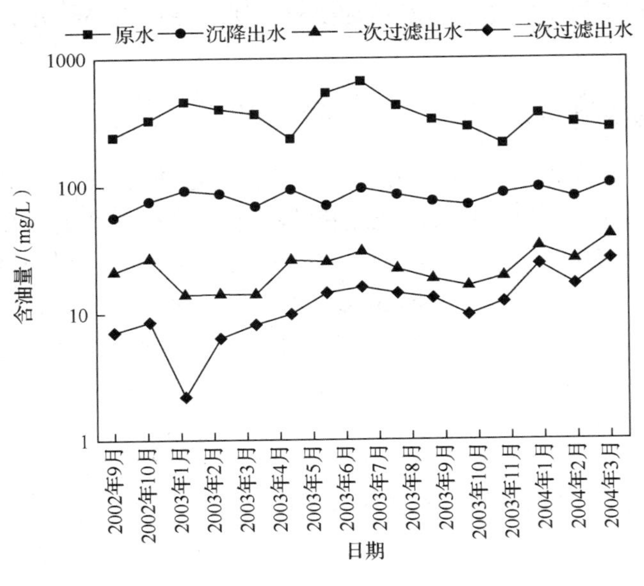

图 8-51 含聚阶段工业化生产装置现场试验含油量曲线

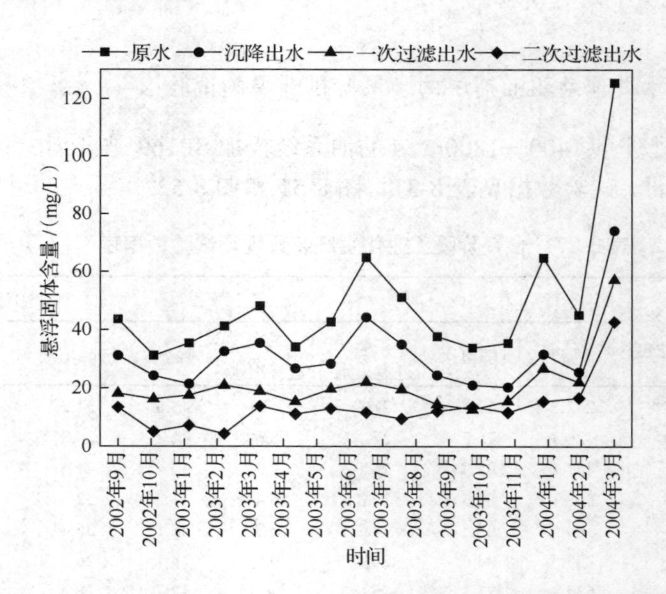

图 8-52　含聚阶段工业化生产装置现场试验悬浮固体含量曲线

由表 8-37、图 8-51 和图 8-52 可见，在原水中聚合物质量浓度平均值 97.4mg/L、含油量平均值 363mg/L、悬浮固体含量平均值 48.97mg/L 的条件下，沉降分离装置（横向流聚结除油器和组合式沉降分离装置）处理后出水含油量平均值 83.44mg/L、悬浮固体含量平均值 31.79mg/L，达到了进入过滤系统的要求；再经过核桃壳过滤器处理后含油量平均值为 23.49mg/L、悬浮固体含量平均值为 21.18mg/L；最后经过石英砂过滤器后的出水含油量平均值为 12.71mg/L、悬浮固体含量平均值为 13.43mg/L。经过该套工艺处理后的水质达到了污水回注的技术指标要求（即含油量≤15mg/L、悬浮固体含量≤15mg/L）。

3. 三元某污水处理站驱油剂中的表面活性剂阶段

三元某污水处理站采出水处理系统中表面活性剂是 2004 年 3 月开始检出的，当时含量为 7.4mg/L。进站采出水中三种化学剂质量浓度的变化曲线见图 8-53。

2004 年 4 月～2005 年 6 月，采出水中检测到表面活性剂质量浓度为 5～30mg/L、碱（氢氧化钠）质量浓度为 200～300mg/L、聚合物质量浓度仍在 150mg/L 以内。但是三元某污水处理站采出水发生了变化，乳化严重，原有的破乳剂无法适应返出表面活性剂以后的采出水破乳要求，造成采出水处理难度加大。具体表现如下。

（1）采出水乳化严重，油水分离困难。

到达污水处理站的原水在静止沉降 8h 以后，除了上部有少量的浮油外，几乎没有变化。沉降前和沉降后的对比照片见图 8-54 和图 8-55。

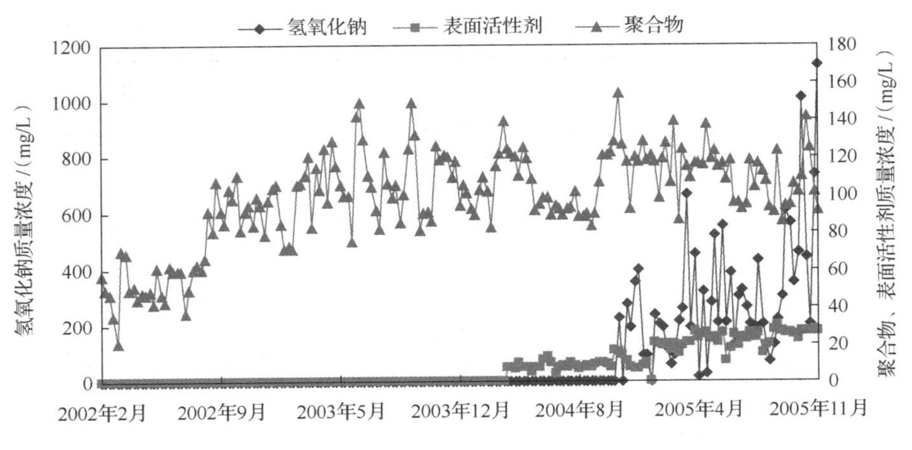

图 8-53　三元某污水处理站采出水化学剂质量浓度变化曲线

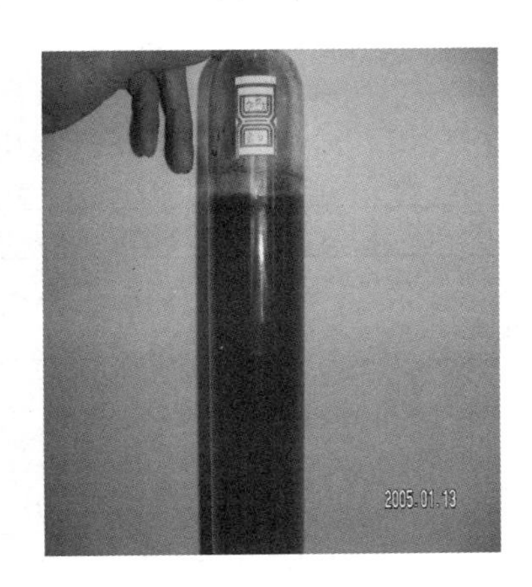

图 8-54　原水水样

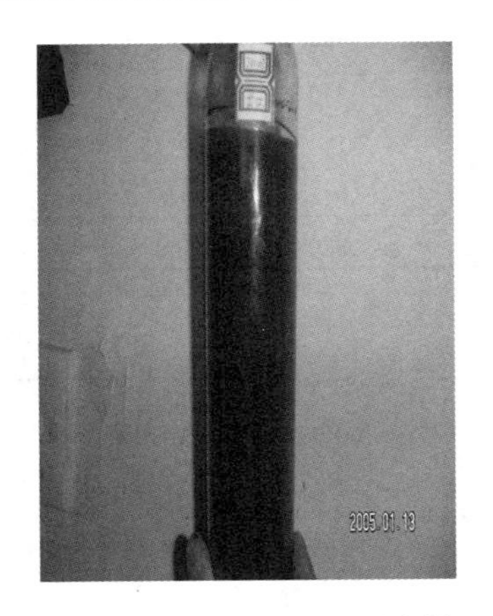

图 8-55　原水沉降 8h 后水样

（2）污水处理系统的原水水质变差。

2004 年以来，随着三元某污水处理站采出水的乳化现象越来越严重，污水处理站的原水水质也越来越差，处理后各段水质也严重超标。

采出水中检测到表面活性剂后，工业化生产试验装置的现场试验效果见表 8-38。各工艺段的出水含油量和悬浮固体含量变化趋势见图 8-56 和图 8-57。

表 8-38　工业化生产装置现场试验数据表　　（单位：mg/L）

日期	含油量				悬浮固体含量			
	原水	沉降出水	一次过滤出水	二次过滤出水	原水	沉降出水	一次过滤出水	二次过滤出水
2004 年 4 月	870	873	452	470	269	214	163	99
2004 年 5 月	975	977	575	624	509	342	236	149
2004 年 6 月	905	1305	534	445	267	236	184	160

续表

日期	含油量				悬浮固体含量			
	原水	沉降出水	一次过滤出水	二次过滤出水	原水	沉降出水	一次过滤出水	二次过滤出水
2004年7月	1895	2019	2668	1556	393	245	179	145
2004年9月	2342	2401	2785	2430	272	191	154	99
2004年10月	2746	2484	2615	2350	362	174	156	125
2004年11月	2911	1677	1719	2865	255	196	177	151
2004年12月	3694	1401	1955	2652	320	257	221	162
2005年1月	3233	1841	1383	1190	784	546	512	445
2005年2月	2120	1685	1104	1550	664	565	543	504
2005年3月	1373	1070	1701	1396	1113	907	810	762
2005年4月	1339	1406	1928	997	749	712	645	547
2005年5月	1163	1287	1436	994	636	509	526	532
2005年6月	1372	1093	1744	535	696	403	478	547
2005年7月	1171	1537	1740	600	547	395	469	426
2005年8月	1015	1045	1381	859	672	556	480	512
平均值	1820	1506	1608	1345	532	403	371	335.31

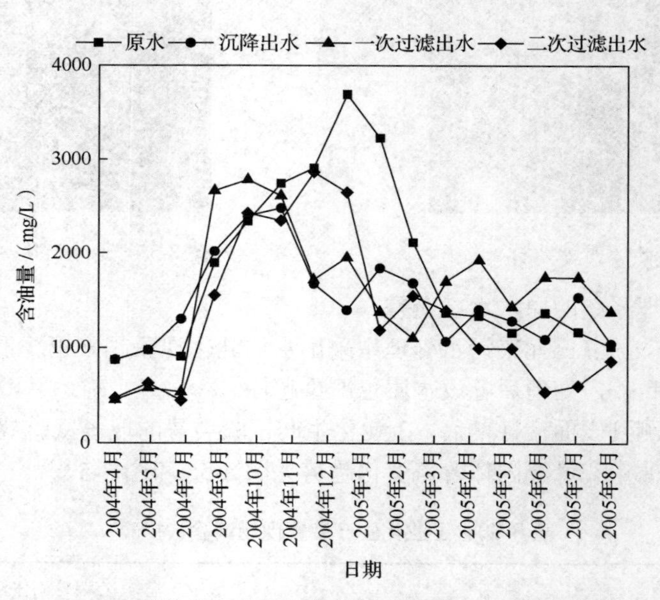

图 8-56　三元阶段工业化生产装置现场试验含油量变化曲线

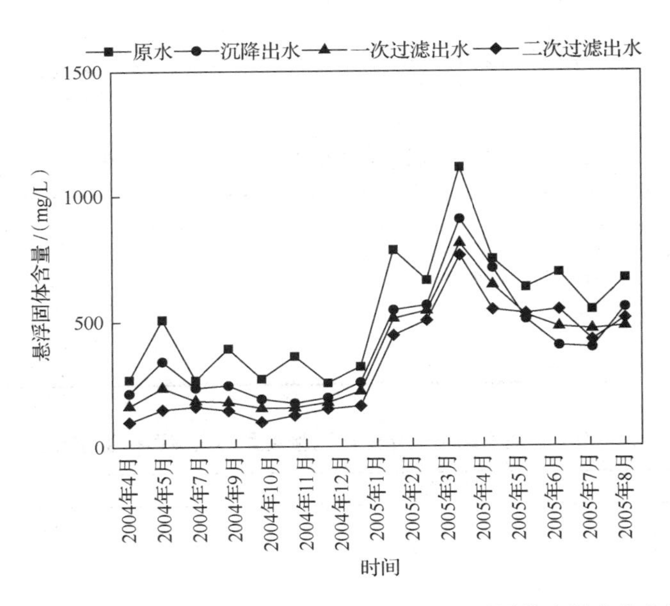

图 8-57　三元阶段工业化生产装置现场试验悬浮固体含量变化曲线

由表 8-38 可见，在原水因表面活性剂存在、采出水乳化严重、原水含油量平均值为 1820mg/L、悬浮固体含量平均值在 532mg/L 的条件下，沉降分离装置（横向流聚结除油器和组合式沉降分离装置）处理后的出水含油量平均值为 1506mg/L、悬浮固体含量平均值为 403mg/L；再经过核桃壳过滤器处理后含油量平均值为 1608mg/L、悬浮固体含量平均值为 371mg/L；经过最后一级石英砂过滤器后的出水含油量平均值为 1345mg/L、悬浮固体含量平均值为 335.31mg/L。经过该套工艺处理后的水质严重超标。

4. 工艺清淤改造后现场试验

三元某污水处理站从 2002 年投产以来，由于采出水中含油量、悬浮固体含量大，长期淤积，造成核桃壳过滤器、石英砂双层滤料过滤器等处理设备的填料污染和堵塞，见图 8-58。

图 8-58　填料污染、堵塞照片

系统清淤改造后，继续进行现场试验，试验条件见表8-39，设计运行工艺参数见表8-40。

表8-39　改造后的工业化生产试验装置的试验条件

序号	试验条件名称	数值
1	处理量/（m^3/d）	800～1000
2	聚合物质量浓度/（mg/L）	100～120
3	碱质量浓度/（mg/L）	200～300
4	表面活性剂质量浓度/（mg/L）	530
5	油系统投加SP1003C破乳剂质量浓度/(mg/L)	30～46

表8-40　改造后的工业化生产试验装置的实际运行工艺参数

设备	参数名称	单位	数值
核桃壳过滤器（一次过滤）	滤速	m/h	3.98～4.77
	反冲洗强度	L/（s·m^2）	6.69～7.37
	反冲洗周期	h	24
	反冲洗历时	min	30
石英砂过滤器（二次过滤）	滤速	m/h	2.55～3.05
	反冲洗强度	L/（s·m^2）	15
	反冲洗周期	h	24
	反冲洗历时	min	20

试验结果见表8-41。

表8-41　改造后的工业化生产试验装置的试验数据　　（单位：mg/L）

设备出水	含油量平均值	悬浮固体含量平均值
系统污水沉降罐出水	236	187
组合式沉降分离装置出水	117	107
一次核桃壳过滤器滤后出水	49	74
二次石英砂过滤器滤后出水	31	38

改造后的原水水质有了改善，含油量平均值为236mg/L，悬浮固体含量平均值为187mg/L；经该套工艺处理后最终出水的含油量平均值为31mg/L，悬浮固体含量平均值为38mg/L，与改造前相比有了较大的改观，但水质仍然超标。

改造后仍存在核桃壳过滤器“憋压”现象，出水水质恶化。

8.5.4　小型试验装置现场试验

通过现场试验，研究工业化生产装置对三元某污水处理站复合驱采出污水处理的适应性，总结其存在的问题，进行小型试验装置的现场试验。

1. 工艺流程及试验参数

本次小型试验装置现场试验所采用的工艺流程见图8-59。

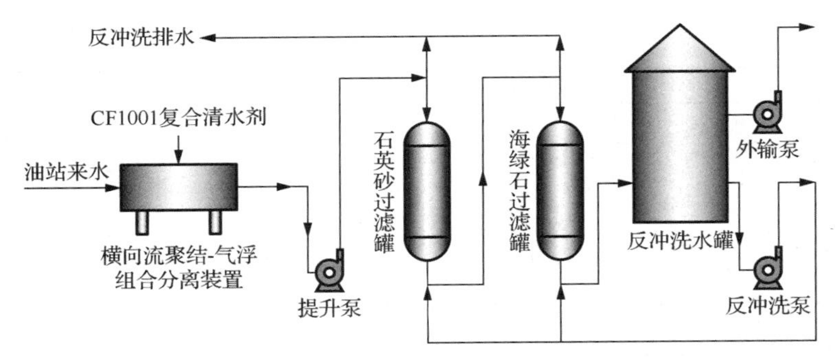

图 8-59　三元某污水处理站小型试验装置现场试验工艺流程图

小型试验装置现场试验所采用的试验参数见表 8-42。

表 8-42　小型试验装置现场试验所采用的试验参数

设备	参数名称	单位	数值
石英砂过滤器（一次过滤）	滤速	m/h	8
	反冲洗强度	L/（s·m²）	15
	反冲洗周期	h	24
	反冲洗历时	min	15
海绿石过滤器（二次过滤）	滤速	m/h	5
	反冲洗强度	L/（s·m²）	13
	反冲洗周期	h	24
	反冲洗历时	min	15

2. 小型试验装置现场试验

针对三元某污水处理站采出水出现的乳化现象，本次试验采用了新研制的 CF1001 复合清水剂。试验条件：聚合物质量浓度 100～120mg/L；碱（氢氧化钠）质量浓度 200～300mg/L；表面活性剂质量浓度 5～30mg/L；脱水站投加 SP1003C 新型破乳剂质量浓度 30～46mg/L。来水直接接自污水处理站的原水管，其处理后的污水排入站内的污水回收池。试验采用正交设计法进行方案设计，试验参数见表 8-43。

表 8-43　投加 CF1001 复合清水剂试验参数

试验分组	加药量/（mg/L）	一次过滤滤速/（m/h）	二次过滤滤速/（m/h）
第 1 组	5000	8	4
第 2 组	6000	10	5
第 3 组	7000	12	6
第 4 组	8000	14	7
第 5 组	5000	10	6
第 6 组	6000	8	7
第 7 组	7000	14	4
第 8 组	8000	12	5
第 9 组	5000	12	7
第 10 组	6000	14	6

续表

试验分组	加药量/（mg/L）	一次过滤滤速/（m/h）	二次过滤滤速/（m/h）
第 11 组	7000	8	5
第 12 组	8000	10	4
第 13 组	5000	14	5
第 14 组	6000	12	4
第 15 组	7000	10	7
第 16 组	8000	8	6

通过 60d 的现场试验，确定了最佳的处理工艺参数：处理量 500L/h；加药量 7000mg/L；一次过滤滤速 8m/h；二次过滤滤速 5m/h。

在最佳参数条件下的试验结果见表 8-44。

表 8-44　最佳参数条件下试验数据表　　（单位：mg/L）

序号	含油量				悬浮固体含量			
	原水	气浮出水	一次过滤出水	二次过滤出水	原水	气浮出水	一次过滤出水	二次过滤出水
1	124.8	78.4	20.7	12.3	85.8	50.9	22.7	12.5
2	146.7	22	14.8	5.8	129.2	32.4	15.5	8.9
3	126.5	26.4	17.6	9.8	88.7	44.1	19.5	10.2
4	130.6	36.7	12.8	4.2	92	42.5	12.7	4.3
5	131.3	38.6	15.5	7.5	97.4	44.2	15.8	4.2
6	133.1	43	17.46	8.56	100.4	40.6	19.4	4.8
平均值	132.2	40.8	16.48	8.03	98.9	42.4	17.6	8.98

由表 8-44 可见，在投加 CF1001 复合清水剂药剂、原水含油量平均值为 132.2mg/L、悬浮固体含量平均值为 98.9mg/L 的条件下，横向流聚结-气浮组合分离装置处理后水质中，含油量达到 40.8mg/L，悬浮固体含量为 42.4mg/L，达到了进入过滤系统的要求；一次石英砂过滤器的出水水质中，含油量平均值为 16.48mg/L，悬浮固体含量平均值为 17.6mg/L；二次海绿石过滤器的出水水质中，含油量平均值为 8.03mg/L，悬浮固体含量平均值为 8.98mg/L，水质达标，实现了三元污水的有效处理。

通过以上的研究初步得出以下结论：

（1）室内试验表明，核桃壳过滤器和石英砂过滤器处理国产表面活性剂三元复合驱采出污水的滤速应降低。

（2）工业化现场试验表明，核桃壳过滤器现有的结构不能适应目前三元复合驱采出污水的处理要求。

（3）采用“石英砂过滤器+海绿石过滤器”工艺，在投加 CF1001 复合清水剂的条件下，在原水聚合物质量浓度 100～120mg/L、表面活性剂质量浓度 5～30mg/L、碱质量浓度 200～300mg/L、投加 CF1001 复合清水剂质量浓度 7000mg/L 的条件下，其处理后的水质中，含油量平均值为 8.03mg/L，悬浮固体含量平均值为 8.98mg/L。最佳工艺参数为一次过滤滤速 8m/h，二次过滤滤速 5m/h，可以有效处理三元某污水处理站采出水。

第9章 特低渗透油层含油污水处理系统膜过滤技术研究及应用

9.1 低渗透含油污水膜处理现状

9.1.1 大庆外围油田清水处理站膜过滤技术应用效能分析

为了掌握各种膜过滤技术在大庆油田清水处理中的应用情况（包括适用范围、处理效率和效果及基本技术参数），从而为特低渗透油层含油污水处理选用膜过滤技术提供依据，本章对大庆油田目前已经投产在用的各种膜（其中有代表性的5种膜）过滤技术进行了详细的膜过滤设备单体和配套处理工艺的调查。

膜过滤技术的大体工艺流程如下（图9-1为工艺流程示意图）：来水→高级氧化除硫装置→沉降罐→衡压浅层气浮→缓冲罐→过滤提升泵→海绿石过滤罐→双膨胀精细过滤罐→反冲洗水罐→超滤膜→外输回注。

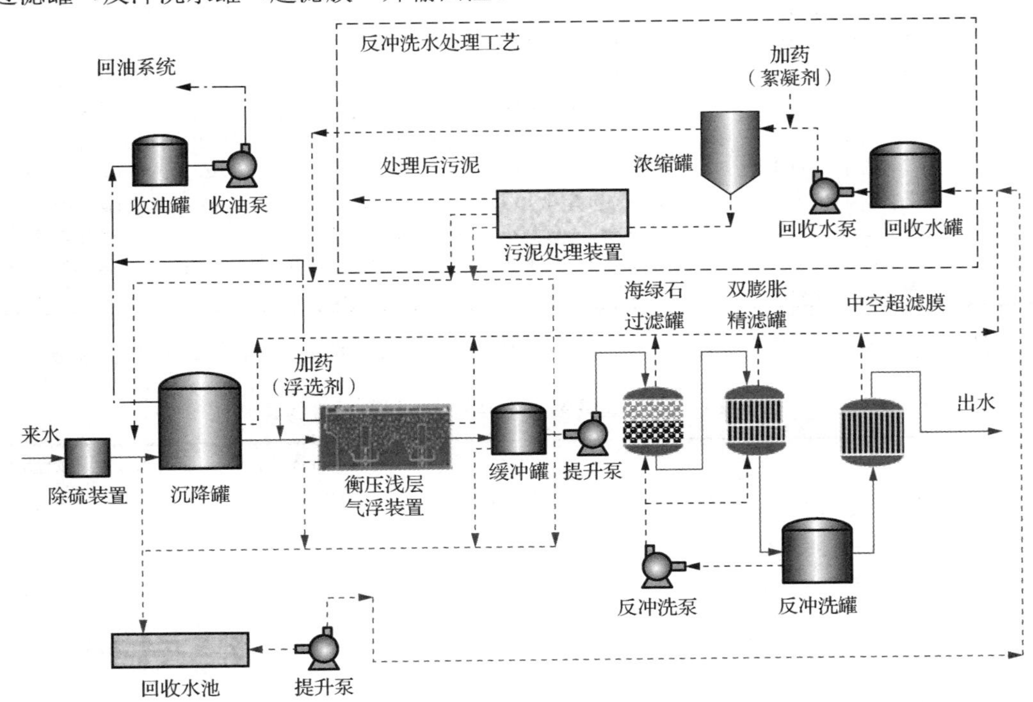

图9-1 工艺流程示意图

1. 膜过滤装置测试

截至2007年5月底，大庆油田区域内，5种材质共18套膜过滤装置在清水水质处理中使用。这些膜过滤装置主要使用在特低渗透油层水质处理工艺中，出水水质执行《大庆油田油藏水驱注水水质指标及分析方法》（Q/SY DQ 0605—2000）特低渗透油层要求（含油量≤5mg/L，悬浮固体含量≤1mg/L，粒径中值≤1μm）。这些膜过滤装置的基本资料详见表9-1。

表9-1 大庆油田清水膜过滤装置一览表

序号	滤膜材质	处理站站名	膜设备名称	设计规模/（m^3/d）	投产时间
1	聚偏氟乙烯（PVDF）	采油七厂葡三联水质站	超滤膜过滤设备（中空）	800	2006年1月（换新）
2	聚偏氟乙烯（PVDF）	采油九厂敖南注水站	超滤膜过滤设备（中空）	4000	2006年12月
3	聚四氟乙烯（PTFE）	采油七厂葡四联水质站	MGL膜水处理器（折叠）	1800	2005年10月
4	磺化聚醚砜（PES）	采油十厂双一水质站	OKM水处理器（中空）	500	2003年12月
5	聚乙烯吡咯酮聚醚砜共混极性膜	采油五厂杏五注水站	超滤膜过滤设备（中空）	15000	2006年10月
6	聚氯乙烯（PVC）	榆树林东十二水质站	全自动超滤装置（中空）	120	2005年2月
7	聚氯乙烯（PVC）	榆树林树二水质站	超滤装置（中空）	240	2005年8月
8	聚氯乙烯（PVC）	榆树林榆二联水质站	超滤装置（中空）	120	2005年8月
9	聚氯乙烯（PVC）	兴源油田2#注水站	全自动超滤装置（中空）	240	2003年6月
10	聚氯乙烯（PVC）	兴源油田3#注水站	全自动超滤装置（中空）	240	2003年6月
11	聚氯乙烯（PVC）	兴源油田4#注水站	全自动超滤装置（中空）	240	2003年6月
12	聚氯乙烯（PVC）	兴源油田5#注水站	全自动超滤装置（中空）	240	2004年6月
13	聚氯乙烯（PVC）	兴源油田6#注水站	全自动超滤装置（中空）	240	2004年6月
14	聚氯乙烯（PVC）	兴源油田7#注水站	全自动超滤装置（中空）	240	2006年1月
15	聚氯乙烯（PVC）	兴茂油田1#注水站	全自动超滤装置（中空）	480	2004年10月
16	聚氯乙烯（PVC）	兴茂油田2#注水站	全自动超滤装置（中空）	480	2004年10月
17	聚氯乙烯（PVC）	兴茂油田3#注水站	全自动超滤装置（中空）	1200	2006年2月
18	聚氯乙烯（PVC）	兴茂油田4#注水站	全自动超滤装置（中空）	1200	2006年2月
19	聚氯乙烯（PVC）	兴茂油田6#注水站	全自动超滤装置（中空）	600	2006年2月

选择各种膜有代表性的处理站进行悬浮固体含量水样调查，调查结果见表9-2。

表9-2 清水膜过滤装置悬浮固体含量数据检测表

膜	处理站站名	膜进水悬浮固体含量/（mg/L）	膜出水悬浮固体含量/（mg/L）
聚偏氟乙烯（PVDF）中空纤维膜	葡三联清水处理站	0.40	0.10
聚偏氟乙烯（PVDF）中空纤维膜	敖南注水站超滤岗	1.60	1.07
聚四氟乙烯（PTFE）折叠膜	葡四联二次水处理站	3.70	2.10
磺化聚醚砜（PES）中空纤维膜	双一联深度水质处理站	0.87	3.50
聚乙烯吡咯酮聚醚砜共混极性膜	杏五注超滤岗	0.67	0.10
聚氯乙烯（PVC）中空纤维膜	东十二联注水站	0.51	0.71
聚氯乙烯（PVC）中空纤维膜	兴茂油田1#注水站	1.10	0.10
聚氯乙烯（PVC）中空纤维膜	兴源油田2#注水站	1.40	0.10

1）聚偏氟乙烯（PVDF）中空纤维膜

应用的处理工艺为：水源井来水→锰砂过滤罐→精细过滤罐→膜过滤罐→注水。

自动化程度高，实现了连续不间断运行，处理后水质可达到大庆油田特低渗透油层水驱回注水水质指标的要求。

采用气水反冲洗，自耗水量低。但由于没有配合定期的化学清洗，该膜运行三个半月后，处理量由 800m^3/d 降至 300m^3/d，为此，2006 年 1 月上旬由厂家更换了一批滤膜组件。

设备投资费用为 0.52 元/m^3，运行成本（电费）为 0.30 元/m^3。

2）聚四氟乙烯（PTFE）折叠膜

应用的处理工艺为：水源井来水→锰砂过滤罐→精细过滤罐→膜过滤罐→注水。

自动化程度低，手动反冲洗，处理后水质没有达到大庆油田特低渗透油层水驱回注水水质指标的要求。

采用水反冲洗，自耗水量高，但不需化学清洗。

设备投资费用为 0.65 元/m^3，运行成本（电费）为 0.15 元/m^3。

3）磺化聚醚砜（PES）中空纤维膜

应用的处理工艺为：水源井来水→锰砂过滤罐→精细过滤罐→膜过滤罐→注水。

自动化程度高，实现了连续运行。但该膜在 2003 年 12 月投产以后，因为预处理锰砂除铁效果较差，膜出水水质没有达到大庆油田特低渗透油层水驱回注水水质指标的要求，并于 2005 年 6 月换过一次滤膜。

采用气水反冲洗，自耗水量低。

设备投资费用为 0.47 元/m^3，运行成本（电费）为 0.31 元/m^3。

4）聚乙烯吡咯酮聚醚砜共混极性膜

应用的处理工艺为：杏五注来水→保安过滤器→膜过滤罐→注水。

自动化程度高，实现了连续运行，处理后水质可达到大庆油田特低渗透油层水驱回注水水质指标的要求。

采用水反冲洗，需配合定期化学清洗。

设备投资费用为 0.21 元/m^3，运行成本（电费）为 0.08 元/m^3。

5）聚氯乙烯（PVC）中空纤维膜

应用的处理工艺为：水源井来水→溶气装置→锰砂过滤罐→精细过滤罐→膜过滤罐→注水。

自动化程度高，实现了连续运行，处理后水质可达到大庆油田特低渗透油层水驱回注水水质指标的要求。

采用气水反冲洗，自耗水量低。

设备投资费用为 0.32 元/m^3，运行成本（电费）为 0.16 元/m^3。

2. 现场水质跟踪监测

根据取样调查的结果，2006 年 4 月开始对兴茂油田 1#注水站和采油七厂葡四联水质站进行全年的水质跟踪监测。

1）兴茂油田 1#注水站

兴茂油田 1#注水站设计规模 480m^3/d，超滤膜过滤器于 2004 年 10 月投产，目前实际运行水量约 520m^3/d。该站膜过滤器采用的是 PVC 中空纤维膜，公称孔径为 0.01μm。

该站工艺流程为：水源井来水→溶气装置→锰砂过滤罐→膜过滤罐→注水。

全年的水质跟踪监测结果见图 9-2 和图 9-3。

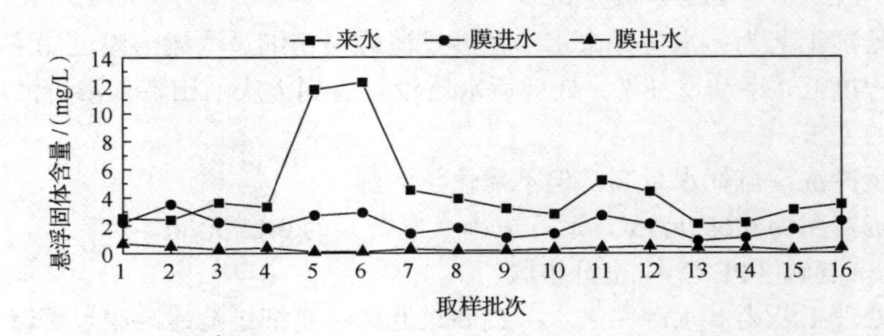

图 9-2 兴茂油田 1#注水站悬浮固体含量全年跟踪监测曲线

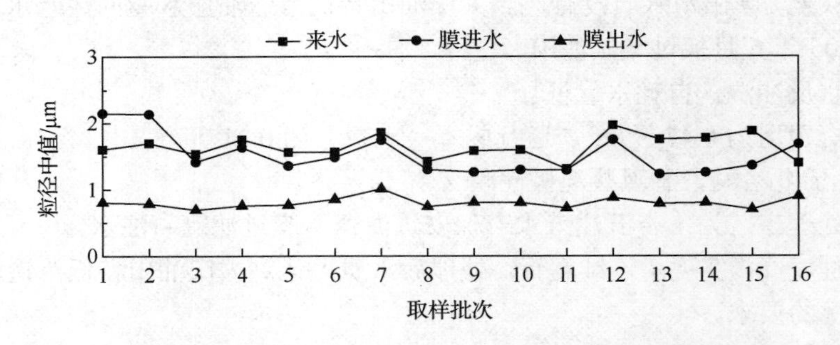

图 9-3 兴茂油田 1#注水站粒径中值全年跟踪监测曲线

兴茂油田 1#注水站的 PVC 中空纤维膜过滤器的化学清洗再生周期为半年左右。

由该站现场工艺调查及水质检测数据，对兴茂油田 1#注水站的分析如下：

（1）该站现有膜过滤装置处理负荷为设计负荷的 108%。

（2）该站为地下水处理站，膜过滤装置的悬浮固体平均去除率为 83.02%。膜过滤装置出水的悬浮固体含量及固体颗粒直径中值达到《大庆油田油藏水驱注水水质指标及分析方法》（Q/SY DQ 0605—2000）中的特低渗透油层要求的水驱回注水水质控制指标（含油量≤5mg/L，悬浮固体含量≤1mg/L，粒径中值≤1.0μm）。

2）采油七厂葡四联水质站

采油七厂葡四联水质站于 2005 年 10 月投产，设计规模 1800m^3/d，目前实际运行水

量约 $225m^3/d$，该站在设计时考虑到后期开发预测的二期、三期处理水量，一次性施工完毕，所以设计规模较大，但该站目前一期实际运行水量较小。该站超滤膜过滤器采用的是 PTFE 折叠膜，公称孔径为 0.25μm。

该站工艺流程为：葡四联清水岗来水→缓冲罐→膜过滤器→清水罐→注水。

全年的水质跟踪监测结果见图 9-4 和图 9-5。

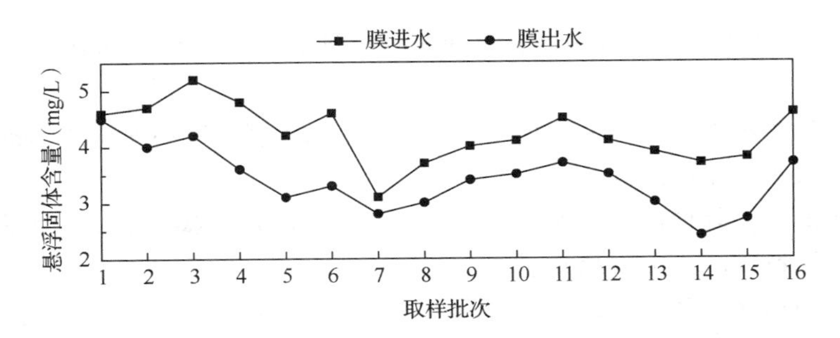

图 9-4　葡四联水质站悬浮固体含量全年跟踪监测曲线

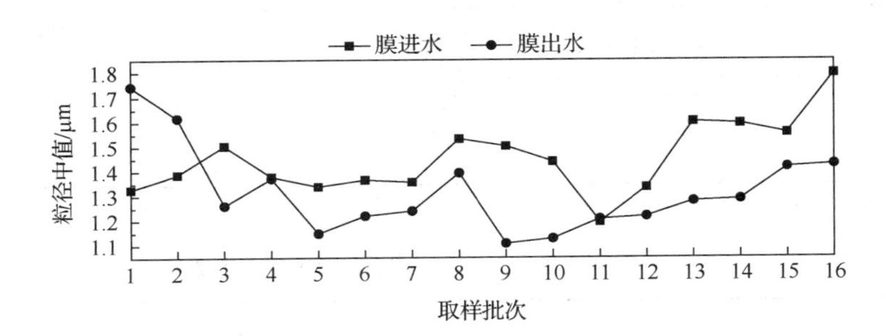

图 9-5　葡四联水质站粒径中值全年跟踪监测曲线

由于目前一期葡四联清水岗实际来水量较小，不能保证膜过滤器连续运行，只能间断运行。该设备仅需要水反冲洗，不要求进行化学反冲洗。

由该站现场工艺调查及水质检测数据，对葡四联水质站的分析如下：

（1）目前该站一期实际来水量较小，仅为设计处理量的 10.6%，所以该站每天只运行两次，共 3h，在运行时间内为满负荷运行。

（2）膜过滤装置的悬浮固体平均去除率为 43.12%。膜过滤装置出水的悬浮固体含量及固体颗粒直径中值都没有达到《大庆油田油藏水驱注水水质指标及分析方法》（Q/SY DQ 0605—2000）特低渗透油层要求的水驱回注水水质控制指标（含油量≤5mg/L，悬浮固体含量≤1mg/L，粒径中值≤1.0μm）。

（3）由于该站每天运行时间较短，只运行 3h，水中含铁量较高（膜进水含铁量为 2.45mg/L，膜出水含铁量为 1.16mg/L），铁在膜中富集造成悬浮固体超标。

从以上调查数据以及水质监测数据来看，PVC 中空纤维膜处理出水水质好，设备费用低，运行成本低于平均水平，因此选择采用该种膜过滤装置进行后续试验。

9.1.2　特低渗透油层含油污水水质特性研究

1. 水质数据测试

大庆外围特低渗透扶杨油层主要集中在三肇地区的榆树林、头台、肇州、永乐和宋芳屯油田，通过对采油十厂、榆树林油田的扶杨油层区块进行现场水质和工艺调查，决定试验地点选在榆树林油田的东十四含油污水处理站和采油十厂的朝一联含油污水处理站。

东十四含油污水处理站工艺流程如下：来水→混凝沉降罐→浮选净化机→一次核桃壳过滤罐→二次多层滤料过滤罐。

朝一联含油污水处理站工艺流程如下：来水→自然沉降罐→混凝沉降罐→单阀过滤罐→一次多层滤料过滤罐→二次多层滤料过滤罐。

东十四含油污水处理站与朝一联含油污水处理站的水质处理效果见表9-3和表9-4。

表9-3　东十四含油污水处理站工艺测试水质数据

样品名称	含油量/（mg/L）	悬浮固体含量/（mg/L）	粒径中值/μm	硫化物质量浓度/（mg/L）
进水	277	77.6	5.808	97.29
沉降出水	255	72.0	5.843	84.88
过滤出水	40.3	41.5	3.512	78.11

注：取样日期为2004年8月18日

表9-4　朝一联含油污水处理站工艺测试水质数据

样品名称	含油量/（mg/L）	悬浮固体含量/（mg/L）	粒径中值/μm	硫化物质量浓度/（mg/L）
进水	97.4	36.8	3.270	70.72
沉降出水	19.3	25.8	3.722	68.37
过滤出水	2.19	5.17	1.287	68.11

注：取样日期为2004年8月24日

由表9-3和表9-4可见，特低渗透油层含油污水的特点是硫化物质量浓度特别高。

2. 沉降特性试验

为了研究特低渗透油层含油污水的沉降特性，在朝一联含油污水处理站进行室内沉降试验，试验结果见图9-6。

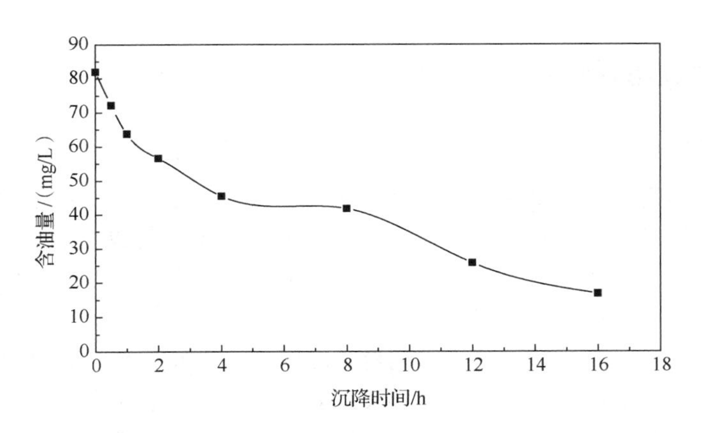

图 9-6　朝一联含油污水处理站含油污水沉降特性曲线

如图 9-6 所示，朝一联含油污水处理站含油污水的初始含油量为 82.0mg/L，经过 16h 的沉降，含油量降至 15.1mg/L，去除率为 81.6%。

3. 含油污水油珠粒径分布测定

朝一联含油污水处理站含油污水的相关参数见表 9-5，油珠粒径分布见图 9-7。

表 9-5　相关参数

参数	数值	参数	数值
浮升高度/mm	100	污水温度/℃	49
污水密度/（kg/m^3）	990.5	原油密度/（kg/m^3）	846.3
污水动力黏度/（mPa·s）	0.654	原水含油量/（mg/L）	88.00

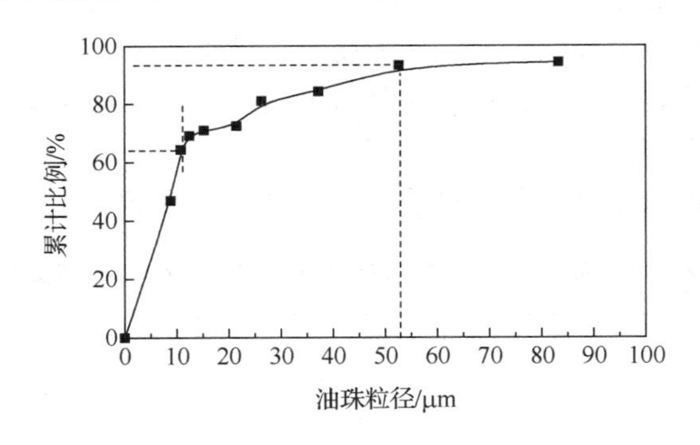

图 9-7　朝一联含油污水处理站含油污水油珠粒径分布曲线

如表 9-5 和图 9-7 所示，扶杨油层含油污水在沉降 16h 以后，含油量去除率为 81.6%，但是由于粒径小于 10μm 的油珠占 57.3%，而小于 50μm 的油珠占 91.6%，因此，经常规沉降工艺后剩余含油基本都是乳化油，油珠粒径十分小，这样就增加了过滤系统的处理难度，使得系统出水难以达标。

9.1.3 小型膜过滤试验研究

1. 试验概述

大庆榆树林油田属大庆外围特低渗透油田扶杨油层，现阶段主要通过水驱方式进行采油。由于储层渗透率低，孔喉半径小，注水水质、地层中的成垢盐类、细菌等因素，易对油层造成堵塞，致使注水压力增高，开发效果变差。所以油田对回注水提出了严格的水质标准要求，在注水驱油的同时，产生了大量的采出含油污水，因此注水与采油的平衡是榆树林油田目前急需解决的重大问题。油田注采平衡、实现油田的可持续发展是所有低渗油田现在面临或将要面临的主要技术难题。膜过滤技术作为含油污水深度处理技术，可以处理含油污水达到特低渗透油田回注水标准。可以预见，已广泛应用于水处理领域的膜过滤技术将成为解决特低渗透油田含油污水回注处理的一条重要技术路线。

自 2004 年 5 月开始，已经在榆树林油田东十四含油污水处理站对膜法处理油田含油污水进行试验，取得了较好的效果。但由于站内原有工艺处理效果较差，达不到膜进水水质要求，不能真实反映超滤膜的再生周期，因此 2005 年 3 月开始，增加了膜前常规处理工艺。试验中采用的膜为 PVC 中空纤维膜。

本次小型试验立足于研究 PVC 中空纤维膜应用于油田污水处理系统的工程可行性，对试验装置处理出水水质取样分析，论证出水水质能否满足油田的回注要求，以及 PVC 中空纤维膜受石油类物质污染的情况、膜清洗药剂和清洗方式的开发。

2. 膜前预处理工艺的选择

根据水质特性研究的结论，目前特低渗透油层含油污水的主要问题是水中硫化物含量特别高，而且油珠粒径十分细小，乳化程度高，处理难度大。为保证作为精细处理技术的膜能正常运行，必须对污水进行膜前常规处理，使污水达到进膜标准，保证整个污水处理系统稳定协调工作。

经现场化验，原水水质情况和允许进入膜组件的水质要求见表 9-6。

表 9-6 原水水质情况和允许进入膜组件的水质要求

参数	原水	膜进水要求
含油量/（mg/L）	100～2000	＜10
悬浮固体含量/（mg/L）	45	/
硫化物质量浓度/（mg/L）	56	0
总铁质量浓度/（mg/L）	2.66	/
锰质量浓度/（mg/L）	0.12	0
pH	8.1	/
电导率/（μS/cm）	3400	/

注：/表示没有严格要求

针对这些特性，确定膜前预处理工艺为三段：氧化除硫段、混凝气浮除油段、砂滤段。

1）氧化除硫段

该段主要是使用氧化剂和曝气方式氧化水中铁、锰、硫化物等还原性污染物，使之成为不溶于水的物质，为后续处理工艺创造有利条件，同时在该段大量的浮油被粗粒化后去除。

2）混凝气浮除油段

气浮是后续处理工艺稳定运行的前提保证。在进入气浮池前先后投加药剂 A 和药剂 B，生成大量的悬浮颗粒，这些大颗粒絮体在气液混合装置产生的微小气泡的上浮作用下分离去除。经烧杯混凝实验确定，气浮前最佳加药量为：A 剂 80～100mg/L（随水质变化），B 剂 3mg/L。

3）砂滤段

进一步去除微小悬浮颗粒，使膜前处理的出水水质达到膜进水的要求。

3. 处理流程

试验处理量为 50～100L/h，工艺流程示意图见图 9-8。

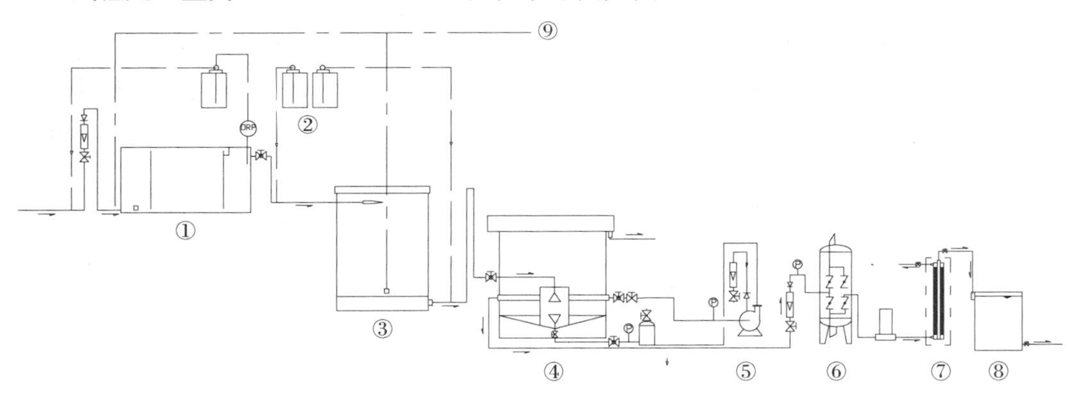

①氧化隔油槽；②加药系统；③反应池；④气浮池；⑤溶气系统；⑥砂滤池；⑦膜组件；⑧清水池；⑨空压机曝气管线

图 9-8　小型膜过滤工艺流程示意图

4. 膜过滤出水水质分析

经过三个多月的运行，整套试验处理系统稳定，处理水量一直稳定在 60～100L/h，处理出水水质情况良好且稳定。水质分析情况见表 9-7。

表 9-7　膜处理出水水质分析　　（单位：mg/L）

项目	膜前（经常规预处理后）				膜后				含油量
	铁质量浓度	锰	硫化物	浊度	铁质量浓度	锰	硫化物	浊度	
数值	0.04～0.16	痕迹	痕迹	1～2	0～0.1	痕迹	痕迹	0～0.2	0～1.0

5. 膜运行方式

含油污水经砂滤后通过保安过滤器进入膜组件。试验中，膜初始跨膜压差控制在0.050～0.080MPa；运行水温 30～40℃；过滤方式尝试了错流过滤或全流过滤；每经过一定时间的运行间隔，进行一次一定时间的水反冲洗，同时要求正冲产生 0.25m/s 的膜面流速，反冲洗水量为产水量的 3 倍，确保水冲洗通量恢复情况良好。

试验比较了多种控制条件下膜的运行情况，比如：改变操作跨膜压差；比较错流过滤和全流过滤的水利用率和超滤运行通量稳定情况；合适的水力反冲洗间隔、反冲洗时间的比较确定。目的是通过试验探索一个合适的超滤运行控制参数，保证超滤能稳定高效处理该种含油污水。

1）PVC 中空纤维膜运行情况

经膜前常规处理后，水质能达到膜进水要求，试验表明 PVC 中空纤维膜过滤系统在此进水质情况下能长期稳定良好地运行。安置于现场的整套污水处理装置能连续运行，平均每天运行 7～8h，每小时读取一次数据，记录膜小时产水流量，考察膜通量的衰减情况和运行稳定性。为使其通量能够较快衰减，试验首先采用过长的 1h 左右的水反冲洗间隔，使通量较快衰减，能方便试验在短期内较明显地看出膜通量的衰减情况和进行多次化学药剂清洗。

产水量随时间衰减的比通量变化见图 9-9，比通量单位为 L/［m^2·h·bar（35℃）］（1bar=10^5Pa），即在单位大气压作用下填充单位过滤面积膜组件单位小时的产水量。

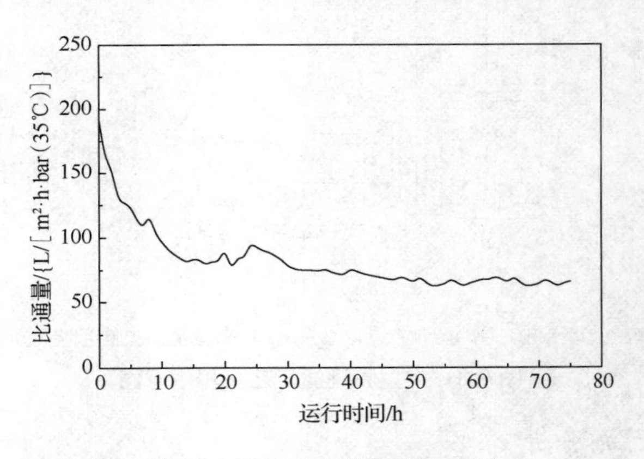

图 9-9　膜产水比通量衰减情况

如图 9-9 所示，从试验比通量衰减情况看，膜初始瞬时比通量 192L/［m^2·h·bar（35℃）］，跨膜压差为 0.080MPa。新膜在初始运行 10h 期间通量正常较快衰减，随后比通量首先稳定在 85L/［m^2·h·bar（35℃）］左右，该比通量表示膜能稳定运行的初始比通量，此时跨膜压差增加至 0.100MPa，长时间（10～20d，每天运行 8h 左右）运行后，比通量从 80～90L/［m^2·h·bar（35℃）］比较平稳地衰减到 65L/［m^2·h·bar（35℃）］，此时的跨膜压差为 0.110MPa，衰减显得非常缓慢，并能更加长期稳定地运行。

膜比通量从稳定的初始比通量 85L/［m^2·h·bar（35℃）］平稳降至 65L/［m^2·h·bar（35℃）］，比通量已经下降至初始的 76%。此时，超滤膜达到了可以进行化学清洗的污染程度，对膜进行碱-酸-碱步骤清洗后，比通量能很好地恢复，洗后其比通量可达到 181L/［m^2·h·bar（35℃）］的启运瞬时通量，恢复率达 93%，效果较好。

2）操作运行参数优化确定

试验在多种运行条件下（改变操作压力，水反冲洗周期等操作方式），比较了超滤膜的运行情况。通过长期的试验，确定了最佳的运行条件。试验发现在较低的操作压力、水反冲洗周期为 15min 的操作条件下，可以取得最佳的运行稳定性。试验进行了连续 30h 的超滤运行，运行相当稳定，膜比通量没有明显衰减。

超滤膜稳定运行情况见图 9-10。

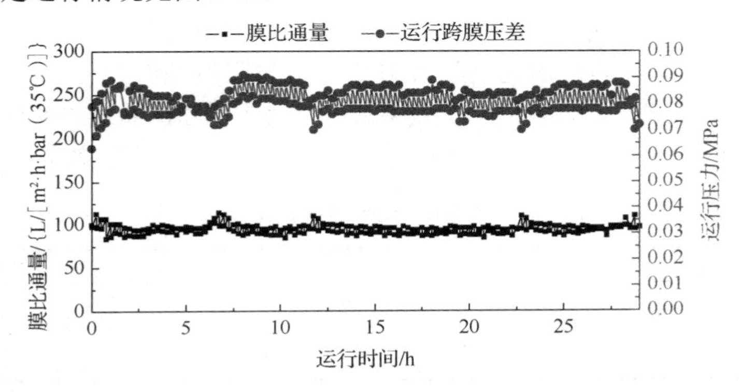

图 9-10　膜 30h 稳定运行情况

如图 9-10 所示，在良好的操作运行条件下（初始操作跨膜压差范围控制在 0.040～0.050MPa，初始瞬时比通量 181L/［m^2·h·bar（35℃）］，水反冲洗周期 15min），膜运行情况相当稳定。在化学清洗后超滤膜运行之初，膜比通量同样很快正常衰减至 90～100L/［m^2·h·bar（35℃）］左右，跨膜压差上升至 0.070～0.090MPa，并较长时间稳定在这一比通量，在随后的连续 4d、5d 近 30h 的运行后，比通量并没有发生明显的衰减。该膜运行段位于新膜正常衰减后的比通量稳定段。膜每 15min 运行后进行一次反冲洗，反冲洗前后膜瞬时比通量和瞬时跨膜压差实时记录，并绘于图 9-10，每个变化前为反冲洗前衰减到的比通量和压力，之后为反冲洗后恢复的比通量与压力。比通量稳定之初，膜比通量为 100L/［m^2·h·bar（35℃）］左右，跨膜压差 0.070～0.080MPa（反冲洗前后压差变化），经过 30h 运行后，膜比通量仍能够维持在 90～100L/［m^2·h·bar（35℃）］左右，跨膜压差 0.070～0.090MPa，衰减甚微。试验结果说明，在良好的运行条件下，膜能够长期稳定运行。并且，较低的操作跨膜压差和较频繁的水反冲洗周期能很好地控制比通量衰减，从而达到延长化学清洗周期、缓解膜污染形成的目的。

试验中还比较了错流过滤与全流过滤的效果。试验发现错流过滤对维持膜比通量有一定效果，但效果甚微。所以从增加水利用率的角度考虑，试验最终确定可以采用全流过滤的方式进行超滤运行操作。采取错流方式运行，经计算污水回收率在75%左右，即来水经膜处理后，可以产出75%的超滤水，同时25%的污水作为浓缩水排放。采用全流过滤运行方式，可以大大提高污水回收率，按上述试验情况计算，污水回收率可以达到90%左右，即10%的水用于水力清洗恢复膜比通量。

6. 膜的化学清洗

1）化学清洗剂优选

试验研究开发优选了适合用于清洗石油类污染的化学药剂。实验发现柠檬酸、NaOH、表面活性剂这3种药剂对清洗石油类污染效果明显，并且试验采用药剂浓度效果良好，成本经济。

2）化学清洗方式研究

试验旨在开发一种高效的化学清洗方式，最大限度地恢复膜比通量。实验确定NaOH+柠檬酸+碱性表面活性剂的清洗效果最好，对超滤膜比通量的恢复效果高达90%以上。试验中对膜进行了多次清洗，清洗方式见表9-8，化学清洗效果见表9-9。

表9-8 化学清洗方式

清洗步骤	药剂	用时（约数）/min
1	NaOH	30
2	柠檬酸	30
3	碱性表面活性剂	30

注：清洗总用时2～3h

表9-9 多次化学清洗方式效果

清洗步骤	膜初始比通量/{L/［m^2·h·bar（35℃）］}	洗前比通量/{L/［m^2·h·bar（35℃）］}	洗后恢复比通量/{L/［m^2·h·bar（35℃）］}	恢复率/%
1	192	61	181	93
2	192	69	178	93
3	192	58	187	97

由表9-9可见，NaOH+柠檬酸+碱性表面活性剂的清洗效果最好，对膜比通量的恢复率达90%以上。先用的NaOH清洗液可以将凝胶层从膜面剥落，同时溶解油垢上的油类物质，使无机垢失去油类保护层而容易被后续的酸清洗溶解去除；最后通过呈碱性的表面活性剂把黏附在膜面、膜孔的石油类物质进一步溶解去除，较彻底地恢复PVC中空纤维膜透水比通量。

试验确定采用碱酸交替+碱性表面活性剂，并在碱性清洗剂中都投加一定量的NaClO用于杀菌的组合清洗方式，对膜进行了多次化学清洗。清洗后，膜比通量都能恢复到90%以上。这一结果表明，石油类污染物对高分子有机材料膜确实容易吸附黏敷，造成不可逆污染。但多次化学清洗都能维持90%以上的比通量恢复率，这说明高分子膜在处理石油类污水时，其初始比通量应该予以修正。就试验采用的PVC中空纤维膜而言，该膜的初始比通量应该由多次的化学清洗后能稳定达到的 170～180L/[m^2·h·bar（35℃）]决定，即修正系数为 93%左右。

7. 超滤膜破坏性运行试验

试验中对膜进行了破坏性运行，考察了膜在污染比较严重的情况下，运行比通量衰减情况和化学清洗恢复效果。

膜经过化学清洗后，进行了多次持续一段时间的破坏性运行。在这一试验阶段膜连续运行，采取全流过滤（死端无错流过滤）的运行方式，一般运行一到几个小时进行一次较长时间的水反冲洗用以恢复比通量，周而复始，直到水反冲洗没有效果，即污染物固化黏附在膜表面时，对膜进行化学清洗，考察多次化学清洗的效果。多次破坏性运行比通量恢复情况和化学清洗效果见表 9-10。

表 9-10　多次化学清洗试验膜比通量恢复情况

清洗次数	运行方式	膜初始比通量/{L/［m^2·h·bar（35℃）］}	洗前比通量/{L/[m^2·h·bar(35℃)]}	化学清洗后膜比通量/{L/［m^2·h·bar（35℃）］}	恢复率/%
1	水反冲洗间隔 1h	192	61	181	93
2	水反冲洗间隔 1～2h	192	69	178	93
3		192	58	187	97
4	水反冲洗间隔数小时	192	53	173	90
5		192	55	184	96
6	水反冲洗间隔 10h 左右	192	62	180	94
7		192	42	176	92
8		192	59	179	93
9		192	63	185	96

由表 9-10 可见，通过破坏性运行，当膜比通量衰减到 50L/［m^2·h·bar（35℃）］左右时，膜比通量即下降了近 50%，即便通过长时间充分的水反冲洗，膜比通量也不能恢复，说明膜已经污染比较严重，应该进行化学清洗。多次试验表明，化学药剂清洗后，比通量能达到 93%的恢复率，膜比通量恢复至 170～180L/［m^2·h·bar（35℃）］。试验几次重复类似膜运行方式，每次比通量衰减情况类似，且化学清洗都能很好地恢复膜比通量，这说明 PVC 中空纤维膜耐污能力出色，即便在耐受污染很严重的情况下，石油类污染物质也可以通过化学药剂清洗去除，大幅度恢复比通量，完全适宜于在油田含油污水处理领域的运用。

以上研究总结如下。

（1）通过调查，发现目前大庆油田特低渗透油层清水处理站正使用的五种材质共 18 套膜过滤装置中，有 14 座清水处理站采用 PVC 中空纤维膜，占总量的 77.8%。

（2）PVC 中空纤维膜具有如下特点：①自动化程度高，实现了连续运行，处理后水质可达到大庆油田特低渗透油层水驱回注水水质指标的要求；②采用气水反冲洗，自耗水量低；③设备投资费用为 0.32 元/m^3，运行成本（电费）为 0.16 元/m^3。

（3）通过对兴茂油田 1#注水站全年的水质跟踪监测发现，该站采用的 PVC 中空纤维膜过滤装置的悬浮固体平均去除率为 83.02%，处理出水稳定达到特低渗透油层回注水水质控制指标（含油量≤5mg/L，悬浮固体含量≤1mg/L，粒径中值≤1.0μm），因此确定后续研究采用 PVC 中空纤维膜。

（4）通过室内试验研究发现特低渗透油层含油污水水质特性主要为硫化物，其含量特别高，并且水中含油油珠粒径十分小，基本都是乳化油。针对这一情况，确定了膜前预处理工艺分为三段，即氧化除硫段—混凝气浮除油段—砂滤段。

（5）在榆树林油田东十四含油污水处理站进行的小型试验确定了 PVC 中空纤维膜的运行方式、化学清洗方式等，并且开展了破坏性试验，验证了 PVC 中空纤维膜的耐污能力，为后续研究提供了依据。

9.2 PVC 中空纤维膜现场试验及效能分析

本次现场试验的主要目的是：通过现场试验研究，验证 PVC 中空纤维膜在特低渗透油层含油污水处理中应用的处理效率以及再生使用周期等关键性能指标。为保证膜后出水水质，试验中采用东十四含油污水处理站的来水经曝气工艺、气浮工艺及砂滤工艺处理后出水作为膜前水，试验规模为 $1.8m^3/h$。

9.2.1 PVC 中空纤维膜单体试验

1. 试验数据分析

分别进行恒压过滤周期和恒流过滤周期的试验研究。

1）恒压过滤周期

恒压周期内，恒定驱动压力，观测膜通量变化，试验时间为 2006 年 9 月。试验情况如下。

（1）出水水质。本周期内膜滤进出水的含油量、悬浮固体含量变化曲线见图 9-11 和图 9-12。

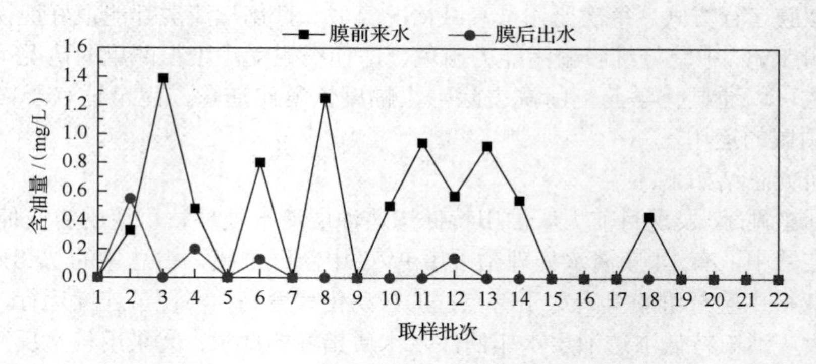

图 9-11 进出水含油量变化曲线

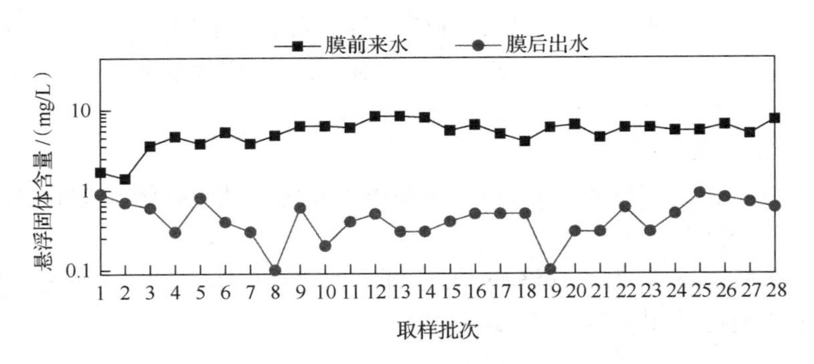

图 9-12　进出水悬浮固体含量变化曲线

如图 9-11 和图 9-12 所示，膜前来水的含油量平均值为 0.39mg/L，经过膜滤以后，含油量基本为痕量；膜前来水悬浮固体含量平均值为 5.44mg/L，经过膜滤以后，平均悬浮固体含量为 0.46mg/L，达到了大庆油田特低渗透油层回注水水质指标。

（2）膜通量变化及恢复情况。恒压周期试验膜通量衰减变化情况如图 9-13 所示。

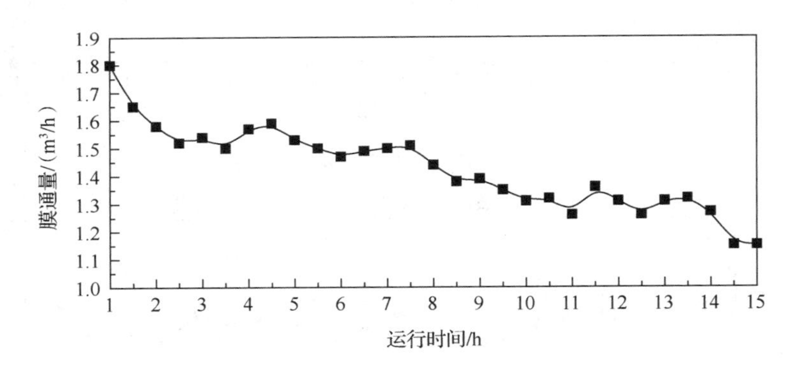

图 9-13　恒压周期膜通量衰减变化规律

如图 9-13 所示，新膜在初期通量正常快速下降，并在运行 2d 后开始稳定运行。在 $1.5m^3/h$ 的初始通量下，经随后的 15d 运行，膜通量平稳衰减到 $1.10m^3/h$ 左右。在恒压情况下膜通量每天衰减初始通量的 2%左右，在 15d 之后，膜通量降至初始通量的 70%，需进行化学清洗再生。

化学清洗采用了碱-酸-碱的再生方法，清洗前后膜通量恢复情况见表 9-11。

表 9-11　恒压周期化学清洗恢复情况

状态	通量/（m^3/h）	起始压差/kPa	恢复率/%
恒压周期开始状态	1.52	38.9	—
恒压周期结束状态	1.15	39.9	—
洗后恢复状态	1.51	38.9	≈100%

自膜投产至恒压周期结束，累计运行 15d。该周期采用恒压过滤方式，即变频控制

驱动压力不变，考察膜通量的衰减变化规律。整个周期的过滤压差控制在 35～40kPa，新膜的稳定运行初始通量值为 1.5m³/h，运行 15d 后，膜通量衰减至 1.1m³/h，经酸碱化学清洗后，膜通量恢复至 1.5m³/h，恢复情况较好。

2）恒流过滤周期

恒流周期内，恒定流量为 1.5m³/h，观测压力变化，试验时间为 2006 年 9 月 24 日至 10 月 7 日，试验情况如下。

（1）出水水质。在周期内，膜前来水平均含油量为 0.16mg/L，平均悬浮固体含量为 5.41mg/L，试验数据见图 9-14 和图 9-15。

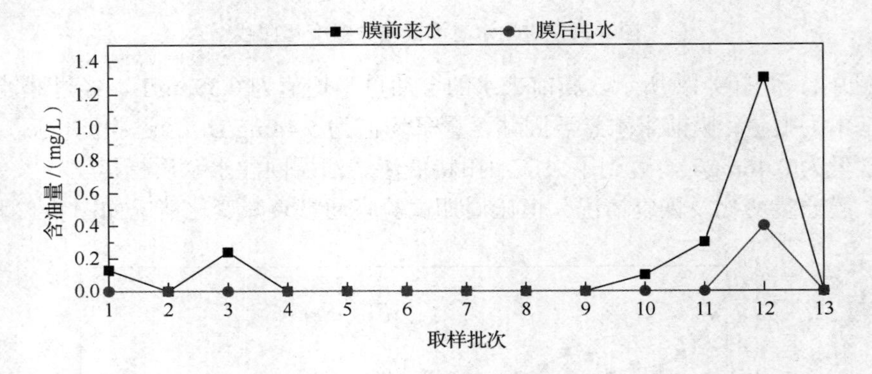

图 9-14　恒流周期含油量变化曲线

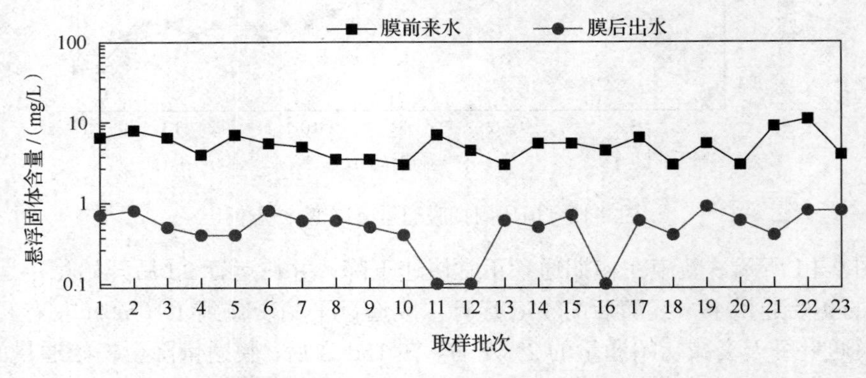

图 9-15　恒流周期悬浮固体含量变化曲线

如图 9-14 和图 9-15 所示，在本阶段恒流过滤周期内系统含油量去除率和悬浮固体去除率与上阶段恒压过滤周期内去除率基本一致，系统稳定运行，处理工艺出水水质达到了大庆油田特低渗透油层回注水水质指标。

（2）膜通量变化及恢复情况。恒流过滤周期的压差变化情况和化学清洗恢复情况如图 9-16 所示。

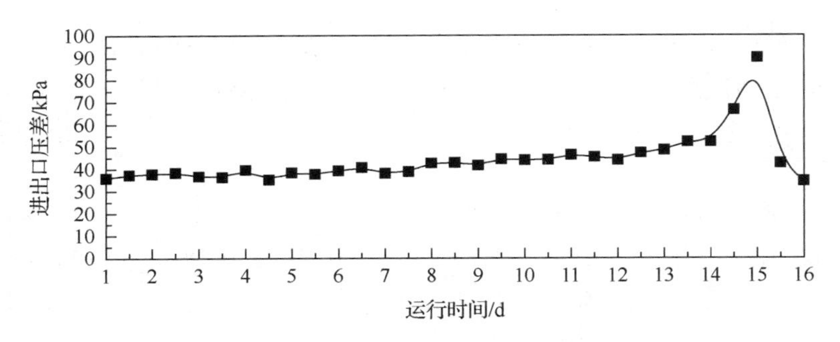

图 9-16　恒流过滤周期压差变化曲线

如图 9-16 所示，膜在前 13d 运行情况良好，在恒流过滤模式下，压差从初始 33.2kPa 平稳上升至 50.6kPa 左右。但之后操作原因导致膜前来水水质恶化（主要由于设备来水中含有成块死油），造成了膜压差的快速上升，一天内升至压差 89.3kPa。此时，膜已经重度污染，但经过随后的两次高强度清洗，膜性能恢复良好，过滤压差恢复至初始状态。

恒流试验周期化学清洗仍采用碱-酸-碱的再生清洗方法，清洗前后膜通量恢复情况见表 9-12。

表 9-12　恒流试验周期化学清洗恢复情况

状态		通量/（m^3/h）	压差/kPa	恢复率/%
初始状态		1.4～1.5	33.2	—
洗前状态	正常衰减		50.6	—
	事故破坏		89.3	—
一次洗后状态			39.6	87
二次洗后状态			31.9	≈100

为了验证膜的化学清洗周期，又进行了第二恒流周期试验。第二恒流过滤周期的压差变化情况如图 9-17 所示。

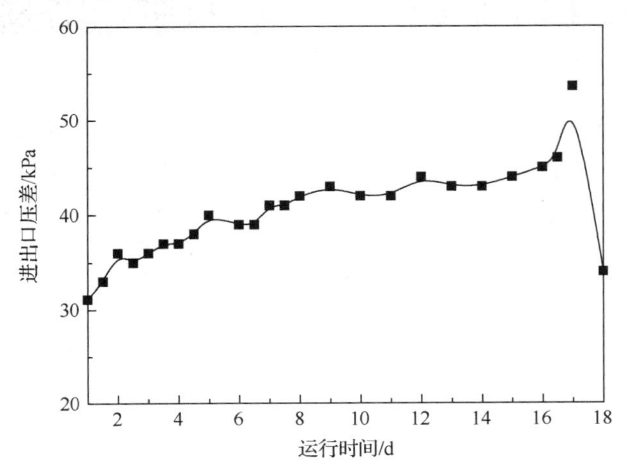

图 9-17　第二恒流过滤周期压差变化曲线

如图 9-17 所示，膜在恒流过滤模式下运行 17d，压差从初始 31.1kPa 平稳上升至 53.6kPa。经化学清洗后，膜性能恢复良好，过滤压差基本恢复至初始状况。

2. 膜过滤机理分析

经现场试验数据分析，PVC 中空纤维膜处理后出水水质已达到大庆油田特低渗透油层回注水水质指标，为分析其过滤机理，对 PVC 中空纤维膜进行了 SEM 图对比及过滤机理分析，SEM 结果见图 9-18 和图 9-19。

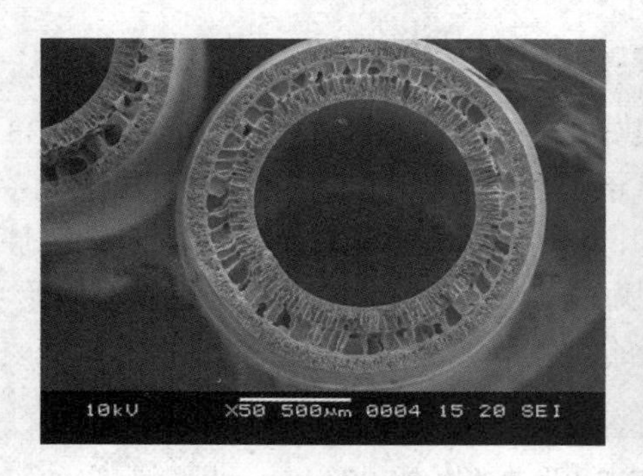

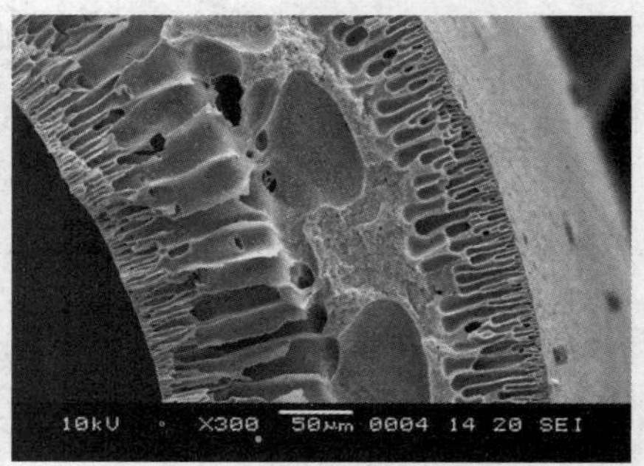

图 9-18　PVC 中空纤维膜丝断面放大 SEM 图

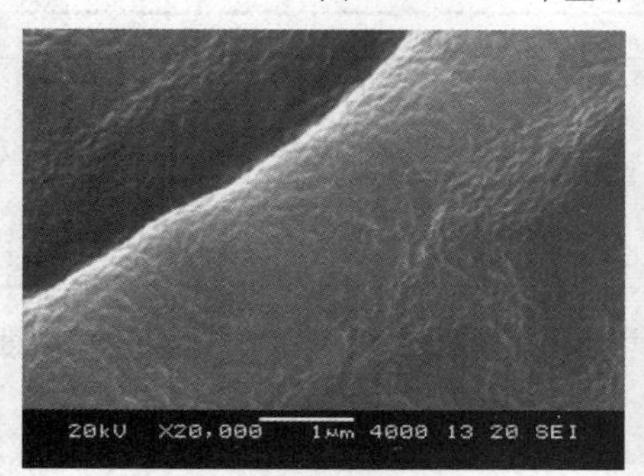

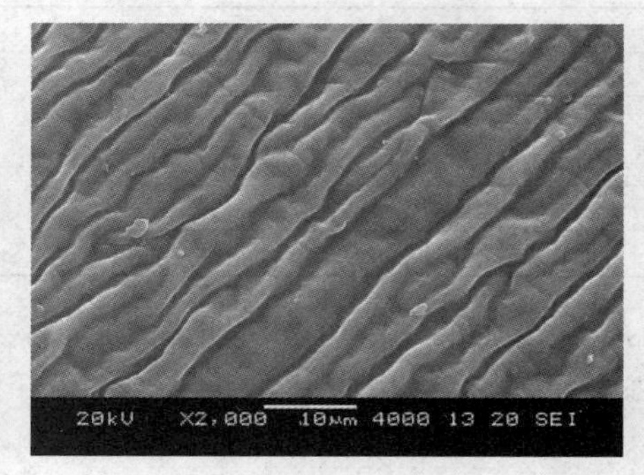

图 9-19　PVC 中空纤维膜内表面 SEM 图

由 PVC 中空纤维膜 SEM 图可以看出，PVC 中空纤维膜表面致密、光滑，采用表层截流原理，污染物不能够进入膜内部，因此清洗再生的能力较强。

PVC 中空纤维膜孔径小且均匀，只有 0.01μm，该膜为中空型、内压式设计，水从膜内部向外部过滤。在过滤过程中，由于水分子和溶解性盐类物质直径小于 0.01μm，可以通过膜壁渗出，而固体杂质、胶体、细菌等物质的粒径都远远大于 0.01μm，从而被截留在膜丝中不能透过膜壁，实现了水质的净化。为了使膜能更好地截留杂质，需要在水进膜前投加少量混凝剂。

9.2.2　系统稳定运行处理效能分析

以单体试验为基础，继续进行系统工艺稳定运行试验，试验流程如下：来水→氧化曝气→两级气浮→双层滤料过滤→PVC 中空纤维膜过滤→出水。

此工艺流程的各段出水含油量、悬浮固体含量和粒径中值数据见图 9-20～图 9-22，各指标含量平均值见表 9-13。

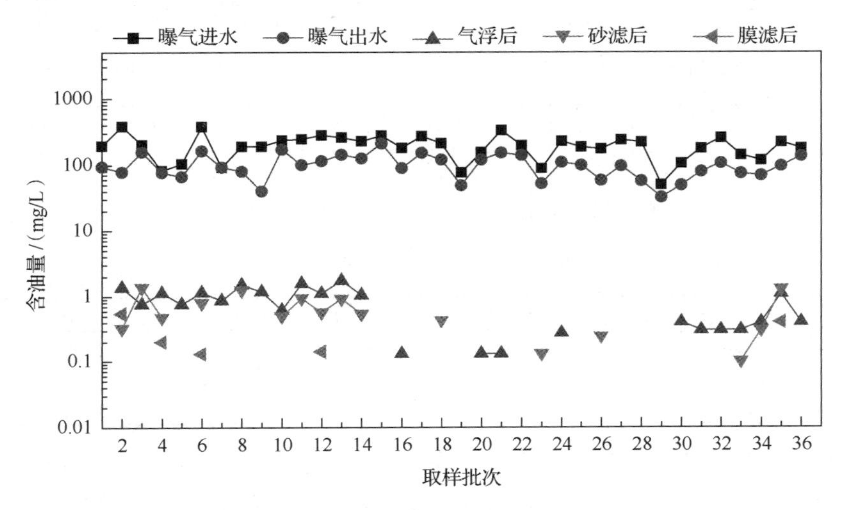

图 9-20　系统工艺含油量变化曲线

图中断线部分试验数据为痕迹

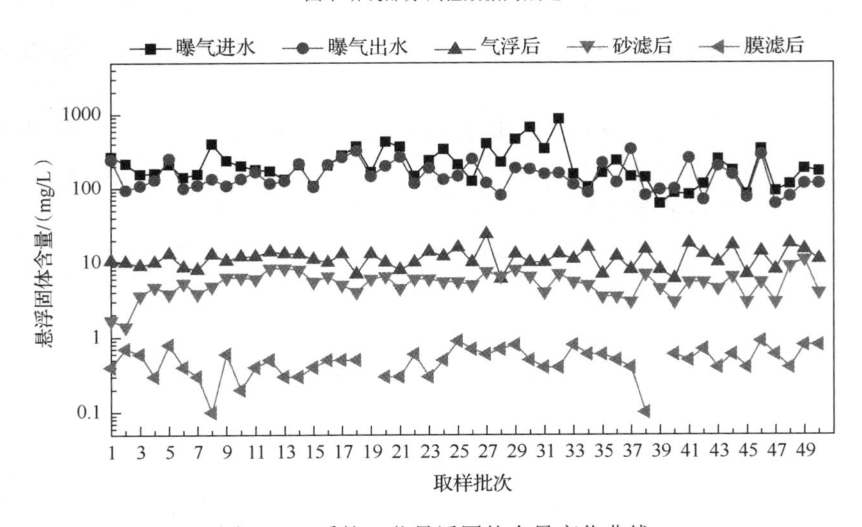

图 9-21　系统工艺悬浮固体含量变化曲线

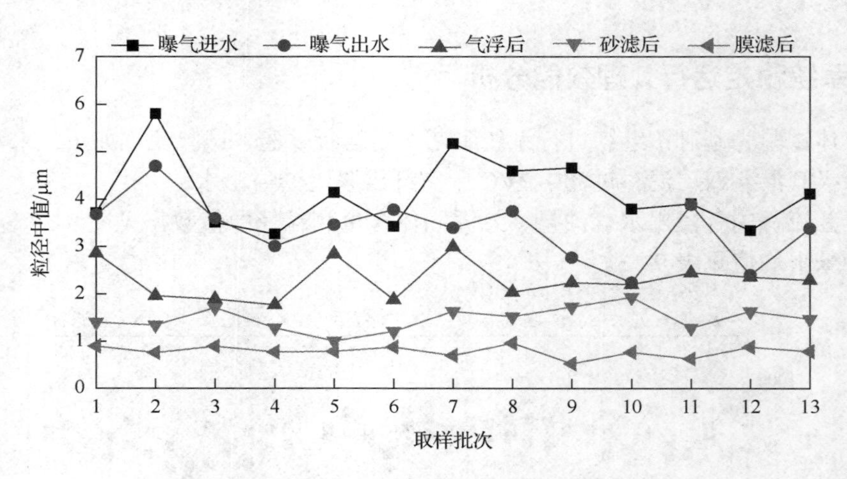

图 9-22　系统工艺悬浮固体粒径中值变化曲线

表 9-13　系统工艺试验平均数据表

参数	曝气进水	曝气出水	气浮后	砂滤后	膜滤后
平均含油量/（mg/L）	199	101	0.53	0.30	0.04
平均悬浮固体含量/（mg/L）	231	158	11.6	5.41	0.49
平均粒径中值/μm	4.115	3.391	2.292	1.474	0.788

由图 9-20～图 9-22 及表 9-13 可见，在曝气进水平均含油量为 199mg/L、平均悬浮固体含量为 231mg/L、粒径中值为 4.115μm 的情况下，系统处理出水平均含油量基本为痕迹，平均悬浮固体含量为 0.49mg/L，粒径中值为 0.788μm，达到了大庆油田特低渗透油层回注水水质指标（含油量≤5mg/L、悬浮固体含量≤1mg/L、粒径中值≤1μm）。对 PVC 中空纤维膜开展了针对特低渗透油层含油污水处理的现场试验，从试验数据可以得出如下结论：

（1）PVC 中空纤维膜处理特低渗透油层含油污水，水质已达到大庆油田特低渗透油层回注水水质指标。

（2）PVC 中空纤维膜清洗再生的能力较强，化学清洗周期可保持在 15d 左右，并且系统稳定运行试验证明，PVC 中空纤维膜可以满足工业生产要求，适用于特低渗透油层含油污水回注处理工艺。

9.3　PVC 中空纤维膜应用

针对特低渗透油层含油污水水质现状，并根据对 PVC 中空纤维膜的小型试验、放大性试验研究得出的结论，榆树林油田于 2007 年投产运行了东十六特低渗透含油污水处理站，该站处理规模为 500m^3/h，现场测试结果表明，应用“氧化曝气+涡凹气浮+流砂过滤器+PVC 中空纤维膜”的处理工艺，出水达到了“5.1.1”注水水质标准。

东十六特低渗透含油污水处理站的工艺流程示意图见图 9-23。

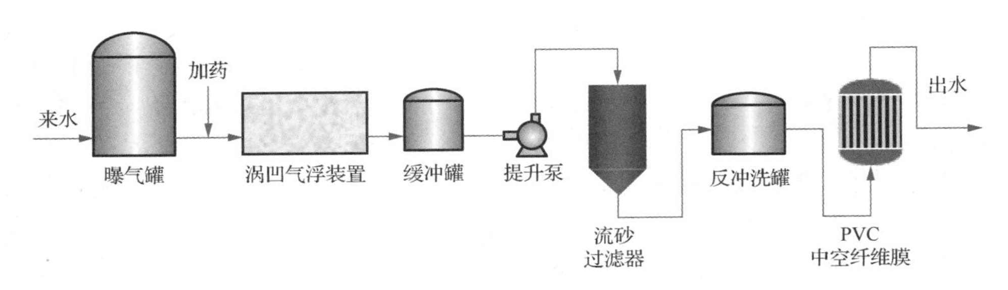

图 9-23　东十六特低渗透含油污水处理站工艺流程示意图

9.3.1　膜前预处理工艺选择

1. 除硫段工艺

用于去除硫化物的氧化工艺有曝气、氯化、过氧化氢等处理法，反应之后生成单质硫，再通过其他方法将其去除。

东十六特低渗透含油污水处理站采用曝气沉降罐除硫。曝气作为常规除硫工艺，以前因为空气气泡直径大、空气利用率低，出水没有达到水质要求。通过在氧化曝气罐内布设硅橡胶膜曝气管，可改变此现象。曝气管表面有微小、均匀、通过激光打制的孔隙，产生的气泡平均直径为 1μm，随着气体压力的高低开闭孔隙。此曝气管对气体利用率高，能有效去除硫化物，形成单质硫，使曝气罐出水悬浮固体含量增加，同时还能去除部分油。

曝气罐内曝气管以罐的中心柱为中心，以支状均匀分布在罐内 3m 高的位置，通过罗茨风机打入大量空气，利用空气的氧化作用，将含油污水中存在的大量硫、铁、锰等还原性物质氧化成为非溶解性颗粒物质，同时微小的空气气泡使水中的部分油上浮，进入上部收油槽，通过收油泵打回油系统，罐内下部设排泥装置，定期排出罐底积泥，确保出水水质。根据榆树林油田的含油污水量，曝气罐有效容积设计为 $500m^3$，曝气罐的曝气比按 20∶1 设计。现场照片见图 9-24。

图 9-24　东十六特低渗透含油污水处理站曝气罐及罐内曝气管现场照片

2. 除油段工艺

东十六特低渗透含油污水处理站采用占地面积小、除油效果好的涡凹气浮装置。涡凹气浮装置由曝气区、刮泥区、溢流出水区组成，曝气区安装有曝气机，气泡直径为5～100μm，刮泥区装有刮泥链条，将上浮到水面的絮状物刮到泥渣区排走，根据水中泥渣量安装刮泥板的个数，若泥渣多，刮泥板数量就多。溢流出水区装有溢流调节堰，控制泥渣排量。

涡凹气浮是依靠曝气机高速转子的离心力所造成的负压将空气吸入，并与进入的污水充分混合后，在水的剪切力的作用下，气体破碎成微气泡而扩散于水中，通过气泡的黏附作用，使在混凝剂作用下与悬浮颗粒形成絮状物的油上浮，形成的泥渣由刮泥装置排除，处理后水通过溢流堰流出。

涡凹气浮不仅能除油，还能去除部分悬浮固体。设备不需要循环泵，不需要空压机和压力容器，主要设备是曝气机。曝气机运行稳定（无须备用，节省投资）、噪声低、运行费用低、管理方便（无须人工操作），而且涡凹气浮占地面积小，适合低渗透、特低渗透油田含油污水处理的应用。

该工艺原理及现场设备照片如图9-25所示。

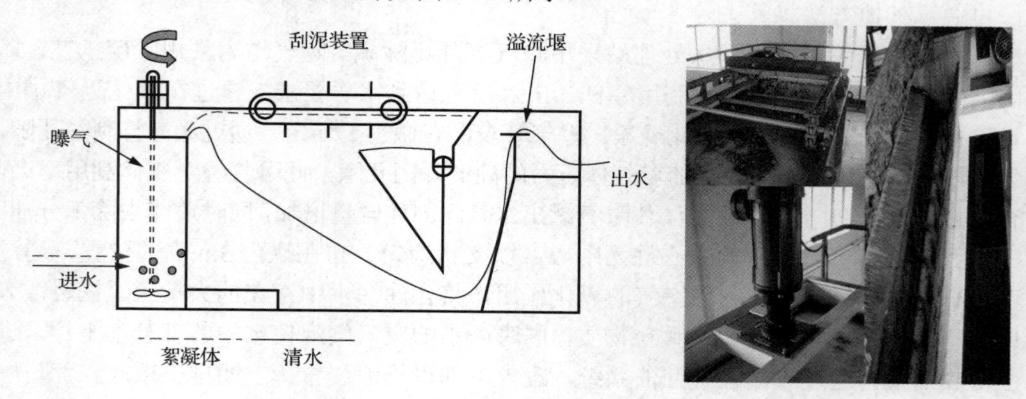

图9-25　涡凹气浮的原理图及现场设备照片

3. 除悬浮固体段工艺

污水经过除油工艺处理后，水中剩余的主要是悬浮固体，要想使处理后水达到进膜水质要求，必须进行砂滤处理。

东十六特低渗透含油污水处理站采用流砂过滤器作为除悬浮固体段工艺。流砂过滤器的特点在于全天候连续运行，边产水边洗砂，无须每天定期停运反冲洗；使用均质滤料（滤层厚度2m，均为ϕ0.9mm的石英砂），过滤效果稳定；能耗低，自动化程度高；维护操作简单，基本不须人工操作，深受工作人员欢迎。

流砂过滤器内分为过滤部分、提砂部分、洗砂部分。过滤部分主要是进行污水中杂质的截留过滤，过滤部分由有效直径为0.9mm的石英砂构成，过滤层厚约为2m；提砂部分由下部提砂器和连接在罐外的提砂管组成；洗砂部分由上部洗砂装置和调节堰组成。

流砂过滤器主要利用反向过滤原理，通过较厚的滤层来截留水中杂质，在过滤的同时进行洗砂操作，区别于需要停产反冲洗的常规滤料过滤器。来水从过滤器底部进入，经过 2m 多厚的石英砂滤层，进行反向过滤，从上部出水。下部因截留杂质而受污染的砂子落入锥底，依靠锥底的集砂提砂装置在压缩空气作用下通过罐外提砂管向上提砂进入洗砂装置。洗砂装置在水面与调节堰水位差的作用下，使滤后水和浊砂在迷宫式廊道内错流接触，通过水力搅拌完成洗砂过程，洗砂水量为处理水量的 3%～8%，根据来水水质可调。

该工艺原理及现场设备照片如图 9-26 所示。

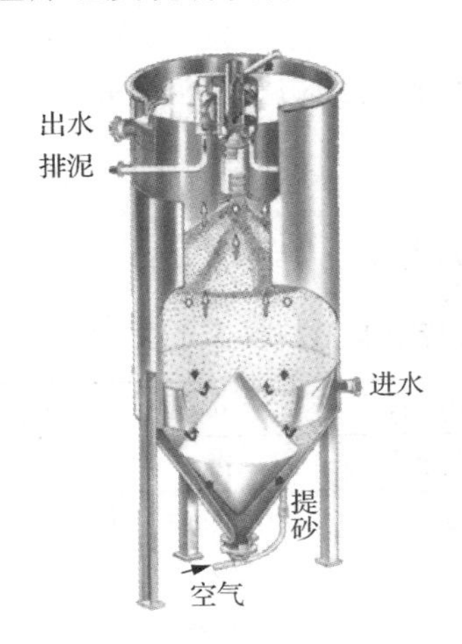

图 9-26　流砂过滤器原理图及现场设备照片

9.3.2　PVC 中空纤维膜应用试验

1. PVC 中空纤维膜的工艺参数

PVC 中空纤维膜技术的参数指标见表 9-14。

表 9-14　PVC 中空纤维膜参数指标

名称	数据
膜材质	PVC
污水运行膜通量	40L/（h·m^2）
运行压力	＜0.1MPa
适用温度	5～40℃
膜孔径	0.01μm
每支膜面积	40m^2
水反冲洗周期	15～20min
适应 pH 值	2～13
水反冲洗时间	30～60s
化学清洗周期	平均 50d
化学清洗时间	20h
化学清洗方式	碱-酸-碱

2. PVC 中空纤维膜的水力清洗和化学清洗

超滤膜在运行过程中会受到污染，为了减缓污染速度，需要进行水力清洗。在超滤膜被污染到一定程度（设计最大跨膜压差）时，需要进行化学清洗，保守地设置超滤膜跨膜压差达到 0.06MPa 时进行化学清洗。

超滤膜的水力清洗可分为超滤膜滤前水的正冲洗、气水反冲洗和超滤膜滤后水的反冲洗，反冲洗水量为 15.2%，其中滤前水 7.6%，滤后水 7.6%。

超滤膜的化学清洗所用药剂为柠檬酸和氢氧化钠，采用碱-酸-碱交替清洗的方式，清洗用时共 20h，化学清洗后跨膜压差基本可 100%恢复到初始跨膜压差。

3. PVC 中空纤维膜处理效果

PVC 中空纤维膜技术处理后的水质检测结果如表 9-15 所示。

表 9-15　PVC 中空纤维膜处理后水质分析表

序号	含油量/（mg/L）	悬浮固体含量/（mg/L）		粒径中值/μm	
	进水	出水	进水	进水	出水
1	0.4	0.8	3.3	0.965	0.8
2	1.7	0.9	5.6	0.889	0.9
3	0.5	0.3	3.1	0.988	0.9
4	0.6	0.0	3.3	0.978	0.7
5	0.7	0.4	2.1	0.986	0.8
6	0.0	0.0	2.6	0.937	0.8
7	痕迹	痕迹	2.8	0.973	1.0
8	0.2	0.1	3.2	0.980	0.8
9	0.5	0.2	2.1	0.868	0.5
10	0.7	0.2	3.2	0.978	0.9
总平均值	0.6	0.3	2.8	0.954	0.7

水在进膜前需要投加质量浓度为 3mg/L 的混凝剂。由表 9-15 中数据可见，在膜前来水平均悬浮固体含量 2.8mg/L、平均含油量 0.6mg/L 的情况下，出水平均悬浮固体含量可达 0.7mg/L、平均含油量 0.3mg/L，平均粒径中值 0.954μm，硫化物含量为痕迹。膜后出水中含硫酸盐还原菌 2.0×10^{0} 个/ml，腐生菌 3.0×10^{0} 个/ml，铁细菌 0.6×10^{0} 个/ml。

4. 系统各段处理效果监测

应用试验从 2007 年 4 月 17 日至 9 月 30 日，各工艺段处理效果见图 9-27 和图 9-28。

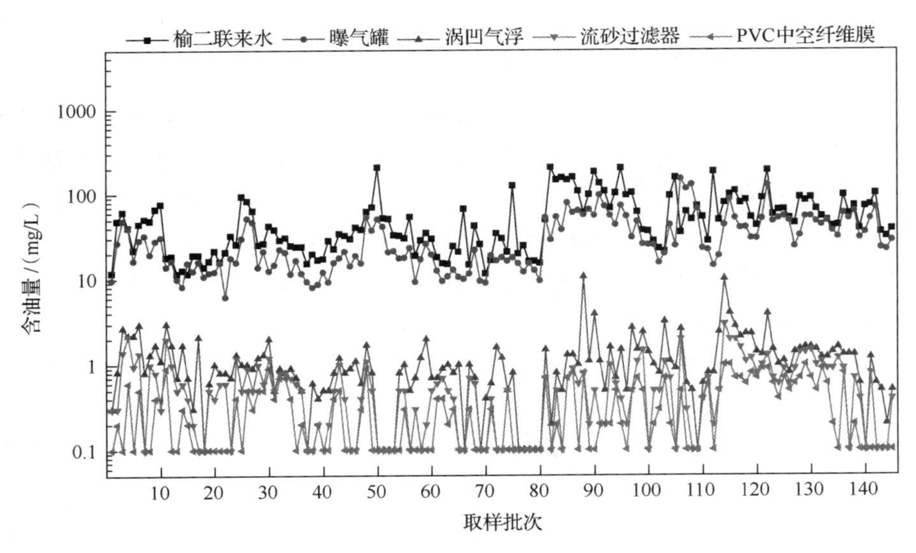

图 9-27　各段工艺含油量变化曲线

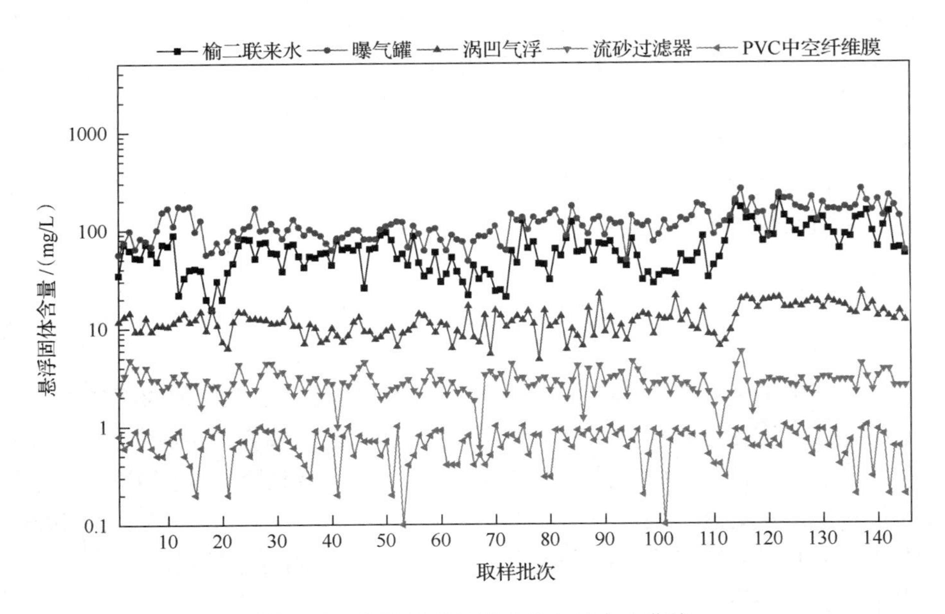

图 9-28　各段工艺悬浮固体含量变化曲线

通过各段工艺出水水质可以看出，东十六含油污水在平均含油量 56.3mg/L、平均悬浮固体含量 65.6mg/L、平均硫化物含量 43.0mg/L 的情况下，经该工艺处理后，平均含油量为痕迹，平均悬浮固体含量为 0.70mg/L，平均粒径中值为 0.954μm，硫化物含量为痕迹，达到了大庆油田特低渗透油层回注水水质指标。并且自该站投产以来，PVC 中空纤维膜的平均化学清洗周期为 50d，因此 PVC 中空纤维膜能够满足特低渗透油层含油污水处理的需要，工业化应用是成功的。

9.3.3 处理成本分析及经济效益分析

按照“氧化曝气+涡凹气浮+流砂过滤器+PVC中空纤维膜”的处理工艺建设工业化应用站，成本中不仅包括主工艺成本，还包括附属工艺（如废水、污油回收系统，回收废水处理系统等）成本和备用设备（如超滤膜、各种机泵等）成本等，其中：

（1）电费=0.115kW·h/d×10000×0.54元/（kW·h）÷500m^3/d=1.24元/m^3。

（2）药剂费=PAC费+PAM费+$FeCl_3$费+洗膜药剂费=0.92+0.12+0.02+0.01=1.07（元/m^3）（PAC4000元/t，PAM40000元/t，$FeCl_3$4500元/t）。

（3）设备折旧费=500万元（设备费）÷10a÷365d/a÷500m^3/d×10000=2.73元/m^3。

（4）膜、滤料更换费用。

因过滤设备都有备用，按照膜、滤料的使用寿命为三年计算，膜、滤料更换费用为1.82元/m^3。

因此，该套工艺吨水处理成本共计为6.86元/m^3，其中运行费用=电费+药剂费=2.31元/m^3。

本研究的处理工艺，最终出水水质完全达到了大庆油田特低渗透油层回注水水质指标，填补了特低渗透油层含油污水处理方面的空白。解决了特低渗透油层含油污水回注处理方面的技术难题，解决了外围特低渗透油田开发中的实际问题，为外围特低渗透油田的开采、回注提供了技术支持。该成果可应用于大庆油田外围与扶杨油层相似的特低渗透油田含油污水处理工艺中，也可推广应用于其他油田，因此，其经济效益及社会效益十分显著，有很好的市场应用前景。

9.4 本章小结

通过对特低渗透油层含油污水的水质调查，确定膜前预处理工艺的研究方向，对大庆油田外围特低渗透油层在用的18套清水膜处理装置进行调查，并从中优选出PVC中空纤维膜开展了小型试验、放大性现场试验以及工业化应用试验，最终确定了适应于特低渗透油层含油污水处理的膜处理装置的各项参数以及运行方式，使整套工艺处理出水稳定，达到大庆油田特低渗透油层回注水水质指标，并且确定了扶杨油田含油污水回注处理的成本。结论如下。

（1）通过对大庆油田特低渗透油层清水处理站正在使用的五种材质共18套膜过滤装置详细的工艺调查，以及对两座代表性的水质站全年的水质跟踪监测，确定后续研究采用PVC中空纤维膜。

（2）开展特低渗透油层含油污水水质特性研究，确定特低渗透油层含油污水目前最主要的问题是硫化物含量特别高，并且水中含油乳化特别严重。针对这一情况，确定了膜前预处理工艺分为三段，即氧化除硫段—混凝气浮除油段—砂滤段。

（3）通过PVC中空纤维膜小型试验确定了膜的运行方式、化学清洗方式等重要参数，并且通过破坏性试验证明了 PVC 中空纤维膜的耐污能力很强，为后续研究提供了依据。

（4）通过放大性 PVC 中空纤维膜现场试验确定了膜后处理出水水质已达到大庆油田特低渗透油层回注水水质指标。并且 PVC 中空纤维膜清洗再生的能力较强，化学清洗周期可以满足工业生产要求，适用于特低渗透油层含油污水回注处理工艺。

（5）以前期各项试验为基础开展了 PVC 中空纤维膜的工业化应用试验，最终确定以“氧化曝气+涡凹气浮+流砂过滤器+PVC 中空纤维膜”为主处理工艺的特低渗透油层含油污水回注处理流程，处理后出水能够稳定达到大庆油田特低渗透油层回注水水质指标，工业化应用十分成功。

（6）确定以目前的工艺水平，处理特低渗透油层含油污水稳定达标回注，吨水处理成本为 6.86 元/m^3，其中运行费用为 2.31 元/m^3。

参 考 文 献

[1] 李金林, 齐建华, 刘中民. 国外油田采出水回注处理工程介绍[J]. 工业给排水, 2008, 6(34)：52-55.

[2] Lu J, Wang X, Shan B, et al. Analysis of chemical compositions contributable to chemical oxygen demand(COD) of oilfield produced water[J]. Chemosphere, 2006, 62(2): 322-331.

[3] Spiess E, Sommer C, Gorisch H. Degradation of 1,4-Dichlorobenzene by *Xanthobacter flavus* 14p1[J]. Applied and Environmental Microbiology, 1995, 61(11): 3884-3888.

[4] 梁文义. 大庆油田采出水回注处理工艺技术的创新及应用[J]. 水处理技术, 2008, 6(34): 62-65.

[5] 李大鹏, 樊庆锌, 周定. 油田聚合物采油废水混凝处理方法的试验研究[J]. 环境科学学报, 2000, 20(增刊): 64-67.

[6] 马放, 任南琪, 杨基先. 污染控制微生物学实验[M]. 哈尔滨: 哈尔滨工业大学出版社, 2002.

[7] Tansel B, Regula J, Shalewitz R. Treatment of fuel oil and crude oil contaminated waters by ultrafiltration membranes[J]. Desalination, 1995, 102(1-3): 301-311.

[8] 宋尊剑. 膜技术处理油田采出水的应用前景[J]. 油气田地面工程, 2007, 5(26): 21-22.

[9] 余一刚. 泵洗式核桃壳过滤器滤料再生技术在塔河油田的应用[J]. 油气田地面工程, 2004, 23(1): 54-54.

[10] 李斌, 高文倩, 王少云, 等. 高效率清洗油田过滤器的超声波清洗技术[J]. 石油机械, 2004, 32(3): 35-38.

[11] 黄延林, 宋维营, 赵建伟. 采油废水处理中核桃壳滤料再生技术研究[J]. 西安建筑科技大学学报, 2003, 35(3): 238-243.

[12] 杨云霞, 王占生, 张晓健. 用于油田采出水处理的纤维滤料防油改性试验研究[J]. 工业给排水, 2001, 27(3): 48-51.

[13] 邓述波, 周抚生, 陈忠喜, 等. 聚丙烯酰胺对聚合物驱含油污水中油珠沉降分离的影响[J]. 环境科学, 2002, 23(2): 69-72.

[14] 高明霞, 张劲, 王敏捷. 油田采出水达标外排处理技术[J]. 国外油田工程, 2005, 1(21): 39-42.

[15] Faibish R S, Cohen Y. Fouling and rejection behavior of ceramic and polymer-modified ceramic membranes for ultrafiltration of oil-in-water emulsions and microemulsions[J]. Colloids and Surfaces A: Physicochemical and Engineering Aspects, 2001, 191(1-2): 27.

[16] Ma H, Bowman C N, Davis R H. Membrane fouling reduction by backpulsing and surface modification[J]. Journal of Membrane Science, 2000, 173(2): 191-200.

[17] Cheryan M, Rajagopalan N. Membrane processing of oily streams: wastewater treatment and waste reduction[J]. Journal of Membrane Science ,1998, 151(1): 13-28.

[18] 王永. 膜法处理油田采出水的进展[J]. 膜科学与技术, 1998, 18(2): 6-11.

[19] 镇祥华, 于水利, 王北福, 等. 超滤处理油田采出水的膜污染特征及清洗[J]. 给水排水, 2006, 2(32): 56-59.

[20] Rodemann K, Staude E. Preparation and characterization of porous polysulfone membranes with spacer bonded N-containing group[J]. Journal of Applied Polymer Science, 1995, 57(8): 903.

[21] Defrance L, Jaffrin M Y, Gupta B, et al. Contribution of various constituents of activated sludge to membrane bioreactor fouling[J]. Bioresource Technology, 2000, 73(2): 105-112.

[22] 宋航. 膜淤塞对微滤的油水分离性能的影响[J]. 高校化学工程学报, 1995, 9(2):177-180.

[23] 镇祥华, 于水利, 王北福, 等. 油田采出水中的超滤膜清洗[J]. 水处理技术, 2006, 2(32): 57-59.

[24] 唐燕辉, 梁伟, 柴章民. 含油污水膜技术处理[J]. 精细石油化工, 1998(2): 37-39.

[25] Qin J J, Wong F S, Li Y, et al. A high flux ultrafiltration membrane spun from PSU/PVP(K90)/DMF/1,2-propanediol[J]. Journal of Membrane Science, 2003, 211(1): 139-147.

[26] Guizard C, Rambault D, Urhing D, et al. Deasphalting of a long residue using ultrafiltration inorganic membranes[R]. Worcester, Massachusetts, 1994: 345-354.

[27] Holt P K, Barton G W. The future for electrocoagulation as a localized water treatment technology[J]. Chemosphere, 2005, 59(3): 355-367.

[28] 刑卫红. 微滤和超滤过程中浓度差极化和膜污染控制方法研究[J]. 化工进展,2000,19(1): 44-48.

[29] Chang I S, Kim S N. Wastewater treatment using membrane filtration—effect of biosolids concentration on cake resistance[J] .Process Biochemistry, 2005, 40(3-4): 1307-1314.

[30] Lin S H, Lan W J. Waste oil/water emulsion treatment by membrane processes[J]. Hazardous Materials, 1998,59(2-3):

189-199.
[31] Tirmizi N P, Raghuraman B, Wiencek J. Demulsification of water/oil/solid emulsions by hollow-fibre membranes[J]. AICHE Journal, 1996,42(52): 512.
[32] Panpanit S, Visvanathan C, Muttamara S. Separation of oil-water emulsion from car washes[J]. Water Science & Technology, 2000,41(10-11): 109-116.
[33] 丁键. 具有 PIN 结构的复合超滤膜在华北油田的应用研究[J]. 工业水处理, 2000,20(3): 21-23.
[34] 王临江, 赵振兴, 韩桂华, 等. 含油污水除油净水技术研究与发展[J] .工业水处理, 2005, 25(2): 5-8.
[35] 谢磊, 胡勇有, 仲海涛. 含油废水处理技术进展[J]. 工业水处理, 2003, 23(7): 4-7.
[36] 李发永, 李阳初, 孙亮, 等. 含油污水的超滤法处理[J]. 水处理技术, 1995, 21(3): 145-148.
[37] 王生春, 温建志, 王海, 等. 聚丙烯中空纤维微孔滤膜在油田含油污水处理中的应用[J] .膜科学与技术, 1998, 18(2): 28-31.
[38] 王怀林, 王忆川, 姜建胜, 等. 陶瓷微滤膜用于油田采出水处理的研究[J] . 膜科学与技术, 1998, 18(2): 59-64.
[39] 樊栓狮, 王金渠. 无机膜处理含油废水[J]. 大连理工大学学报, 2000, 40(1): 61-63.
[40] 李发永, 徐英, 李阳初, 等. 磺化聚砜超滤膜处理含油污水的实验[J] .水处理技术, 2000, 26(5): 285-288.
[41] 张裕卿. 聚砜- Al_2O_3 复合膜处理油田含油污水[J]. 工业水处理,2000, 20(2): 20-22.
[42] 郭晓, 王艺, 张敬琳, 等. 低渗油层石油废水的回用技术[J] .中国给水排水, 2002, 18(4): 80-82.
[43] Chen A S C, Flynn J T, Cook R G, et al. Removal of oil, grease, and suspended solids from produced water with ceramic crossflow microfiltration[J] . SPE Production Engineering, 1991(6): 131-136.
[44] 骆广生, 邹财松, 孙永, 等. 微滤膜破乳技术的研究[J] . 膜科学与技术, 2001, 21(2): 62-65.
[45] Daiminger U, Nitsch W, Plucinski P, et al. Novel techniques for oil /water separation[J]. Journal of Membrane Science, 1995, 99(2): 197-203.
[46] Hlavacek M. Break-up of oil-in-water emulsions induced by permeation through a microfiltration membrane[J]. Journal of Memebrane Science, 1995,102: 1-7.
[47] 倪邦庆, 马新胜, 施亚钧. 无机微孔膜法对 W/O 乳状液破乳的研究[J]. 华东理工大学学报, 1999, 25(6): 641-643.
[48] Li W F, Kocherginsky N M, Zhang C X, et al. A novel method of breaking water-in-oil emulsion by using microporous membrane[J]. Transactions of Tianjin University, 2001, 7(3): 210-213.
[49] Kocherginsky N M, Tan C L, Lu W F. Demulsification of water-in-oil emulsions via filtration through a hydrophilic polymer membrane[J] . Journal of Membrane Science, 2003(220): 117-128.
[50] 李发永, 李阳初, 蒋成新. 超滤法处理低渗透油田回注污水的应用研究[J]. 油气田环境保护, 1995, 5(3): 7-11.
[51] Yang C S, Zhang G S, Xu N P, et al. Preparation and application in oil-water separation of ZrO_2 /α-Al_2O_3 MF membrane[J] . Journal of Membrane Science, 1998, 142(2): 235-243.
[52] 王兰娟, 张才菁. 含乳化油污水的超滤膜分离模型[J]. 石油大学学报(自然科学版), 1998, 22(3): 79-81.
[53] 王春梅, 谷和平, 王义刚, 等. 陶瓷微滤膜处理含油废水的工艺研究[J]. 南京化工大学学报, 2000, 22(5): 38- 41.
[54] 张玉忠, 郑领英, 高从堦. 液体分离膜技术及应用[M]. 北京: 化学工业出版社, 2004: 93-94.
[55] 邱运仁, 张启修. 超滤过程膜污染控制技术研究进展[J]. 现代化工, 2002, 22(2): 18-21.
[56] 张国胜, 谷和平, 邢卫红, 等. 无机陶瓷膜处理冷轧乳化液废水[J]. 高校化学工程学报, 1998, 12(3): 288-291.
[57] 姚力群, 吴光夏, 张绍来. 流体流动状态对超滤效率及膜污染的影响[J]. 环境污染治理技术与设备, 2000,1(3): 61-66.
[58] 王静荣, 许成. 超滤法处理油田含油污水膜清洗方法的研究[J]. 膜科学与技术, 2000, 20(6): 23-25.
[59] 刘忠州, 续曙光, 李锁定. 微滤、超滤过程中的膜污染与清洗[J]. 水处理技术, 1997, 23(4): 187-193.
[60] 卜庆杰, 文湘华, 黄霞. 新型膜-生物反应器在不同通量下的膜污染特性研究[J]. 环境污染治理技术与设备, 2005, 6(3): 85-90.
[61] 丁健, 谭欣, 张裕卿, 等. 用于油水分离的具有 IPN 结构的耐污染复合超滤膜的研究[J]. 天津理工学院学报, 1999, 15(4): 86-95.
[62] 邓波, 丁慧, 耿伏龙. 油田采出水的精细过滤技术[J]. 水处理技术, 2006, 1(32): 73-75.
[63] Higgins R J, Bishop B A, Goldsmith R L. Reclamation of waste lubricating oil using ceramic membranes[R]. Worcester, Massachusetts, 1994: 447-463.
[64] 王农村, 张振家, 姜义行. PVC 合金超滤膜在油田采出水回用中的应用研究[J]. 环境科学与技术, 2006, 8(29): 86-89.

[65] 蔺爱国, 刘培勇, 刘刚, 等. 膜分离技术在油田含油污水处理中的应用研究进展[J]. 工业水处理, 2006, 1(1): 5-9.
[66] 张瑞成, 薛家慧, 谷玉洪. 核桃壳过滤器设计参数试验研究[J]. 石油机械, 2001,9(7): 33-35.
[67] 李相远, 邵长新, 万世清. 核桃壳滤料粒径对油田污水过滤的影响研究[J]. 安全与环境学报, 2005, 33(7): 23-26.
[68] 封莉, 石杨, 陈文兵, 等. 核桃壳滤料用于处理含油、含浊废水的试验研究[J]. 安全与环境学报, 2003, 3(4): 35-37.
[69] 董喜贵, 刘书孟, 于忠臣, 等. 轴向动态反冲洗过滤器过滤含聚污水试验研究[J]. 工业水处理, 2015, 35(1): 86-89.
[70] 华丽威. 过滤罐双路反洗工艺技术试验[J]. 油气田地面工程, 2013,32(10): 35-36.
[71] 王福军. 计算流体动力学分析[M]. 北京: 清华大学出版社, 2004.
[72] 韩占忠, 王敬, 兰小平. 流体工程仿真计算实例与应用[M]. 北京: 北京理工大学出版社, 2004.
[73] 李龙陈, 黎明. 泵优化设计国内现状及发展趋势[J]. 水泵技术, 2003(2): 8-11.
[74] 李巍, 王国强, 刘立军. 离心叶轮内三维紊流流动数值模拟[J]. 上海交通大学学报, 2000, 34(11): 143-147.
[75] 曹国强, 梁冰, 包明宇. 基于 FLUENT 的叶轮机械三维紊流流场数值模拟[J]. 机械设计与制造, 2005(8): 22-24.
[76] 魏佳广, 张智宇, 邵亮亮. 基于 FLUENT 的 AY 型离心油泵叶轮内流场数值模拟[J]. 机械研究与应用, 2013, 128(6): 17-20.
[77] 刘立军, 徐忠. 离心叶轮内部三维湍流流场的数值分析[J]. 工程热物理学报, 1996, 17(3): 296-300.
[78] 韩旭, 陈家庆, 李锐锋. 含油污水处理用旋流气浮一体化设备的 CFD 数值模拟[J]. 环境工程学报, 2012, 6(4): 1087-1092.
[79] 王娟, 王春光, 王芳. 基于 Fluent 的 9R-40 型揉碎机三维流场数值模拟[J]. 农业工程学报, 2010, 26(2): 165-168.

附录　气水反冲洗相关规范

附录A　油田气水反冲洗再生工艺设计规定

A.1　适用范围

（1）过滤罐底部采用大阻力布水方式；过滤罐顶部采用最高位排水和排气方式。

（2）适用于单层石英砂过滤罐、单层磁铁矿过滤罐、石英砂-磁铁矿双层滤料过滤罐、海绿石-磁铁矿双层滤料过滤罐的颗粒滤料再生。

（3）气水反冲洗排气采用进低位回收水池。

A.2　气水反冲洗再生工艺流程

气反冲洗：空压机→空气稳压罐→气流量调节阀组→单罐进气开关阀→气进入过滤罐内→反冲洗排水阀→低位回收水池。

水反冲洗：反冲洗水泵（变频）→水流量调节阀组→单罐反冲洗进水开关阀→水进入过滤罐内→反冲洗排水阀→反冲洗回收水罐（池）。

（1）气体流量计显示范围，0～1/5 最大值～最大值。

（2）气流量调节阀调节范围，0～1/5 最大值～最大值，要求最大流量在 1/2～2/3 调节范围内。

A.3　气水反冲洗再生方式

气水反冲洗再生工艺宜采用单罐进气方式，见图 A.1 污水处理站气水反冲洗工艺流程示意图。

A.4　自控阀门

（1）单罐进气阀门采用双向硬密封球阀，密封等级为 ANSI CLASS V 级。

（2）水流量调节阀组设电动开关蝶阀，要求该阀反向密封，密封等级为 ANSI CLASS V 级。

（3）压缩机出口气流量调节阀组采用电动双座调节阀，阀门口径根据工艺条件计算后确定。

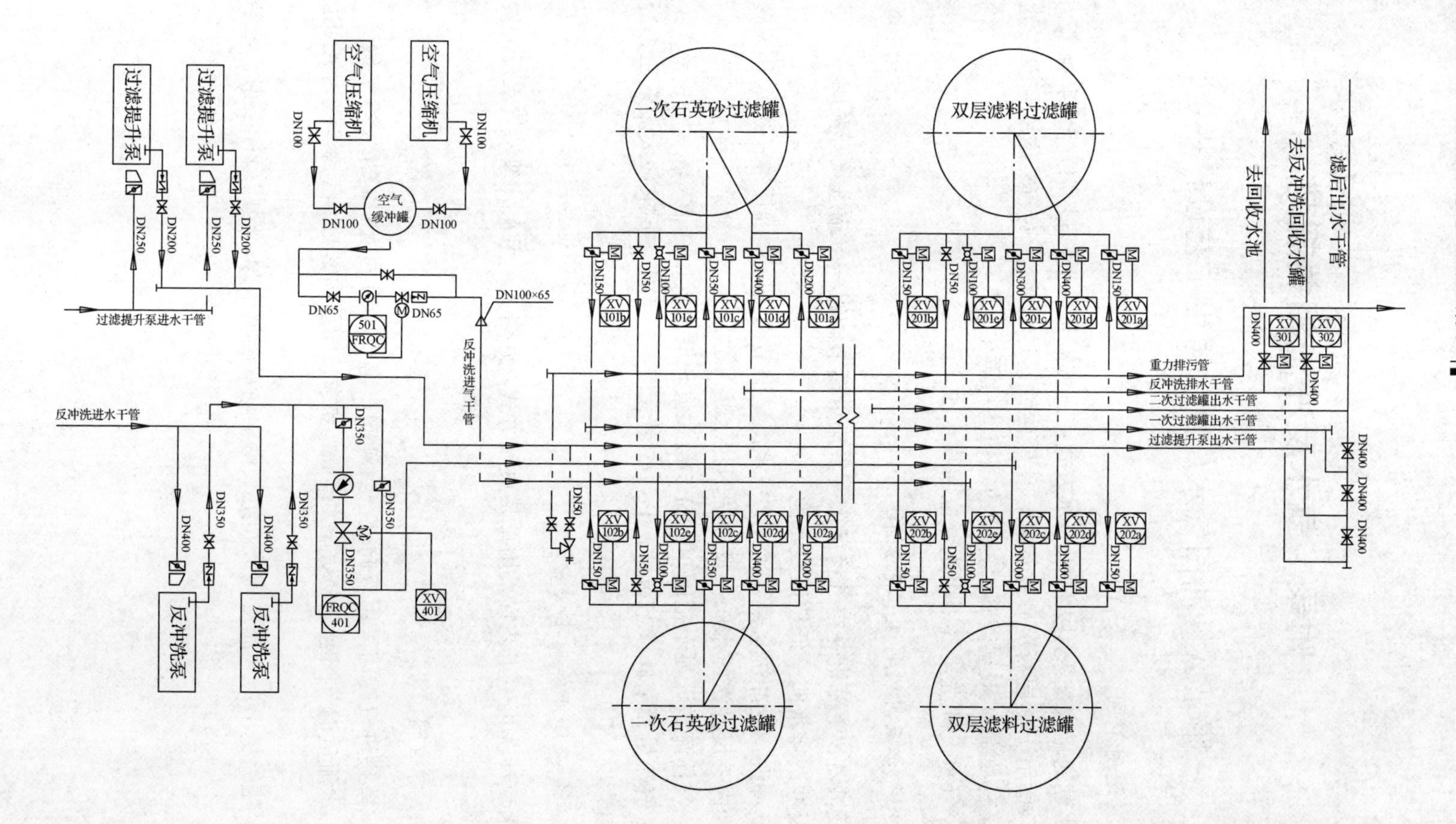

图 A.1　污水处理站气水反冲洗工艺流程示意图

A.5　气水反冲洗控制程序要求

1. 气水反冲洗再生控制程序要求

气水反冲洗再生控制程序采用的是控制和调节气反冲洗两个开度控制流量和水反冲洗一个反冲洗流量的软件控制程序。气反冲洗时是通过气流量调节阀组的调节阀调节进气量0→第一开度控制流量→第二开度控制流量→0的两个开度三次气量调节，水反冲洗时是通过反冲洗水泵的变频器调节反冲洗水量0→最大反冲洗流量→0的二次水量调节。

软件控制程序中气反冲洗第一个开度控制流量任何时候不允许改变，气反冲洗第二个开度控制流量和水反冲洗设定反冲洗流量可以根据生产实际情况进行时间和流量调整。气水反冲洗再生程序软件控制程序示意图见图A.2。

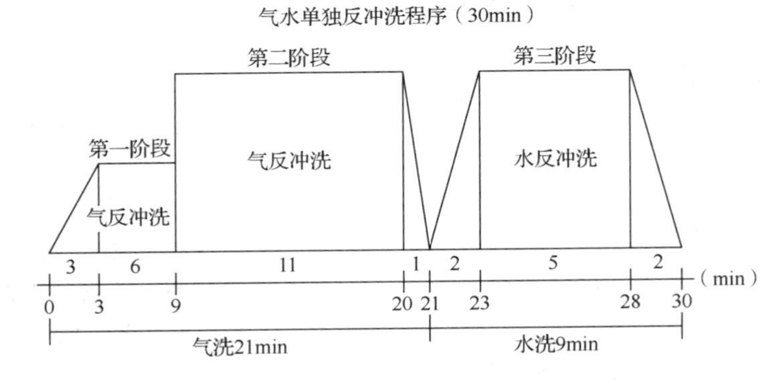

图A.2　气水反冲洗再生程序软件控制程序示意图

2. 气水反冲洗再生控制阀门操作步骤

1）调节控制阀门

参加气水反冲洗再生操作控制程序调节控制的阀门共七个。

（1）气流量调节阀组中气流量电动调节阀一个。设置气体流量调节安装顺序（手动调节阀→气体流量计、进计算机显示→气流量调节阀、进计算机控制调节出气量）。

（2）过滤罐：单罐进气阀、反冲洗进口阀、反冲洗出口阀、过滤进口阀、过滤出口阀共五个电动开关阀。

（3）水流量调节阀组中电动开关阀一个。

2）单罐反冲洗阀门操作步骤

（1）依次关闭过滤进口阀、过滤出口阀。

（2）打开反冲洗出口阀。

（3）打开单罐进气阀，按照"1.气水反冲洗再生控制程序要求"进行气反冲洗。微开气流量调节阀、关闭水流量调节阀组的气切断阀，气流量调节阀开始调节气反冲洗再生的上升段、第一开度控制台阶、第二开度控制台阶、下降段的四个变化气量（第一开度控制和第二开度控制是通过空压机和调节阀测试后的气反冲洗流量的两个开度值），然后关闭气流量调节阀，打开水流量调节阀组的气切断阀。

（4）打开反冲洗进口阀；反冲洗水泵变频器开始调节水反冲洗流量的上升段、最大反冲洗流量、下降段。

（5）气水反冲洗再生结束，依次关闭反冲洗进口阀、反冲洗出口阀。

（6）依次打开过滤出口阀、过滤进口阀。进入正常过滤状态。

3. 编程要求

（1）气水反冲洗程序要有“定时反冲洗、单罐反冲洗、多罐反冲洗”三种气水反冲洗再生模式的选择。

（2）气水反冲洗程序要有“自动、手动”两种操作方法。

（3）一次过滤罐气水反冲洗再生参数和二次过滤罐气水反冲洗再生参数可以单独设定。

A.6 投产前必须完成的工作

每一个采用气水反冲洗再生工艺的污水处理站，在投产之前，软件调试期间必须完成以下三项工作。

1. 气流量调节阀开度值设定

在投产之前必须确定气反冲洗流量与气流量调节阀开度的对应数值，必须首先确定两个开度控制时气反冲洗流量对应的气流量调节阀开度值，两个调节阀开度值确定以后输入气水反冲洗再生控制程序中使用。

2. 反冲洗水泵变频调节值设定

反冲洗水泵必须进行水反冲洗流量与变频器对应数据的确定工作，确定最大反冲洗水量时的变频器数值，确定以后输入气水反冲洗再生控制程序中使用。

这个确定工作在今后生产运行过程中，污水处理站每一次换反冲洗水泵都必须重新确定一次，确定以后按规定执行。

3. 气流量调节阀和单罐开关阀密闭确定

软件调试期间，计算机编程单位和阀门厂家必须完成气流量调节阀和单罐开关阀的密闭确认工作，确定这些阀门能够在今后生产运行操作中密闭关严不漏气。具体操作如下：

（1）关闭气流量调节阀，启动空压机，空气稳压罐压力表压力不变化，说明气流量调节阀密闭关严不漏气。压力表压力下降，说明气流量调节阀关不严漏气，阀门厂家需要调试阀门，直至密闭关严不漏气。

（2）关闭所有单罐开关阀，启动空压机，打开气流量调节阀，空气稳压罐压力表压力不变化，说明所有单罐开关阀密闭关严不漏气。压力表压力下降，说明有个别单罐开关阀关不严漏气，阀门厂家需要找到漏气的单罐开关阀调试阀门，直至密闭关严不漏气。

附录B　油田含油污水处理站反冲洗过程控制设计与管理规定

第一章　总　则

第一条 为了保证油田过滤罐反冲洗参数达到设计要求，反冲洗过程控制系统安全可靠地运行，做到统一设计，统一界面，统一技术路线，满足日常管理、维护以及升级换代的需要，特制定本规定。

第二条 本规定适用于油田含油污水处理站的反冲洗控制系统的设计和管理。

第三条 采油各厂（分公司）生产管理部门及此类项目涉及的施工方、相关人员应当遵守本规定。

第二章　组 织 管 理

第四条 采油各厂应建立完善反冲洗过程控制系统管理制度，对油田反冲洗过程控制系统安全运行负责。

第五条 计划。按油田公司完善水处理反冲洗过程控制系统的要求，采油各厂（分公司）应根据本厂实际排出改造计划，分期分批实施，并有资金保证。各厂在反冲洗过程控制系统升级调试实施前应上报升级调试计划，详述具体方案和实施计划，质量节能部、开发部组织审查后方可实施。

第六条 实施。反冲洗过程控制系统的安装调试原则上由“油田测控系统维护维修中心”和“油田仪器仪表维修维护中心”实施。采油厂自行实施的项目由“油田测控系统维护维修中心”和“油田仪器仪表维修维护中心”检验。

第七条 监督。质量节能部每年对实施的反冲洗过程控制系统软、硬件配置组织全面检测，对检测结果网上公布或发布简报，并组织对发现的问题进行调查与处理。要求各采油厂生产部门定期对过程中的反冲洗过程控制系统进行监督、检验和测试，发现问题上报公司开发部。

第三章　反冲洗过程控制系统技术要求

第八条 过滤罐反冲洗参数要达到工艺要求：

1. 有搅拌器水反冲洗和无搅拌器水反冲洗具体参数应根据进出水水质等因素，通过试验确定，没有试验条件的情况下，可按相似条件下已有过滤器的运行经验确定。根据已有的试验结果，可采用的参数为：第一阶段反冲洗强度2.5～10L/（s·m^2）（反冲洗时间为6～10min），然后停止冲洗1min；第二阶段采用两个台阶，第一台阶反冲洗强度8～13L/（s·m^2）（反冲洗时间为3～6min），第二台阶反冲洗强度11～16L/（s·m^2）（反冲洗时间为6～12min）。其参数应设为可调节，根据各站水质、运行情况适当调整。

2. 气水反冲洗具体参数应根据进出水水质等因素，通过试验确定，没有试验条件的情况下，可按相似条件下已有过滤器的运行经验确定。根据已有的试验结果，可采用的参数为：气反冲洗强度是3～5L/（s·m^2）（4～8min）和12～15L/（s·m^2）（9～13min），水反冲洗强度是10～12L/（s·m^2）（8～12min）。但在实际应用过程中，其参数应设为可调节（包括气量），根据各站水质、运行情况适当调整。

第九条 反冲洗过程控制系统的软件设计框图编制：

1. 反冲洗过程控制系统软件包括上位机软件和下位机过程控制软件两部分。

2. 上位机软件应具有的功能：

（1）提供反冲洗过程流量画面，显示流量一周数据记录报表，可打印。

（2）提供反冲洗工艺流程显示画面，实现反冲洗工艺流程在线可见。

（3）提供反冲洗流量、时间参数画面，实现参数在线可调。

（4）提供反冲洗过程手动、自动切换画面。实现自动控制单台过滤罐反冲洗或多台过滤罐全自动顺序连动反冲洗的选择和转换。

提供故障报警画面，实现故障报警、诊断及应急处理。

3. 下位机过程控制软件应具有的功能：实现整个反冲洗流程的自动控制。根据不同的现场要求实现对现场所有过滤罐定时反冲洗，其中启动反冲洗流程时间、上一次反冲洗流程启动和下一次反冲洗流程启动间隔时间都设为可调。

4. 根据工艺要求制定三个控制程序框图：有搅拌器单独水反冲洗过程控制程序框图；无搅拌器单独水反冲洗过程控制程序框图；气水反冲洗过程控制程序框图（图B.1～图B.7）。

第四章　反冲洗过程控制系统验收管理

第十条 采油各厂（分公司）新建、扩建、改建的反冲洗过程控制系统工程验收过程应严格把关，由负责实施的单位提交“验收计划”和“验收规程”，油田公司质量节能部、开发部组织采油各厂（分公司）业务主管部门和相关单位按计划和规程对反冲洗控制系统的软、硬件进行验收。经验收合格后，反冲洗过程控制系统才能投入使用。

第十一条 验收包括现场验收和资料验收两个部分。现场验收包括到现场实际观测控制流程、控制参数、工艺画面是否按照统一的技术路线要求执行；资料验收包括反冲洗过程控制系统使用说明书、控制盘的图纸、设备材料清单、所有软件的备份、软件密码、变量定义、I/O 地址表、逻辑框图、软件描述、测试报告。验收资料归采油厂计量管理人员保管。

第五章　附　　则

第十二条 本办法自下发之日起施行。

第十三条 本办法由油田公司开发部和质量节能部负责解释。

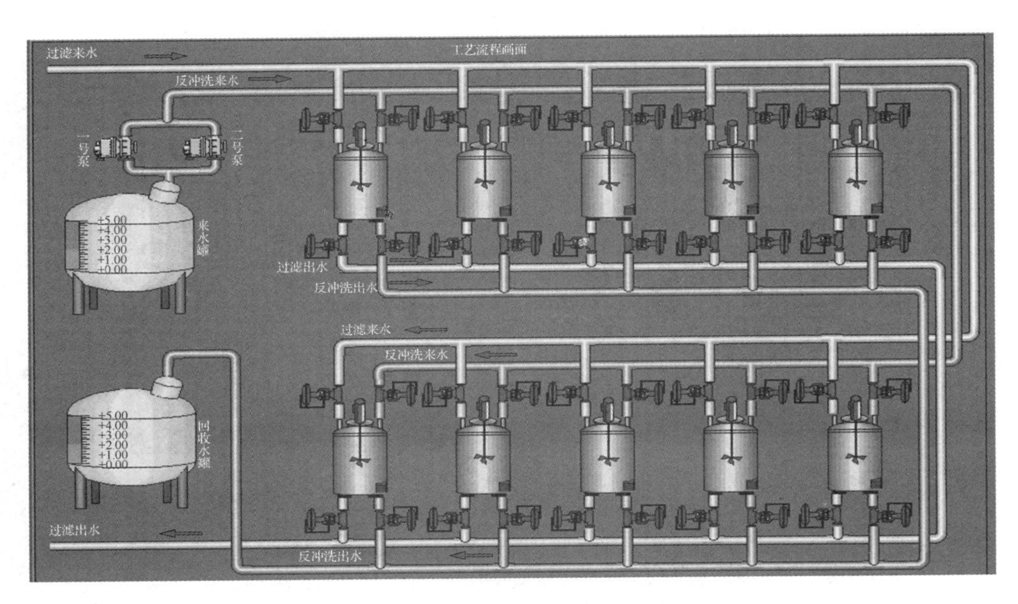

图 B.1　反冲洗控制系统画面

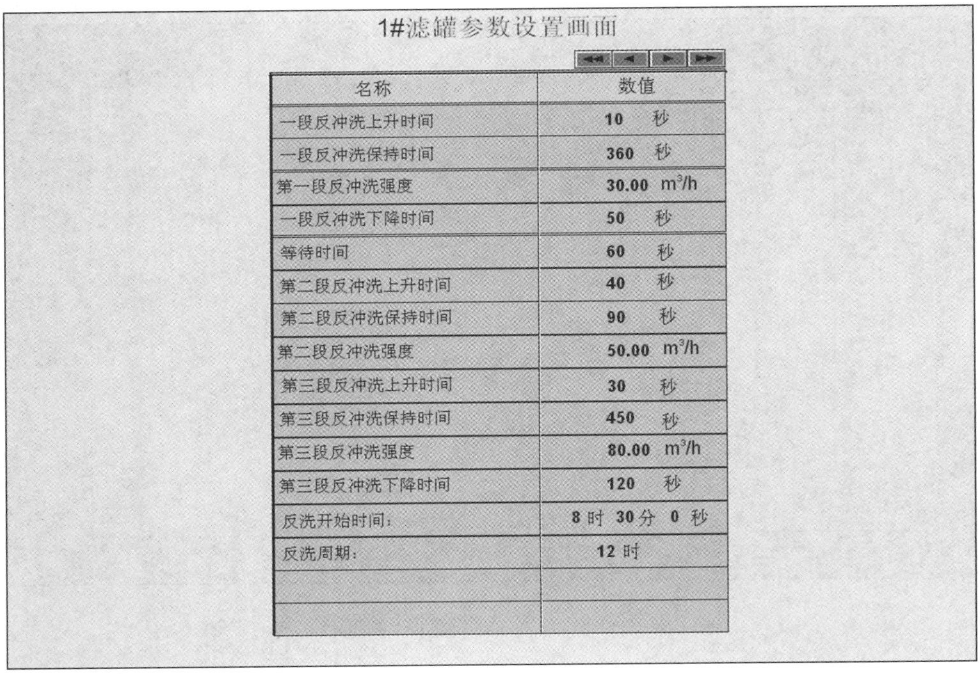

1#滤罐参数设置画面

名称	数值
一段反冲洗上升时间	10　秒
一段反冲洗保持时间	360　秒
第一段反冲洗强度	30.00　m^3/h
一段反冲洗下降时间	50　秒
等待时间	60　秒
第二段反冲洗上升时间	40　秒
第二段反冲洗保持时间	90　秒
第二段反冲洗强度	50.00　m^3/h
第三段反冲洗上升时间	30　秒
第三段反冲洗保持时间	450　秒
第三段反冲洗强度	80.00　m^3/h
第三段反冲洗下降时间	120　秒
反洗开始时间：	8 时　30 分　0　秒
反洗周期：	12 时

图 B.2　过滤罐参数设置画面

手动控制画面

名 称	状	态	名 称	状	态	名 称	状	态
1#罐反洗进口	开	关	4#罐反洗进口	开	关	7#罐反洗进口	开	关
1#罐反洗出口	开	关	4#罐反洗出口	开	关	7#罐反洗出口	开	关
1#罐过滤进口	开	关	4#罐过滤进口	开	关	7#罐过滤进口	开	关
1#罐过滤出口	开	关	4#罐过滤出口	开	关	7#罐过滤出口	开	关
1#罐搅拌器	启动	停止	4#罐搅拌器	启动	停止	7#罐搅拌器	启动	停止
2#罐反洗进口	开	关	5#罐反洗进口	开	关	8#罐反洗进口	开	关
2#罐反洗出口	开	关	5#罐反洗出口	开	关	8#罐反洗出口	开	关
2#罐过滤进口	开	关	5#罐过滤进口	开	关	8#罐过滤进口	开	关
2#罐过滤出口	开	关	5#罐过滤出口	开	关	8#罐过滤出口	开	关
2#罐搅拌器	启动	停止	5#罐搅拌器	启动	停止	8#罐搅拌器	启动	停止
3#罐反洗进口	开	关	6#罐反洗进口	开	关	9#罐反洗进口	开	关
3#罐反洗出口	开	关	6#罐反洗出口	开	关	9#罐反洗出口	开	关
3#罐过滤进口	开	关	6#罐过滤进口	开	关	9#罐过滤进口	开	关
3#罐过滤出口	开	关	6#罐过滤出口	开	关	9#罐过滤出口	开	关
3#罐搅拌器	启动	停止	6#罐搅拌器	启动	停止	9#罐搅拌器	启动	停止

1#反洗泵	启动	停止	2#反洗泵	启动	停止

图 B.3 手动控制画面

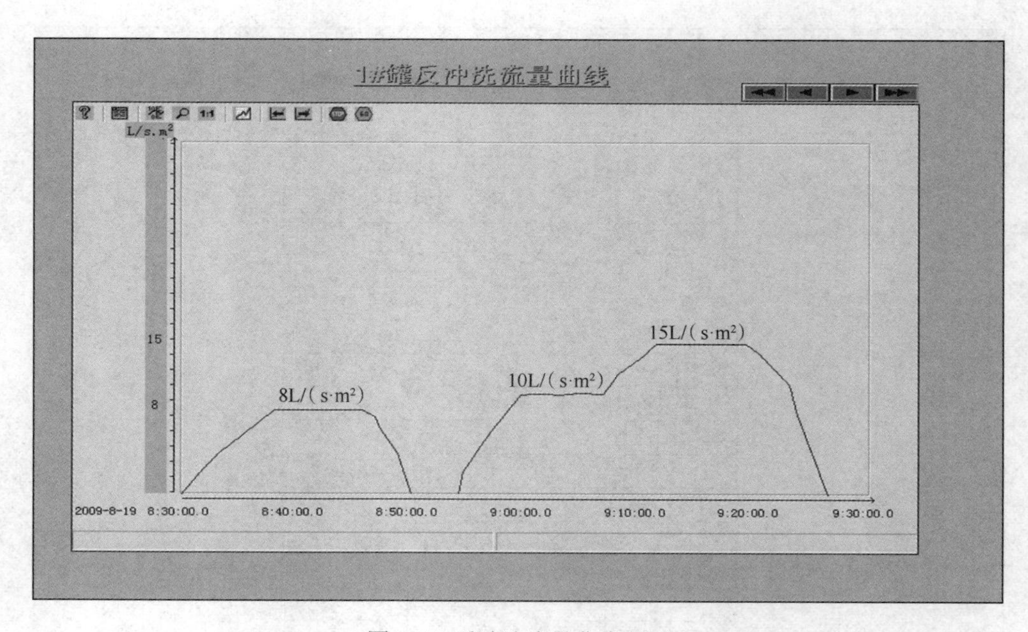

图 B.4 反冲洗流量曲线画面

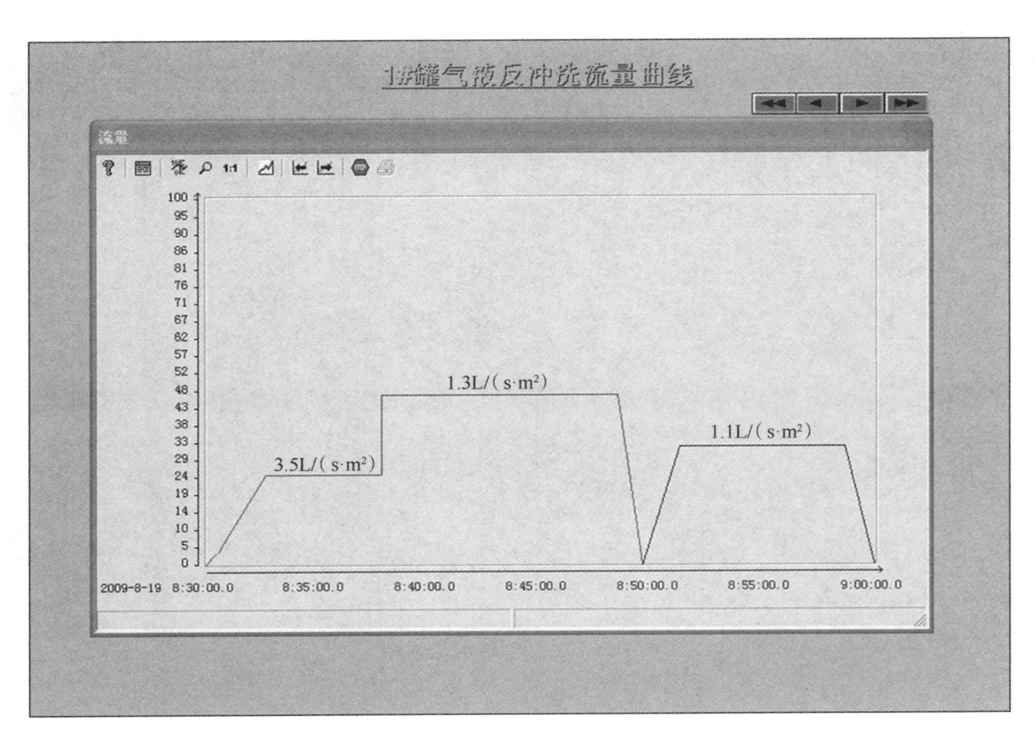

图 B.5　气液反冲洗流量曲线画面

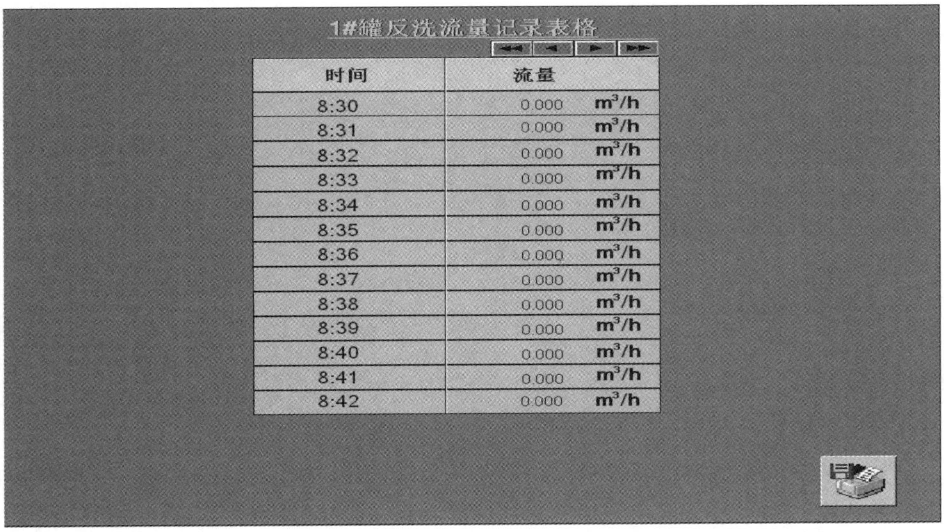

1#罐反洗流量记录表格

时间	流量
8:30	0.000 m^3/h
8:31	0.000 m^3/h
8:32	0.000 m^3/h
8:33	0.000 m^3/h
8:34	0.000 m^3/h
8:35	0.000 m^3/h
8:36	0.000 m^3/h
8:37	0.000 m^3/h
8:38	0.000 m^3/h
8:39	0.000 m^3/h
8:40	0.000 m^3/h
8:41	0.000 m^3/h
8:42	0.000 m^3/h

图 B.6　反冲洗流量记录表格画面

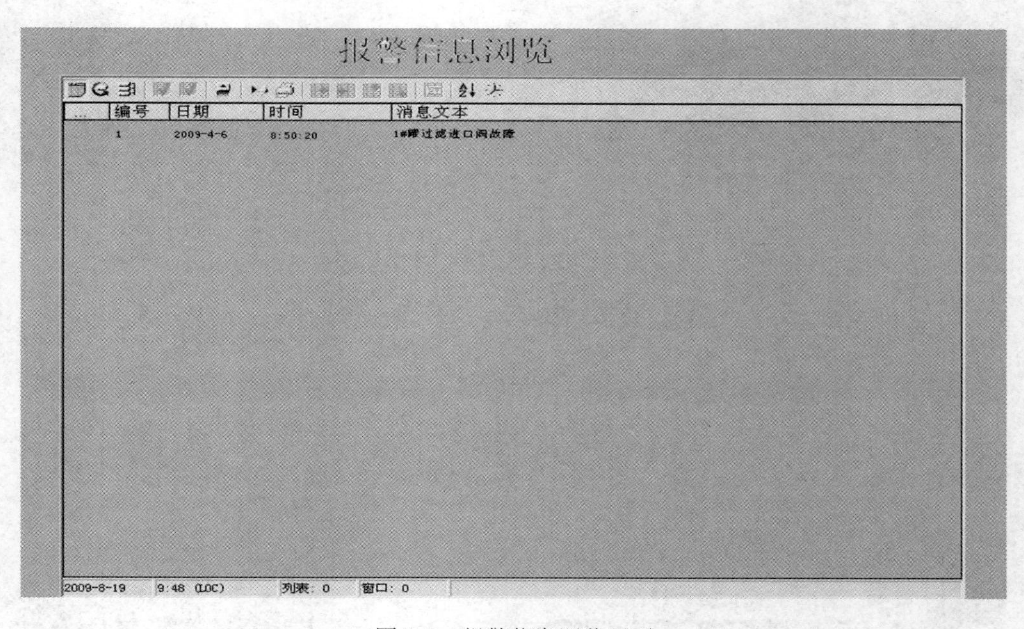

图 B.7　报警信息浏览画面